2.4　清除照片中杂乱的背景

2.7　去除老照片上的划痕

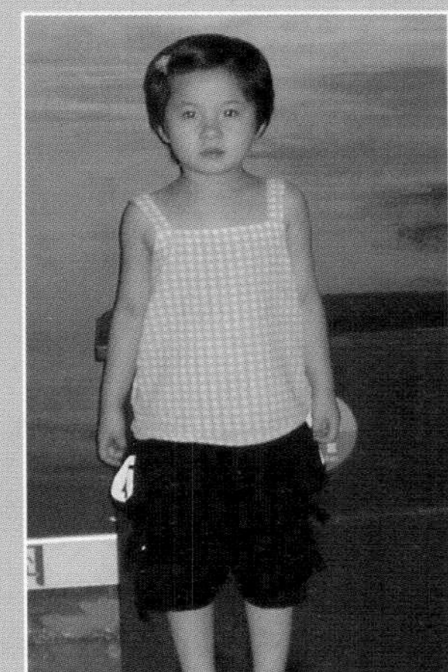

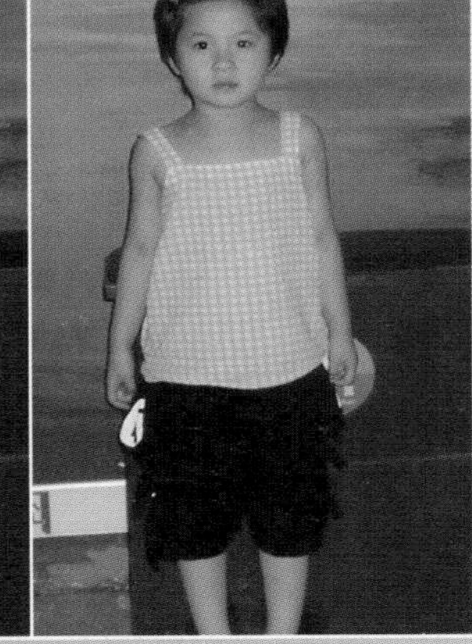

3.1　去除红眼

2.11　突出照片中主体人物

2.12　改善室内照片的光照效果

3.5 光洁面部皮肤

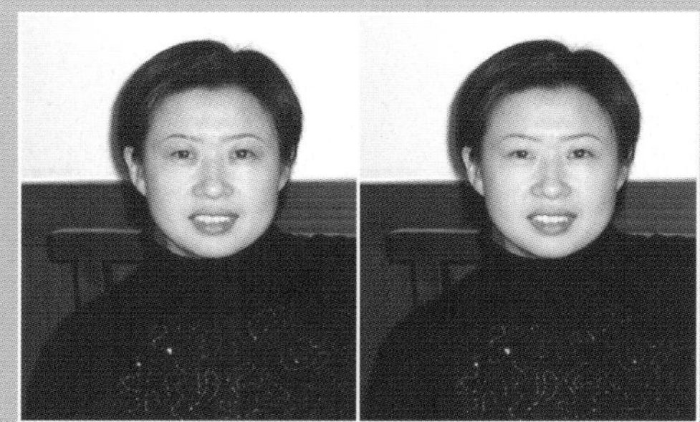

3.8 去除黑眼圈

3.4 消除面部油光

3.11 添加眼睫毛

3.9 对人物快速润肤

3.12 恢复阴影中的人物

4.1 调整曝光不足的照片

4.2 调整偏灰照片

4.6 快速更改照片局部的颜色

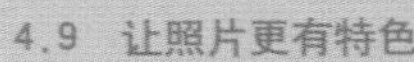

4.9 让照片更有特色

4.10 制作单色照片效果

4.11 制作色彩浓郁的反转负冲效果

4.12 照片的淡彩效果

4.14 晚霞的视觉特效

4.13 照片的炫彩效果

5.3 更换婚纱照片背景

5.5 使用图层蒙版合成照片

5.8 制作透明倒影效果

5.11 混合出的特别效果

5.12 轻松制作全景照片

6.1 模拟小景深效果

6.2 模拟变焦镜头效果

6.3 模拟动感镜头

6.4 模拟柔光镜效果

6.5 模拟LOMO照片效果

6.6 制作色彩焦点效果

6.7 制作光线效果

6.10　制作彩虹效果

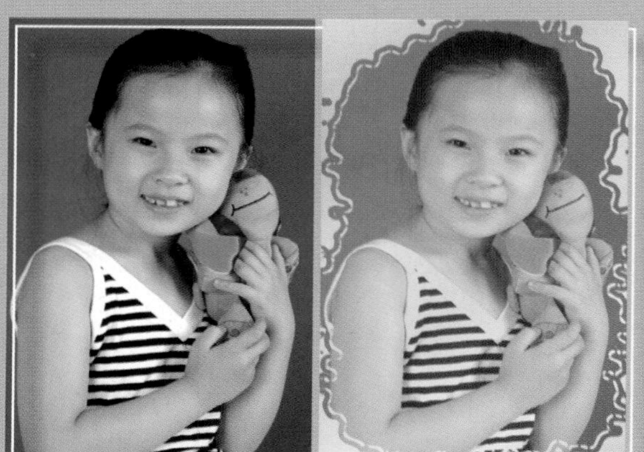

6.13　制作异形花纹边框

6.17　制作油画效果

6.15　制作老照片效果

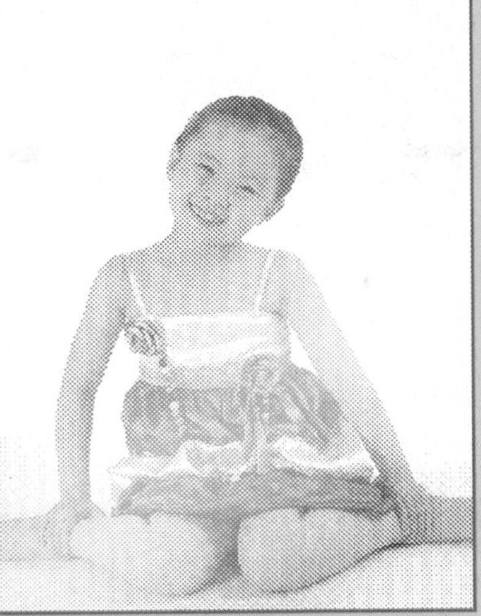

6.18 制作彩色点阵图

7.1 制作叠加焦点照片效果

7.2 制作翘角粘贴效果

7.3 制作叠放照片效果

7.4　个人写真照片合成

7.6　婚纱场景特效合成

7.5　制作照片魔方

7.7　制作个性背景图案

7.8　为婚纱照制作浪漫背景

8.2　制作婚纱相册

8.3　制作个人写真集

8.4　制作儿童写真相册

8.5　制作婚庆光盘盘面

8.6 制作电脑桌面壁纸

8.7 制作个人名片

8.8 制作开心妙妙贴

视频教学实录

Photoshop 数码照片后期处理精彩实例

缪　亮　主　编
郭　刚　穆　杰　副主编

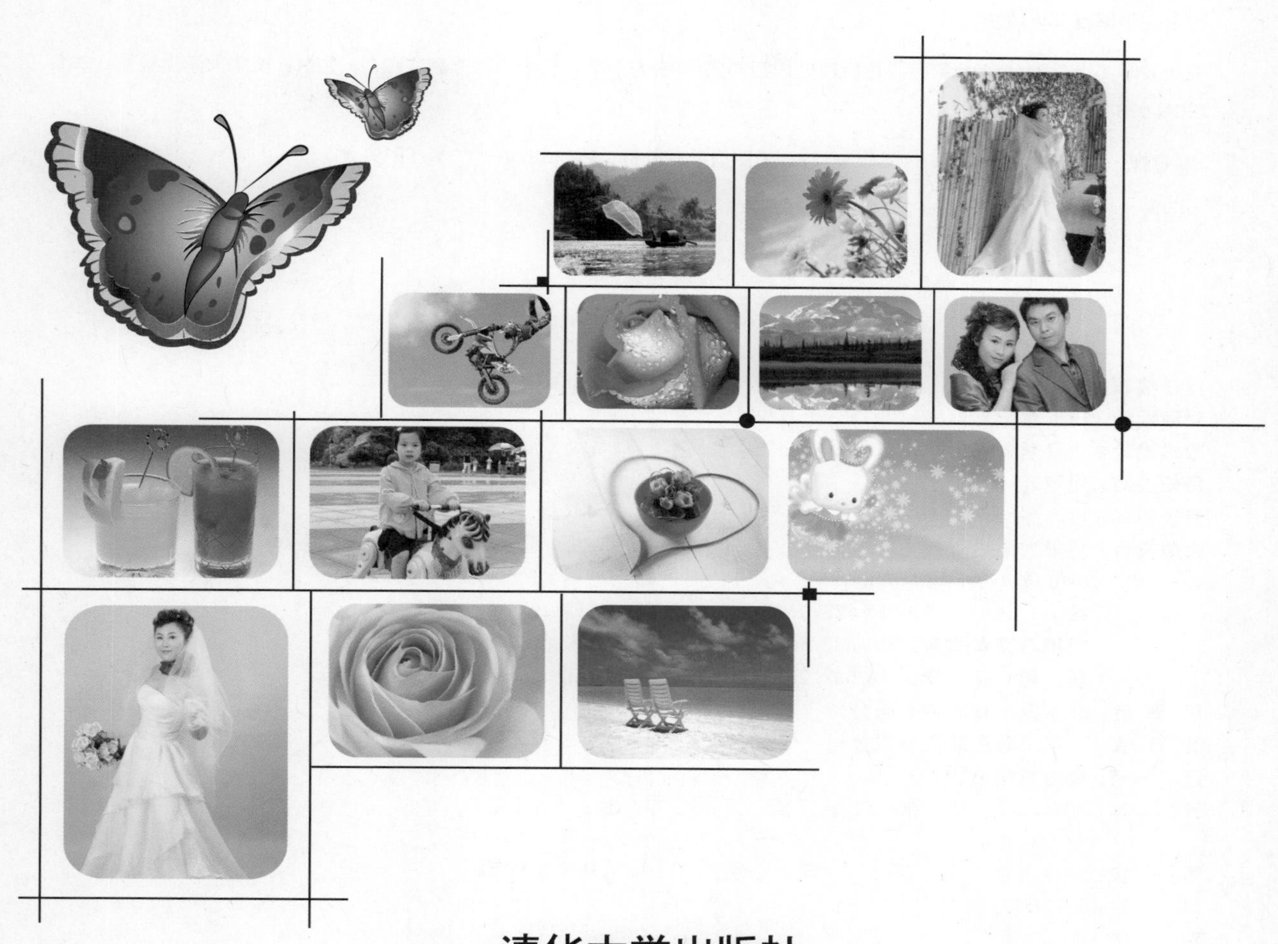

清华大学出版社
北　京

内 容 简 介

这是一本介绍数码照片修饰处理和艺术设计的图书。全书共分为8章，分别介绍了Photoshop基础知识、数码照片的基本处理技巧、人物照片的常用润饰方法、照片色彩的调整、数码照片的合成技巧以及数码照片常见特效的制作和实用创意设计等内容。

本书结构清晰，在介绍数码照片的常用处理技巧的同时，对数码照片的艺术设计和处理的思路、制作方法和表现技法进行了深度剖析。本书的所有案例在选择时均立足于实用，具有很强的代表性和实用性，在介绍知识的同时能够给予读者思维启发。

本书以卡通人物小叮当和魔法师之间的交谈引入正题，使全书整体风格风趣幽默，理论讲解同时又不失趣味。另外，作者还精心制作了配套视频教学光盘。视频教程覆盖教材的全部内容，20小时以上超大容量的教学内容，全程语音讲解，真实操作演示，让读者一学就会。

本书适合于对数码照片处理具有浓厚兴趣的家庭初学者、数码摄影爱好者以及各类数码摄影专业人士和影楼从业者阅读，也可作为各类相关培训机构和大专院校、高等职业学校的教学用书。

图书在版编目(CIP)数据

视频教学实录：Photoshop数码照片后期处理精彩实例/缪亮主编；郭刚，穆杰副主编. --北京：清华大学出版社，2011.7

ISBN 978-7-302-25782-0

Ⅰ. ①视…　Ⅱ. ①缪…　②郭…　③穆…　Ⅲ. ①图像处理软件，Photoshop　Ⅳ. ①TP391.41

中国版本图书馆CIP数据核字(2011)第100357号

责任编辑：应　勤　郑期彤
封面设计：杨玉兰
版式设计：北京东方人华科技有限公司
责任校对：周剑云
责任印制：何　芊
出版发行：清华大学出版社　　**地　址**：北京清华大学学研大厦 A 座
http://www.tup.com.cn　　**邮　编**：100084
社 总 机：010-62770175　　**邮　购**：010-62786544
投稿与读者服务：010-62776969，c-service@tup.tsinghua.edu.cn
质 量 反 馈：010-62772015，zhiliang@tup.tsinghua.edu.cn
印 刷 者：北京鑫丰华彩印有限公司
装 订 者：三河市新茂装订有限公司
经　销：全国新华书店
开　本：203×260　**印　张**：24.25　**插　页**：6　**字　数**：468 千字
附 DVD1 张
版　次：2011 年 7 月第 1 版　**印　次**：2011 年 7 月第 1 次印刷
印　数：1～4000
定　价：79.00 元

产品编号：033141-01

前言

数码技术就像一根魔棒，它渗透到生活的各个方面，在很大程度上改变着我们的生活。随着时代的进步、技术的发展和人民生活水平的提高，数码相机已由过去专业人士的高端装备逐渐走入寻常百姓家。数码相机方便携带、拍摄容易、照片易于保存和管理的特性是传统相机所不具备的。可以说，当今的数码相机已经不仅仅是一种单纯的摄影工具，它已经成为具有多种用途的家庭媒体成员了。

背景

相对于传统照片，数码照片能够被方便地进行编辑处理。使用各种图像处理软件，用户能够方便地对照片进行修饰和艺术处理。能够对数码照片进行处理的软件很多，其中最为著名的就是Adobe公司的图像处理软件Photoshop。Photoshop是一款专业的图像处理软件，其在图像处理和编辑、桌面排版和网页图像处理等多个领域得到广泛的应用。随着数码作品的应用越来越广泛，Photoshop在近来的升级版本中，已经为数码照片的处理提供了多种专业的增强功能，Photoshop以其强大的图像处理能力，在数码照片的后期处理方面拥有不可替代的地位。

由于Photoshop在多种专业的图像处理领域得到了广泛的应用，很多摄影爱好者都认为这是一款专业的图像处理软件，其操作必定复杂，难以掌握，在打开程序界面后感到无从下手。同时，对于长期积累的大量数码照片，如何进行处理，该怎么处理，这也是很多摄影爱好者所面临的一大难题。本书正是这样一本能够帮助你解决在数码照片处理过程中遇到的各种难题的书籍。

本书内容

本书主要介绍Photoshop数码照片处理方法和技巧。全书共分为8章，第1章介绍Photoshop的界面以及软件常见的基本操作，第2章介绍数码照片常见问题的修复技巧，第3章介绍人物照片的润饰方法，第4章介绍数码照片的色彩调整以及常见色彩问题的处理方法，第5章介绍数码照片的合成技巧，第6章介绍数码照片的常见特效制作，第7章介绍各类数码照片创意设计的表现技法，第8章介绍数码照片实际应用的综合案例。通过本书的学习，读者既能全面掌握Photoshop这款软件的功能，又能熟练掌握数码照片处理和修饰的各种技巧，更能开拓设计思路，增强设计经验。

本书特点

1．贴近生活，突出实际应用

本书立足于数码照片处理中常见的问题，选择读者在现实生活中常见的数码照片处理问题为切入点，贴近生活，突出实际应用。本书的实例设计精美而且实用，根据不同的应用方向设计制作方案，为读者提供实用而快捷的制作经验。本书在为读者提供解决方案的同时，注意案例的操作步骤简单明了，使各个层次的读者均能看懂，并

容易快速上手。

2．创造情景，增强图书的趣味性

本书专门设计了两个卡通人物：小叮当和魔法师，通过它们的对话和活动来引入数码照片处理的各种实际案例，提示各种实用的操作技巧，在增强本书的可读性和趣味性的同时，使读者轻松获得数码照片处理的各种专业处理技巧。

3．配套光盘，轻松学习

为了方便读者阅读，本书提供了一张配套光盘。附赠光盘提供了书中所有实例的素材文件和源文件，方便读者练习操作使用。同时，为了方便读者学习，作者还精心制作了配套视频教学光盘。视频教程覆盖教材的全部内容，20小时以上超大容量的教学内容，全程语音讲解，真实操作演示，让读者一学就会。

读者对象

这是一本Photoshop数码照片处理技术的图书，适用于对数码照片处理有兴趣的家庭用户。同时，本书案例设计来源于专业图像处理人员，因此本书同样适用于数码摄影爱好者、各类数码摄影专业人士以及影楼从业者和图像设计师阅读。另外，本书也可作为各类相关培训机构和大专院校、高等职业学校的教学用书。相信作为数码照片处理爱好者，不管你是何种行业，本书都将给你独特的启发，让你有所收获。

本书作者

本书主编为缪亮(负责提纲设计、稿件主审、视频教程制作等)，副主编为郭刚、穆杰(负责稿件初审、前言编写、制作视频教学文件等)。本书编委有邢新建(负责编写第1章～第4章)、李卫东(负责编写第5章～第8章)、张爱文(负责视频教程录制和制作)。

在本书的编写过程中，许美玲、时召龙、赵崇慧、李捷、薛丽芳、李泽如、朱桂红、张立强和李敏等参与了书中实例的制作和内容整理工作，在此表示感谢。另外，感谢河南省开封教育学院对本书的创作与出版给予的支持和帮助。由于新技术发展迅速，加之作者水平有限，书中难免存在不当之处，敬请读者批评指正。另外，欢迎访问网站www.cai8.net，与作者进行交流。

编　者

Preface

目录

目录

第1章

初识数码照片处理利器——Photoshop

数码照片的后期处理离不开图像处理软件，在众多的图像处理软件中，Photoshop无疑是处理数码照片的首选。Photoshop是一款用于图像处理和平面设计的专业软件，其功能强大，实用性强，为用户提供了灵活、方便和快捷的操作手段，在图像处理、桌面排版、网页设计和照片处理等诸多领域得到了广泛的应用。本章将介绍Photoshop的基础知识，帮助读者快速掌握软件的基本功能。

1.1 Photoshop操作界面

小叮当：老师，我已经启动了Photoshop，程序窗口中的面板和菜单命令让人眼花缭乱。从界面的构成就能够看出，Photoshop确实是一款功能强大的软件。

魔法师：是呀。为实现其强大的图像处理能力，Photoshop拥有众多的实用工具、大量的菜单命令和方便操作的操作面板。作为初学者，要掌握Photoshop，首先就要从了解其界面结构入手。下面就让我介绍一下Photoshop界面中的各个构成元素及其功能吧。

1.1.1 Photoshop的界面构成

启动Photoshop，打开一张数码照片，此时可以看到Photoshop的主界面。主界面中主要有选项卡式文档窗口、菜单栏、工具箱、各种面板和状态栏等，如图1.1所示。

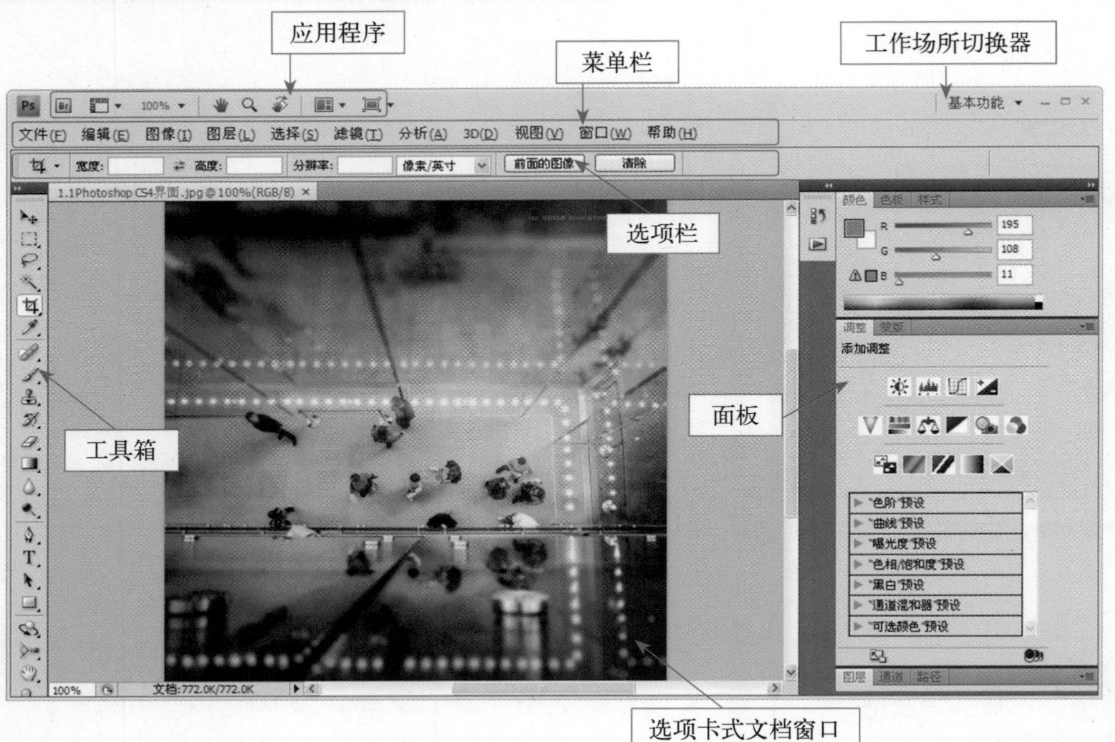

图1.1 Photoshop的主界面

下面简单介绍软件界面中主要构成元素的功能。

1.1.2 选项卡式的文档窗口

文档窗口是显示已打开照片的地方，对照片的各种操作都将在这个窗口中进行。当创建一个新的图片文档或打开一张已有的照片时，Photoshop都将创建一个新的文档窗口。文档窗口的结构如图1.2所示。

> 小叮当：老师，在Photoshop中，文档窗口为什么称为选项卡式文档窗口呢？
>
> 魔法师：你看看图1.2就能够明白，在默认状态下，我们打开的照片都将在同一个窗口中显示。如果同时打开多张照片，单击相应的标签就可以使该照片处于当前编辑状态，即在文档窗口中显示出来。

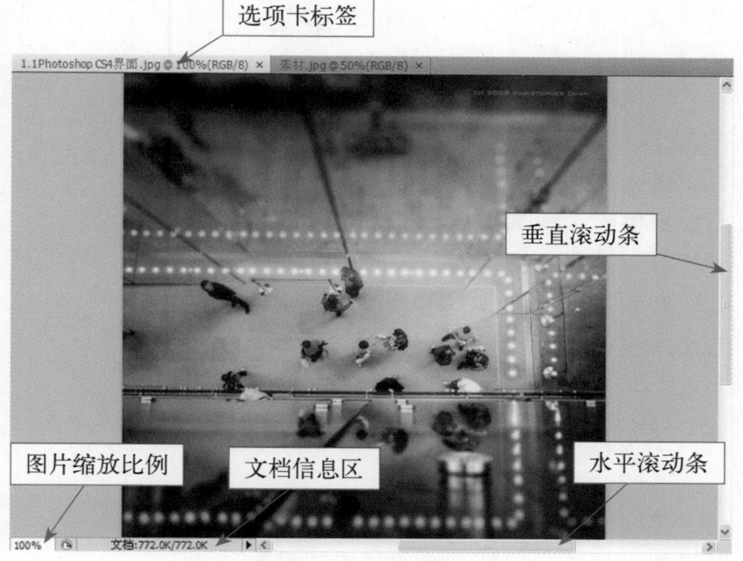

图1.2　文档窗口的结构

1.1.3 Photoshop的工具箱

进行照片处理，离不开对各种工具的使用。为了方便对工具的选择，Photoshop提供了一个工具箱来放置各类常用的工具。在默认工作区中，工具箱位于工作区的左侧，其中包括选择工具、裁剪工具、修饰工具、绘画工具、绘图和文字工具等。工具箱的结构如图1.3所示。

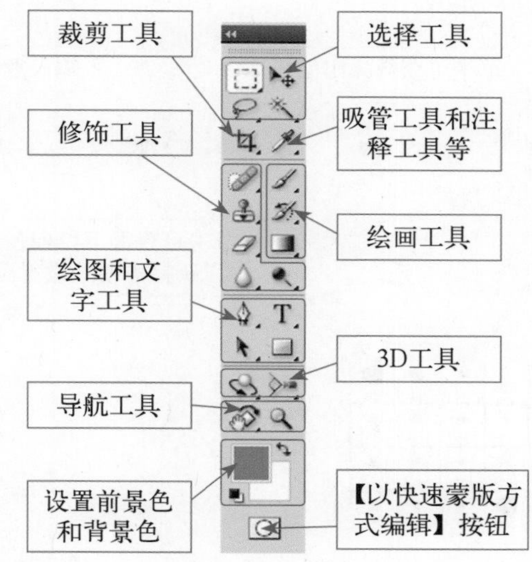

图1.3　工具箱中的工具

> 小叮当：从工具箱来看，Photoshop的工具并不多嘛。
>
> 魔法师：如果你这样认为，那就错了。你注意到工具箱中某些工具按钮旁有一个下箭头标志了吗？这表示该工具按钮存在隐藏的工具。在该工具上按住鼠标左键可展开一个选项菜单，在菜单中还可以选择需要的其他工具，如图1.4所示。

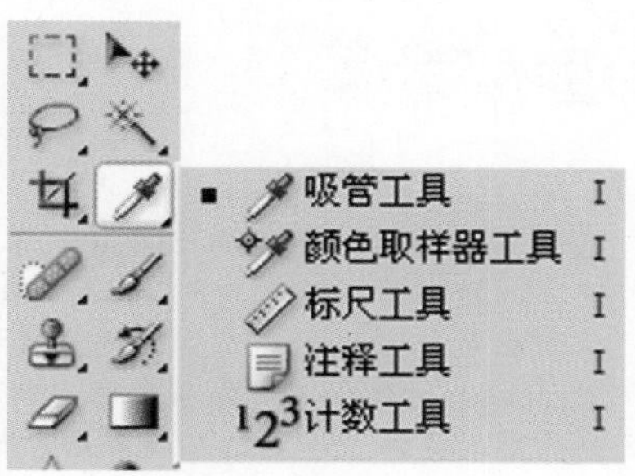

图1.4　获得隐藏工具

1.1.4 Photoshop的面板

默认情况下，面板以面板组的形式出现在主程序界面的右侧。根据实际需要，面板可以被拖放到屏幕的任何位置并可被关闭。面板提供对实现某种操作的方式，以便操作者能够对操作进行监视，同时也能够方便地实现对照片进行操作。Photoshop面板组的结构如图1.5所示。

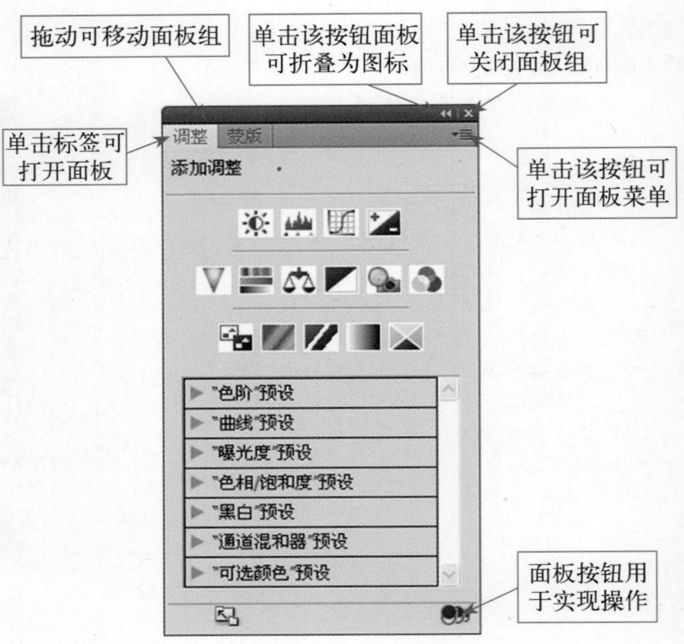

图1.5　面板组的结构

1.1.5 Photoshop的选项栏

选项栏位于功能菜单的下方，用于对所选择的工具进行设置。选项栏中的设置项会根据选择工具的不同而改变。选项栏的一般结构如图1.6所示。

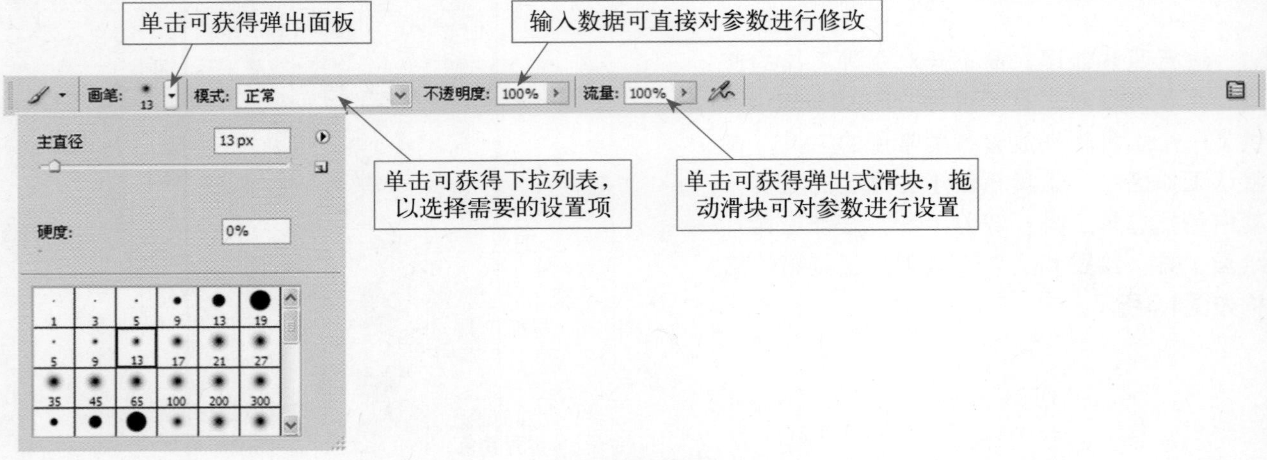

图1.6　选项栏的结构

1.2 自定义工作区

小叮当：通过您的讲解，我对Photoshop的界面结构已经有所了解。可是我总觉得在默认状态下，如果只是进行简单的照片处理，打开的面板还是过多。同时，如果需要对多张照片进行处理，选项卡式的文档窗口并不方便。

魔法师：你提出的问题很好，针对不同情况，确实需要不同的界面布局。只有这样才能方便操作，提高工作效率。实际上，Photoshop的界面具有很强的可定制性，操作者可以根据操作的需要来设计界面布局。同时，Photoshop也针对不同的操作需求提供了丰富的界面布局方案供用户选择。怎么样，下面我们就一起来试试吧。

小叮当：好呀，好呀。

1.2.1 布局工作区中的面板

根据操作任务的不同，可对Photoshop的面板布局进行调整，以使工作区更适合操作的需要和操作者的操作习惯。

步骤1　选择【窗口】|【历史记录】命令，打开【历史记录】面板。单击面板右上方的选项按钮，再从打开的菜单中选择【关闭选项卡组】命令，可关闭该选项卡所在的选项卡组，如图1.7所示。

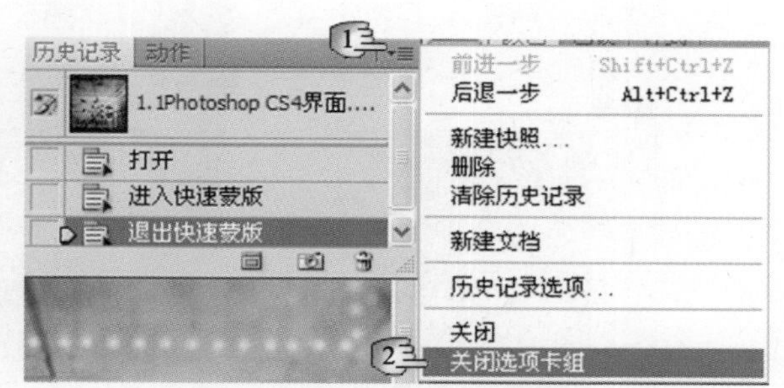

图1.7　关闭不需要的面板

步骤2　为了避免工作区的布局混乱，可以单击【折叠为图标】按钮，将不需要的面板暂时折叠起来，如图1.8所示。当需要再次使用该面板时，只需要单击折叠在面板中的对应图标，使其处于按下状态，即可重新打开该面板，如图1.9所示。

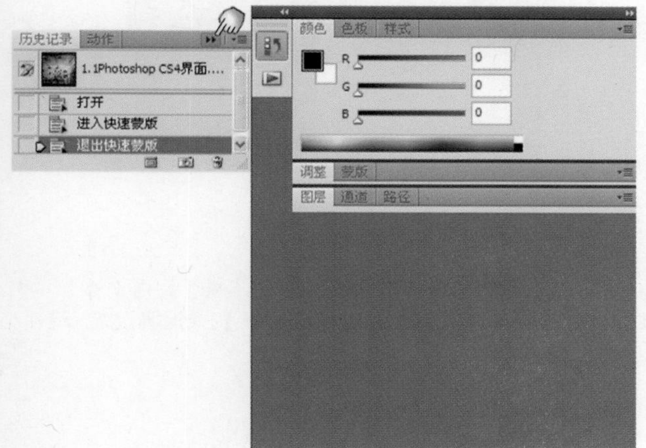

图1.8　单击【折叠为图标】按钮

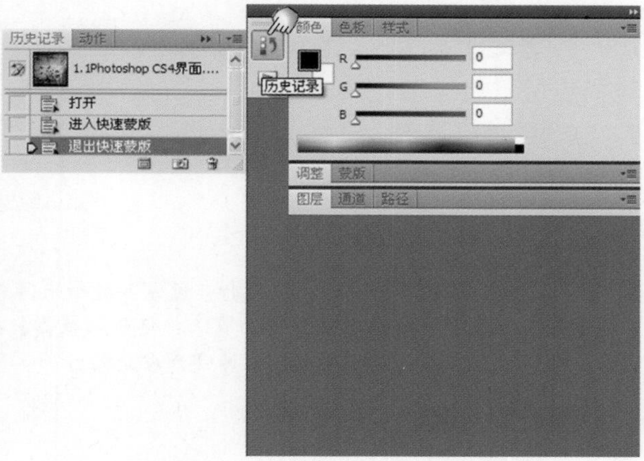

图1.9　使按钮处于按下状态

步骤3　针对不同的操作需要，Photoshop提供了预设的工作区布局方式，使用这些布局方式能够只显示需要的面板，并且使它们按照设定好的布局方式摆放。单击【工作场所切换器】按钮，再从打开的菜单中选择相应的命令，比如选择【分析】命令，如图1.10所示，此时，与分析操作相关的面板将在工作区出现，如图1.11所示。

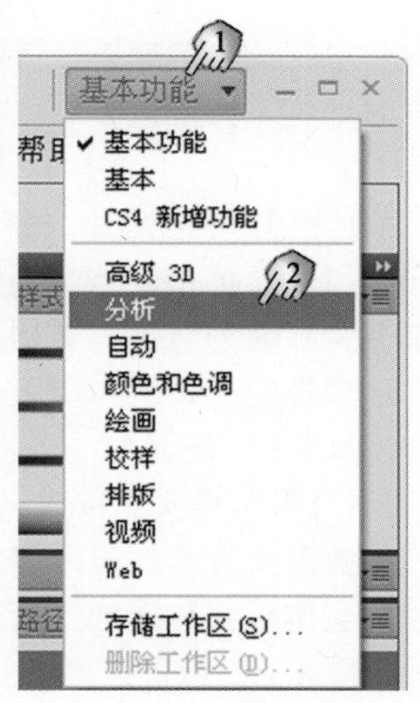

图1.10　选择【分析】命令

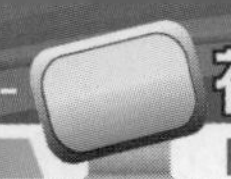

图1.11　出现相关面板

小叮当：不好了，老师，面板打开过多并且由于任意挪动它们，工作区已经面目全非，混乱不堪了，怎么办？

魔法师：这个很简单呀，单击【工作场所切换器】按钮，然后选择打开菜单中的【基本功能】或选择【窗口】|【工作区】|【基本功能（默认）】菜单命令，即可将工作区恢复到默认布局状态。

1.2.2 文档窗口的排列

在Photoshop中，文档窗口是待处理照片的载体。当同时对多张照片进行处理时，为了方便查看每张照片，往往需要对文档窗口进行排列。

步骤1　同时打开两张照片（路径：素材和源文件\part1\1.1\1.1 Photoshop CS4界面.jpg、素材.jpg），默认情况下它们被合并在选项卡中。单击主界面的【排列文档】按钮，然后在打开的选项菜单中单击相应的选项按钮，如图1.12所示。此时，文档窗口将会在主界面中重新排列，如图1.13所示。

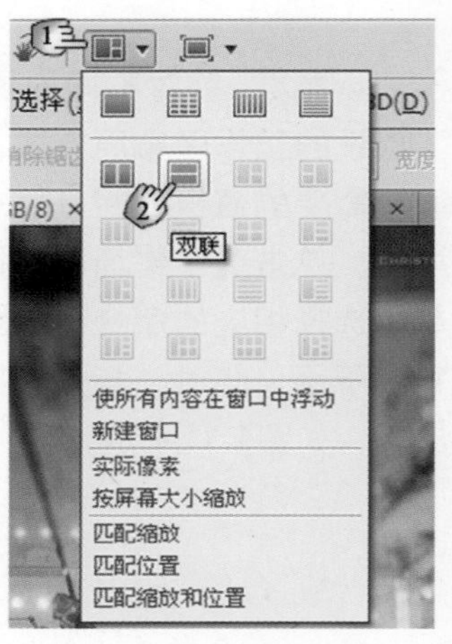

图1.12　选择相应的选项按钮

步骤2　单击【屏幕模式】按钮，再从打开的下拉菜单中选择相应的菜单命令，能够改变屏幕的显示模式，如图1.14所示。例如，选择【带有菜单栏的全屏模式】选项，当前处于编辑状态的文档窗口将全屏显示，同时在屏幕上方保留菜单栏，如图1.15所示。

图1.13　文档窗口重新排列

小叮当：全屏模式会是怎样的呢？

魔法师：你可以将屏幕模式设置为全屏模式试试嘛。

小叮当：哦，我知道了。可是在这种模式下没有面板也没有菜单栏，我想显示面板该怎么办呢？

魔法师：按Tab键即可打开面板、工具箱和菜单栏。再次按Tab键将取消面板、工具箱和菜单栏的显示。

小叮当：我想退出全屏模式，该怎么办呢？

魔法师：只要按Esc键就可以了，不信你试试。

图1.14　改变屏幕模式

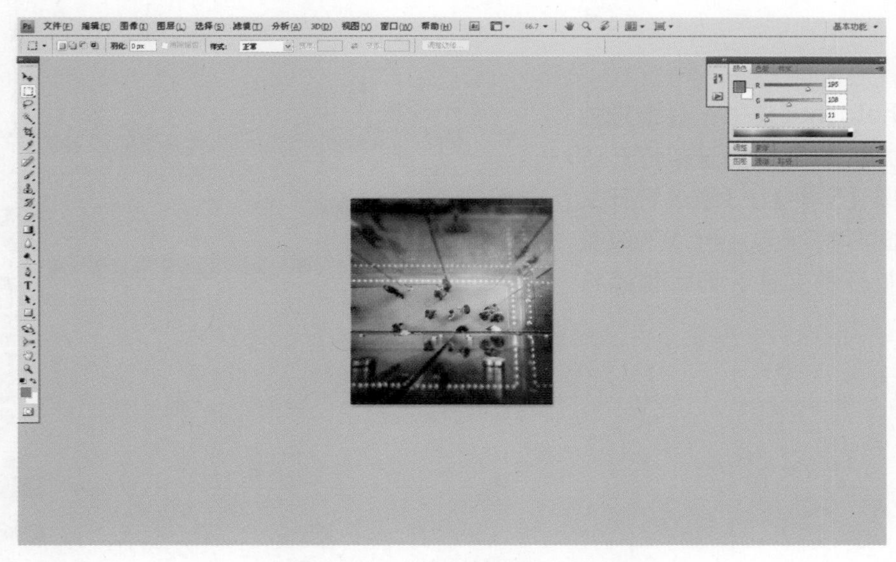

图1.15　带有菜单栏的全屏模式

1.3 数码照片的导入和保存

小叮当：老师，您前面讲了那么多，可是我还不知道在Photoshop中如何打开我的数码照片咧，您能给我讲讲吗？
魔法师：可以，下面我就来介绍在Photoshop中打开和保存数码照片的方法。

1.3.1 导入数码照片

要对数码照片进行处理，首先需要在Photoshop中将照片打开。下面介绍如何在Photoshop中打开已有数码照片的方法。

步骤1　启动Photoshop，选择【文件】|【打开】命令，打开【打开】对话框，如图1.16所示。选择需要打开的数码照片文件后，单击【确定】按钮即可将该照片打开。

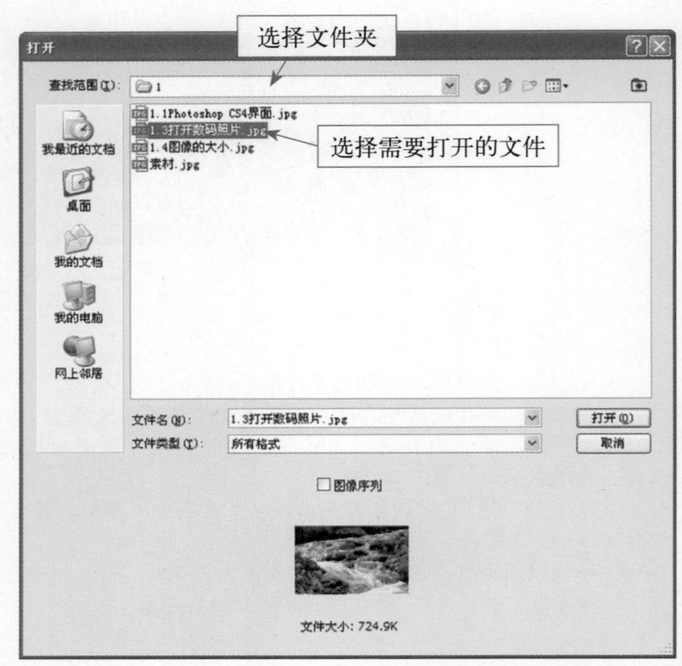

图1.16　【打开】对话框

步骤2　Photoshop能够记住最近处理过的数码照片，如果需要重新打开该照片，可以选择【文件】|【最近打开文件】命令，如图1.17所示。再从下级菜单中选择需要打开的文件，即可快速打开数码照片。

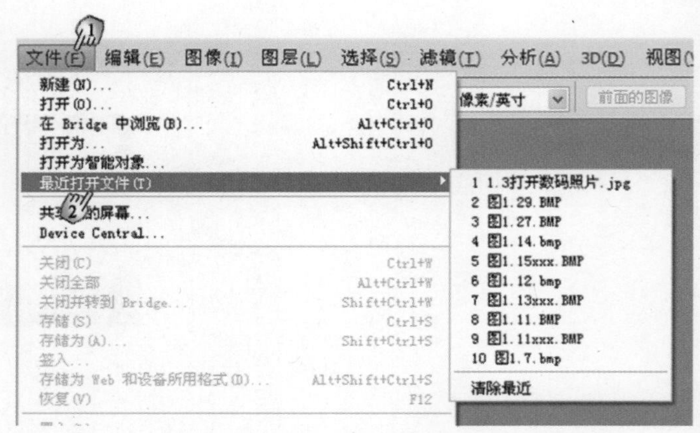

图1.17　【最近打开文件】菜单命令

1.3.2 保存数码照片

照片编辑和制作完成后，需要将照片进行保存，以便打印和后续编辑时调用。下面介绍保存文件的方法。

步骤1　在文档窗口中选择需要保存的文件，选择【文件】|【存储】命令。如果当前文档是新文档，表示第一次进行存储，则Photoshop会弹出【存储为】对话框。在该对话框中选择保存文件的位置，输入文件名并设置保存文件的格式，再单击【保存】按钮后即可保存该文件，如图1.18所示。

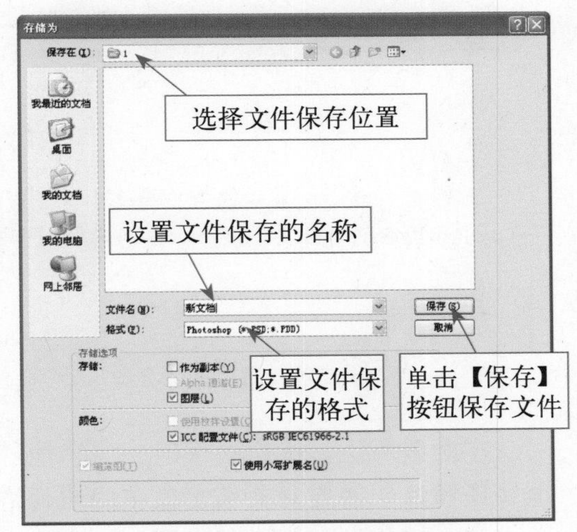

图1.18　【存储为】对话框

小叮当：为什么我的【存储】命令在菜单中不可用？
魔法师：与已有的文档相比，你没有对文档进行任何修改，该命令当然不可用了。

小叮当：咦，为什么我在使用该命令时没有出现【存储为】对话框呢？
魔法师：如果你的文档是已经存在的文档，那么当你选择该命令时，Photoshop将直接保存，也就是以编辑过的新的内容覆盖原来的文档，不给出任何提示。

步骤2　在进行照片编辑时，有时需要更改照片文件的格式，或者对照片文件进行换名保存，此时可以使用【文件】|【存储为】命令来实现。例如，选择【存储为】命令，然后在打开的【存储为】对话框中设置保存文档的格式并重命名文档，如图1.19所示。

步骤3　单击【保存】按钮保存文档。这里，当将文档格式选择为*.BMP时，Photoshop会给出【BMP 选项】对话框，要求对文档格式进行设置，如图1.20所示。单击【确定】按钮，使用默认值保存文档即可。

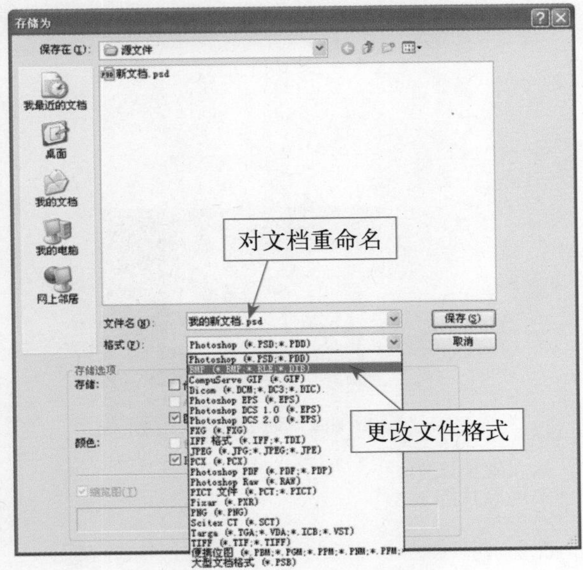

图1.19　设置文档格式

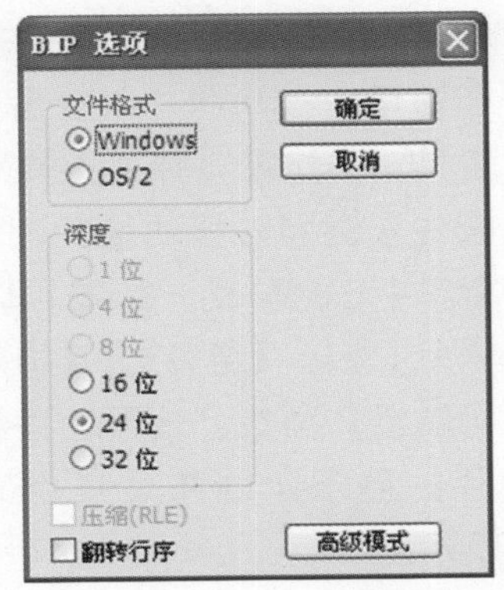

图1.20　【BMP 选项】对话框

1.4 图像的大小

小叮当：老师，当我打开一张照片时，如何更改图像的大小呢？

魔法师：这个问题问得好，但是问得比较模糊。在Photoshop中，图像的大小实际上涉及图像在文档窗口中的显示大小和图像的实际大小两个方面的问题。下面就从这两个方面进行讲解。

1.4.1 更改图像显示大小

在对照片进行编辑处理时，为了能够精确地处理照片，需要对文档窗口中的照片进行放大或缩小操作。下面介绍在Photoshop中改变图像显示大小的常见方法。

步骤1 启动Photoshop，打开数码照片（路径：素材和源文件\part1\1.4\1.4图像的大小.jpg）。从工具箱中选择【缩放工具】，然后在图像上单击，即可在文档窗口中放大照片，如图1.21所示。

图1.21 使用【缩放工具】放大图像

小叮当：老师，【缩放工具】好像只能放大图像吧？

魔法师：不是呀，如果你想使用【缩放工具】来缩小图像，只需按住Alt键并在图像上单击即可。

步骤2 在文档窗口下方的状态栏中直接输入缩放比例，可以按比例实现图像的缩放，如图1.22所示。

步骤3 照片在文档窗口中被放大后，往往需要在窗口中移动照片以查看照片的局部细节。从工具箱中选择【抓手工具】，然后在照片上按住左键同时移动鼠标，即可实现照片在文档窗口中任意移动，如图1.23所示。

步骤4 选择【窗口】|【导航器】命令，打开【导航器】面板。使用该面板能够方便地控制照片的显示比例并对照片进行移动，如图1.24所示。

图1.22 输入缩放比例实现图片缩放

图1.23　在文档窗口中拖动照片

图1.24　【导航器】面板

1.4.2 图像的匹配缩放

在对多张数码照片进行编辑处理时，有时需要使这些照片按照相同的缩放比例显示，此时可以采用下面的方式来进行操作。

步骤1　启动Photoshop，同时打开两张图片，并对它们进行排列，如图1.25所示。

步骤2　再次单击【排列文档】按钮，然后在打开的菜单中单击【匹配缩放】按钮，此时排列好的两张图片将按照相同的显示比例显示，如图1.26所示。

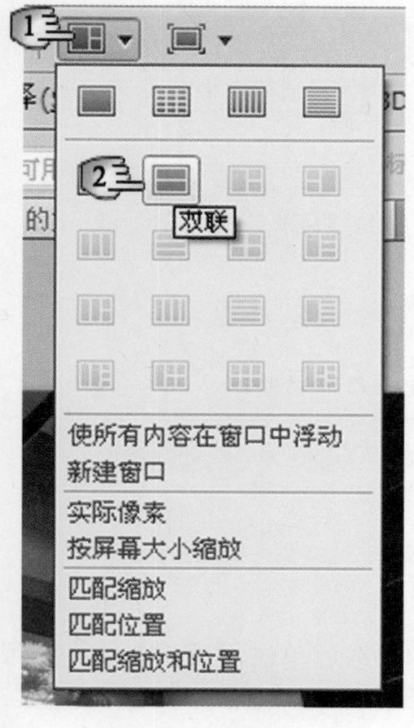

图1.25　排列照片

图1.26　图片的匹配缩放

步骤3　再次单击【排列文档】按钮，然后选择打开菜单中的【实际像素】命令，图像将按照文档窗口的实际大小显示，如图1.27所示。

图1.27　图像按实际像素大小显示

1.4.3 调整图像大小

使用数码相机拍摄的照片往往尺寸很大，为了便于照片的保存和处理，有时需要修改图像的大小。下面介绍具体的操作方法。

步骤1　启动Photoshop，打开需要处理的照片，然后选择【图像】|【图像大小】命令，打开【图像大小】对话框。该对话框中将显示与图像大小有关的数据，如图1.28所示。

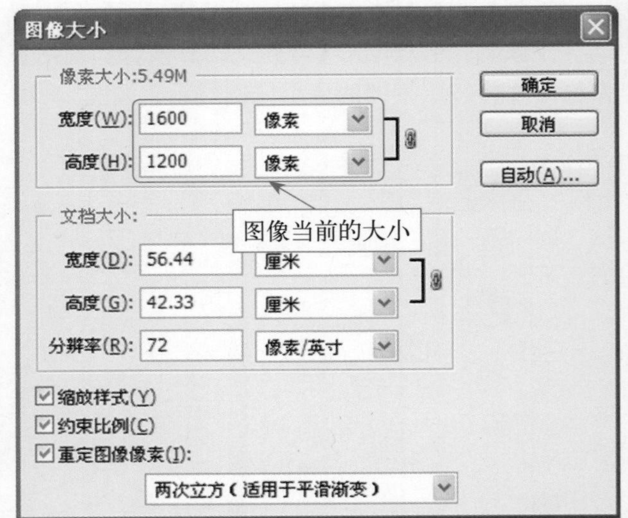

图1.28　【图像大小】对话框

> 小叮当：老师，能给我解释一下像素大小和分辨率的概念吗？
>
> 魔法师：所谓像素大小指的是图像在宽度和高度方向上的像素数目。分辨率是一个描述位图图像精确程度的量，其一般单位为像素/英寸，即常说的dpi。对于一张数码照片来说，像素大小和分辨率决定了照片的数据量。如果照片的像素越多，照片显示的细节就越丰富，相应的照片需要的存储空间就越大。

步骤2　在【图像大小】对话框中，设置照片宽度或高度的像素值，然后单击【确定】按钮，即可更改照片的大小，如图1.29所示。

小叮当：老师，【图像大小】对话框中【重定图像像素】复选框的作用是什么？

魔法师：简单地说，在对照片的大小进行调整时，如果你在更改照片的宽度和高度时不需要更改照片的数据量，可以取消【重定图像像素】复选框的选中。当选中该复选框时，对照片大小的修改将改变照片的数据量，就像本实例那样。另外，只有选中了【重定图像像素】复选框，【约束比例】复选框才可用。选中该复选框后，当输入【宽度】或【高度】值中的一个，Photoshop将根据照片的原始长宽比来改变另一个值。

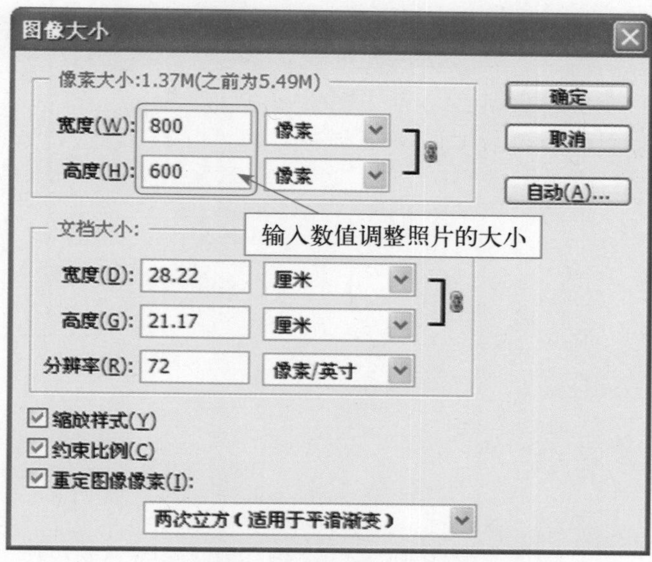

图1.29　设置图像的【宽度】和【高度】值

第2章

数码照片处理初步

随着数码相机的普及，越来越多的朋友开始使用数码相机来留住生活中的美好瞬间。对于普通用户来说，其拍摄的照片效果往往不够完美，这就需要后期进行进一步的处理。本章首先介绍使用Photoshop整理照片，对照片进行裁剪以及去除照片中不需要的对象的简单技巧，然后介绍照片的合成方法和简单处理技巧。

2.1 使用Adobe Bridge管理数码照片

小叮当：我的计算机中积累了大量的数码照片，在使用Photoshop时，挑选、整理需要的照片不是一件容易的事情。老师，您有没有什么好办法？

魔法师：要解决大量数码照片的管理问题，应该养成良好的保存习惯，即对照片进行分类保存。将不同主题、不同类型或不同拍摄时间的照片存放在不同的文件夹中，这样便于查找。Photoshop自带了用于数码照片管理的软件Adobe Bridge，下面我来解释Adobe Bridge的使用方法。

2.1.1 浏览数码照片

使用Adobe Bridge能够方便地浏览和查阅保存于磁盘上的数码照片。下面介绍具体的操作方法。

步骤1 启动Photoshop，单击菜单栏右侧的【启动Bridge】按钮，打开Adobe Bridge程序窗口，如图2.1所示。使用该程序窗口可以浏览照片，预览照片的效果，查阅照片的信息以及对所拍照片进行整理。

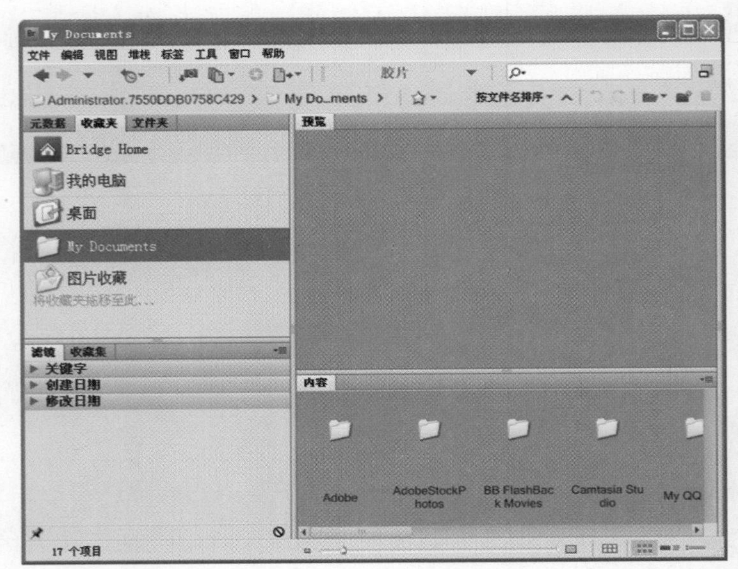

图2.1 Adobe Bridge程序窗口

步骤2 单击程序窗口左侧窗格上的【文件夹】标签，然后从【文件夹】面板中选择需要浏览的照片所在的文件夹，如图2.2所示。

步骤3 此时，在程序窗口中间的【内容】窗格中将显示当前选择文件夹中所有照片的缩览图。拖动窗格下方状态栏上的滑块，可以改变缩览图的大小，如图2.3所示。

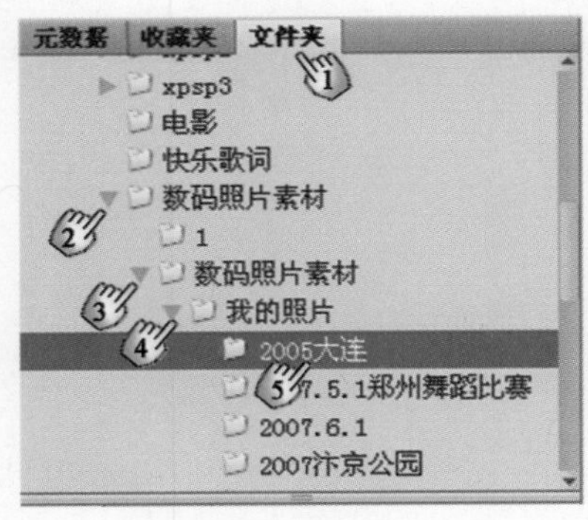

图2.2 选择照片所在的文件夹

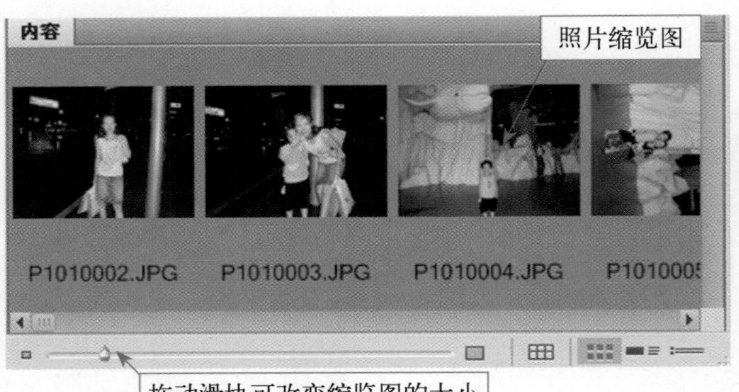

图2.3 显示照片缩览图

步骤4 单击照片缩览图，即可在【内容】窗格上方的【预览】窗格中预览所选择的照片。在照片上单击，可获得一个图片放大镜。拖动该放大镜，能够查看照片局部的放大图像，如图2.4所示。

> 小叮当：老师，我怎么取消这个图像放大镜呀？
> 魔法师：这个很简单，只要用鼠标在放大镜边缘单击即可。

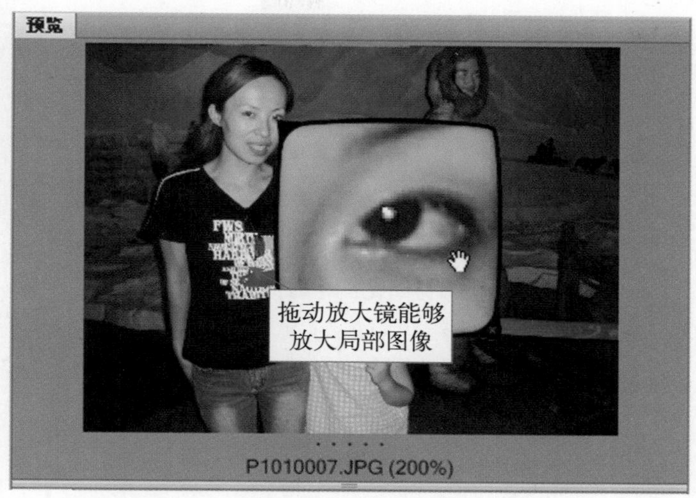

图2.4 预览照片

2.1.2 数码照片的批量重命名

在使用数码相机拍摄数码照片时，相机会根据命名规则自动给照片命名，这种命名一般根据拍摄照片的先后进行编号。这种命名方式不便于照片的查询和管理，因此保存在磁盘上的数码照片往往需要重新命名。使用Adobe Bridge可以方便地实现对多张照片的批量命名。下面介绍具体的操作步骤。

步骤1 按住Shift键，然后在Adobe Bridge的【内容】窗格中单击需要更名的照片的缩览图，同时选择这些照片，如图2.5所示。

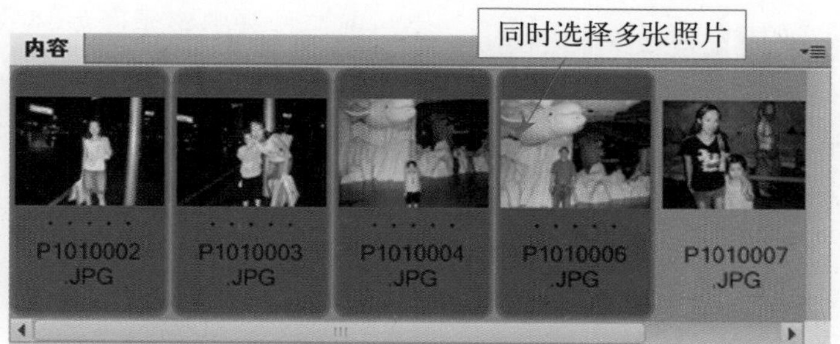

图2.5 在【内容】窗格中同时选择多张照片

步骤2 右击鼠标，然后选择快捷菜单中的【批重命名】命令，打开【批重命名】对话框。在该对话框的【目标文件夹】选项组中，选择重命名后文件的处理方式，再在【新文件名】选项组中设置相应的选项，并输入文件名各个字段的内容，如图2.6所示。

批重命名
目标文件夹
在同一文件夹中重命名
移动到其他文件夹
复制到其他文件夹
浏览...
重命名
载入...
存储...
取消
新文件名
文字 | 大连旅游
日期时间 | 文件修改日期 | YYYYMMDD
序列数字 | 1 | 3 位数
序列数字 | 1 | 4 位数
选项
在 XMP 元数据中保留当前文件名
兼容性： Windows Mac OS Unix
预览
当前文件名： P1010002.JPG
新文件名： 大连旅游200903100010001.JPG
将重命名 4 个文件

图2.6 【批重命名】对话框的设置

步骤3　完成设置后，单击【重命名】按钮，关闭该对话框。所选择的照片将按照刚才设置的规则重命名，如图2.7所示。

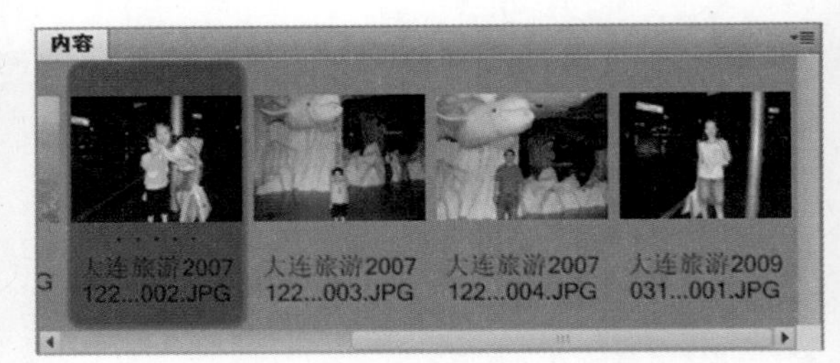

图2.7　选择的照片被重命名

2.1.3 查看照片的元数据

元数据是指数码相机拍摄照片时的某些参数，使用Adobe Bridge能够查看数码照片的 元数据，并且能够根据元数据来实现对照片的筛选。

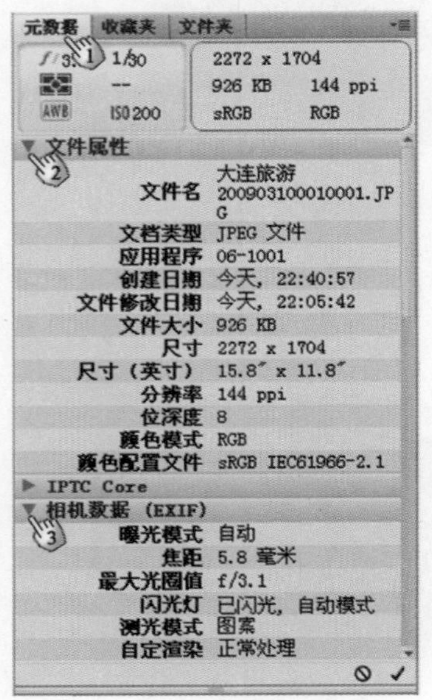

图2.8　查看元数据

步骤1　在【内容】窗格中选择一张照片，然后单击【元数据】标签，打开【元数据】面板。从中可以看到照片文件的属性和拍摄相机的数据等信息，如图2.8所示。

步骤2　选择【窗口】|【滤镜面板】命令，打开【滤镜】面板。通过该面板能够实现对当前文件夹中的照片的选择显示。比如，当需要查看所有感光度为64的数码照片时，可以在【滤镜】面板中将【ISO 感光度】选项栏展开，然后选中其中的64选项，则在【内容】窗格中将只列出当前文件夹中感光度为64的数码照片，如图2.9所示。

图2.9　查看感光度为64的数码照片

2.1.4 按星级和关键字管理照片

使用Adobe Bridge能够为照片的重要性分级，同时还可以为照片添加关键字。借助关键字，可以方便地查询照片。

步骤1　在【内容】窗格中选择需要设定星级的照片，然后在【预览】窗口中右击该照片的预览图，再从右键菜单中选择标示照片重要程度的星级，即可设置照片的星级，如图2.10所示。此时在【内容】窗格和【预览】窗格中的文件名的上方均会显示所设定的照片星级，同时在【滤镜】面板的【评级】选项栏中显示该星级照片的个数，操作者可以根据这个选项来实现对照片的筛选，如图2.11所示。

图2.10　设置照片的星级

图2.11　显示照片的星级

步骤2　打开【关键字】面板，任意展开一个选项栏，然后在其中右击，再选择【新建关键字】命令并输入文字，即可创建新的关键字，如图2.12所示。

步骤3　在窗格中选择数码照片，然后在【关键字】面板中勾选刚才创建的关键字，即可为该照片添加关键字，如图2.13所示。

步骤4　在【滤镜】面板中打开【关键字】选项卡，选项卡中将显示【合影】选项。选中该选项即可使【内容】窗格中只显示关键字为【合影】的照片，如图2.14所示。

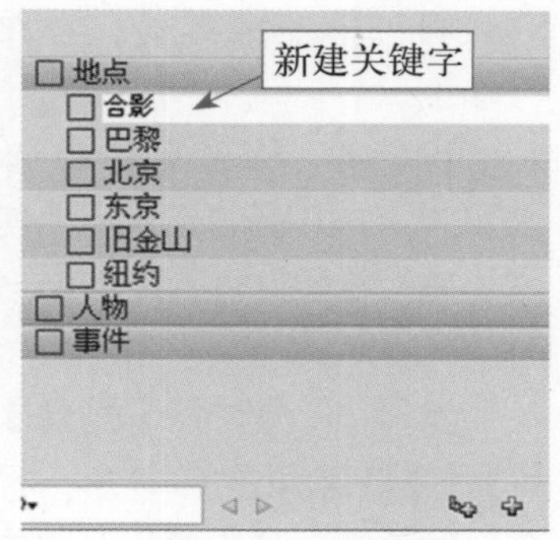

图2.12　创建新关键字

图2.13　为照片添加关键字

图2.14　只显示关键字为【合影】的照片

小叮当：老师，从上面的讲解来看，Adobe Bridge中的【滤镜】和Photoshop滤镜的含义不同吧？

魔法师：是的，这里的【滤镜】面板实际是一个照片筛选器，为照片提供了各种分类显示的依据。使用【滤镜】面板，你可以根据元数据、关键字或星级等信息，十分方便地筛选出你需要的照片。

2.2 矫正倾斜的照片

小叮当：老师，前面您介绍了管理数码照片的方法，下面是不是应该介绍数码照片的处理方法了？

魔法师：是的，我们先从矫正倾斜照片开始吧。在照片的拍摄过程中，由于相机把握不稳，容易出现照片倾斜现象。如果不是构图的需要，这种照片都应该在后期制作中进行矫正。

图2.15 需要处理的照片

步骤1 启动Photoshop，打开需要处理的数码照片（路径：素材和源文件\part2\2.2\矫正倾斜照片.jpg），如图2.15所示。这张照片的海平面有明显的倾斜，即左低右高。下面对该照片进行修正。

步骤2 从工具箱中选择【标尺工具】，如图2.16所示。使用该工具在照片中沿着倾斜的水面拖出一条度量线，如图2.17所示。

图2.16 选择【标尺工具】

步骤3 选择【图像】|【图像旋转】|【任意角度】命令，打开【旋转画布】对话框，其中给出了根据度量线所得到的旋转角度，如图2.18所示。

图2.17 绘制度量线

步骤4 单击【确定】按钮关闭【旋转画布】对话框，照片将按照设定的角度值进行旋转，如图2.19所示。

步骤5 从工具箱中选择【裁剪工具】，然后拖动鼠标绘制裁剪区域，如图2.20所示。完成裁剪区域的绘制后，按Enter键，确认裁剪操作。此时，倾斜的照片得到了矫正。制作完成后的照片效果如图2.21所示。

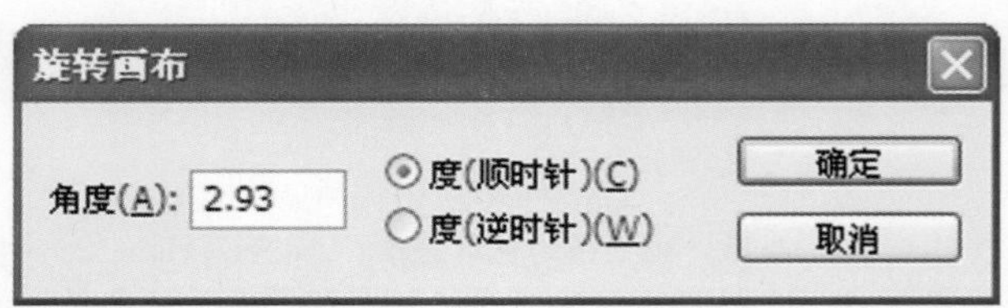

图2.18 【旋转画布】对话框

图2.19　照片被旋转

图2.20　绘制裁剪区域

图2.21　照片处理完成后的效果

2.3 矫正透视变形的照片

小叮当：老师，我这里有一张照片，照片中的建筑物感觉变形了，好像倾斜欲倒的感觉。

魔法师：哦，给我看看。是的，这种变形称为透视变形，产生这种现象的原因是使用了广角镜头进行拍摄。这样的效果在照片中能够营造出一种巍峨挺拔的意境，但过于严重的变形会给人以建筑物将要倒塌的感觉，反而影响照片的整体效果。在拍摄高大建筑物时，这种变形是在所难免的，但在进行照片的后期处理时可以根据需要使用Photoshop对这种缺陷进行矫正。

小叮当：是不是使用变换命令来操作？

魔法师：是的。通过本实例的制作，你将掌握在Photoshop中对图像进行变换操作的一般技巧。我们现在就开始吧。

步骤1　启动Photoshop，打开需要处理的数码照片（路径：素材和源文件\part2\2.3\透视变形的照片.jpg），如图2.22所示。在这张城堡风景照中，城堡发生了变形，给人一种倾斜感。下面使用Photoshop来矫正这种变形。

步骤2　打开【图层】面板，然后双击面板中“背景”图层上的图层锁定标志🔒，如图2.23所示。此时将打开【新建图层】对话框，其中【名称】文本框默认的图层名称为“图层 0”，如图2.24所示。单击【确定】按钮，关闭该对话框，【图层】面板中的“背景”图层变为“图层 0”，如图2.25所示。

图2.22　需要处理的照片

图2.23　双击图层锁定标志

新建图层

名称(N): 图层 0　确定

使用前一图层创建剪贴蒙版(P)　取消

颜色(C): 无

模式(M): 正常　不透明度(O): 100 %

图2.24　【新建图层】对话框

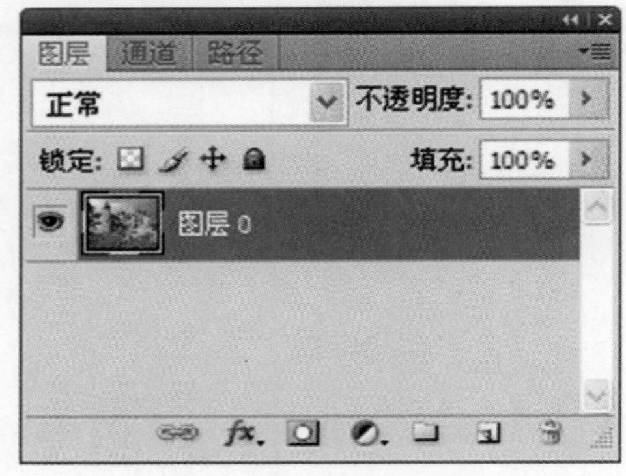

图2.25　【背景】图层变为“图层 0”

> 小叮当：老师，我不太明白这里的操作目的。
> 魔法师：默认情况下，Photoshop打开的照片在背景层，这个图层处于锁定状态，即在【图层】面板中有一个图层锁定标志🔒。此时，该图层是不能进行矫正操作的。上面的操作就是将这个背景图层转换为一个名为“图层 0”的普通图层，普通图层是可以进行矫正操作的。

步骤3　选择【编辑】|【自由转换】命令，此时图片会被带有8个控制柄的变换框框住。按住Ctrl键，将左上角和右上角的控制柄向外侧拖动，对图片进行变形操作，如图2.26所示。

> 小叮当：老师，为什么要按住Ctrl键再拖动控制柄呢？直接拖动控制柄改变变换框的形状不行吗？
> 魔法师：使用Photoshop能够对照片进行多种变换，包括旋转、缩放、扭曲和透视等操作。可以使用【编辑】|【变换】菜单命令来实现这些变换操作。这里，按住Ctrl键再拖动变换框上的控制柄，能够实现对照片的自由扭曲变换；按住Ctrl+Shift组合键再拖动控制柄，能够实现斜切变换；按住Ctrl+Shift+Alt组合键再拖动控制柄，则能够实现透视变换。

步骤4　效果满意后，按Enter键确认对变形的矫正操作。制作完成后的照片效果如图2.27所示。

图2.26 拖动控制柄

图2.27 照片处理完成后的效果

2.4 清除照片中杂乱的背景

小叮当：老师，我这里有一张在海边拍摄的照片，背景中出现了无关的人物，使照片的背景显得杂乱。我该如何进行处理呢？

魔法师：哦，背景中无关的人物，我看可以将其清除掉。由于照片的背景为海面，处理相对简单一些，可以直接使用Photoshop的【修补工具】来将海中多余的人物去掉。

步骤1 启动Photoshop，打开需要处理的数码照片（路径：素材和源文件\part2\2.4\海边.jpg），如图2.28所示。下面对这张照片进行处理，以清除海面上多余的人物。

步骤2 从工具箱中选择【修补工具】，如图2.29所示。在属性栏中选中【源】单选按钮，如图2.30所示。

图2.29 选择【修复工具】

图2.30 属性栏的设置

图2.28 需要处理的照片

步骤3 按Ctrl++组合键，将图像放大，然后拖动鼠标，绘制一个选框，将照片背景上需要去除的对象框住，如图2.31所示。将选框拖动到右侧的海面上，如图2.32所示。释放鼠标，原来选框所在处的图像即可被当前放置选框处的图像所替代，所选择的对象被清除，如图2.33所示。

图2.31 框住需要去除的对象

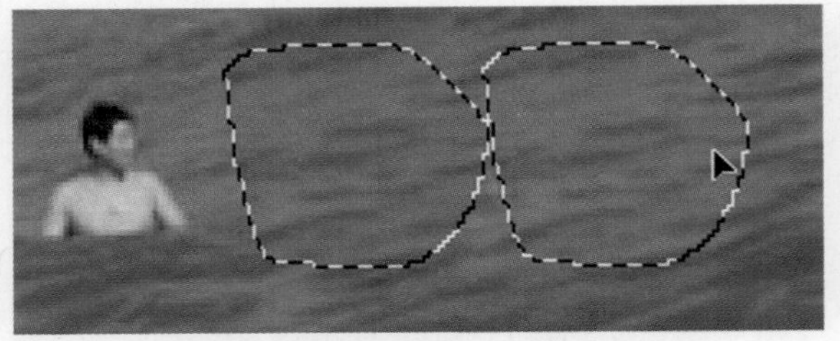
图2.32　选框拖动到右侧的海面上

图2.33　对象被清除

步骤4　在属性栏中选中【目标】单选按钮，然后拖动刚才的选框到右侧的人物处，覆盖该人物，释放鼠标后，该人物被清除。按Ctrl+D组合键取消选区，此时该区域海面效果如图2.34所示。

图2.34　清除右边人物后的海面

步骤5　在属性栏中重新选中【源】单选按钮，然后拖动鼠标再次框选需要清除的人物，如图2.35所示。拖动选框到人物右侧的海面上，将人物清除，如图2.36所示。

图2.35　框选需要清除的人物

图2.36　人物被清除

步骤6　使用和上面相同的方法，逐一清除照片中不需要的人物，效果如图2.37所示。使用【修补工具】，对照片中不满意的细节进行调整，如图2.38所示。处理完成后照片的效果如图2.39所示。

图2.37　清除照片中所有不需要的人物

图2.38　对细节进行修复

图2.39　照片处理完成后的效果

2.5 去除照片中不需要的图像

小叮当：从上面的实例可以看出，【修补工具】确实是一个很实用的工具。对照片的画面进行清理，是否还有其他的工具可以使用呢？

魔法师：对，确实还有其他的工具可用。在Photoshop中，使用【仿制图章工具】同样可以完成照片的修复工作。该工具可以用来修复照片中存在的瑕疵，清除照片中不需要的图像，使照片尽善尽美。

步骤1　启动Photoshop，打开需要处理的数码照片（路径：素材和源文件\part2\2.5\山顶.jpg），如图2.40所示。这是一张风景照，在拍摄这张照片时，无意中将峰顶的摄影者拍入了照片。下面使用【仿制图章工具】将照片中的摄影者除去。

图2.40　需要处理的照片

步骤2　从工具箱中选择【仿制图章工具】，如图2.41所示。在属性栏中为工具设置合适大小的画笔笔尖，如图2.42所示。

图2.41　选择【仿制图章工具】

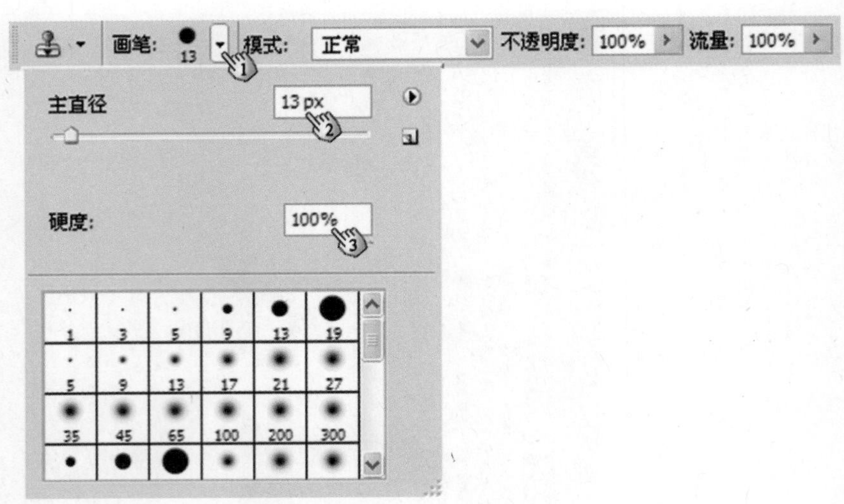

图2.42　设置画笔笔尖

步骤3　按Ctrl++组合键，将图像放大。按住Alt键，同时在靠近要去除的人像的左侧单击，创建取样点，然后使用【仿制图章工具】在人像上小心涂抹，将人像的上半身抹掉，如图2.43所示。

步骤4　照片中人物的下半身被栏杆挡着，涂抹时要小心保留栏杆。按Ctrl++组合键，再次将图像进一步放大，以便进行精确修改。重新取样，在人像的色块上单击，除去人像在栏杆间的部分，如图2.44所示。

图2.43　涂抹掉上半身

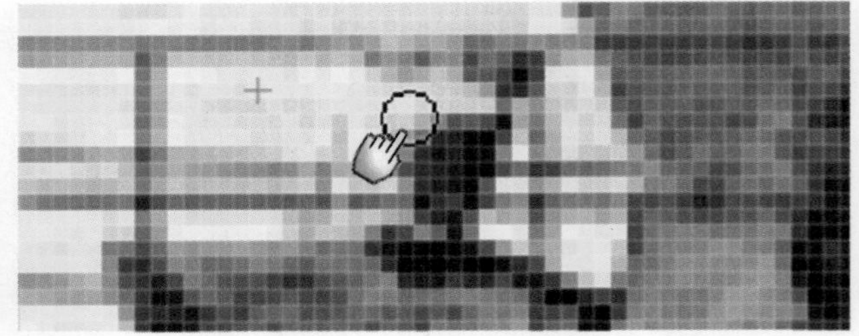

图2.44　在人像上单击

魔法师：如果需要缩小照片，可以按Ctrl+-组合键。另外，为了获得更好的效果，应该根据修复区域大小随时更改画笔笔尖的大小。可以使用[键来缩小画笔笔尖，或者使用]键来扩大画笔笔尖。

小叮当：按快捷键确实方便了很多。

步骤5　在抹除人物身体后，还需要对栏杆进行修补。首先在栏杆上颜色较黑处取样，然后在栏杆上色调较淡的位置单击，以增强栏杆的效果，如图2.45所示。照片处理完成后的最终效果如图2.46所示。

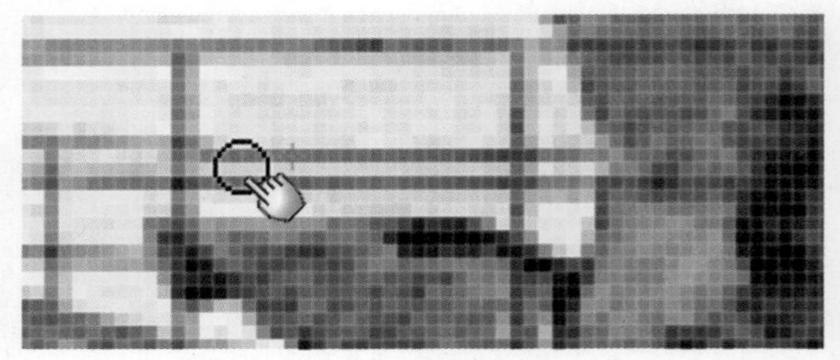

图2.45　修补栏杆

图2.46 照片处理完成后的效果

2.6 使用【消失点】滤镜清理照片

魔法师：当照片上存在大片连续的图像需要清除时，可以使用复制法。所谓复制法就是复制照片中的某些区域，将其粘贴到照片中不需要的图像区域，以覆盖不需要图像，从而实现对照片瑕疵的修复。

小叮当：老师，在实际操作中我发现，如果需要遮盖的对象在一个透视平面中，使用复制法进行覆盖，总是无法达到理想的效果。此时又该怎么办呢？

魔法师：Photoshop提供了一个【消失点】滤镜，使用该滤镜可以方便地在透视平面上进行各种复制操作。下面我们看看具体的操作方法吧。

图2.47 需要处理的照片

步骤1 启动Photoshop，打开需要处理的数码照片（路径：素材和源文件\part2\2.6\父女俩.jpg），如图2.47所示。这张照片在拍摄时不小心将旁边的人物拍入，在此可以使用【消失点】滤镜，通过透视复制来对照片进行处理。

步骤2 选择【滤镜】|【消失点】命令，打开【消失点】对话框，如图2.48所示。从该对话框左侧的工具栏中选择【创建平面工具】，然后在照片中单击，创建第一个节点。依次单击所创建构成面的其他节点，Photoshop会自动将这些节点以直线连接。创建3个节点后，第4个节点位置将决定透视平面的形状。这里，我们在地面上创建一个透视平面，如图2.49所示。

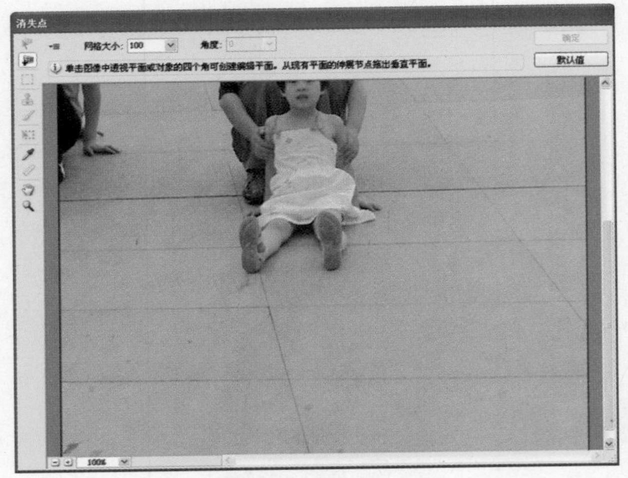

图2.48 【消失点】对话框

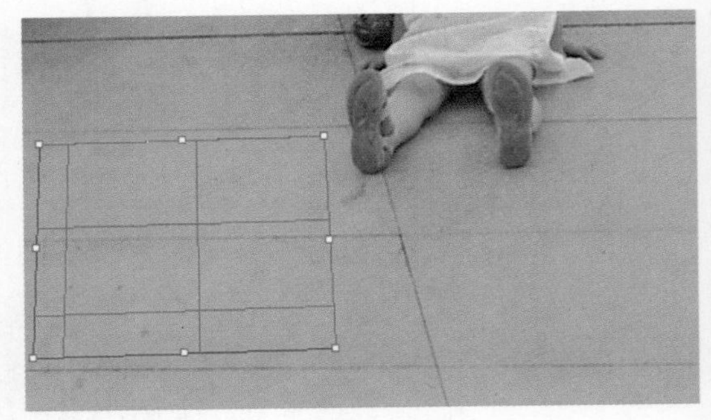

图2.49 创建透视平面

步骤3 将鼠标指针移动到透视平面的控制柄上，然后拖动控制柄，改变所绘制的透视平面的形状和大小。如果将鼠标指针移动到透视平面内，再拖动鼠标，则可移动透视平面的位置。这里是以地面上的线条为依据，修改透视平面的大小和形状，如图2.50所示。

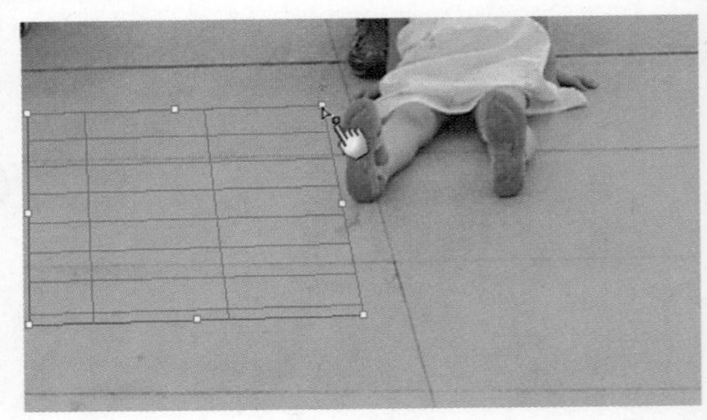

图2.50 修改透视平面的大小和形状

步骤4 从工具栏中选择【选框工具】，然后在属性栏中设置该工具的羽化值，如图2.51所示。将鼠标指针移到所绘制的透视平面中，鼠标指针将变为十字形。拖动鼠标指针，绘制一个与透视平面同样大小的透视选区，如图2.52所示。

图2.51 设置工具的【羽化】值

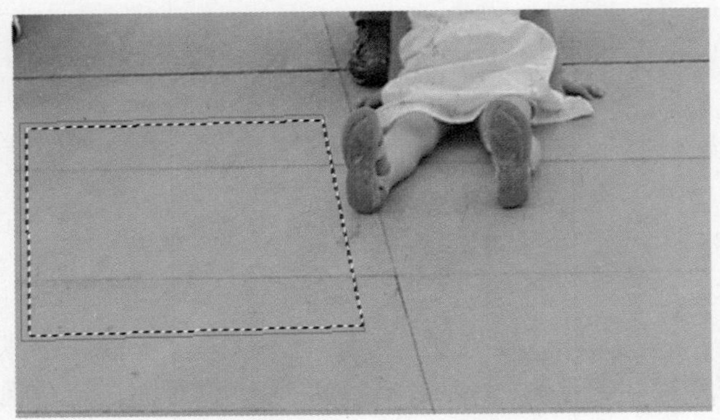

图2.52 绘制透视选区

步骤5 按住Alt键再拖动选区，复制选区中的图像。在拖动的过程中，选区中的图像会自动改变以符合透视规律。在使用选区图像对照片中的人物进行覆盖时要注意，应以选区中的线条为参照，线条与照片中未覆盖部分的线条要相互吻合，如图2.53所示。

步骤6 为确保复制图像中的灰线与照片中水泥块间的灰线吻合，应按Alt+T组合键，然后拖动选区变换框上的控制柄，调整选区的大小以适当旋转选区，如图5.54所示。复制完成后，单击【确定】按钮，关闭【消失点】对话框。

图2.53　覆盖照片中人物

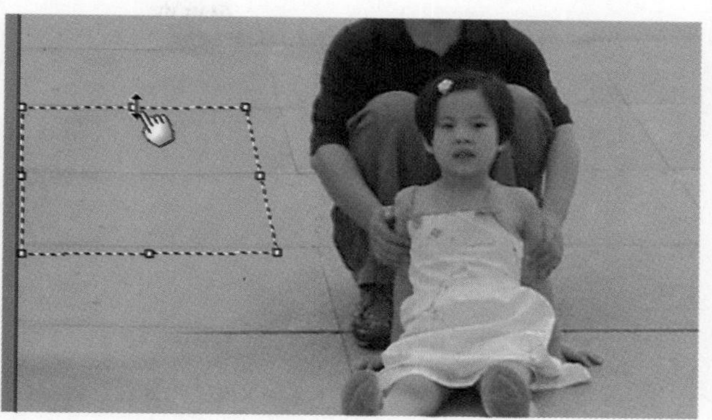
图2.54　变换选区

步骤7　从工具箱中选择【矩形选框工具】。为了使复制所得图像下方的边界能够与照片中堤岸的边界相吻合，应该在属性栏中将【羽化】值设置为0px，如图2.55所示。拖动鼠标，在图像上方的空白处绘制一个矩形选区，如图2.56所示。

图2.55　设置【羽化】值

图2.56　绘制一个矩形选区

步骤8　按Ctrl+C组合键，复制选区图像；按Ctrl+V组合键，粘贴复制图像，此时Photoshop会自动将选区图像粘贴到一个新图层中。从工具箱中选择【移动工具】，然后在照片中拖动所复制的图像，对原照片中不需要的部分进行覆盖，如图2.57所示。

步骤9　由于矩形选区的羽化值已经被设置为0，可能会造成复制图像的边界偏硬，给复制区域的边界留下明显的痕迹。此时，可以重新设置【矩形选框工具】的【羽化】值为10px，然后再次在空白处绘制一个矩形选区，并复制选区图像两次，再将复制图像所在的图层放到【图层】面板的顶层，以便覆盖一些不必要的痕迹，如图2.58所示。

图2.57　拖动图像进行覆盖

图2.58　复制选区并调整图层位置

步骤10 选择【图层】|【合并可见图层】命令，将所有图层合并，然后保存文件，从而完成本实例的制作。照片处理完成后的效果如图2.59所示。

图2.59 照片处理完成后的效果

2.7 去除老照片上的划痕

魔法师：家家都有老照片，老照片记录了过去的美好回忆，但岁月留痕，老照片中往往存在一些杂点和划痕。

小叮当：是呀，老师。这样的照片我们家里有好多，每当奶奶拿着这些照片给我讲过去的故事时，我就在想，能不能对这些照片进行修补，使它们获得新的“容颜”呢？

魔法师：使用Photoshop，再加上一定的技术和耐心，我们完全能够对这样的照片进行修复，使它们旧貌换新颜。下面我结合一个具体的实例来介绍修补老照片的方法。

步骤1 启动Photoshop，打开需要处理的照片（路径：素材和源文件\part2\2.7\老照片.jpg），如图2.60所示。下面使用Photoshop来对这张照片进行修补，去掉照片中的折痕和斑点。

图2.60 需要处理的照片

步骤2 在【图层】面板中将“背景”图层拖放到【创建新图层】按钮上，复制“背景”图层，如图2.61所示。选择【滤镜】|【杂色】|【中间值】命令，打开【中间值】对话框，然后在该对话框中设置【半径】的值，如图2.62所示。单击【确定】按钮，关闭【中间值】对话框，此时照片的效果如图2.63所示。

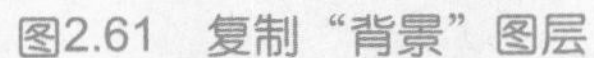
图2.61　复制“背景”图层

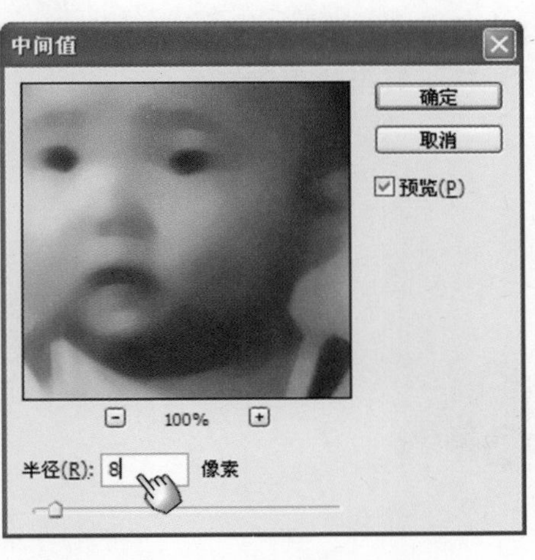

图2.62　【中间值】对话框

图2.63　应用滤镜后的照片效果

步骤3　在【图层】面板中，将图层混合模式设置为【叠加】，如图2.64所示，此时照片中大部分斑点已经被去除。在【图层】面板中，单击【添加图层蒙版】按钮，为“背景 副本”图层添加一个图层蒙版。从工具箱中选择【画笔工具】，然后使用黑色在蒙版上涂抹，恢复被模糊的面部细节，如2.65所示。

图2.64　将图层混合模式设置为【叠加】

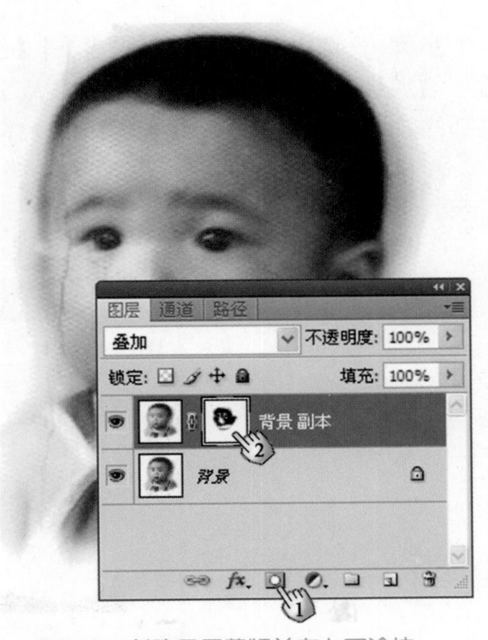

图2.65　创建图层蒙版并在上面涂抹

步骤4　完成涂抹后，按Ctrl+E组合键合并图层。从工具箱中选择【修复画笔工具】，然后使用该工具在图像中涂抹，修复面部的折痕。在修复时，首先将照片适当放大，然后按住Alt键在折痕附近单击鼠标取样，再使用【修复画笔工具】在折痕上一点一点地单击鼠标，去除折痕，如图2.66所示。

步骤5 选择【滤镜】|【杂色】|【去斑】命令一次，照片效果一般不会令人满意，此时可以多按几次Ctrl+F组合键，重复使用该滤镜，直至效果满意为止，此时图像的效果如图2.67所示。

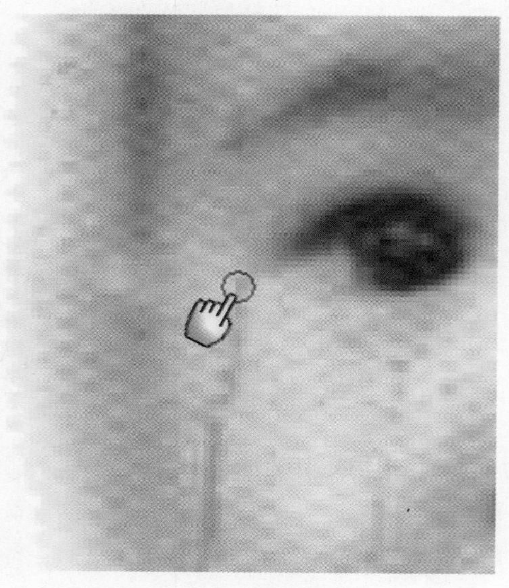

图2.66 去除面部折痕

图2.67 应用【去斑】滤镜后的效果

步骤6 选择【图像】|【调整】|【色阶】命令，打开【色阶】对话框。向左拖动中间灰色滑块，适当增加照片亮度，如图2.68所示。从工具箱中选择【减淡工具】，然后在人物的眼部单击，增强眼部的效果，同时在颈部、右耳部和身体上偏黑的部位涂抹，增强这些部位的效果，如图2.69所示。

步骤7 照片处理满意后，保存文档，从而完成本张照片的制作。照片处理完成后的效果如图2.70所示。

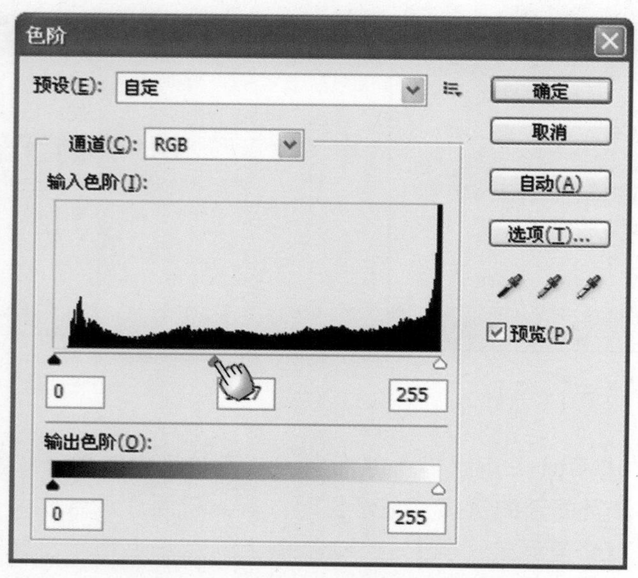

图2.68 【色阶】对话框中的参数设置

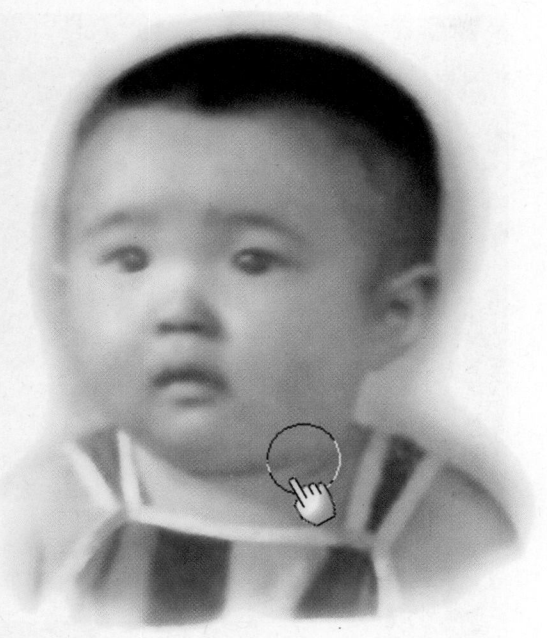

图2.69　使用【减淡工具】涂抹

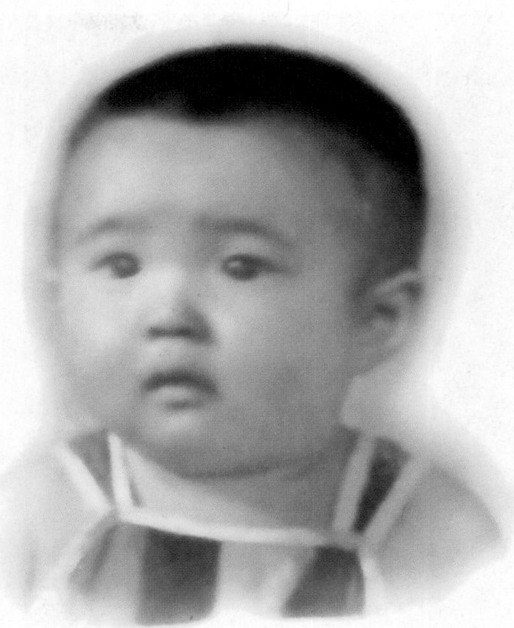

图2.70　照片处理完成后的效果

2.8 使虚照片变清晰

小叮当：老师，我经常看到因为拍摄不当而有点发虚的照片，我能够使用Photoshop来还照片一个清晰的面目吗?

魔法师：照片拍虚了，这是常见的失误。对于十分严重的模糊照片，虽然Photoshop功能强大，但也是力不从心的。对于不太严重的模糊照片，只要处理得当，是能够挽救的。下面介绍一种常见的处理模糊照片的方法。

步骤1　启动Photoshop，打开需要处理的照片（路径：素材和源文件\part2\2.8\人物.jpg），如图2.71所示。这张照片被拍虚了，但不是太严重，下面使用Photoshop来对其进行处理，使照片变得清楚。

步骤2　在【图层】面板中，将“背景”图层拖放到【创建新图层】按钮上，得到“背景 副本”图层。选择【图像】|【调整】|【去色】命令，将“背景 副本”图层的图像变成黑白图像，如图2.72所示。

步骤3　选择【滤镜】|【其他】|【高反差保留】命令，打开【高反差保留】对话框，然后在该对话框中将【半径】设置为1.0，如图2.73所示。单击【确定】按钮应用滤镜效果，此时照片的效果如图2.74所示。

步骤4　在【图层】面板中，将图层混合模式设置为【叠加】，如图2.75所示。合并图层，再保存文档，从而完成照片的处理。照片处理完成后的效果如图2.76所示。

图2.71　需要处理的照片

图2.72　创建“背景副本”图层并去色

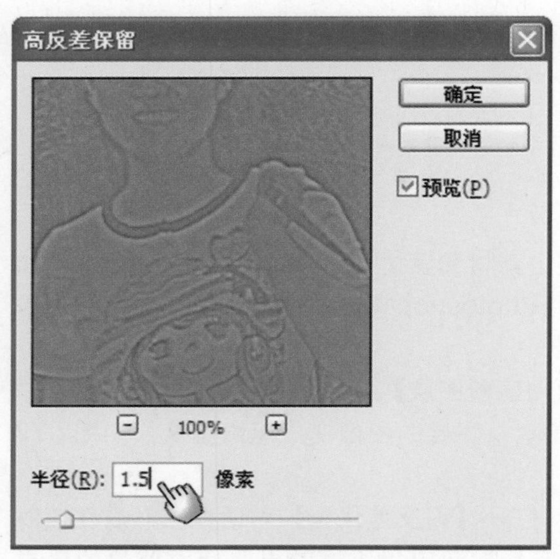

图2.73　【高反差保留】对话框

图2.74　应用滤镜后的照片效果

图2.75 更改图层混合模式

图2.76 照片处理完成后的效果

小叮当：老师，我在使用您所说的方法处理其他照片时，有时对处理效果并不满意，该怎么办呢？

魔法师：首先，【高反差保留】滤镜的【半径】值要根据具体情况来设置，不能过大也不能偏小，以使照片看起来反差较明显为宜。同时，如果在更改了图层混合模式后清晰效果仍然不能令人满意，可以将该图层多复制几个，使效果进一步强化。

2.9 快速去除照片中的时间戳

小叮当：老师，使用数码相机自带的设置日期功能，可以在拍摄照片时给照片打上时间戳，它能够方便照片拍摄时间的识别。但有时这种时间是不必要的，而且还会影响照片的效果。

魔法师：是这样的，你可以在拍摄照片前把这个功能关掉嘛。我知道了，肯定是你在拍摄时忘记了吧。

小叮当：是呀，有时看到美景拿起相机就拍，哪里会注意这个问题。

魔法师：没关系，在使用Photoshop对照片进行处理时，完全可以将其去除。具体操作时，针对不同的照片，可以采用不同的方法。对于时间标志周围背景比较单纯的照片，可以使用Photoshop的【污点修复画笔工具】快速去除时间标志。下面我们来看一个具体的实例吧。

步骤1 启动Photoshop，打开需要处理的照片（路径：素材和源文件\part2\2.9\风景照.jpg），如图2.77所示。这是一张风景照片，在照片的右下角打上了时间戳。下面使用【污点修复画笔工具】将其去除。

图2.77 需要处理的照片

步骤2 从工具箱中选择【污点修复画笔工具】，然后在属性栏中对画笔笔尖进行设置，如图2.78所示。

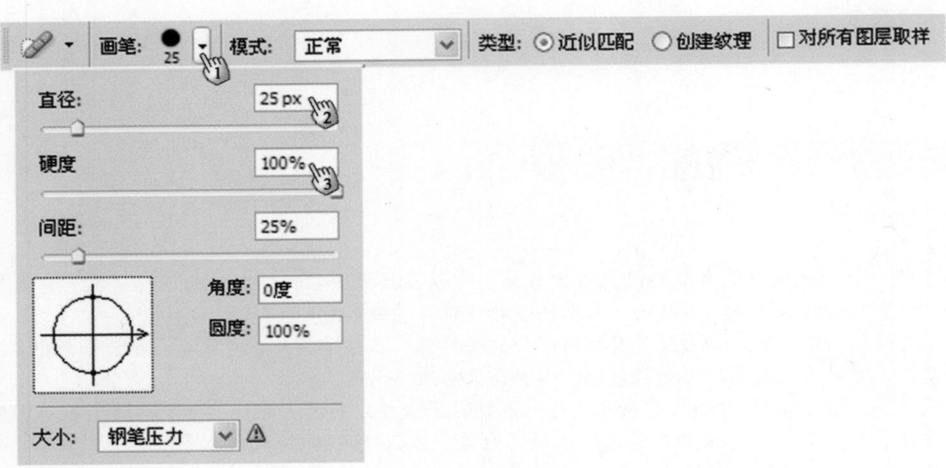

图2.78 设置画笔笔尖

步骤3 使用【污点修复画笔工具】工具在日期所在区域涂抹，如图2.79所示。完成涂抹后，日期被去掉，至此本实例制作完成。图像处理完成后的效果如图2.80所示。

图2.79 在日期所在区域涂抹

图2.80 照片处理完成后的效果

魔法师：使用Photoshop的【污点修复画笔工具】，能够快速去除照片中的污点和其他不需要的图像。该工具能够使用图像或图案中的样本像素来进行绘画，绘画时能够将样本像素的纹理、光照、透明度以及阴影与需要绘画处图像的像素进行自动匹配。与【修复画笔工具】不同的是，在使用该工具时不需要取样，它自动从所修饰区域的周围取样。

小叮当：是呀，【污点修复画笔工具】使用起来真的很方便，正可谓“照片污渍，一抹就平”。

2.10 去除照片中的噪点

魔法师：在使用数码相机拍摄照片时，相机的CCD（即电荷耦合器件）将穿过镜头的光线转换为数字信号后接收和存储，但在这个过程中产生的图像中会出现粗糙部分。另外，由于电子干扰，在图像中也会出现多余的外来像素。这些图像中的粗糙部分类似于杂点，也就是我们这里所说的噪点。

小叮当：噪点在数码照片中具体的表现是什么样的呢？

魔法师：平时拍摄的数码照片，当画质较好时，如果你将照片缩小观看，也许根本注意不到。如果将图像放大，就会看到照片中不应该有的颜色，噪点就会显示出来。

小叮当：怪不得我总觉得我拍摄的一些照片很脏，画面质量不好，有时候放大到照片的原始尺寸看上去很脏。恐怕都是照片中的噪点在作怪。

魔法师：是的。在进行数码照片的后期处理时，减少或消除照片中的噪点称为降噪操作。下面我就介绍一下使用Photoshop滤镜进行降噪操作的具体步骤。

步骤1　启动Photoshop，打开需要处理的照片（路径：素材和源文件\part2\2.10\去除噪点.jpg），如图2.81所示。下面对使用【去斑】、【高斯模糊】和【智能锐化】滤镜来对照片进行处理，去除照片中的噪点。

图2.81　需要处理的照片

步骤2　按Ctrl++组合键数次，在图像窗口中将图像放大到100%，此时可以看到图像中存在的噪点，如图2.82所示。在【图层】面板中，将“背景”图层拖放到【创建新图层】按钮 上，创建“背景 副本”图层。选择【滤镜】|【杂色】|【去斑】命令，对图像应用【去斑】滤镜。按两次Ctrl+F组合键，重复应用【去斑】滤镜，此时图像的效果如图2.83所示。

图2.82　放大图像后的效果

图2.83　应用【去斑】滤镜后的图像效果

步骤3　在【图层】面板中，将“背景 副本”图层拖放到【创建新图层】按钮 上，创建“背景 副本2”图层。选择【滤镜】|【模糊】|【高斯模糊】命令，打开【高斯模糊】对话框，然后在该对话框中设置合适的【半径】值，如图2.84所示。单击【确定】按钮，应用【高斯模糊】滤镜，此时图像的效果如图2.85所示。

步骤4　在【图层】面板中，将“背景 副本 2”图层的图层混合模式设置为【柔光】，同时将图层的【不透明度】值设置为50%，如图2.86所示。

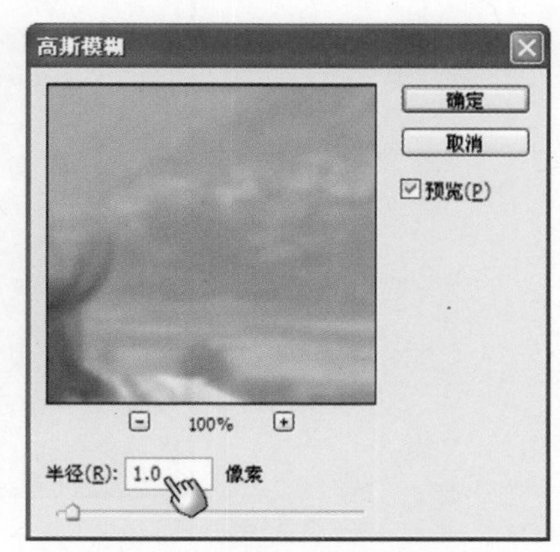

图2.84　【高斯模糊】对话框

图2.85　应用【高斯模糊】滤镜后的图像效果

图2.86　设置图层混合模式和【不透明度】值

步骤5　在【图层】面板中，将“背景 副本 2”图层拖放到【创建新图层】按钮上，创建“背景 副本 3”图层。选择【滤镜】|【锐化】|【智能锐化】命令，打开【智能锐化】对话框，参数设置如图2.87所示。单击【确定】按钮，应用该滤镜，此时图像的效果如图2.88所示。

图2.87　【智能锐化】对话框中的参数设置

图2.88　应用【智能锐化】滤镜后的图像效果

步骤6　在【图层】面板中，单击【创建新的填充或调整图层】按钮，然后从下拉菜单中选择【色彩平衡】命令，创建一个【色彩平衡】调整图层。在【调整】面板中，调整照片中间调的色彩，如图2.89所示。对照片阴影区域的色彩进行调整，如图2.90所示。对照片高光区域的色彩进行调整，如图2.91所示。完成色彩调整后的图像效果如图2.92所示。

步骤7　按Ctrl+Shift+E组合键，合并所有图层，再保存文档，从而完成本实例的制作。本实例制作完成后的效果如图2.93所示。

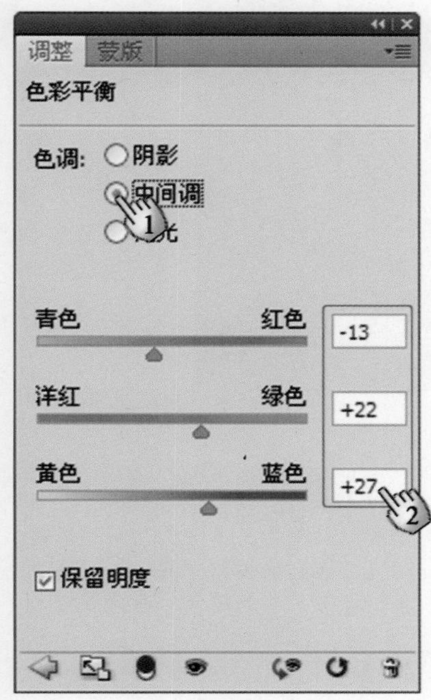

图2.89　调整照片中间调的色彩

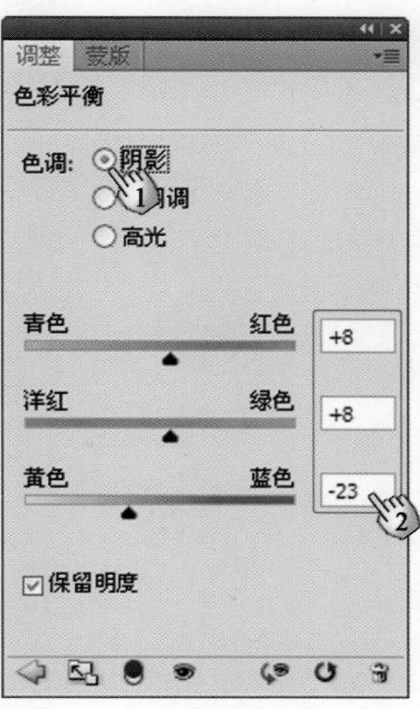

图2.90　调整阴影区域的色彩

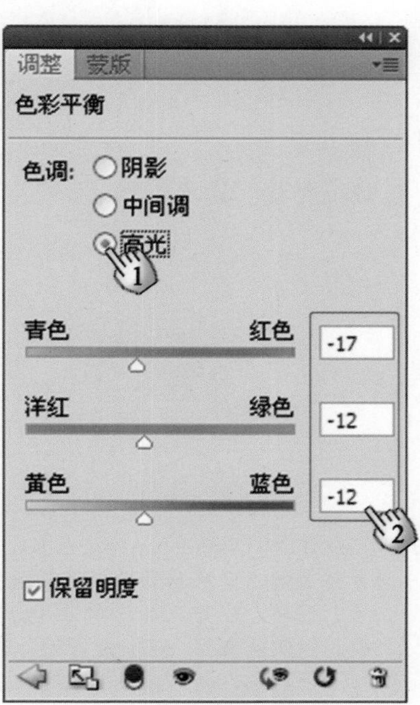

图2.91　调整高光区域的色彩

图2.92 调整色彩后的图像效果

图2.93 照片处理完成后的效果

魔法师：Photoshop的【色彩平衡】命令是纠正照片偏色和调整照片色彩的一个有效的工具，本实例使用该工具来对修复噪点后照片的色彩进行调整，从而获得更好的效果。另外，在Photoshop的【杂色】滤镜组中有一个【减少杂色】滤镜，它可以分别对照片的各个通道进行降噪处理，是一个专业的降噪工具。对于本例的照片，你也可以直接使用该滤镜操作一下，看看操作效果如何。

小叮当：好的，我知道了。

2.11 突出照片中主体人物

魔法师：对于普通家庭来说，在拍摄照片时不可能获得良好的拍摄环境，拍摄出来的照片的背景中往往夹杂了其他无关对象，照片中的主体人物无法凸现。对于这类照片，要想将背景中无关的对象全部去除是无法做到的。此时可以使用Photoshop的【高斯模糊】滤镜，模糊掉不需要的背景物，使照片中的主体对象得到凸现。下面我来介绍具体的操作方法。

小叮当：好的。

步骤1 启动Photoshop，打开需要处理的照片（路径：素材和源文件\part2\2.11\突出照片主体.jpg），如图2.94所示。下面对这张照片进行处理，以突出照片中的主体人物。

图2.94 需要处理的照片

步骤2 在【图层】面板中，将“背景”图层拖放到【创建新图层】按钮上，创建“背景副本”图层。从工具箱中选择【椭圆选框工具】，然后在属性栏中将【羽化】值设置为50px，如图2.95所示。在图像中拖动鼠标指针，绘制一个圆形选区，如图2.96所示。选择【选择】|【反向】命令，将选区反转，如图2.97所示。

图2.95 【椭圆选框工具】属性栏的设置

图2.96 绘制圆形选区

图2.97　反转选区

步骤3　选择【滤镜】|【模糊】|【高斯模糊】命令，打开【高斯模糊】对话框，然后设置其中的参数，如图2.98所示。单击【确定】按钮，应用该滤镜，此时图像的效果如图2.99所示。

图2.98　【高斯模糊】对话框中的参数设置

图2.99　应用【高斯模糊】滤镜后的图像效果

步骤4　选择【滤镜】|【杂色】|【添加杂色】命令，打开【添加杂色】对话框，然后设置其中的参数，如图2.100所示。单击【确定】按钮，应用滤镜，图像效果如图2.101所示。

步骤5　按Ctrl+D组合键取消选区，再按Ctrl+E组合键合并图层。保存文档，从而完成本实例的制作。本实例制作完成后的效果如图2.102所示。

图2.100 【添加杂色】对话框

图2.101 应用【添加杂色】滤镜后的图像效果

图2.102 照片处理完成后的效果

小叮当：老师，我一直有个问题想问您，在每个实例制作完成后，您为什么都要合并图层呢？

魔法师：在Photoshop中，把不同的效果放置在不同的图层中是一个好方法。这样可以分别对单独的对象进行制作和修改而不会影响图像中其他的对象。但是，图层越大，保存在磁盘上的文件占用的磁盘空间就越大，文档被打开的速度就越慢，在操作时，图像占用的资源就越多。因此，将不再需要修改的图像所在图层合并，以便减少图层是一个好习惯。这也就是为什么在完成实例后都要将图层合并为一个图层的原因。

2.12 改善室内照片的光照效果

魔法师：在室内拍摄照片时，光线的运用是十分重要的。在实际拍摄时，由于客观条件和拍摄者技术的限制，拍摄出来的照片效果往往不尽如人意。不过，这样的缺陷可以使用Photoshop进行后期处理来进行修复。下面介绍一个使用Photoshop的【光照效果】滤镜来进一步完善室内照明效果的例子。

小叮当：那我们就开始吧。

步骤1 启动Photoshop，打开需要处理的照片（路径：素材和源文件\part2\2.12\光照效果.bmp），如图2.103所示。下面使用【光照效果】滤镜来为这张照片添加灯光效果。

图2.103 需要处理的照片

步骤2 选择【滤镜】|【渲染】|【光照效果】命令，打开【光照效果】对话框。从该对话框的【光照类型】下拉列表中选择【点光】选项，然后在左侧的预览窗口中拖动光圈改变光源的位置，拖动光圈上的控制柄以改变光源的强度、方向以及光圈的大小。光源其他参数的设置如图2.104所示。

步骤3 在该对话框中，将图标拖放到预览窗口中再创建一个点光源，同样设置光源的位置以及光照方向、大小和强度等，如图2.105所示。放置第三个点光源，如图2.106所示。单击【确定】按钮应用滤镜，此时的图像效果如图2.107所示。

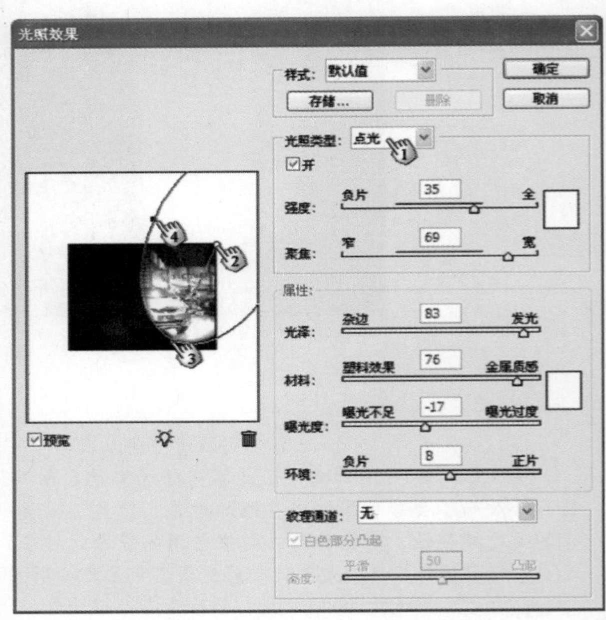

图2.104 设置点光源

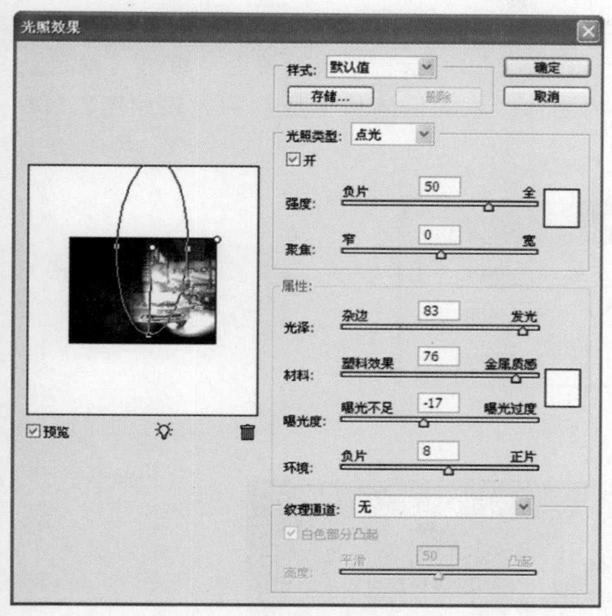

图2.105　添加第二个点光源

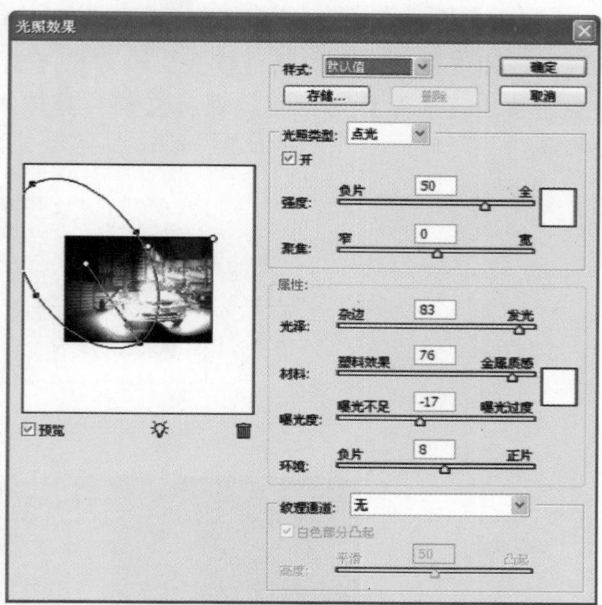

图2.106　放置第三个点光源

图2.107　应用滤镜后的图像效果

魔法师：这里，点光能够在照片中产生椭圆形光柱，通过拖动椭圆形上的控制柄，能够对光柱效果进行修改。按住Ctrl键再拖动控制柄，可以改变角度但不改变线段的长点。按住Shift键再拖动鼠标，则只改变线段的长度而不改变线段的角度。如果想删除某个光源，只要单击光圈中间的圆圈选择该光源，然后按Delete键或将其拖放到预览窗口下方的垃圾箱图标 🗑 上即可。这些操作技巧你要记住哟。

小叮当：好的，我会的。

步骤4 选择【编辑】|【渐隐光照效果】命令，打开【渐隐】对话框。在该对话框中调整【不透明度】值，同时将【模式】设置为【变亮】，如图2.108所示。完成设置后，单击【确定】按钮关闭【渐隐】对话框。保存文档，完成本实例的制作。本实例制作完成后的效果如图2.109所示。

图2.108 【渐隐】对话框的设置

图2.109 照片处理完成后的效果

魔法师：应用某个滤镜后，如果需要对滤镜效果进行修改，可以像“步骤4”中那样使用【渐隐×××】命令来实现。【不透明度】的值决定了滤镜效果应用的程度，而【模式】中的选项与【图层】面板中图层混合模式选项的作用一样，都是用来决定图像混合方式的。

小叮当：按您的意思，减小【不透明度】的值，将会削弱当前应用的滤镜效果，而增大到100%将直接按照设置应用滤镜效果。

魔法师：你说得很对，就是这样的。

第3章

人物照片的润饰

家庭数码照片中拍摄得最多的对象是什么呢？当然是家庭成员了。在拍摄人物照片时，由于拍摄技巧、拍摄环境以及拍摄对象本身的原因，拍摄出来的照片往往无法获得尽善尽美的效果。实际上，在拍摄过程中，作为普通家庭用户，没必要也不可能像专业摄影师那样去追求完美的拍摄效果。在使用Photoshop进行照片的后期处理时，我们能够很容易地实现对大多数有缺陷的人物照片的修复和整饰，从而获得数码照片的完美效果。

3.1 去除红眼

小叮当：老师，为什么我在夜晚拍摄的照片，有时人物的眼睛是红色的呢？

魔法师：这种现象叫做红眼。使用数码相机在室内或夜晚拍摄人像时，由于光线较暗，使用闪光灯往往会出现红眼，即照片的人物的眼睛中会出现明显的红点。红眼现象是由于相机的电子闪光经过眼睛反射回相机镜头而造成的，对大多数数码相机来说，都可以通过在拍摄时开启去红眼功能来避免这种现象。

小叮当：这样的照片使用Photoshop能够进行修复吗？

魔法师：当然可以。使用Photoshop去除照片中的红眼有多种方法，比如使用【画笔工具】、【红眼工具】以及通过选择红眼区域后进行色彩调节等方法都能够修复照片中的红眼。下面介绍使用【红眼工具】消除红眼的具体操作方法。

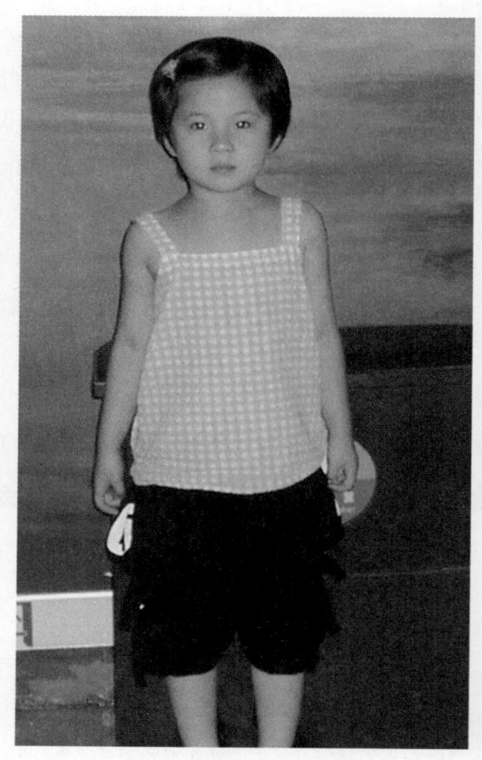

图3.1 需要处理的照片

步骤1 启动Photoshop，打开需要处理的数码照片（路径：素材和源文件\part3\3.1\去红眼.jpg），如图3.1所示。这张照片在黑暗的室内拍摄，使用了闪光灯，人物的双眼出现了明显的红眼效果。下面使用Photoshop对照片进行修饰，去除照片中人物的红眼。

步骤2 从工具箱中选择【红眼工具】，然后在属性栏中对工具参数进行设置，如图3.2所示。按Ctrl++组合键3次，将图像放大为400%。使用【红眼工具】在人物右眼的红眼部位单击，如图3.3所示。此时，可以看到眼中的红色部分被清除。

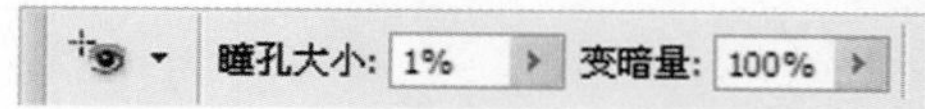

图3.2 工具属性栏的设置

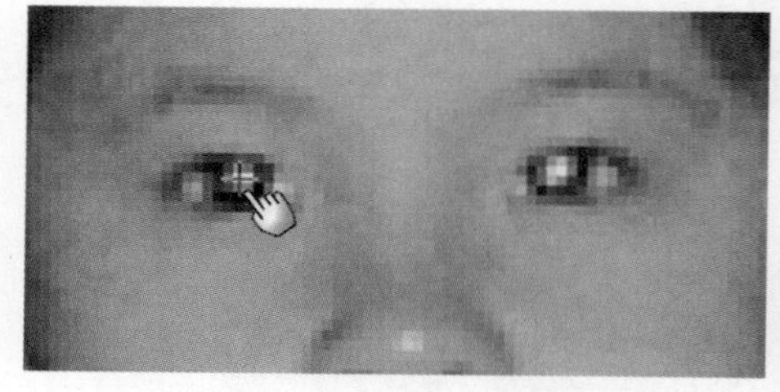

图3.3 去除右眼的红眼

步骤3 拖动鼠标，使用【红眼工具】框选左眼的红色部位，如图3.4所示。释放鼠标后，红眼得到修复，如图3.5所示。

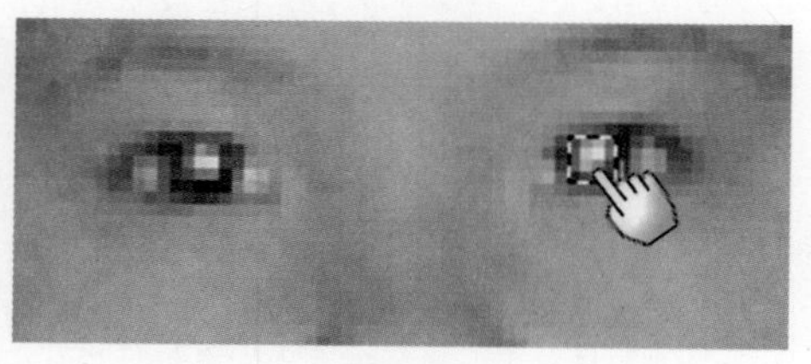

图3.4 框选红眼

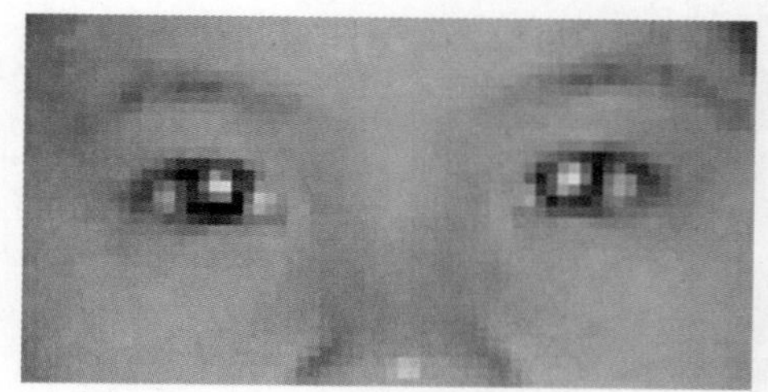

图3.5 释放鼠标后的效果

步骤4　下面对眼睛进行进一步的修饰。从工具箱中选择【矩形选框工具】，然后在属性栏中将【羽化】值设置为1px。拖动鼠标，绘制一个矩形选框，如图3.6示。按Ctrl+L组合键，打开【色阶】对话框，在该对话框中，向右拖动中间的灰色滑块，削弱选区亮度，如图3.7示。

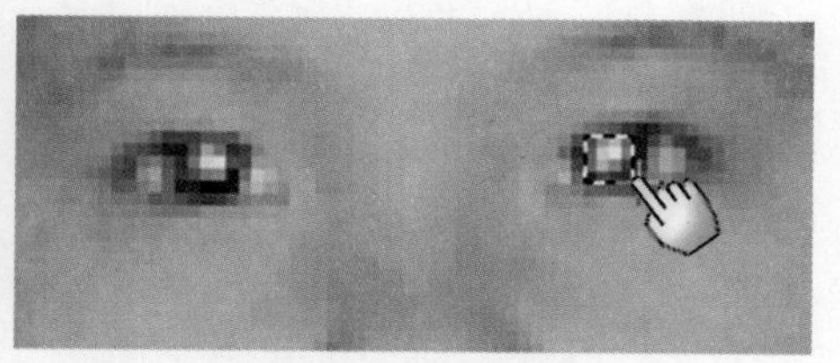
图3.6　创建选框

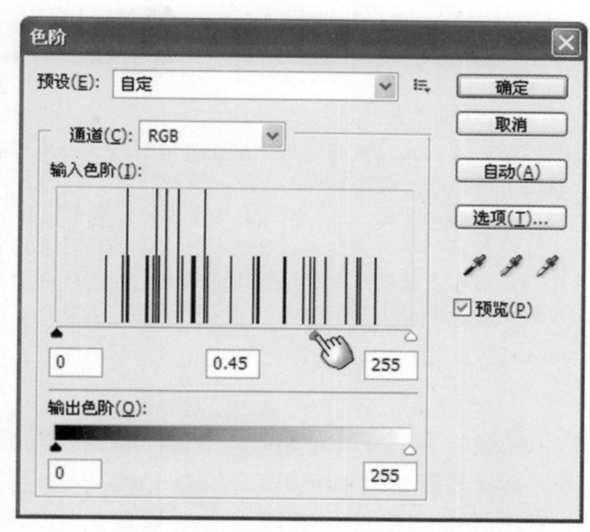

图3.7　【色阶】对话框

步骤5　单击【确定】按钮，关闭【色阶】对话框，然后按Ctrl+D组合键取消选区，从而完成对左眼的调整。此时的眼睛效果如图3.8所示。采用相同的方法在右眼创建选区，如图3.9所示。

步骤6　使用与上面相同的方法对选区色阶进行调整。调整完成后取消选区，并保存文档，从而完成对本张照片的处理。照片处理完成后的效果如图3.10所示。

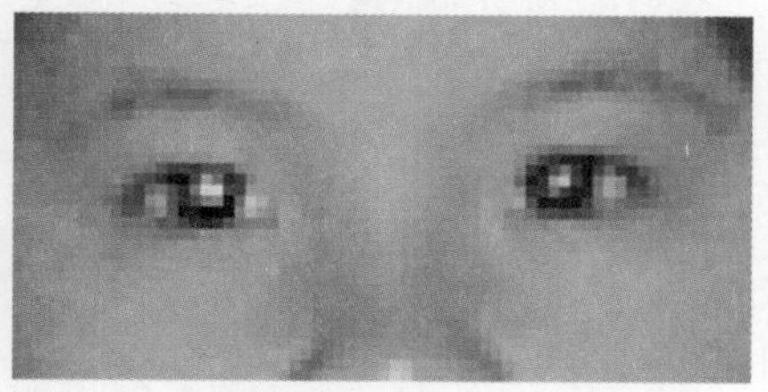
图3.8　完成色阶调整后的眼睛

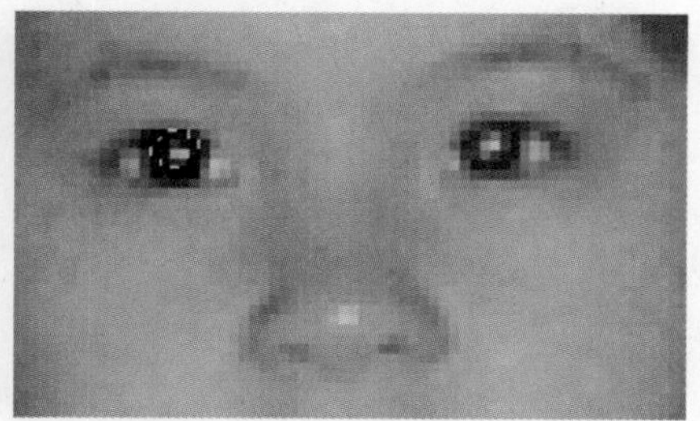
图3.9　在右眼创建选区

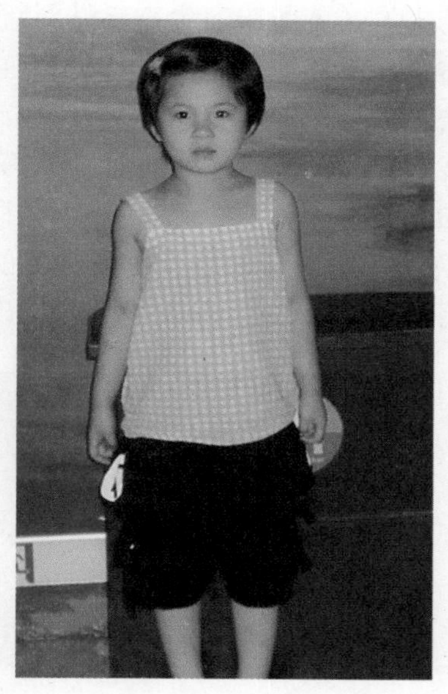
图3.10　照片处理完成后的效果

魔法师：去除红眼，实际上就是将照片人物眼中的红色区域替换为其应有的颜色。要达到这个目的，有很多工具可以选择。例如，使用【画笔工具】将红眼区域涂抹为黑色，或者使用与【画笔工具】位于同一个工具组中的【颜色替换工具】，将眼睛中的红色替换为黑色。对于红眼不太严重的照片，可使用【加深工具】来加深红眼区域颜色以消除红眼。

小叮当：原来是这样呀，我把各种工具都试试。

3.2 修复大小不一致的眼睛

图3.11 需要处理的照片

魔法师：在拍摄照片时，有没有遇到过拍出来的照片人物的眼睛没有睁开或者两只眼睛大小不一致的情况？

小叮当：是的，这种现象对于普通摄影者来说经常会遇到。

魔法师：要避免这种情况，拍摄者在拍摄时要注意与被拍摄者进行沟通，互相配合是解决问题的关键。对于这样的照片，我们也可以使用Photoshop进行修复。下面介绍具体的操作方法。

步骤1　启动Photoshop，打开需要处理的数码照片（路径：素材和源文件\part3\3.2\女孩.jpg），如图3.11所示。在这张照片中，小孩子的两只眼睛显得大小不一。下面使用Photoshop来修复这一瑕疵。

图3.12 绘制选区

步骤2　从工具箱中选择【套索工具】，然后在属性栏中将【羽化】值设置为0px。按住鼠标左键并拖动鼠标，在照片中人物左眼处绘制一个框住左眼的选区，如图3.12所示。按Ctrl+C组合键，复制选区内容；按Ctrl+V组合键，粘贴复制的内容。选区内容会被粘贴到新图层即“图层1”中。

步骤3　选择【编辑】|【变换】|【水平翻转】命令，水平翻转复制的眼睛，如图3.13所示。选择【编辑】|【自由变换】命令，眼睛被变换框包围。拖动变换框，将眼睛放置于右眼的位置，然后将鼠标放置于变换框的右上角，拖动鼠标旋转变换框，使眼睛的放置角度与脸的角度一致，如图3.14所示。将眼睛调整到位后，按Enter键确认变换。

图3.13 水平翻转眼睛

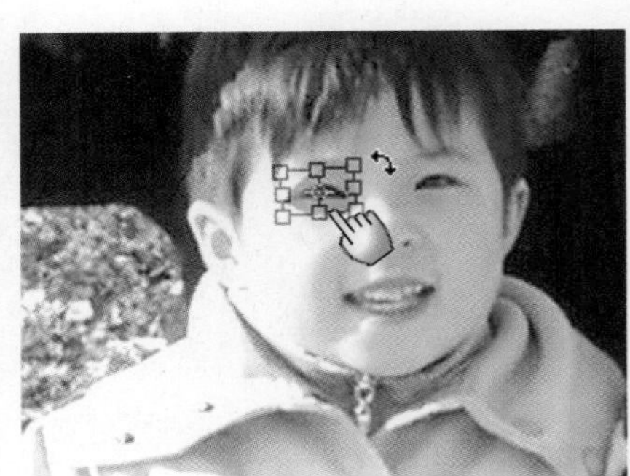

图3.14 放置并旋转眼睛

步骤4　从工具箱中选择【橡皮擦工具】，然后在属性栏中对工具进行设置，同时打开【画笔预设选取器】面板，设置画笔笔尖的大小和硬度，如图3.15所示。按Ctrl++组合键放大照片，然后拖动鼠标小心地擦去复制眼睛周围的眼圈，以便露出下面图层中的皮肤，如图3.16所示。

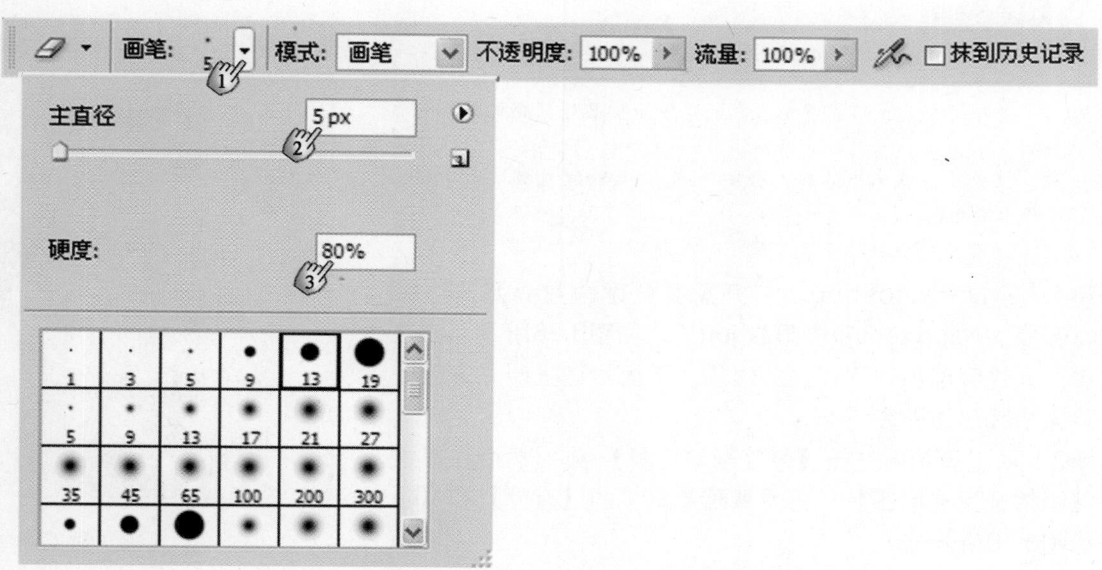

图3.15　设置画笔笔尖的大小和硬度

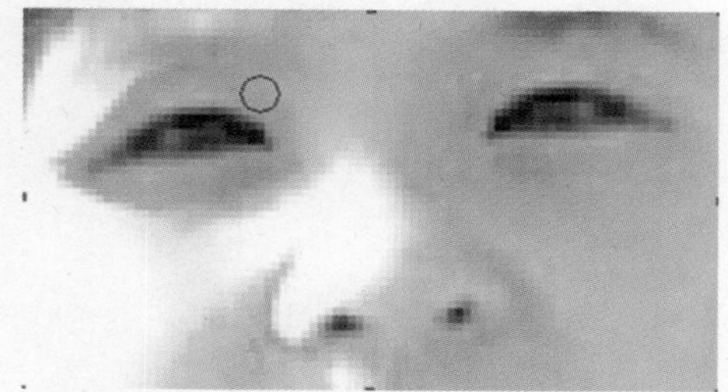

图3.16　在眼圈周围涂抹

图3.17　照片处理完成后的效果

步骤5　对眼圈进行涂抹，使复制的眼睛与皮肤融合。效果满意后，按Ctrl+E组合键向下合并图层，再保存文件，从而完成本张照片的处理。照片处理完成后的效果如图3.17所示。

3.3 去除眼袋

小叮当：老师，今天我不能照相。我的眼袋好明显呀，照片效果一定不好。

魔法师：没关系，我来给你照，然后再用Photoshop处理，去除眼袋，让你依然光彩照人。

步骤1　启动Photoshop，打开需要处理的数码照片（路径：素材和源文件\part3\3.3\去眼袋.jpg），如图3.18所示。在这张照片中，人物眼部出现了明显的眼袋。下面对这张照片进行处理，去除人物眼部的眼袋。

图3.18　需要处理的照片

步骤2　从工具箱中选择【修复画笔工具】，然后在属性栏打开【画笔预设选取器】，再设置画笔笔尖的【直径】和【硬度】，如图3.19所示。

图3.19　属性栏的设置

步骤3 将图像适当放大，然后按住Alt键同时在眼袋下方正常皮肤处单击，创建取样点，如图3.20所示。按住鼠标左键沿着需要修复的眼袋拖动鼠标进行涂抹，如图3.21所示。

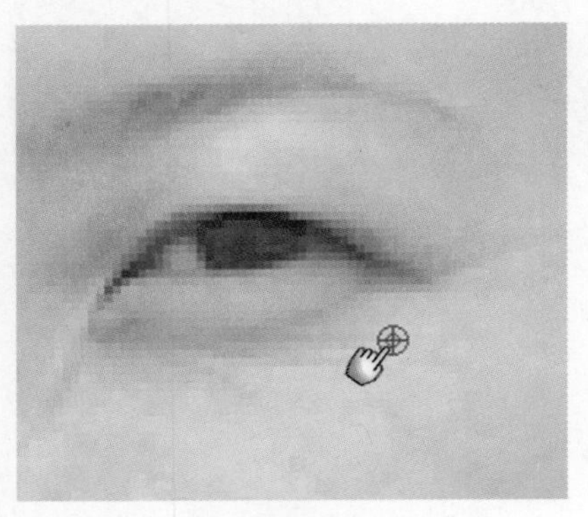

图3.20　创建取样点

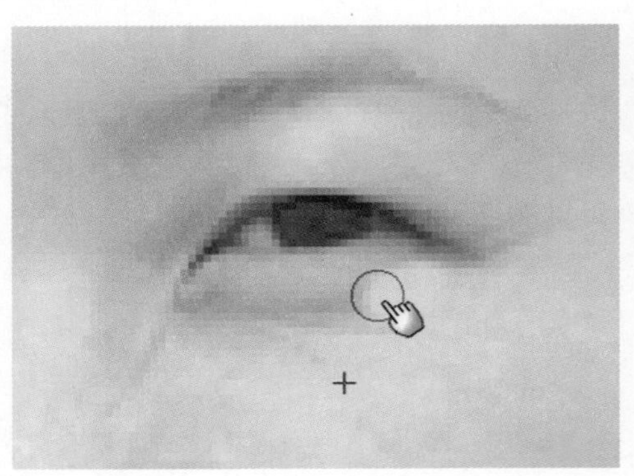

图3.21　拖动鼠标进行涂抹

魔法师：随着鼠标的拖动，可以看到一个十字光标跟随移动，Photoshop实际上是使用十字光标所在处的像素来修复当前鼠标位置的图像。在操作时，如果拖动一次效果不理想，可以进行多次重复操作。同时，在进行涂抹时，应该根据需要适时更换取样点和画笔笔尖的大小，以便获得较好的处理效果。

小叮当：好的，我再来试试。

步骤4　采用相同的方法，对右眼的眼袋进行处理。处理完成后保存文档，从而完成本张照片的处理。照片处理后的效果如图3.22所示。

图3.22　照片处理完成后的效果

3.4 消除面部油光

小叮当：在光线较暗的环境中拍摄照片，往往会用到闪光灯。在使用闪光灯的时候，有时会使人物的脸部非常光亮，给人一种油光满面的效果。老师，您看，这张照片就是这样的。

魔法师：是呀，确实如此。看来我们又要使用Photoshop对照片进行处理了。

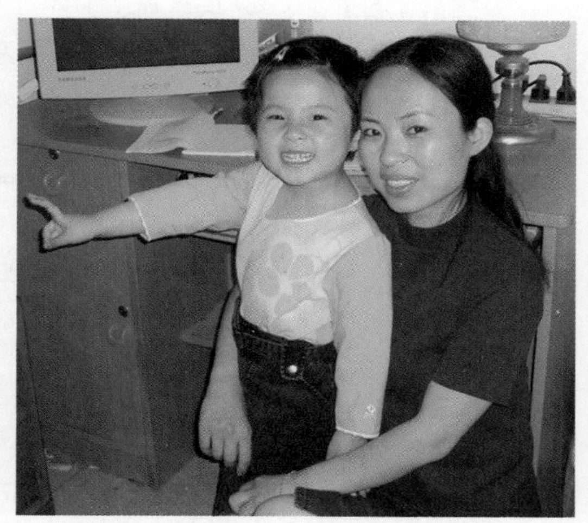

图3.23　需要处理的照片

步骤1　启动Photoshop，打开需要处理的数码照片（路径：素材和源文件\part3\3.4\去油光.jpg），如图3.23所示。在这张照片中，人物面部的油光效果比较明显。下面对照片进行处理，除去面部的油光，使人物更加自然。

步骤2　从工具箱中选择【修复画笔工具】，然后在属性栏中对画笔笔尖进行设置，如图3.24所示。将照片适当放大，在需要修复的油光附近的正常皮肤处按住Alt键再单击创建取样点，然后在需要处理的高光处涂抹即可除去皮肤上的油光，如图3.25所示

图3.24　工具属性栏的设置

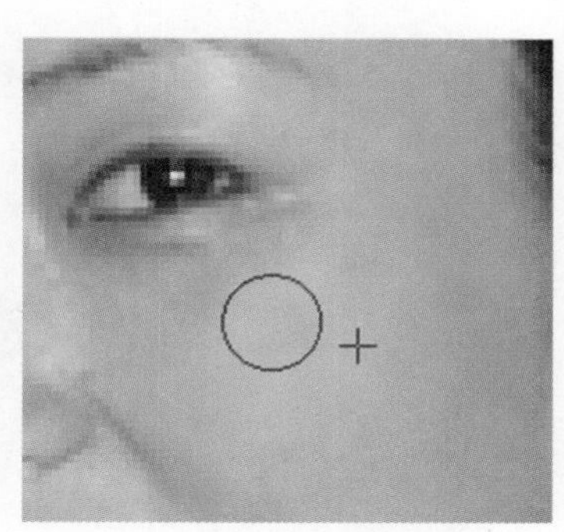

图3.25　在高光处涂抹

魔法师：这里我们使用了【修复画笔工具】，你能说说【修复画笔工具】和【橡皮图章工具】的区别吗？

小叮当：好的，我说说在使用这两种工具时的体会。与【橡皮图章工具】一样，【修复画笔工具】也是常用的图像修复工具，使用该工具能够使图像中的瑕疵消失在周围的像素中，其操作方法与【橡皮图章工具】一样。但相对于【橡皮图章工具】来说，该工具最大的优势是能够将采样像素的纹理、光照、透明度和阴影与所修复的像素进行自动匹配，使修复后的像素不留痕迹地融入周围的图像中。

魔法师：你说得很好，看来你已经掌握了这两种常用的工具。

步骤3　对于左眼附近的高光，可以额头上的皮肤作为样本，在颧骨上小心地涂抹，以便抹掉眼睛附近的高光，如图3.26所示。

步骤4　从工具箱中选择【加深工具】，在属性栏中对画笔笔尖进行设置，如图3.27所示。用【加深工具】在修复后仍然偏亮的左眼的颧骨上单击几次将其颜色加深，如图3.28所示。再次选择【修复画笔工具】，然后在眉毛上取样，并使用较小的画笔笔尖在眉毛上单击，以便修复断开的眉毛，如图3.29所示。

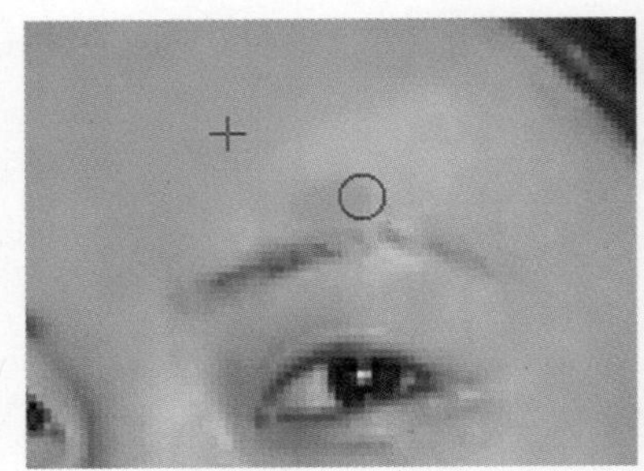

图3.26　除去眼睛附近的高光

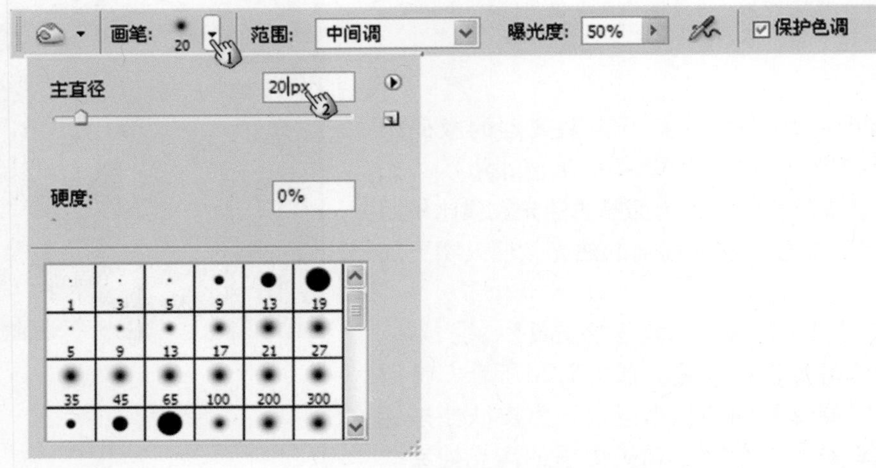

图3.27　设置画笔笔尖

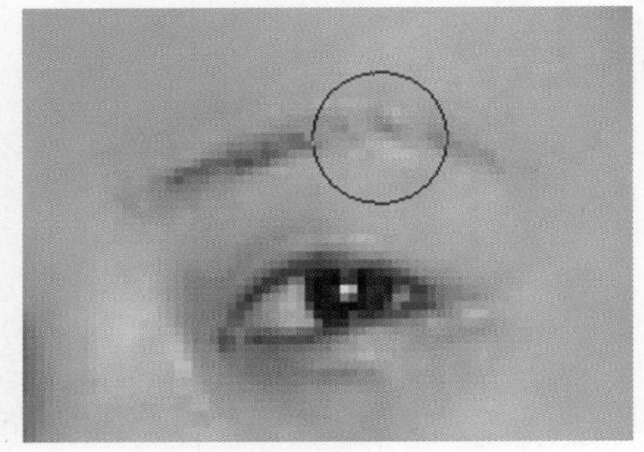

图3.28　单击加深颜色

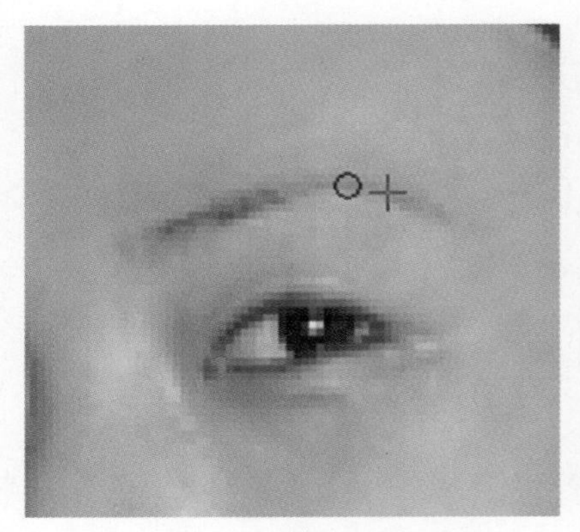

图3.29　修复断开的眉毛

步骤5 运用与上面介绍相同的方法，再次使用【修复画笔工具】对照片中母亲和女儿脸部的油光区域进行处理。处理完成后，保存文档，从而完成本实例的制作。照片处理完成后的效果如图3.30所示。

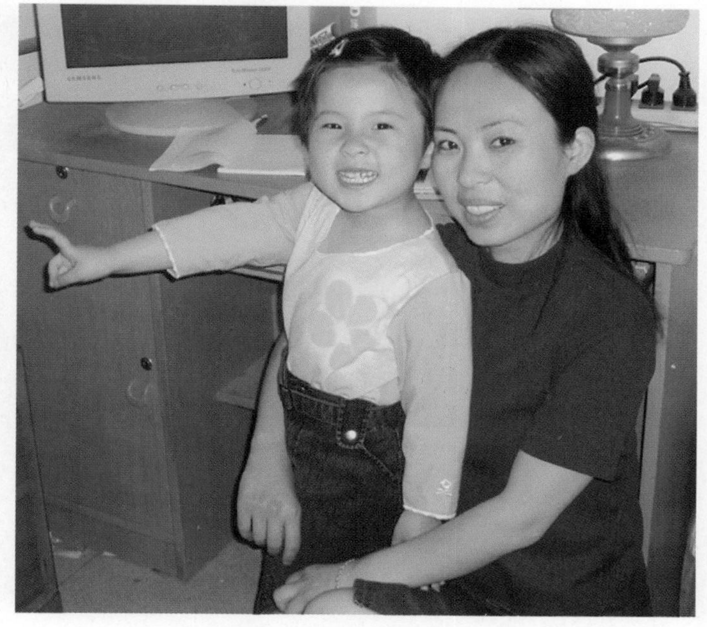

图3.30 照片处理完成后的效果

3.5 光洁面部皮肤

魔法师：你在看什么，怎么好像不高兴？

小叮当：哎，老师，你看我这张照片，把我脸上的痘痘都拍下来了，而且还这么清楚。

魔法师：哦，还真是很清楚。不过没关系，我们可以使用Photoshop来让照片中的你重新获得光洁的皮肤。下面我们一起来祛痘吧。

步骤1 启动Photoshop，打开需要处理的数码照片（路径：素材和源文件\part3\3.5\光洁皮肤.jpg），如图3.31所示。下面使用Photoshop对照片进行处理，使照片中人物的面部更为光洁亮丽。

图3.31 需要处理的数码照片

步骤2 打开【图层】面板，然后在【图层】面板中将“背景”图层拖放到【创建新图层】按钮上，创建一个“背景 副本”图层。选择“背景 副本”图层，然后按Ctrl+L组合键，打开【色阶】对话框。拖动中间的灰色滑块，适当加亮图像，如图3.32所示。单击【确定】按钮，关闭【色阶】对话框，调整色阶后的照片效果如图3.33所示。

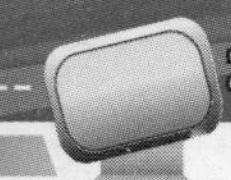

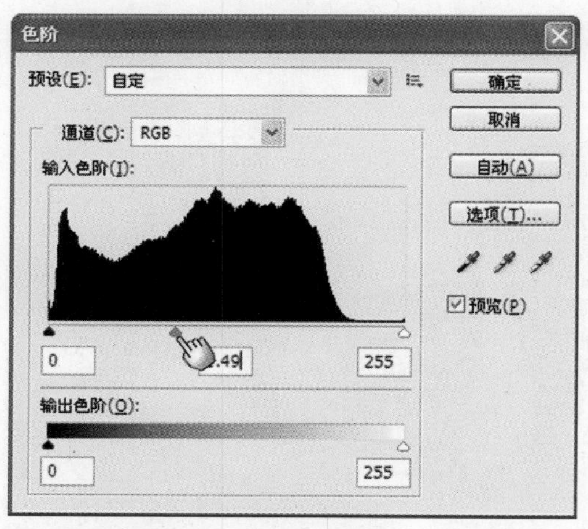

图3.32 【色阶】对话框中的参数设置

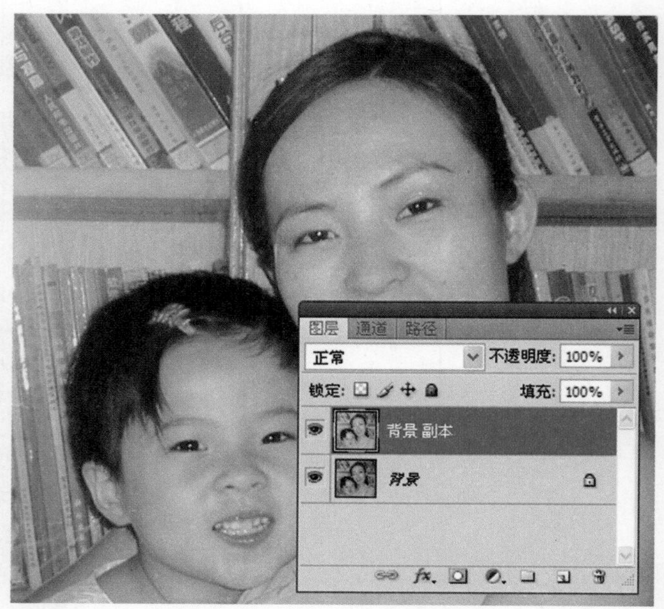

图3.33 调整色阶后的照片效果

步骤3 从工具箱中选择【模糊工具】，然后在属性栏中对工具的笔尖进行设置，如图3.34所示。使用【模糊工具】在面部涂抹，去除面部的斑点和瑕疵，使面部皮肤变得光洁，如图3.35所示。

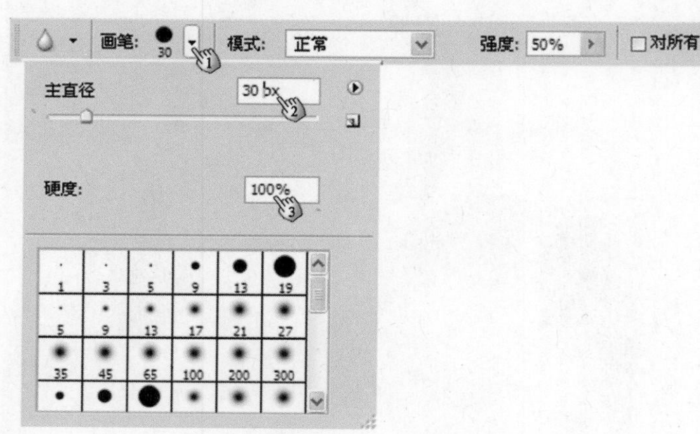

图3.34 设置画笔笔尖

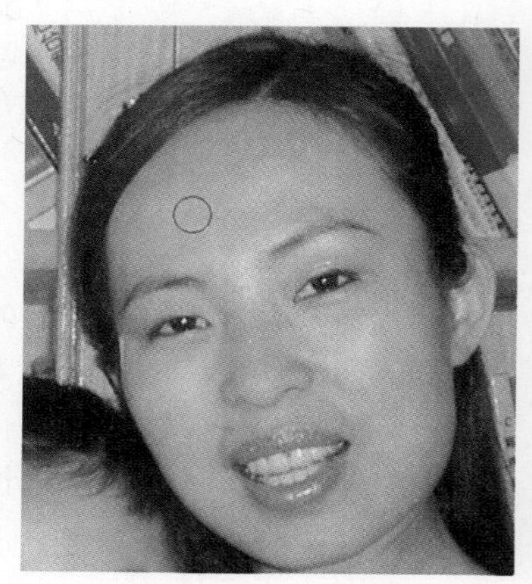

图3.35 抹去面板的瑕疵

魔法师：使用Photoshop的【模糊工具】能够柔化图像较硬的边缘或者减少图像的细节。与同一工具组中的【锐化工具】的作用正好相反，它能够聚焦图像中软的边缘，从而起到提高图像清晰度和聚焦程度。【涂抹工具】能够在图像中模拟用手指抹过湿油漆所获得的效果，该工具能够拾取涂抹开始点的颜色，然后沿涂抹方向展开这种颜色。

小叮当：这些工具的效果是不是和对应的滤镜效果一样呢？

魔法师：是的，只是使用这些工具比使用滤镜更加方便快捷，操作更加灵活。

步骤4　从工具箱中选择【修复画笔工具】，然后在属性栏中设置合适的画笔笔尖形状。将图像适当放大，再用该工具抹去使用【模糊工具】无法去除的瑕疵，如图3.36所示。

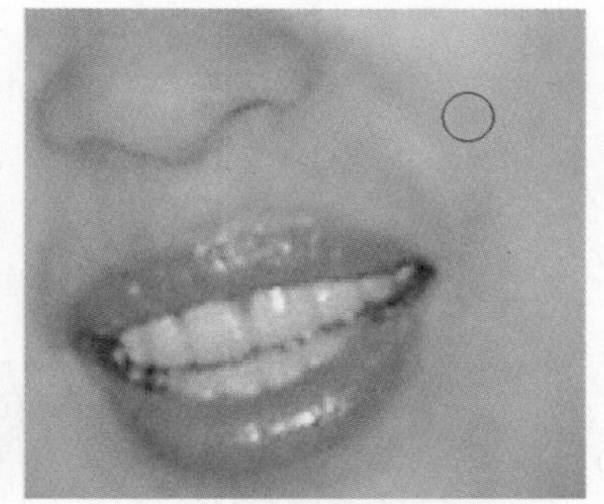

图3.36　抹去面部的瑕疵

步骤5　从工具箱中选择【修补工具】，然后在属性栏中对工具进行设置，如图3.37所示。用【修补工具】在额头上框选平滑的皮肤，再拖动选框复制皮肤，修复额头上出现的较大的色斑，如图3.38所示。

步骤6　修复效果满意后合并图层，并保存文件，从而完成本张照片的处理。照片处理完成后的效果如图3.39所示。

图3.37　属性栏参数设置

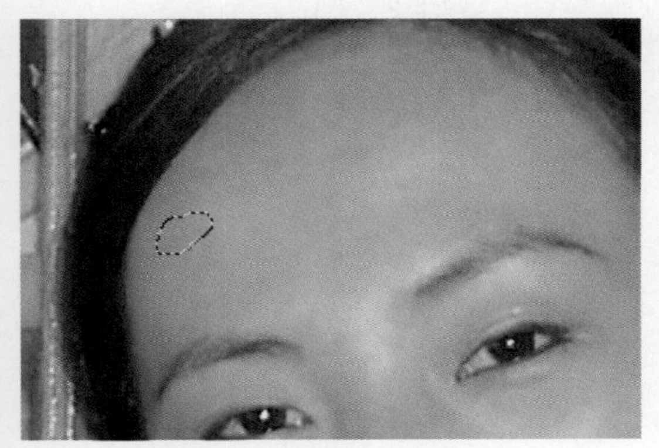

图3.38　修复较大的色斑

图3.39　照片处理完成后的效果

3.6 人物快速瘦身

魔法师：你知道吗，对于肥胖的人来说，要使数码照片获得傲人的身材并不是一件困难的事情，起码不需要你在健身房里挥汗如雨。

小叮当：是吗？您的意思不会还是用Photoshop来处理吧。

魔法师：是的。在使用Photoshop对照片进行后期处理时，使用Photoshop的【液化】滤镜，能够很容易改变人物的体形，获得瘦身效果。

小叮当：您能教我吗？

魔法师：来吧，我们一起动手试试吧。

步骤1　启动Photoshop，打开需要处理的数码照片（路径：素材和源文件\part3\3.6\瘦身.jpg），如图3.40所示。下面使用Photoshop来对这张照片进行处理，缩小照片中人物的腰身并去除微微凸起的肚腩。

步骤2　选择【滤镜】|【液化】命令，打开【液化】对话框。从该对话框左侧的工具栏中选择【缩放工具】，然后在照片中单击几次，将照片适当放大，如图3.41所示。

图3.40　需要处理的数码照片

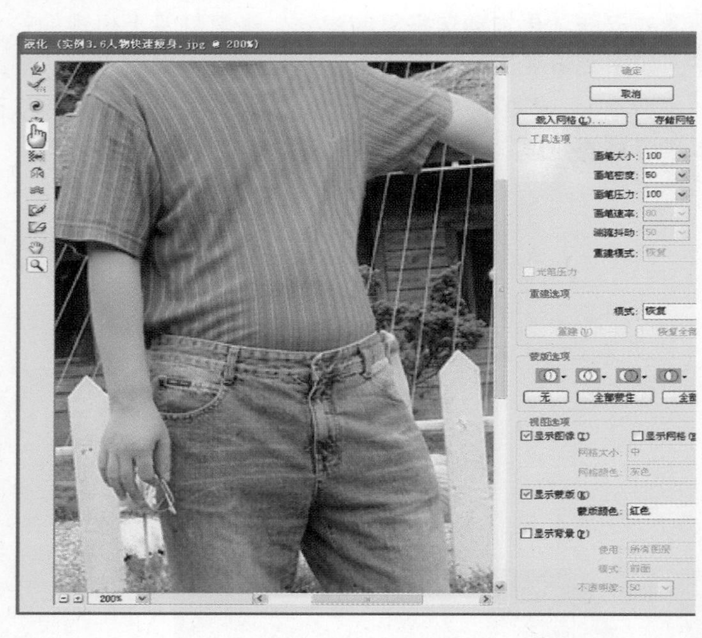

图3.41　打开【液化】对话框并放大图像

步骤3　从工具栏中选择【向前变形工具】，然后在右侧的【工具选项】选项组中根据需要对各个参数进行设置，如图3.42所示。使用【向前变形工具】，在人物左侧腰身处小心地由外向内推，如图3.43所示。使用【向前变形工具】，沿着裤腰由外向内轻推，适当缩小裤腰的大小，如图3.44所示。

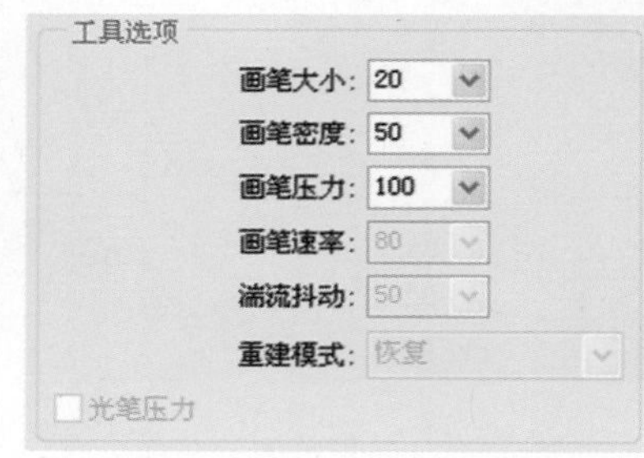

图3.42　对工具选项进行设置

图3.43　腰身处的操作

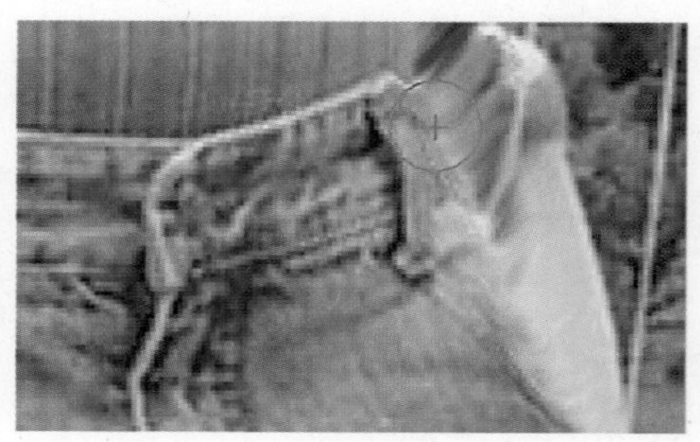

图3.44　缩小裤腰大小

魔法师：你在操作时一定要细心哟，注意不要使衣服上操作点旁的线条发生弯曲，否则效果就不真实了。

小叮当：好的，我会注意的。

步骤4　从工具栏选择【冻结蒙版工具】，然后在右侧的【工具选项】选项组中对工具选项进行设置，如图3.45所示。使用【冻结蒙版工具】，将人物腹部需要修复的区域框住，如图3.46所示。这样做能够在操作时保护修复区域的外部图像。再次从工具栏中选择【向前变形工具】，然后在腹部由上向下推动，如图3.47所示。

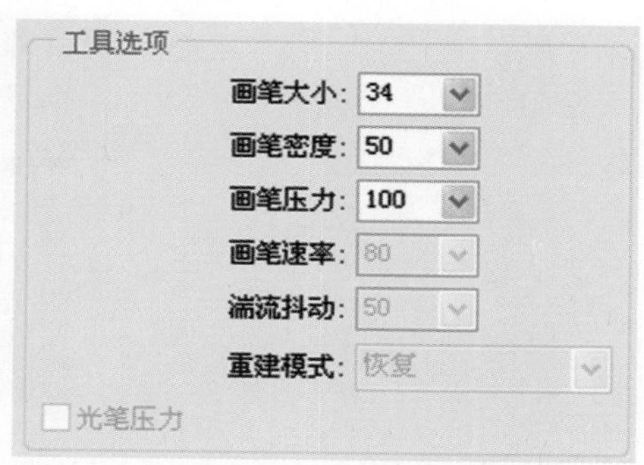

图3.45　对【冻结蒙版工具】进行设置

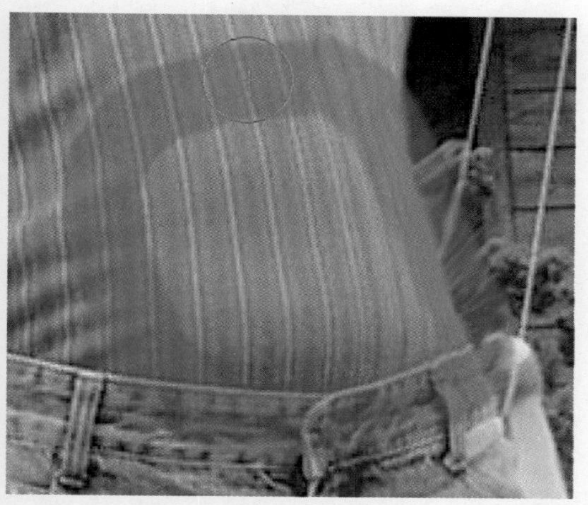

图3.46　框住需要处理的腹部

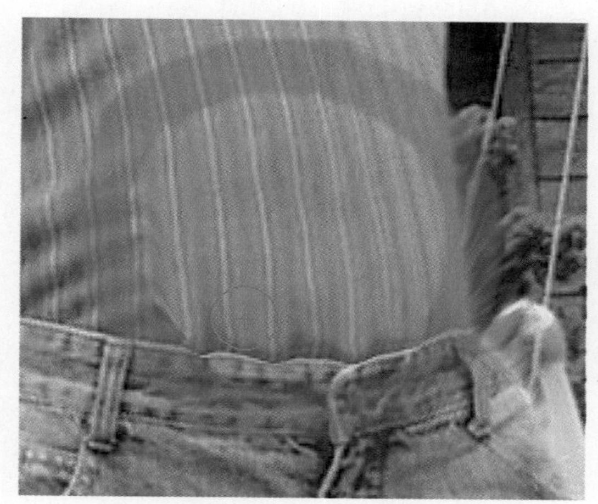

图3.47　在腹部由上向下推动

魔法师：使用【冻结蒙版工具】框选需要修复的人物腹部区域后，未框选的区域将得到保护，不会被操作所修改。

小叮当：原来是这样呀，非框选区域就像被冻结了一样无法进行操作，怪不得这个工具叫【冻结蒙版工具】呢。

步骤5　从工具栏中选择【解冻蒙版工具】，然后在右侧的【工具选项】选项组中设置一个较大的笔尖，如图3.48所示。在图像中涂抹去除冻结蒙版，如图3.49所示。

步骤6　选择【向前变形工具】，然后在【工具选项】选项组中将【画笔大小】设置为32。使用该工具沿着裤腰由下向上轻推，将人物的裤腰上提，如图3.50所示。

步骤7　效果满意后，单击【确定】按钮关闭【液化】对话框。保存文件，完成照片的处理。本张照片处理后的效果如图3.51所示。

工具选项
画笔大小：42
画笔密度：50
画笔压力：100
画笔速率：80
湍流抖动：50
重建模式：恢复
光笔压力

图3.48　设置画笔大小

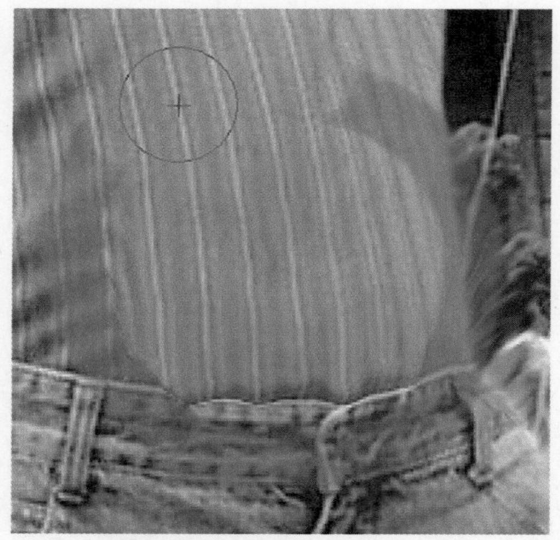

图3.49　抹去冻结蒙版

图3.50　将裤腰上提

图3.51　照片处理完成后的效果

3.7 更换衣服的颜色

小叮当：老师，您看这张照片，我一点都不喜欢照片中我的衣服的颜色，可以使用Photoshop改变衣服的颜色吗?

魔法师：当然可以。首先获得衣服的选区，然后向选区填充需要的颜色，就可以改变衣服的颜色了。当然，在操作过程中还需要对照片中的图像细节进行调整，使更换颜色后的图像更加逼真。

步骤1　启动Photoshop，打开需要处理的数码照片（路径：素材和源文件\part3\3.7\更换衣服颜色.jpg），如图3.52所示。下面使用Photoshop来更改照片中女孩身上衣服的颜色。

图3.52　需要处理的照片

步骤2　从工具箱中选择【快速选择工具】，然后在属性栏对工具选项进行设置，如图3.53所示。将照片适当放大，然后在衣服上单击，Photoshop会将颜色相仿区域自动设置为选区。在衣服上依次单击，选区会随着单击次数的增加逐渐扩大，如图3.54所示。

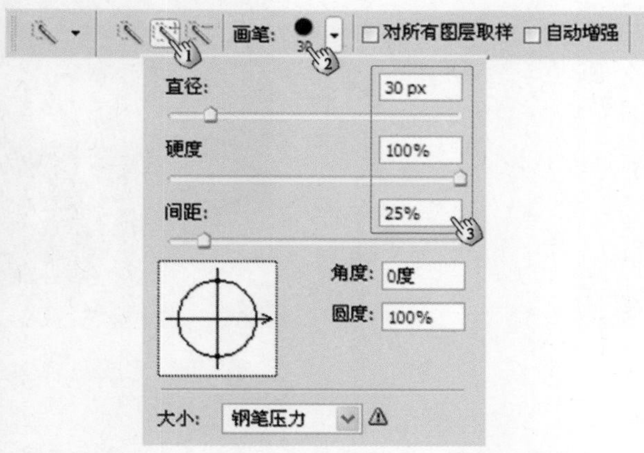

图3.53　【快速选择工具】属性栏的设置

图3.54　单击创建选区

魔法师：在Photoshop中，使用【快速选择工具】能够快速获得选区，但往往无法获得精确的选区，有时还会获得并不需要的选区。该工具常常用于快速预选需要的大部分选区，然后再通过将没有选择的选区添加到选区中的方法来获得完整的选区。这是你在操作中需要掌握的技巧。

小叮当：明白了。

步骤3　从工具箱中选择【魔棒工具】，然后在属性栏中单击【添加到选区】按钮，选择相应的工作模式。设置【容差】值以确定选区的范围，再选中【连续】复选框，使每次单击都能获得连续的选区，如图3.55所示。在衣服上没有被选择的区域中单击，将这些区域添加到刚才创建的选区中，如图3.56所示。

图3.55　属性栏的设置

图3.56　在衣服上单击添加选区

步骤4　按Q键进入快速蒙版模式，按D键将前景色设置为默认的黑色，再按X键切换前景色和背景色，将前景色变为白色。选择工具箱中的【画笔工具】，然后在衣服上涂抹，将没有包括在选区的一些细小部分添加到选区中。这里主要是对衣服的边界进行修饰，如图3.57所示。涂抹完成后，按Q键返回标准编辑模式，查看选区的情况，如图3.58所示。

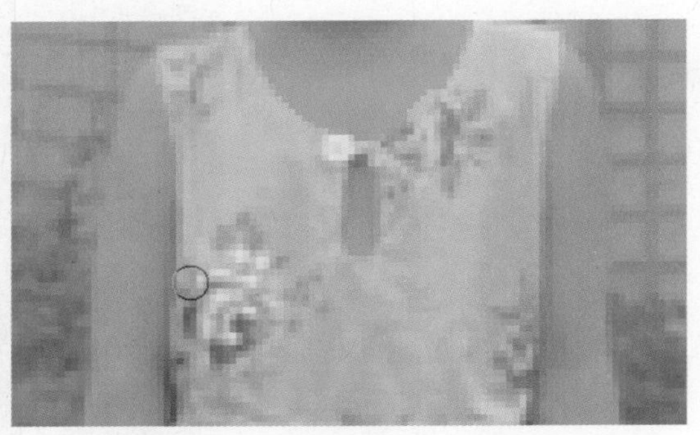

图3.57　在快速蒙版中修饰衣服的边界

图3.58　完成后的选区

魔法师：这里主要是利用快速蒙版对选区进行编辑修改，使其更加准确。在快速蒙版中，白色区域表示选择区域，黑色区域表示未选择区域。如果需要将某个区域从选区中去除，可以使用黑色来进行涂抹。

小叮当：原来是这样呀。

步骤5　按Ctrl+C组合键复制选区内容；按Ctrl+V组合键，粘贴选区内容到新图层中。在【图层】面板中将图层混合模式设置为【叠加】，并使【锁定透明像素】按钮处于按下状态，如图3.59所示。在工具箱中单击【设置前景色】按钮，打开【拾色器（前景色）】对话框，然后在对话框中拾取颜色，如图3.60所示。单击【确定】按钮，关闭【拾色器（前景色）】对话框，从而完成前景色的设置。

图3.59　【图层】面板中的设置

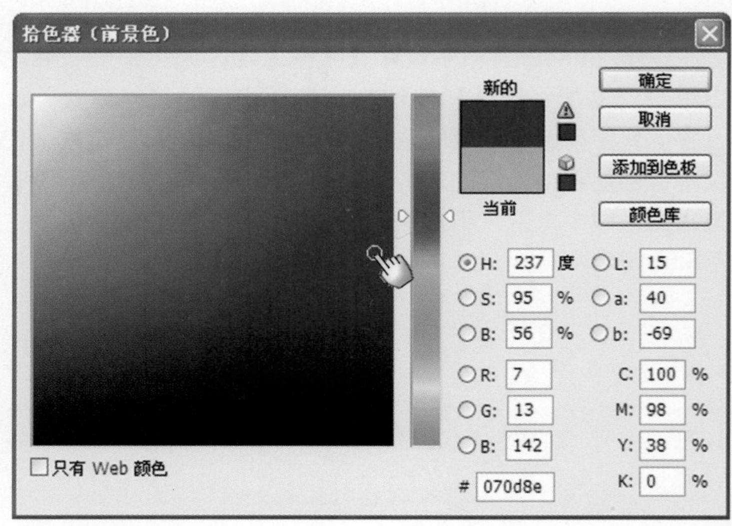

图3.60　设置前景色

小叮当：为什么要在【图层】面板中单击【锁定透明像素】按钮呢？

魔法师：这样做可以将图层编辑范围限制在图层的不透明区域，而图层的透明区域不受操作的影响，从而可以使操作更加准确。

步骤6　选择【编辑】|【填充】命令，打开【填充】对话框，然后从【使用】下拉列表中选择【前景色】选项，如图3.61所示。单击【确定】按钮，关闭【填充】对话框，人物衣服颜色将改变为所设置的填充色。此时，拖动【图层】面板中的【不透明度】滑块，可改变图层的不透明度以调整颜色的浓淡，如图3.62所示。

步骤7　按Ctrl+E组合键合并图层，保存文档，从而完成照片的处理。照片处理完成后的效果如图3.63所示。

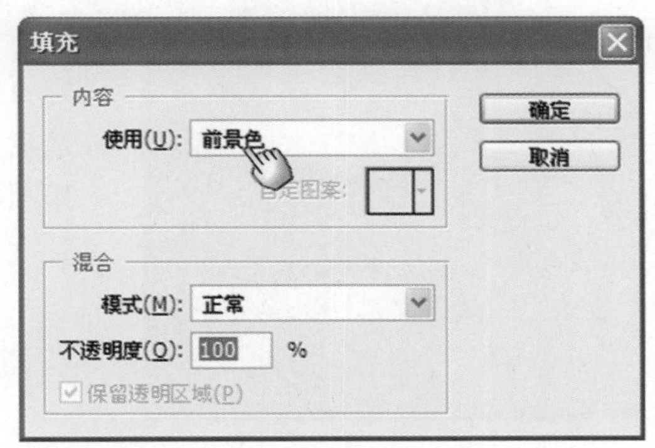

图3.61　【填充】对话框

图3.62　调节【不透明度】值

图3.63　照片处理完成后的效果

3.8 去除黑眼圈

小叮当：老师，在拍摄照片时，人物的黑眼圈将直接影响照片的效果。不知道在使用Photoshop进行后期处理时，对黑眼圈的去除有没有什么好办法。

魔法师：根据照片的不同，去除黑眼圈可以使用很多方法，比如可以使用【修复画笔工具】或【修补工具】来进行处理，也可以通过使用【仿制图章工具】复制正常皮肤来进行处理。本节我将介绍使用复制法来去除照片中人物黑眼圈的方法。

图3.64 需要处理的照片

步骤1 启动Photoshop，打开需要处理的数码照片（路径：素材和源文件\part3\3.8\去除黑眼圈.jpg），如图3.64所示。下面通过创建正常皮肤的选区并复制选区内容来遮盖黑眼圈部位的方法，从而去除照片中人物眼部的黑眼圈。

步骤2 在【图层】面板中，将“背景”图层拖放到面板下方的【创建新图层】按钮上，复制“背景”图层。从工具箱中选择【多边形套索工具】，然后在属性栏中对工具进行设置，如图3.65所示。

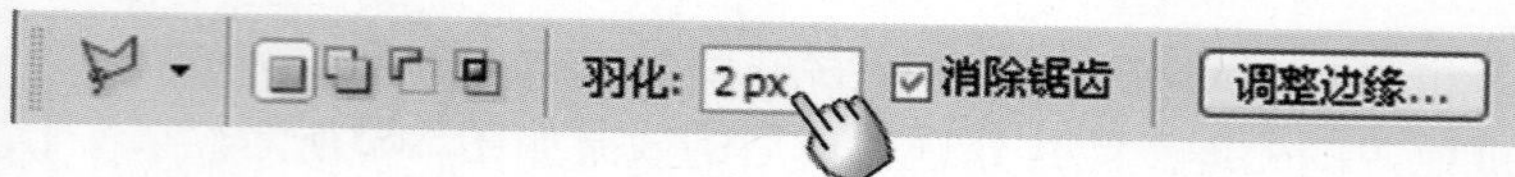

图3.65 【多边形套索工具】属性栏的设置

小叮当：老师，我怎么无法拖移选区呀？

魔法师：我看看。是这样的，你的【多边形套索工具】没有处于创建新选区状态，也就是在属性栏中的【新选区】按钮没有处于按下状态。此时，在完成选区创建后再拖动鼠标，将创建多重选区。

小叮当：原来是这样。还有，老师，我总觉得使用鼠标拖移选区无法实现选区的精确移动。这个问题如何解决呢？

魔法师：这个问题好办，实际上你可以通过方向键来轻移选区，这样做能够比拖移鼠标更为精确地移动选区。

步骤3 按Ctrl++组合键将图像放大，然后使用【多边形套索工具】，在图像中单击，创建一个封闭选区，并使该选区框选黑眼圈，如图3.66所示。拖动选区，将其放置到面部皮肤正常的区域，如图3.67所示。

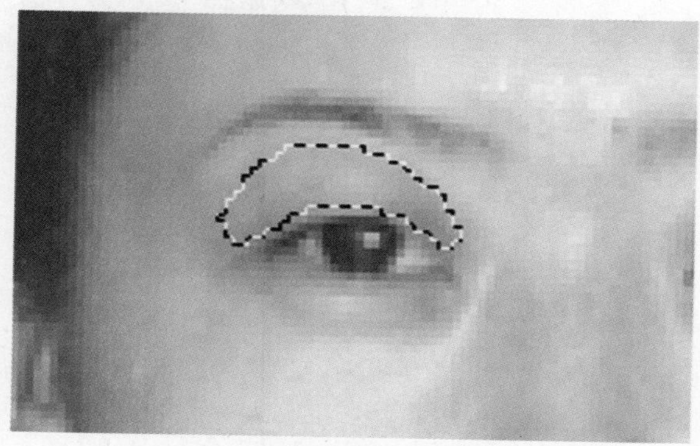

图3.66 框选黑眼圈区域

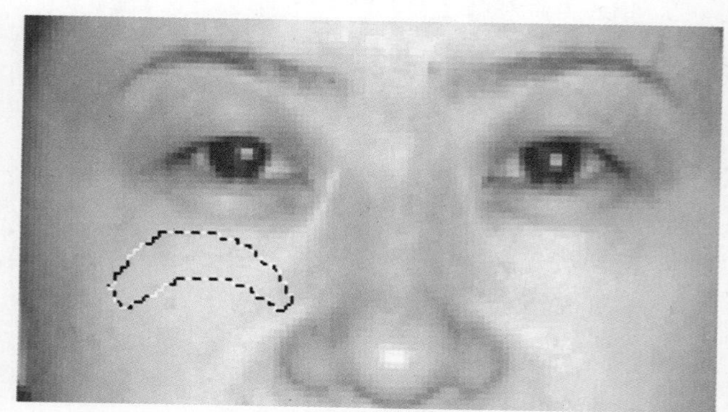

图3.67 放置选区

步骤4 按Ctrl+C组合键，复制选区内容；按Ctrl+V组合键，将图像粘贴到一个新图层中。从工具箱中选择【移动工具】，将所复制的皮肤拖放到黑眼圈处并对其进行遮盖，如图3.68所示。在【图层】面板中，将图层的【不透明度】值设置为70%，如图3.69所示。

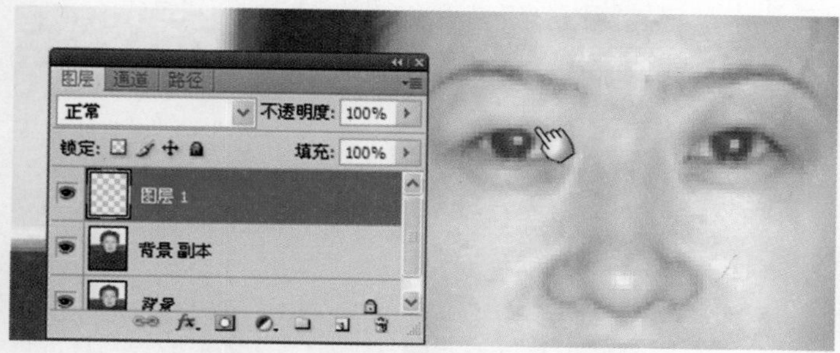

图3.68　遮盖黑眼圈

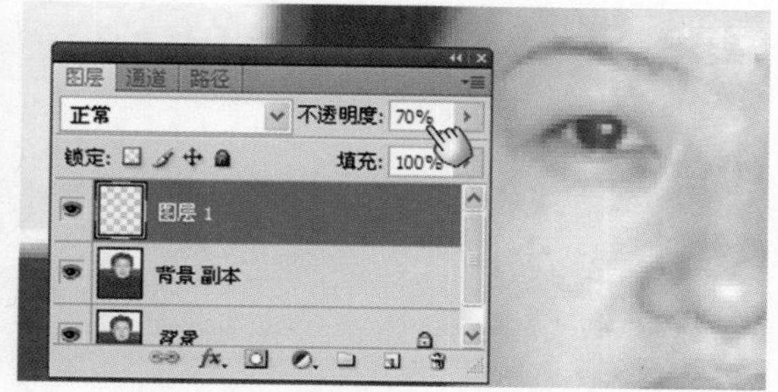

图3.69　设置图层的【不透明度】为70%

步骤5　在【图层】面板中，选择“背景 副本”图层，然后使用【多边形套索工具】，框选人物右眼下部的黑眼圈区域，如图3.70所示。复制该区域图像到新图层中，再将复制的图像放置到黑眼圈部位。按Ctrl+T组合键，然后拖动变换框上的控制柄对图像大小进行调整，如图3.71所示。按Enter键确认变换操作，再将图层的【不透明度】值设置为50%，如图3.72所示。

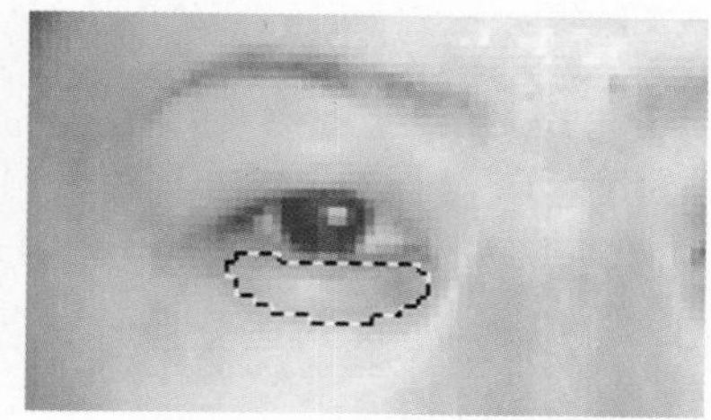

图3.70　创建框选下部黑眼圈区域的选区

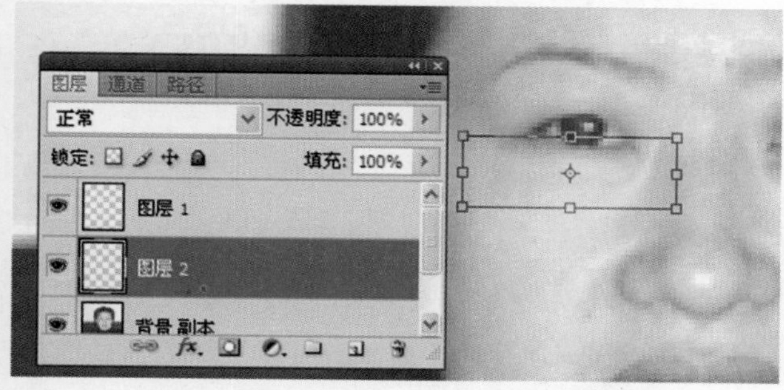

图3.71　调整图像大小

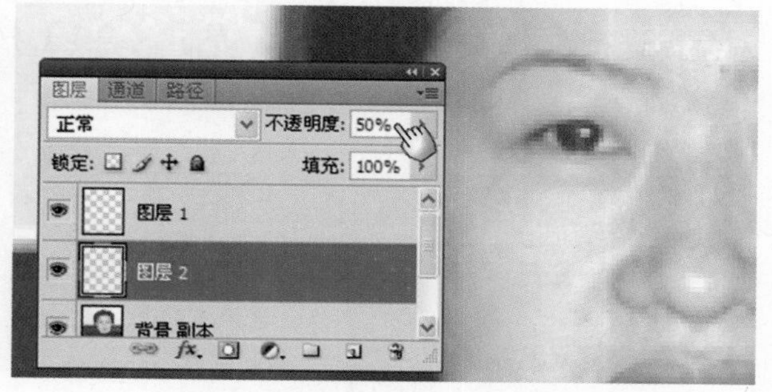

图3.72　设置图层的【不透明度】为50%

步骤6　使用与上面步骤相同的方法，对左眼眼部的黑眼圈进行处理。处理完成后按Ctrl+Shift+E组合键合并所有图层，并保存文件，从而完成本实例的制作。本实例制作完成后的效果如图3.73所示。

图3.73　照片处理完成后的效果

3.9 对人物快速润肤

魔法师：在第3.5节中，我们使用【模糊工具】和【修复画笔工具】来去除照片中人物面部的瑕疵。虽然使用这两个工具对皮肤进行润饰是十分方便有效的，但是当需要对大片皮肤进行修饰时，其效率就太低了。

小叮当：是呀，我也有这种感觉。那么在美化大片皮肤时有没有更为高效的方法呢?

魔法师：当然有了，本节我就介绍一种快速美白人物皮肤的方法。

图3.74　需要处理的照片

步骤1　启动Photoshop，打开需要处理的数码照片（路径：素材和源文件\part3\3.9\美化皮肤.jpg），如图3.74所示。下面对这张照片进行处理，使照片中人物皮肤变得美白光洁。

步骤2　在【图层】面板中，将“背景”图层拖放到【创建新图层】按钮 上，获得“背景 副本”图层。选择【滤镜】|【杂色】|【蒙尘与划痕】命令，打开【蒙尘与划痕】对话框。在该对话框中对参数进行设置，如图3.75所示。单击【确定】按钮应用滤镜，此时的图像效果如图3.76所示。

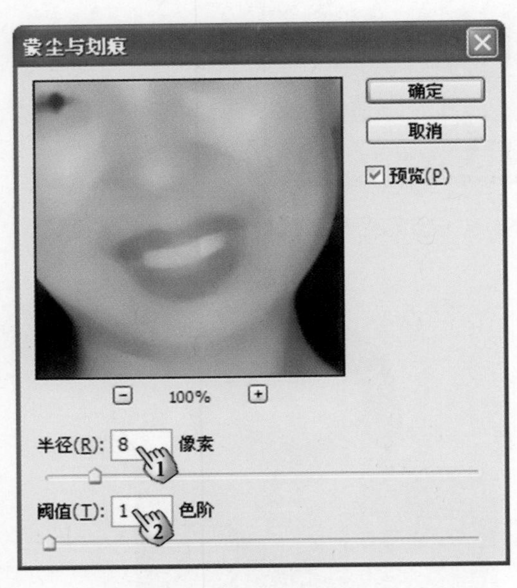

图3.75　【蒙尘与划痕】对话框

图3.76　应用滤镜后的图像效果

步骤3　选择【滤镜】|【模糊】|【高斯模糊】命令，打开【高斯模糊】对话框，然后在对话框中对滤镜效果进行设置，如图3.77所示。单击【确定】按钮，应用【高斯模糊】滤镜，同时在【图层】面板中将图层混合模式设置为【滤色】，如图3.78所示。

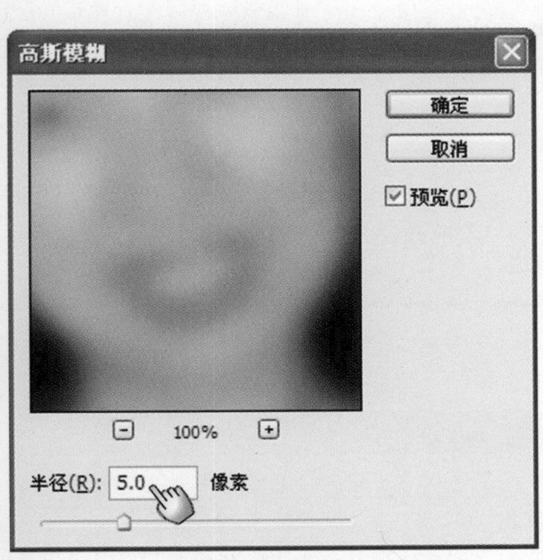

图3.77　【高斯模糊】对话框

图3.78　应用滤镜并修改图层混合模式

魔法师：使用Photoshop的【滤色】混合模式，可以将当前图层颜色的互补色与下层图像的颜色值相乘，从而获得作为混合后显示的颜色值。

小叮当：等等，老师，您讲得太深奥了。我可不是程序员，对1呀0呀等编码以及算法一窍不通。

魔法师：没关系，实际上很简单。你只要记住，【滤色】混合模式能够产生较亮的颜色，使用【滤色】混合模式是美白皮肤的一个有效手段。

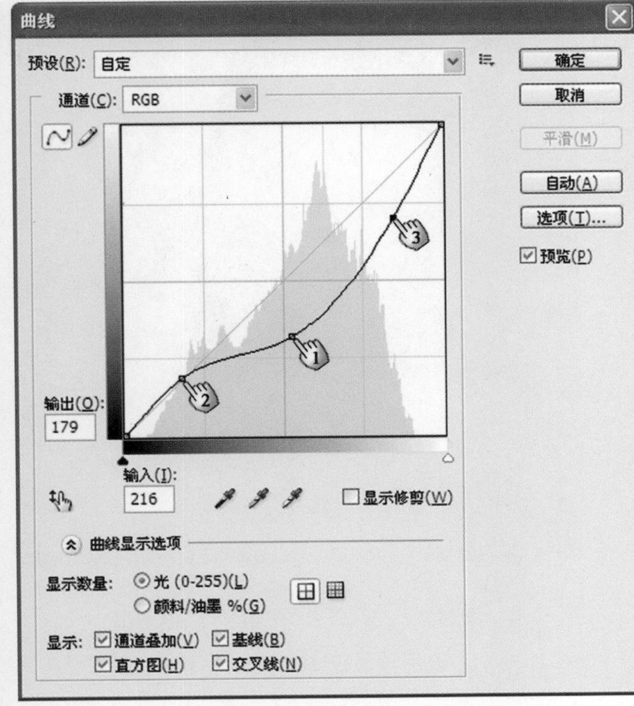

图3.79　【曲线】对话框

步骤4　选择【图像】|【调整】|【曲线】命令，打开【曲线】对话框。在曲线上单击创建控制点；拖动控制点，可以改变曲线的形状，如图3.79所示。单击【确定】按钮，关闭【曲线】对话框，此时的图像效果如图3.80所示。

图3.80　应用【曲线】命令后的图像效果

步骤5　选择【图像】|【调整】|【色彩平衡】命令，打开【色彩平衡】对话框，首先调整图像中间调的色彩，如图3.81所示；然后调整图像阴影区域的色彩，如图3.82所示；最后调整图像高光区域的色彩，如图3.83所示。单击【确定】按钮，关闭【色彩平衡】对话框，此时的图像效果如图3.84所示。

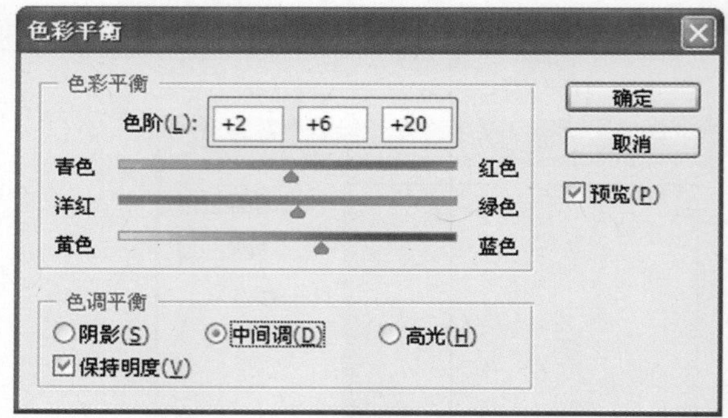

图3.81　调整中间调色彩

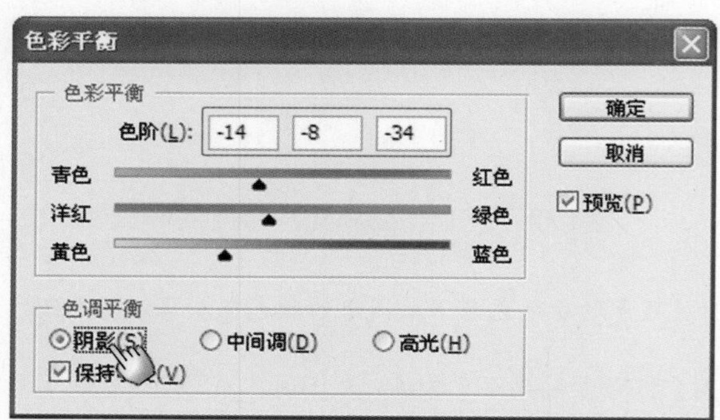

图3.82　调整阴影区域的色彩

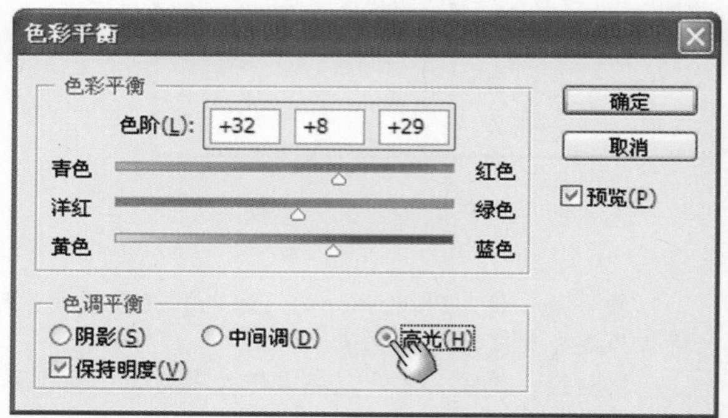

图3.83　调整高光区域的色彩

步骤6　单击【确定】按钮关闭【色彩平衡】对话框。按Ctrl+Shift+E组合键合并所有图层，然后保存文档，从而完成本实例的制作。本实例制作完成后的效果如图3.84所示。

图3.84　照片处理完成后的效果

3.10 牙齿的修饰

魔法师：从你的照片里怎么很少看到你笑呀？一张张都是紧闭着嘴唇的？

小叮当：我笑起来不好看，牙齿不整齐，同时也不够白。所以还不如不笑。

魔法师：这有什么，在后期处理时，照片中的这些缺陷都可以使用Photoshop进行整饰的。没关系，你只管笑而露齿，我保证可以让你在照片中拥有一副洁白而整齐的牙齿。

小叮当：真的吗？

魔法师：当然了。下面我就以一个具体的实例来介绍对牙齿进行修饰的方法。

步骤1　启动Photoshop，打开需要处理的数码照片（路径：素材和源文件\part3\3.10\牙齿的修饰.jpg），如图3.85所示。下面对这张照片人物的牙齿进行修饰，使它们变得整齐而白皙。

步骤2　在【图层】面板中，将“背景”图层拖放到【创建新图层】按钮 上，获得“背景副本”图层。从工具箱中选择【磁性套索工具】，然后按Ctrl++组合键放大图像，再沿着牙齿的边界绘制包含牙齿的选区，如图3.86所示。按Ctrl+J组合键，复制选区内容到新图层“图层 1”中，如图3.87所示。

图3.85　需要处理的照片

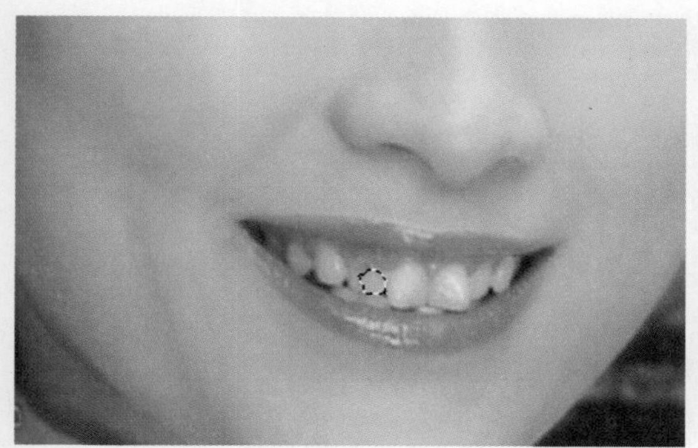

图3.86　绘制包含牙齿的选区

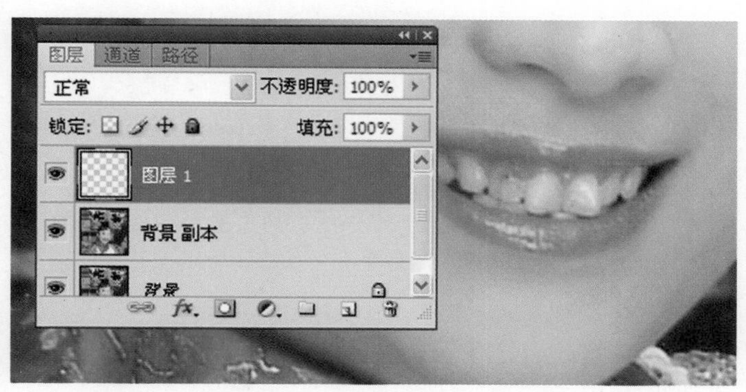

图3.87　复制选区内容

步骤3　按Ctrl+T组合键，同时拖动变换框上的控制柄将图像放大。将鼠标放置于变换框的一个角上，然后拖动鼠标对图像进行适当旋转，如图3.88所示。按Enter键确认变换操作，再按Ctrl+J组合键复制当前图层。从工具箱中选择【移动工具】，将复制图层左移。按Ctrl+T组合键，对图像的大小和旋转角度进行适当调整，如图3.89所示。

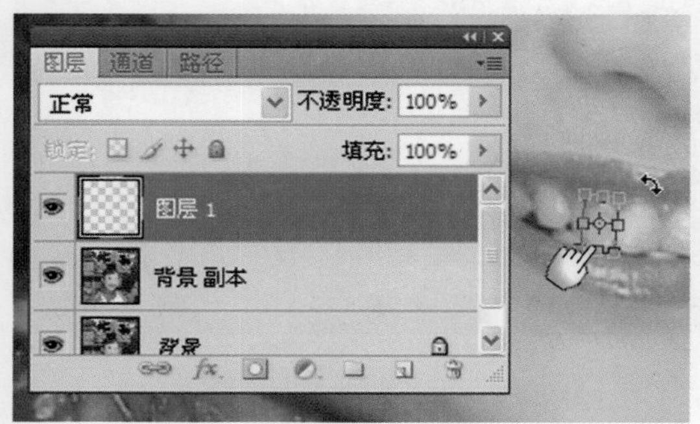

图3.88　对图像进行旋转

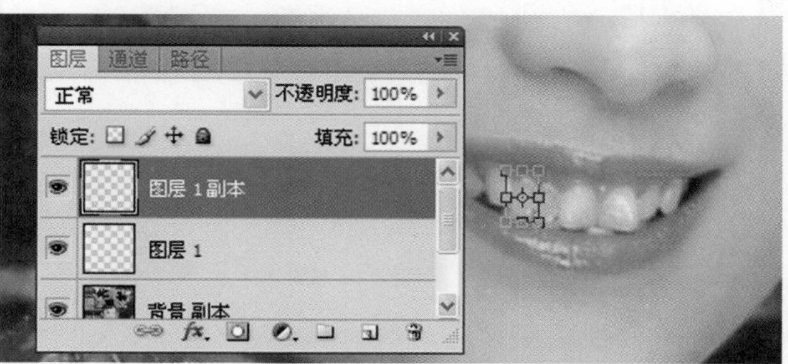

图3.89　调整复制图层中图像的大小和旋转角度

步骤4　将前景色设置为白色，然后从工具箱中选择【画笔工具】。在属性栏中打开【画笔预设选取器】，将画笔笔尖设置为圆形的柔性画笔，同时将画笔笔尖的【不透明度】值设置为10%，如图3.90所示。首先在【图层】面板中选择“图层 1”图层，然后使用【画笔工具】在牙齿上涂抹，使其变白，如图3.91所示。

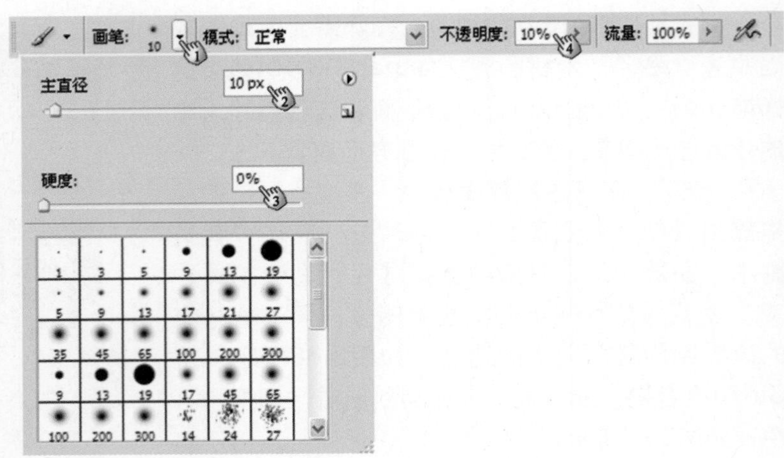

图3.90　设置画笔笔尖

魔法师：当【不透明度】值为100%时，涂抹的颜色将变成完全不透明。其值为0时，则无法看到涂抹的颜色，即完全透明。这里之所以将画笔笔尖的不透明度值设置得较小，目的就是为了在使用【画笔工具】对牙齿进行涂抹时能够保持牙齿上原有的光泽。

小叮当：我明白了，这样处理后的牙齿，不会成为纯白色的，能够保留牙齿原有的纹理，使其显得自然。

图3.91　将牙齿涂抹为白色

步骤5　在【图层】面板中选择“图层 1 副本”图层，同时使用【画笔工具】在该图层的牙齿上涂抹，将其涂抹为白色，如图3.92所示。使用【画笔工具】，然后在属性栏的画笔【画笔预设选取器】中根据牙齿大小重新设置画笔笔尖的直径，再在人物的其他牙齿上涂抹，使它们变得美白，如图3.93所示。

图3.92　将牙齿涂抹为白色

图3.93　使其他牙齿变得美白

步骤6　按Ctrl+Shift+E组合键，合并所有可见图层，然后保存文档，从而完成本实例的制作。本实例制作完成后的效果如图3.94所示。

图3.94　照片处理完成后的效果

3.11 添加眼睫毛

> 魔法师：【画笔工具】是Photoshop中常用的绘图工具，Photoshop为该工具提供了丰富的预设画笔笔尖。下面我就来介绍使用Photoshop自带的【沙丘草】画笔笔尖来修复睫毛模糊的人像照片的方法。
>
> 小叮当：好吧，那我们就开始吧。

步骤1　启动Photoshop，打开需要处理的数码照片（路径：素材和源文件\part3\3.11\添加睫毛.jpg），如图3.95所示。下面为这张照片中女孩的双眼添加睫毛。

图3.95　需要处理的照片

步骤2　按D键，将前景色设置为默认的黑色，然后在【图层】面板中单击【创建新图层】按钮，创建一个新图层。从工具箱中选择【画笔工具】，选择【窗口】|【画笔】命令，打开【画笔】面板。在【画笔】面板中对画笔笔尖进行设置，这里首先选择名为“沙丘草”的画笔笔尖，然后设置笔尖的【直径】和【角度】，如图3.96所示。

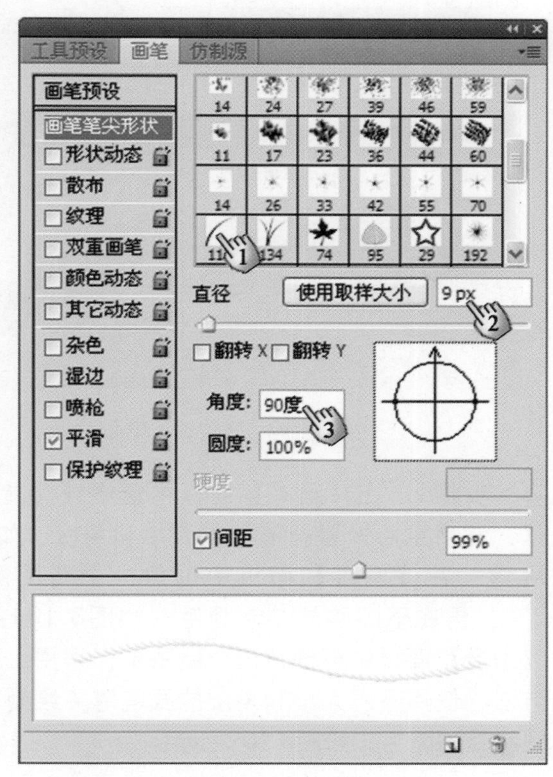

图3.96　设置画笔笔尖形状

> 魔法师：在【角度】和【圆度】文本框右侧有一个带有坐标轴的圆形图例。拖动图例的纵轴，可以调整画笔笔尖的旋转角，而拖动横轴则可以改变笔尖形状的圆角值。
>
> 小叮当：这样操作虽然没有像直接在【角度】文本框中输入数值那么准确，但却更为快捷直观。

步骤3　按Ctrl++组合键将图像放大，然后在右眼的上眼睑处顺着眼线的变化趋势单击鼠标添加睫毛，如图3.97所示。在【画笔】面板中更改画笔笔尖大小和角度，如图3.98所示。在女孩的眼部继续添加睫毛，如图3.99所示。

图3.97　添加睫毛

图3.98　更改画笔笔尖形状大小和角度

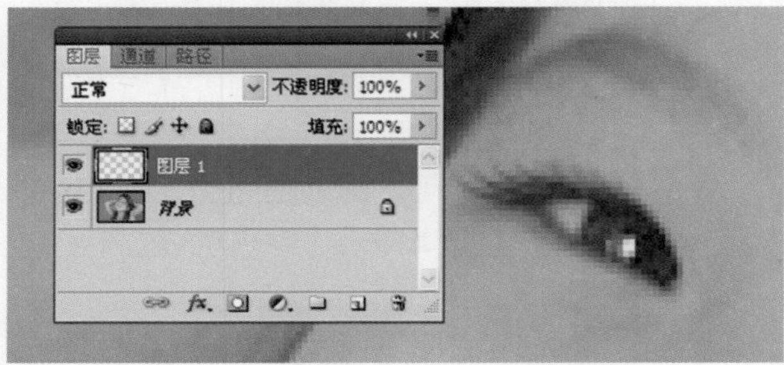

图3.99　继续添加睫毛

步骤4　在【画笔】面板中选中【翻转X】复选框，然后重新设置画笔笔尖大小和角度，如图3.100所示。在【图层】面板中创建一个新图层“图层2”，再在下眼睑处绘制睫毛，如图3.101所示。在【图层】面板中再创建两个新图层，采用上面相同的方法，使用不同大小和角度的画笔笔尖绘制左眼上下眼睑处的睫毛，如图3.102所示。

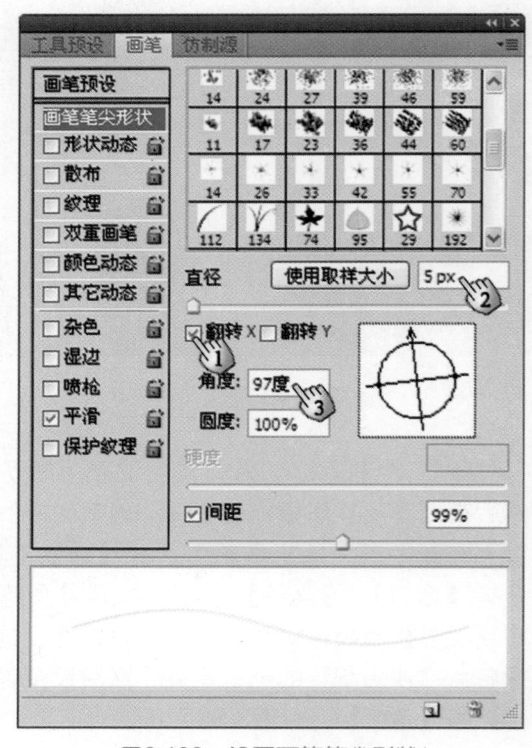

图3.100　设置画笔笔尖形状

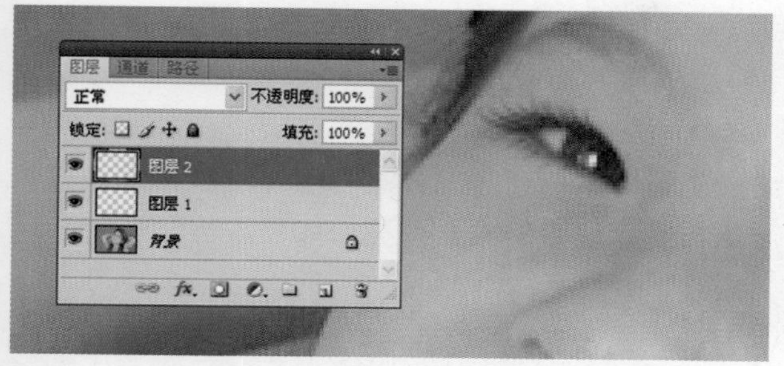

图3.101　绘制下眼睑处的睫毛

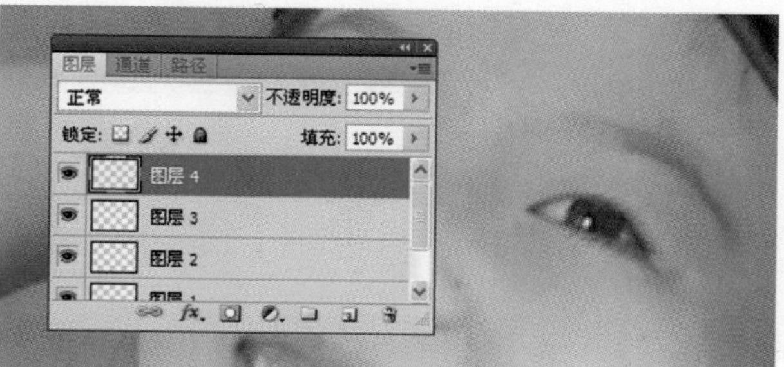

图3.102　绘制左眼睫毛

步骤5　按Ctrl+Shift+E组合键合并所有图层，然后保存文档，从而完成本实例的制作。本实例制作完成后的效果如图3.103所示。

图3.103　照片处理完成后的效果

3.12 恢复阴影中的人物

魔法师：在光线不足的地方拍摄人物照片时，如果没有使用闪光灯，则往往会使拍摄对象处于阴影之中，看不清其细节。对于这样的照片，在后期处理时需要对其进行加亮，给人物一片阳光。

小叮当：是呀，我也遇到过这样的照片。怎样处理呢？

魔法师：这个问题的处理方法很多，处理的思路是保证只恢复处于阴影区域的图像的亮度，而保证正常区域的亮度不会改变。这里介绍一个使用调整图层来进行修复的方法。在本例的制作过程中，我们将使用调整图层来调整图像的亮度，并用调整层带有的图层蒙版来对亮度不需要改变的区域进行遮盖，从而达到只对需要亮度的区域进行修改的目的。

步骤1　启动Photoshop，打开需要处理的数码照片（路径：素材和源文件\part3\3.12\加亮阴影中的人物.jpg），如图3.104所示。下面对这张照片进行处理，使人物以及处于阴影区域中的石头正常显示出来。

步骤2　在【图层】面板中单击【创建新的填充或调整图层】按钮，然后从弹出的菜单中选择【曲线】命令。在打开的【调整】面板中调整曲线的形状，将照片中的女孩加亮，如图3.105所示。

图3.104　需要处理的照片

图3.105　在【调整】面板中调整曲线

步骤3　在【图层】面板中单击调整图层的图层蒙版缩览图选择图层蒙版。按D键，将前景色和背景色设置为默认的黑色与白色。从工具箱中选择【画笔工具】，然后在属性栏中对画笔笔尖进行设置，如图3.106所示。使用黑色在图层蒙版中涂抹，将和石头之外的背景区域恢复为原来的色彩，如图3.107所示。按Alt+Delete组合键，同时使用黑色填充图层蒙版，再按X键将前景色设置为白色。使用【画笔工具】在图层蒙版中涂抹，使照片中的女孩和巨石变亮，如图3.107所示。

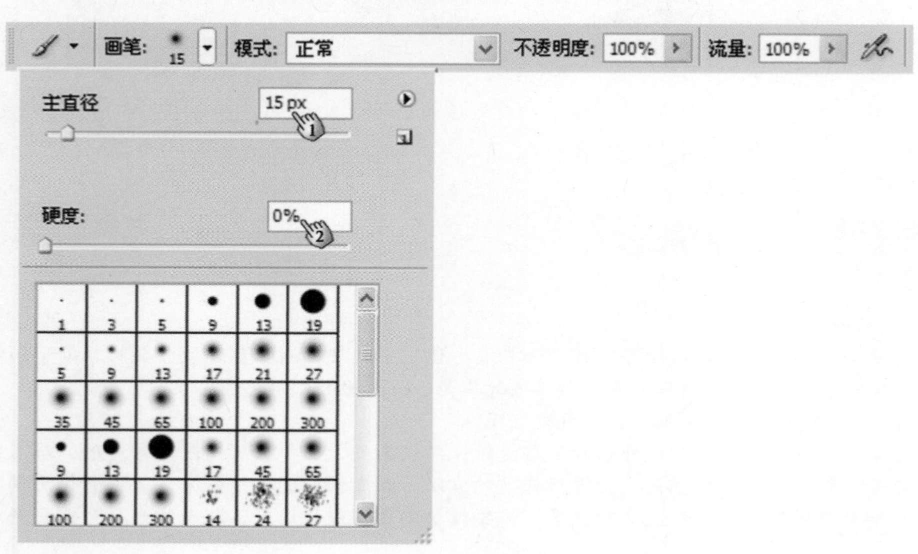

图3.106　设置笔尖形状

魔法师：在涂抹时要注意，应根据涂抹部位的不同及时更换画笔大小和画笔的硬度。比如在对女孩边界处进行涂抹时，为了避免出现明显的明暗分界，可以换用较小的画笔笔尖，将笔尖的硬度设置为100%，并放大图像后小心地涂抹。

小叮当：是呀，看来这是一个需要耐心的工作。

图3.107　使照片中女孩恢复亮度

步骤4　在【图层】面板中单击【创建新的填充或调整图层】按钮，选择菜单中的【亮度/对比度】命令，再添加一个【亮度/对比度】调整层。在【调整】面板中调整【亮度】和【对比度】的值，如图3.108所示。

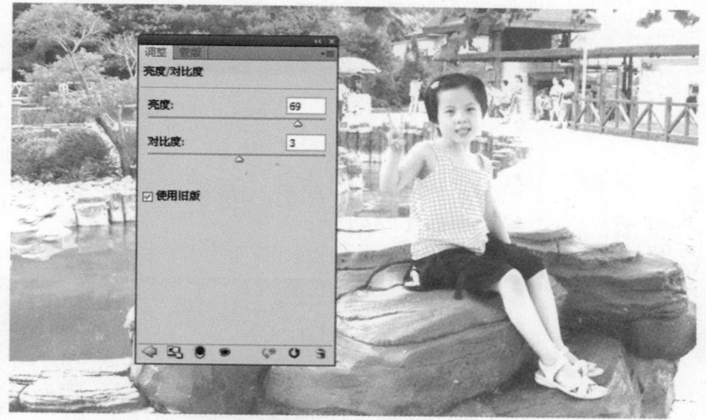

图3.108　调整【亮度】和【对比度】的值

步骤5　在【图层】面板中单击调整图层的图层蒙版缩览图选择图层蒙版。将前景色设置为黑色，然后按Ctrl+D组合键以黑色填充图层蒙版。使用【画笔工具】以白色在图层蒙版中涂抹，使石头的细节得以显现，如图3.109所示。

图3.109　恢复石头细节

步骤6 在属性栏中将画笔笔尖的【不透明度】设置为50%，如图3.110所示。使用黑色在图层蒙版中涂抹，将石头上某些偏亮的区域压暗，如图3.111所示。

图3.110 设置【不透明度】值

图3.111 将偏亮的区域压暗

步骤7 按Ctrl+Shift+E组合键，合并可见图层，然后保存文档，从而完成本实例的制作。本实例制作完成后的效果如图3.112所示。

图3.112 照片处理完成后的效果

第4章

数码照片的色彩调整

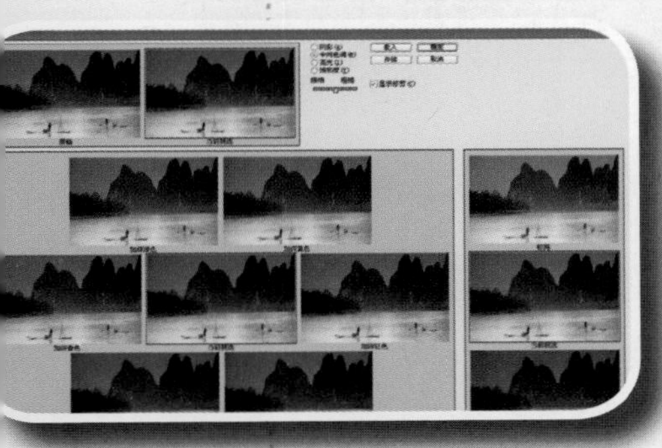

完美的照片离不开完美的色彩，要使数码照片获得完美的色彩，从拍摄的角度来说确实不是一件容易的事情。Photoshop为照片色彩的处理提供了各种强大的工具。在后期处理时，它能够使摄像师方便地完成对照片色调的调整，实现对存在色彩偏差的数码照片的修复工作。本章将介绍使用Photoshop对常见的照片色彩问题进行修饰的方法和技巧。

4.1 调整曝光不足的照片

小叮当：老师，在我拍摄的数码照片中，有的照片整体色调偏暗，画面效果平淡，缺乏层次感。这是怎么回事呀？

魔法师：你说的这些都属于曝光不足的问题，这样的照片可以通过使用Photoshop的【色阶】命令或【曲线】命令来对照片的色调进行调整和修复。下面我就介绍通过调整色阶来修复曝光不足照片的方法。

图4.1 需要处理的照片

步骤1 启动Photoshop，打开需要处理的照片（路径：素材和源文件\part4\4.1\曝光不足的照片.jpg），如图4.1所示。这是一张在室内拍摄的照片，照片曝光不足，整体效果较暗。下面使用【色阶】命令来对照片的亮度进行调整。

步骤2 选择【窗口】|【直方图】命令，打开【直方图】面板，如图4.2所示。在【直方图】面板中可以看到，这张照片的直方图左端产生溢出，暗部的细节损失较大，右端却没有像素。

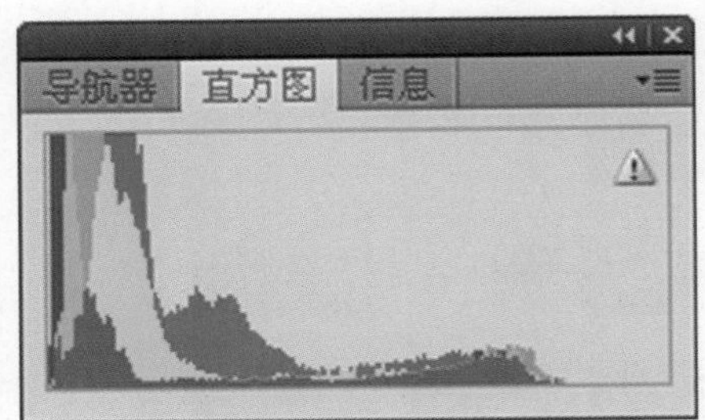

图4.2 【直方图】面板

小叮当：老师，您能够给我介绍一下直方图的知识吗？

魔法师：好的。直方图显示了照片中不同亮度的像素的分布情况，从右侧亮度最高的白色开始，越往左侧像素的亮度越低，最后到黑色。直方图越高，表示该亮度的像素越多。以本张照片为例，左侧暗调区域直方图高，说明暗调像素较多，而右侧较亮像素却不多，这就是这张照片色调较暗的原因。在直方图中，红色、黄色和蓝色的直方图分别显示红色、黄色和蓝色通道的色阶分布，黑色为三原色混合后的色阶。

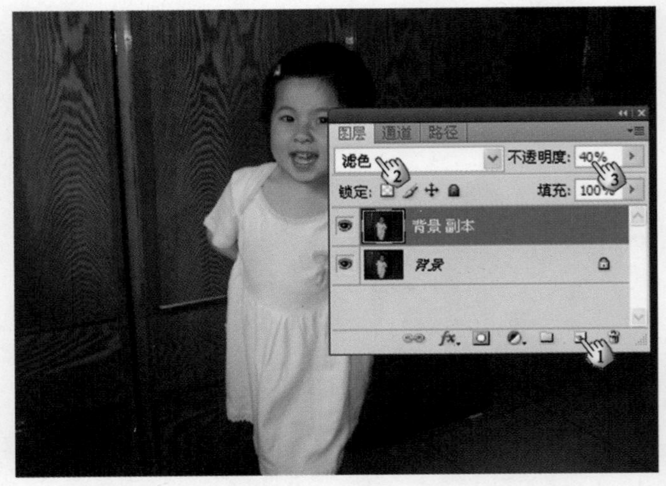

图4.3 设置【图层混合模式】和【不透明度】

步骤3 在【图层】面板中，将“背景”图层拖放到【创建新图层】按钮 上，将“背景”图层复制为“背景 副本”图层。再将“背景 副本”图层的图层混合模式设置为【滤色】，并且将【不透明度】设置为40%，如图4.3所示。

小叮当：老师，为什么要复制“背景”图层并将图层混合模式设置为【滤色】呢?

魔法师：通俗地说，图层的混合模式决定了上面图层和下面图层以何种方式混合，其中【滤色】模式获得的结果颜色总是上下图层中较亮的颜色。比如，使用黑色过滤时，颜色保持不变，而用白色过滤时则将产生白色。因此，这里将“背景 副本”图层与“背景”图层通过“滤色”模式混合，会使照片整体变亮。

步骤4　在【图层】面板中，单击【创建新的填充和调整图层】按钮，然后从下拉菜单中选择【色阶】命令，可以在【图层】面板中添加一个【色阶】调整层，此时Photoshop会打开【调整】面板，用户可以在该面板中对色阶进行调整。这里，向左拖动中间的灰色滑块和右侧的白色滑块，如图4.4所示。

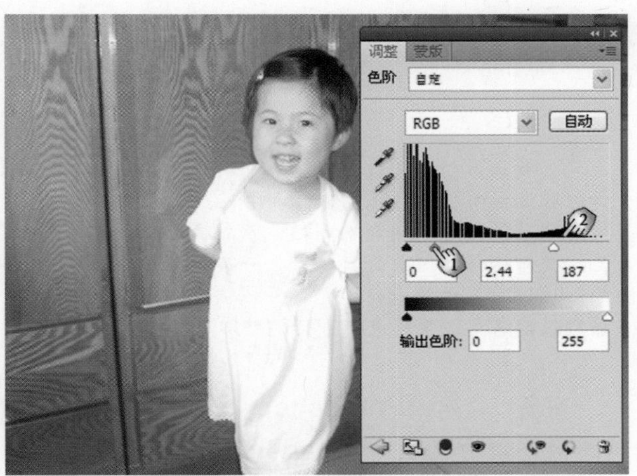

图4.4　调整色阶

小叮当：老师，直方图下方的3个滑块有什么作用?

魔法师：左侧的黑色滑块用于在直方图中指明图像中最暗像素的位置，中间的灰色滑块指明图像中中等亮度所处的位置，而右侧的白色滑块则指定图像中最亮的位置。在这里，我们把白色滑块左移，可以使白色滑块右侧的像素增加亮度，从而获得最大亮度。最亮的像素增加了，照片的亮度自然上去了。初始状态下，这张照片中间灰色滑块左侧的像素较多，而且这些像素都比中间亮度的像素要暗。现在向左拖动灰色滑块，则位于灰色滑块右侧的像素增加了，这些像素的亮度将高于中间灰色滑块所代表的中间亮度，即照片中有了更多亮于中间亮度的像素，照片自然就变亮了。

步骤5　在【图层】面板中，对【色阶】调整层的【不透明度】进行调整，以获得满意的色调调整效果，如图4.5所示。效果满意后，合并图层，再保存文档，从而完成对照片的处理。照片处理的最终效果如图4.6所示。

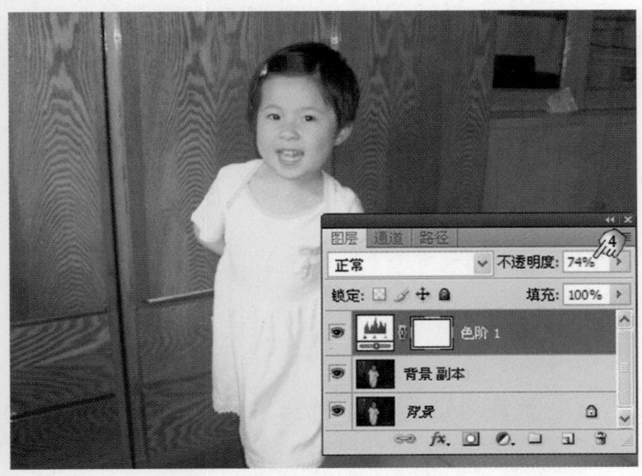

图4.5　调整【不透明度】的值

图4.6　照片处理的最终效果

4.2 调整偏灰照片

图4.7 需要处理的照片

小叮当：老师，在拍摄数码照片时，如果遇到较差的天气，拍出来的照片往往会给人一种灰蒙蒙的感觉，我该如何对这样的照片的色调进行调整呢？

魔法师：你所遇到的问题，在拍摄照片时还真的很常见。要对这样的照片进行调整，一般可以使用【色阶】命令。通过对黑白场进行调整，可以恢复照片应有的色调，然后根据需要，再对色彩进行调整即可。

步骤1 启动Photoshop，打开需要处理的照片（路径：素材和源文件\part4\4.2\偏灰照片.jpg），如图4.7所示。这张照片是在阴天拍摄的，照片给人一种偏灰的感觉。

步骤2 选择【图像】|【调整】|【色阶】命令，打开【色阶】对话框，如图4.8所示。从【色阶】对话框的直方图可以看到，照片中像素大量位于中间灰色滑块右侧，在黑色滑块和白色滑块附近几乎没有像素存在，这就是这张照片虽然有足够的亮度，但给人一种发灰的感觉的原因。

步骤3 在【色阶】对话框中，拖动滑块，调整照片的色阶。这里，分别向右、向左拖动黑色滑块和白色滑块，将它们放置在柱形图有像素的位置，同时向右侧适当拖动灰色滑块，如图4.9所示。

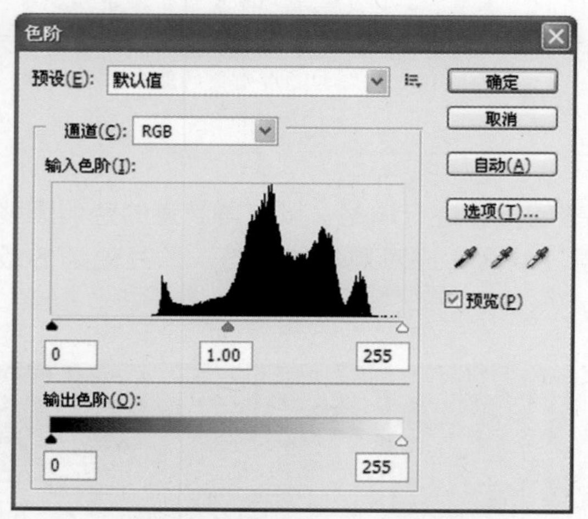

图4.8 【色阶】对话框

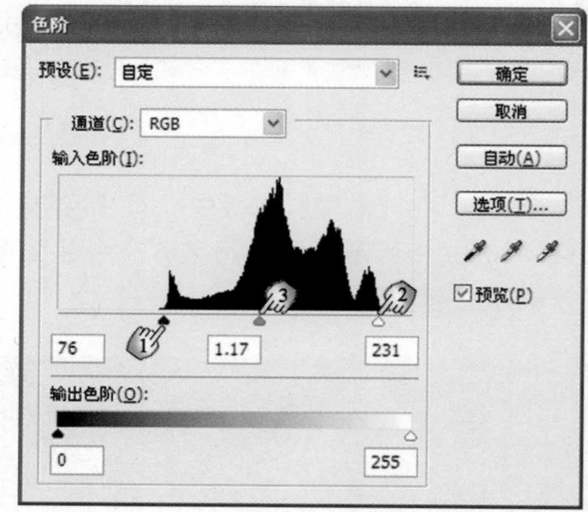

图4.9 调整色阶

魔法师：在进行色阶调整时要注意，黑色滑块和白色滑块要放在左右两侧有像素的位置上，并且稍微靠里一点比较好。具体位置在何处，则要根据调整过程中照片的预览效果来决定。

小叮当：好的。

步骤4 调整效果满意后，单击【确定】按钮，关闭【色阶】对话框，此时照片的效果如图4.10所示。选择【图像】|【调整】|【色相/饱和度】命令，打开【色相/饱和度】对话框，然后拖动该对话框中的滑块，对照片的色相和饱和度进行调整，如图4.11所示。

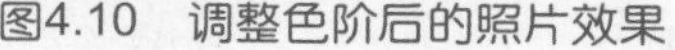

图4.10　调整色阶后的照片效果

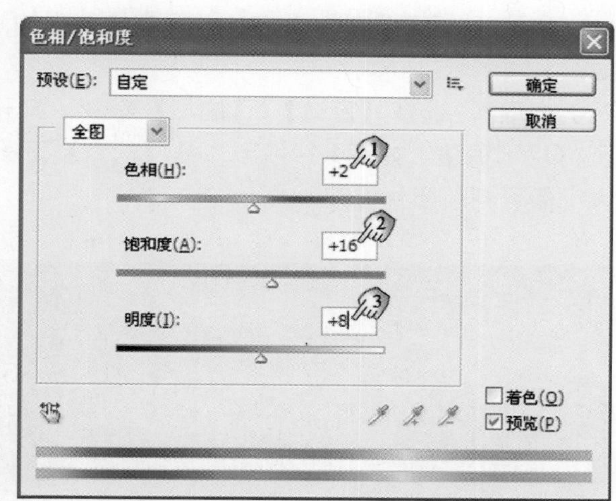

图4.11　【色相/饱和度】对话框

步骤5　单击【确定】按钮，关闭【色相/饱和度】对话框，然后保存文档，从而完成对照片的处理。照片处理完成后的效果如图4.12所示。

图4.12　照片处理完成后的效果

4.3 使用中性灰校正照片偏色

魔法师：照片偏色是数码照片常见的瑕疵，造成照片偏色的原因有很多，比如光线的影响，拍摄时白平衡设置不当等。使用Photoshop对照片进行处理，很多时候都是对照片的色调进行调整，从而恢复拍摄对象本来的颜色。

小叮当：调整照片的偏色很复杂吗？是不是需要在掌握了专业的色彩知识后才能够完成这样的工作呢？

魔法师：具有专业的色彩知识当然好，但作为家庭用户来说，使用Photoshop也能轻松实现对偏色照片的修复。下面我就介绍通过设置中性灰色来修复偏色照片的方法。

步骤1　启动Photoshop，打开需要处理的照片（路径：素材和源文件\part4\4.3\偏色照片.jpg），如图4.13所示。

步骤2　选择【窗口】|【信息】命令，打开【信息】面板。在照片中任意移动鼠标，查看像素的R、G和B的值，如图4.14所示。从【信息】面板中可以看到，无论鼠标放置在何处，像素的R值均为最大，即可判断照片偏红。

图4.13　需要处理的照片

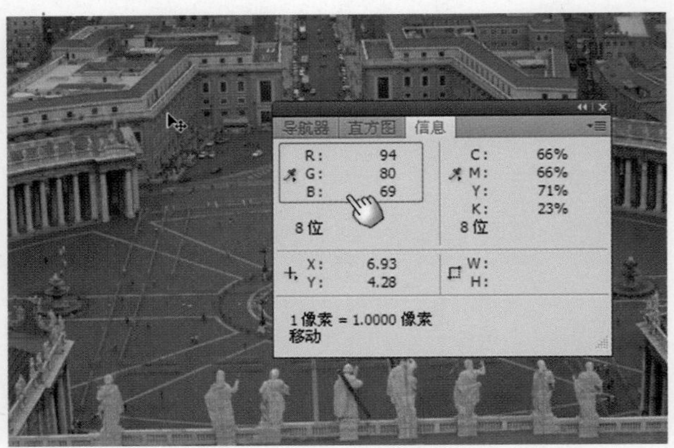

图4.14　查看像素的RGB值

步骤3　从工具箱中选择【颜色取样工具】，然后在照片上单击。每单击一次都会创建一个颜色取样点，而且在【信息】面板中将显示该信息取样点处的RGB值，如图4.15所示。从所创建的取样点处的RGB值，同样可以判断这张照片是偏红的。

> 魔法师：在对照片偏色情况进行分析时，一方面可以借助你的眼睛，凭视觉对照片的观察进行判断。当然，也可以使用Photoshop工具对照片进行定量分析。上面的两个步骤分别介绍了使用【信息】面板来判断照片偏色情况的方法。
>
> 小叮当：原来是这样呀。
>
> 魔法师：这里，也可以对照片中本应该是黑色、白色或中性灰色的地方取样。在正常情况下，这些位置的RGB值应该是R=G=B，【信息】面板中哪个值偏高，就可以基本判断照片是哪种颜色偏多，从而确定偏色情况。

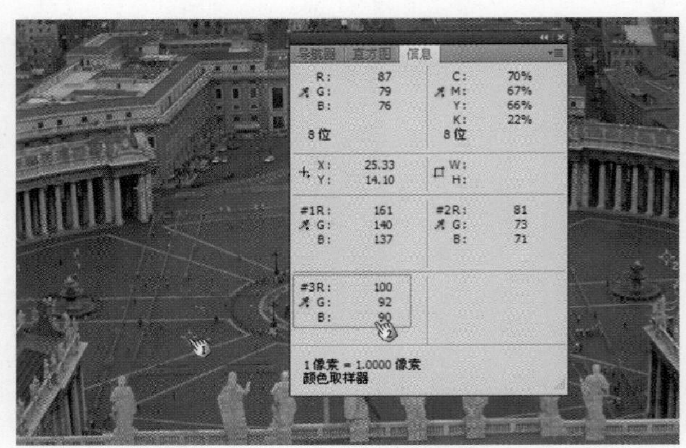

图4.15　创建颜色取样点

步骤4　按Ctrl+L组合键，打开【色阶】对话框，然后选择【在图像中取样以设置灰场工具】，在照片中本应是灰色的位置单击，如图4.16所示。

步骤5　向右拖动中间灰色滑块，将照片适当加亮，此时可以预览色阶调整后的色彩效果，如图4.17所示。

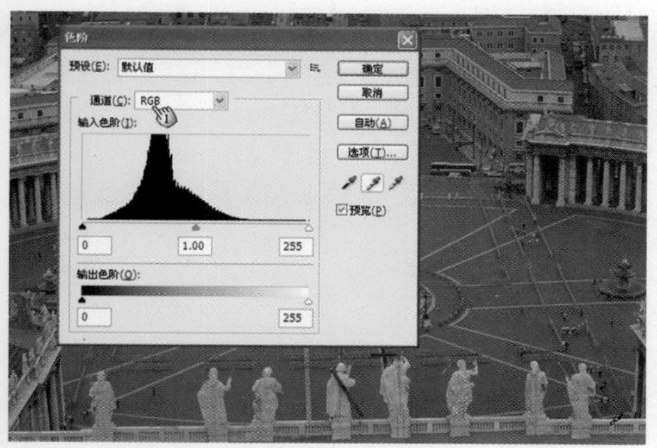

图4.16　设置灰场

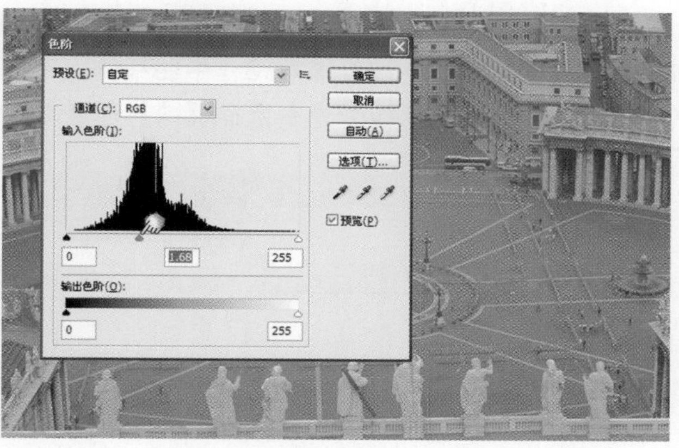

图4.17　调整色阶后的照片效果

小叮当：老师，为什么我按照您介绍的操作无法达到理想的效果呢？

魔法师：这里，准确地取样是正确校正偏色的关键。使用【在图像中取样以设置灰场工具】单击照片时，应该选择照片中应该为灰色的单击，同时取样点还应该选择受环境光影响较小的点。否则，在设置灰场后偏色不仅不会消除，还会更为严重。

步骤6　单击【确定】按钮，关闭【色阶】对话框，从而完成对偏色照片的处理。保存文档，完成本实例的制作。照片处理后的最终效果如图4.18所示。

图4.18　照片处理后的效果

4.4 调整灯光下的偏色照片

小叮当：老师，您看这张照片，在室内拍照时，受室内灯光的影响，拍出来的照片往往会出现严重的偏色，我很想知道这样的照片如何修复。

魔法师：哦，我看看，是这张照片吧，小家伙挺可爱嘛。好吧，就让我们一起试试修复这张照片吧。

步骤1　启动Photoshop，打开需要处理的照片（路径：素材和源文件\part4\4.4\灯下偏色照片.jpg），如图4.19所示。这张照片是在室内拍摄的，照片色调受灯光影响较大。下面让我们对这张照片的色调进行调整，恢复其应有的色彩。

图4.19　需要处理的照片

步骤2　选择【图像】|【调整】|【曲线】命令，打开【曲线】对话框，然后从【通道】下拉列表中选择【蓝】选项。按住该对话框中曲线的上部，向左拖动鼠标，调整蓝色通道的曲线形状，如图4.20所示。从【通道】下拉列表中选择【绿】通道，再调整曲线的形状，如图4.21所示。

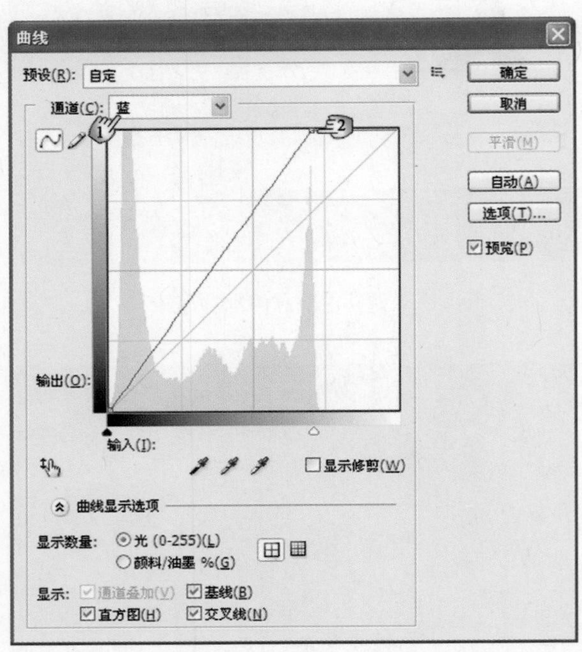

图4.20　改变【蓝】通道曲线的形状

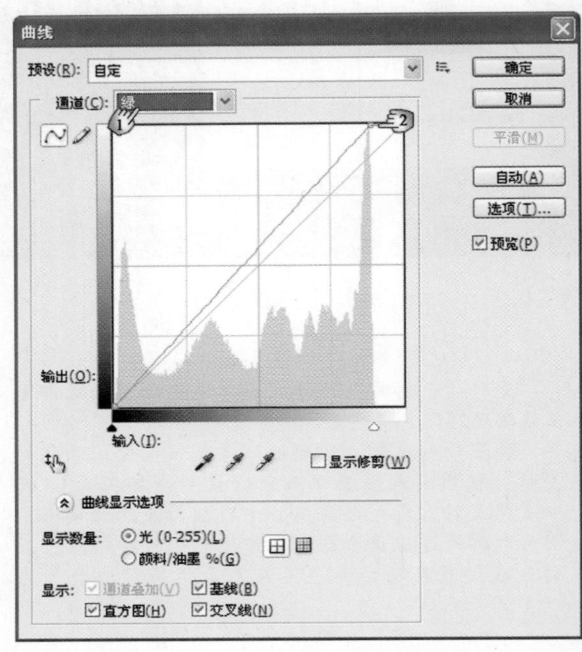

图4.21　调整【绿】通道曲线的形状

步骤3　从【通道】下拉列表中选择RGB选项，然后对RGB混合通道的曲线进行调整。分别在曲线的上部、中部和下部单击，创建3个控制点，分别拖动控制点调整曲线的形状，如图4.22所示。

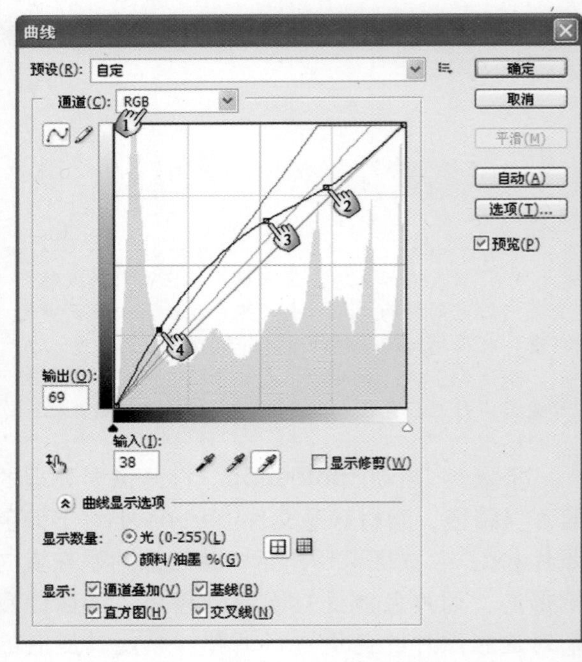

图4.22　创建控制点并改变照片色调

魔法师：曲线和色阶一样，是调整照片色调的一个重要工具。与使用【色阶】命令分别调整照片的高亮、暗调和中间调来获得照片的颜色和色调不同的是，【曲线】命令是通过调整一条曲线的形状来实现对照片色调的调整的。在【曲线】对话框中，作为水平轴的色带表示原始照片中图像的亮度，即输入色阶。作为垂直轴的色调带，表示调整后照片中像素的亮度，即输出色阶。该对话框中曲线的左下方代表照片的暗调区域，右上方代表高光区域。拖动曲线上的控制点，可以改变曲线的形状，从而改变照片的色调。

小叮当：原来是这样呀。我感觉【曲线】命令在色调调整方面比【色阶】命令更加灵活多变。

魔法师：是的。在后面的学习中，我们还会经常用到该命令，通过不断摸索和体会，相信你能掌握这个重要工具的。

步骤4　单击【确定】按钮，关闭对话框，然后保存文档，从而完成本张照片的处理。照片处理完成后的效果如图4.23所示。

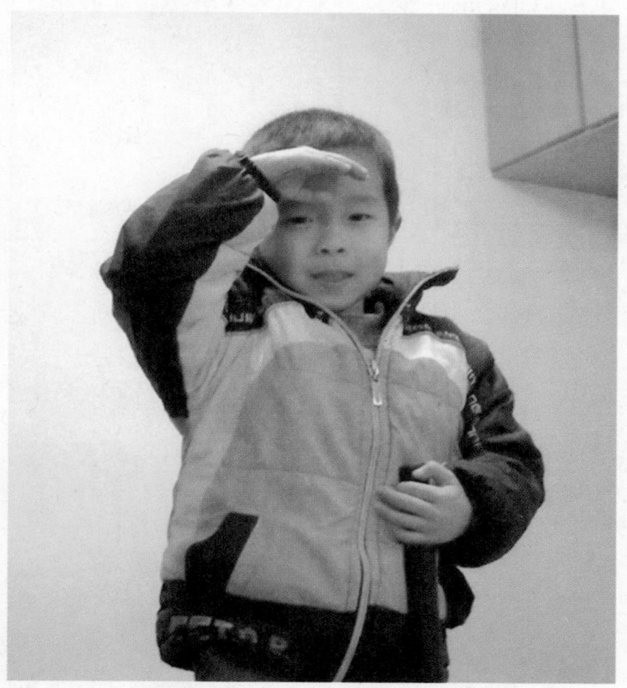

图4.23　照片处理后的效果

4.5 快速修复剪影照片

小叮当：老师，由于我的拍摄能力有限，在拍摄时没有注意逆光环境，造成照片主题对象灰暗，而环境对象明亮，像剪影一样。这样的照片在后期处理时能够修复吗？

魔法师：当然可以。从Photoshop开始，Photoshop增加了一个【阴影/高光】命令，该命令可以方便地实现对具有剪影现象的照片进行修复处理。下面我就介绍该命令的使用方法。

步骤1　启动Photoshop，打开需要处理的照片（路径：素材和源文件\part4\4.5\剪影照片.jpg），如图4.24所示。这是一张典型的因逆光拍摄而形成的剪影照片，下面对该照片进行修复操作。

图4.24　需要处理的照片

步骤2　选择【图像】|【调整】|【阴影/高光】命令，打开【阴影/高光】对话框，然后选中【显示更多选项】复选框，将该对话框展开，以显示所有的设置选项，如图4.25所示。

步骤3　调整【阴影】选项组中的各个参数，如图4.26所示。此时照片中处于暗调的区域的效果得到改观，细节得到显现，如图4.27所示。

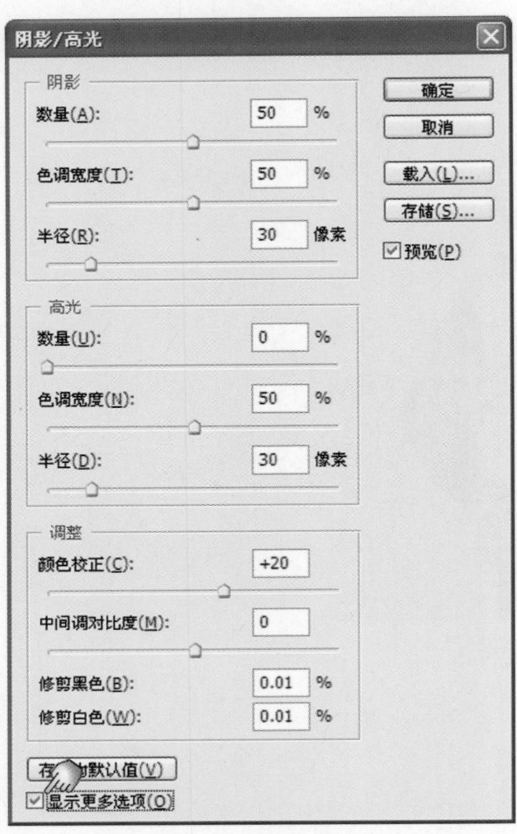

图4.25　【阴影/高光】对话框

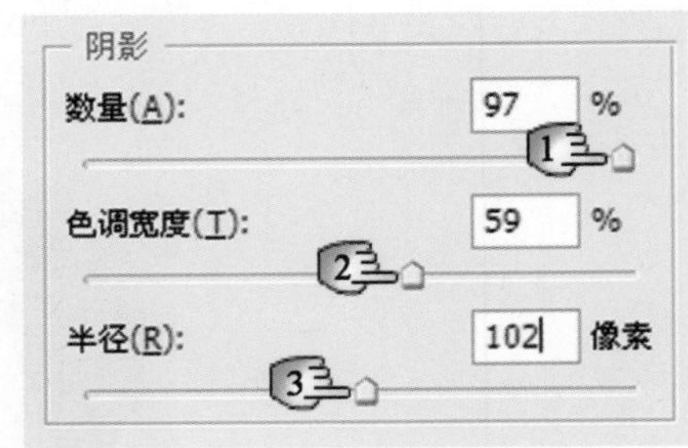

图4.26　调整【阴影】选项组的参数

图4.27　调整【阴影】选项组参数后的照片效果

步骤4　调整【高光】选项组中各个参数的值，如图4.28所示。此时照片的效果如图4.29所示。

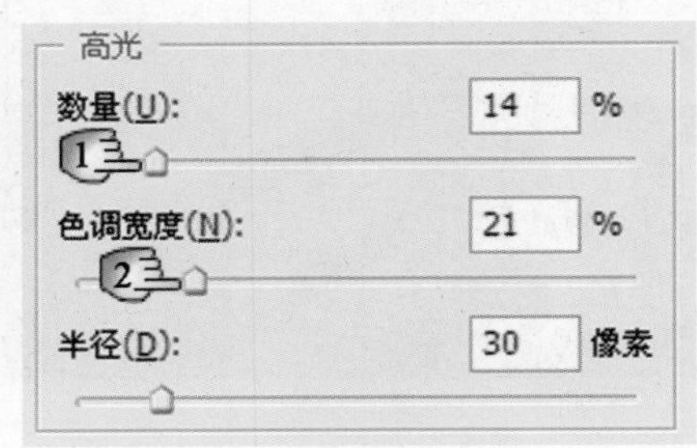

图4.28　调整【高光】选项组的参数

图4.29　调整【高光】选项组参数后的照片效果

小叮当：老师，能不能给我介绍一下【阴影】和【高光】选项组的各个设置项的作用？

魔法师：好。在【阴影】选项组中，增大【数量】的值，可起到将暗调区域加亮的作用。【色调宽度】的值越大，进行调整的区域会越大。这个值应该根据照片的情况来设置，如果过大，则可能会在暗调到亮色调的边缘出现晕圈。这里，【半径】的值越大，照片就会变得越亮。【高光】选项组中的各设置项的作用与前面介绍的设置项的作用相似。只是要注意，【高光】选项组中的【数量】值越大，高光区域变暗的程度就越大，与【阴影】选项组中该设置项的作用正好相反。

步骤5　调整【调整】选项组中各设置项的参数值，如图4.30所示。单击【确定】按钮关闭【阴影/高光】对话框，保存文档，完成照片的处理。照片处理完成后的效果如图4.31所示。

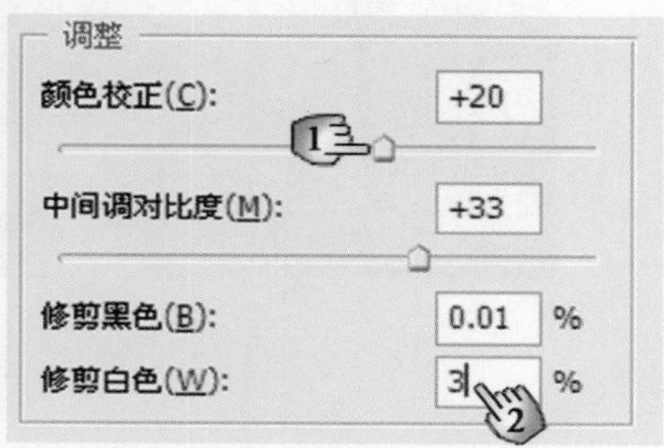

图4.30　调整【调整】选项组的参数

图4.31　照片处理完成后的效果

魔法师：在【调整】选项组中，增加【颜色校正】的值，将增加照片中颜色的饱和度。但要注意，该参数只对照片中更改的区域进行颜色调整，也就是说【暗调】和【高光】选项组的值越大，颜色调整的范围就越大。而【中间调对比度】值将影响中间调的对比度，即增加该值将使暗调更暗，高光区域更亮。

小叮当：好的，明白了，谢谢老师。

4.6　快速更改照片局部的颜色

小叮当：老师，我想更改照片中的某种颜色，可是我调了半天没有成功，您有没有什么好的办法呢？

魔法师：如果只是更改照片中某种特定颜色，那么使用Photoshop的【色相/饱和度】或【替换颜色】命令都能方便地达到目的。下面我以更改照片中人物的衣服颜色为例，讲讲使用【替换颜色】命令来更改局部颜色的方法。

步骤1　启动Photoshop，打开需要处理的照片（路径：素材和源文件\part4\4.6\更改照片局部颜色.jpg），如图4.32所示。下面使用【替换颜色】命令来修改照片中女主角衣服的颜色。

步骤2　从工具箱中选择【多边形套索工具】，将照片中人物衣服所在的区域框选出来，如图4.33所示。选择【图像】|【调整】|【替换颜色】命令，打开【替换颜色】对话框，然后在该对话框中选择【吸管工具】，再在照片中人物衣服上单击，指定颜色取样，如图4.34所示。

图4.32　需要处理的照片

图4.33　框选衣服所在区域

魔法师：拾取颜色后，在该对话框的【颜色】框中将显示包含拾取颜色的相似颜色选区，并且在该对话框的预览窗口中将以白色显示照片中所有与单击点颜色相似的区域，黑色区域则是照片中未被选择的区域。拖动【颜色容差】滑块，可以改变颜色容差值，这个值决定了选择颜色相似区域的范围。

小叮当：原来是这样呀，我明白了。

步骤3　在该对话框中拖动滑块，调整【色相】、【饱和度】和【明度】的值，此时在照片中可以预览到所选择区域的颜色被改变的情况，同时在【结果】框中将显示调出的颜色，如图4.35所示。

步骤4　单击【替换颜色】对话框中的【结果】框，打开【选择目标颜色】对话框。在该对话框中可直接拾取要替换的颜色，如图4.36所示。

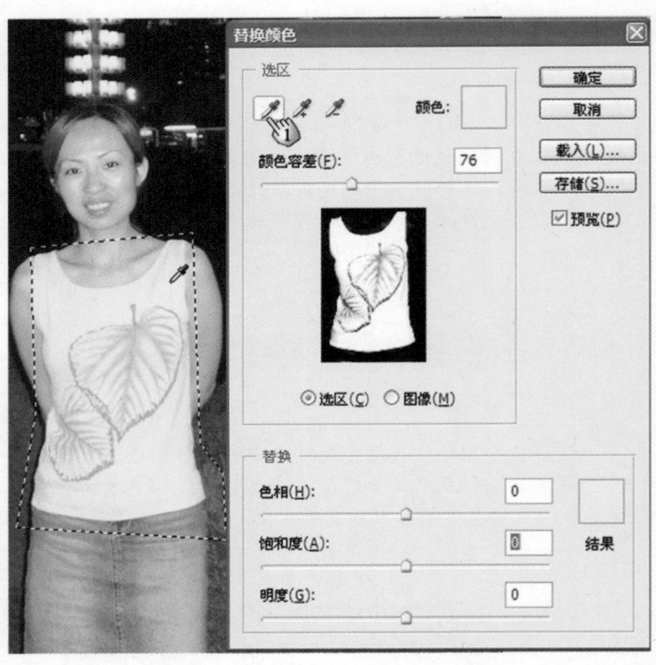

图4.34　选取颜色

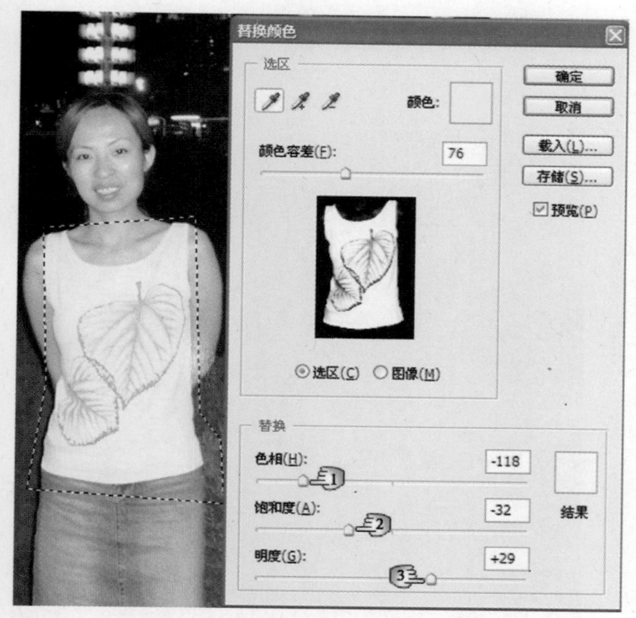

图4.35　在【替换】选项组中调整颜色

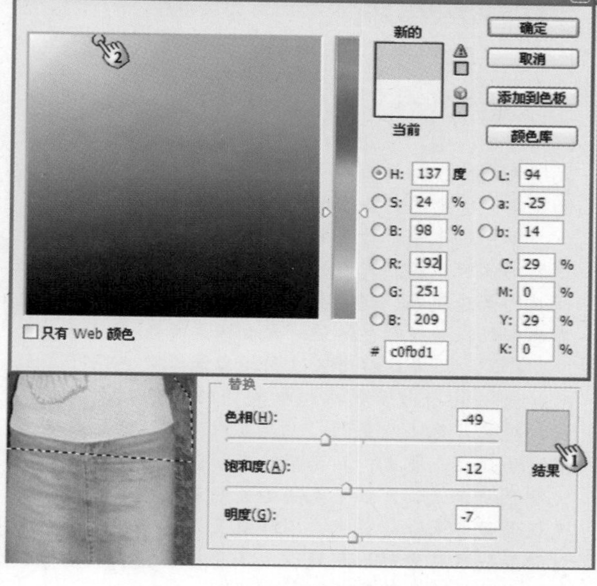

图4.36　直接拾取颜色

步骤5　分别单击两次【确定】按钮，关闭【选择目标颜色】对话框和【替换颜色】对话框，选区中衣服的颜色被替换为淡绿色。按Ctrl+D组合键取消选区，然后保存文件，从而完成对本张照片的处理。照片处理完成后的效果如图4.37所示。

图4.37　照片处理后的效果

4.7 去除照片的紫边

小叮当：老师，我在使用数码相机拍照时，常常遇到这种问题，那就是以天空为背景的对象，比如树或逆光的建筑物的边缘常常出现蓝色、紫色或粉红色的边条，这是怎么回事呢？

魔法师：哦，你说的就是紫边现象吧。拍摄高反差的物体时，在强光与暗调的交界处，常常会出现你所说的紫边现象。这主要是由于光线的衍射现象导致数码相机在进行彩色插值时发生错误所致。

小叮当：是这样呀。这种现象能否避免呢？

魔法师：由于数码相机硬件的局限，原则上说这种现象是无法避免的，但是可以通过技术手段来减弱这种现象。首先，在拍摄时应该注意避免高反差的大背景逆光景物，如果无法避免则应使用闪光灯和反光板等设备来进行补光，以降低反差。再则，可以通过对数码照片进行后期处理，来替换紫边中的各种颜色，以改善照片的质量。

小叮当：老师，您介绍一下使用Photoshop去除照片紫边的方法吧。

魔法师：好的。

图4.38 需要处理的照片

步骤1 启动Photoshop，打开需要处理的照片（路径：素材和源文件\part4\4.7\去除紫边.jpg），如图4.38所示。在这张照片中，右上角的建筑物和部分树叶与天空形成了强烈的反差，此时拍摄的照片就会出现紫边现象。紫边现象影响了照片的整体效果，下面使用Photoshop去除这张照片中的紫边现象。

步骤2 从工具箱中选择【套索工具】，然后在属性栏中将【羽化】值设置为10px，如图4.39所示。拖动鼠标，将紫边区域框选，如图4.40所示。

图4.39 设置【羽化】值

图4.40 框选紫边区域

步骤3 选择【图像】|【调整】|【替换颜色】命令，打开【替换颜色】对话框。从该对话框中选择【吸管工具】，然后在照片的紫边部分单击选取颜色，再调整【颜色容差】值，设定选取颜色范围，如图4.41所示。在【替换】选项组中，调整【色相】、【饱和度】和【明度】的值，如图4.42所示。

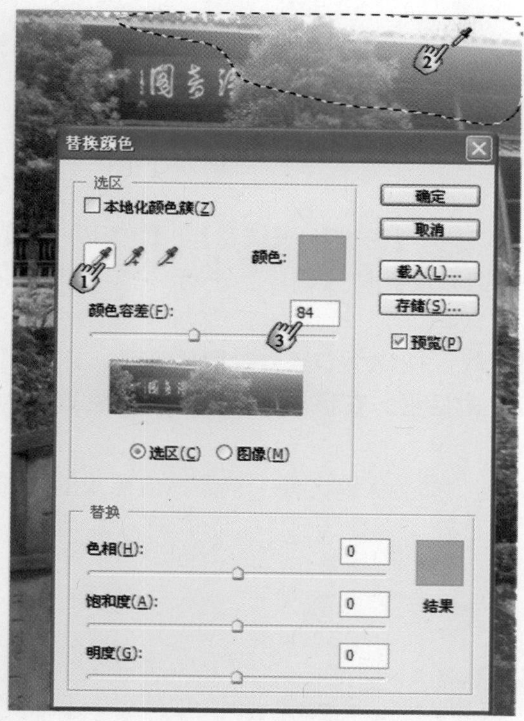

图4.41　选择颜色

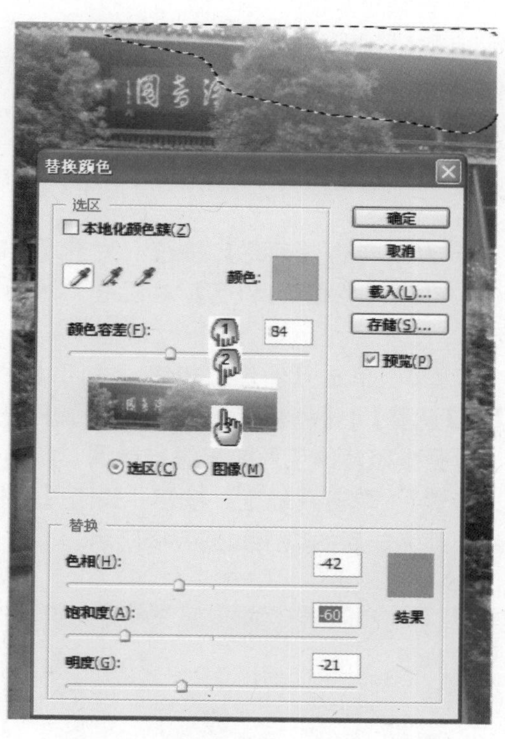

图4.42　设置【替换】选项组中的参数

步骤4　单击【确定】按钮，关闭【替换颜色】对话框。选择【图像】|【调整】|【色彩平衡】命令，打开【色彩平衡】对话框，然后调整中间调的色彩，如图4.43所示。选中【阴影】单选按钮，调整选区中阴影区域的色彩，如图4.44所示。选中【高光】单选按钮，调整选区中高光区域的色彩，如图4.45所示。

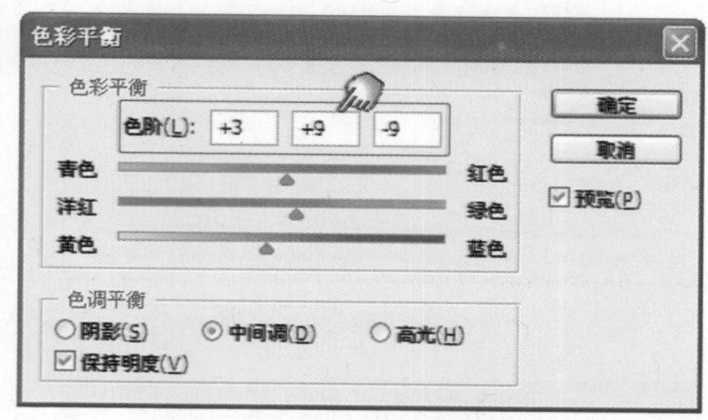

图4.43　调整中间调的色彩

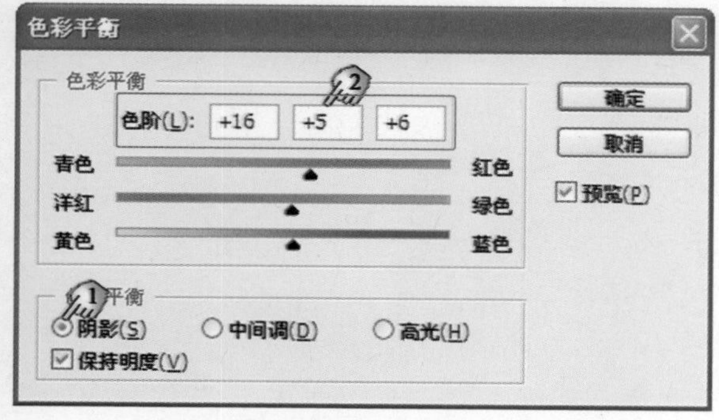

图4.44　调整阴影区域的色彩

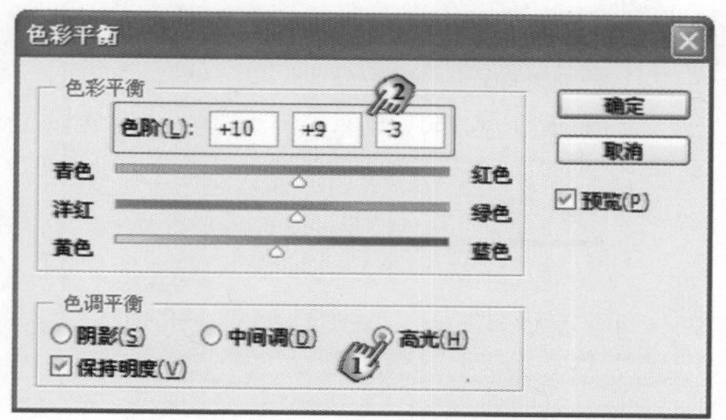

图4.45　调整高光区域的色彩

魔法师：使用【色彩平衡】命令，可以通过调整照片的暗调区域、高光区域和中间色调区域的颜色成分来改变照片的色彩，增加某种颜色的成分，这将使与其是补色关系的另一种颜色减少。比如增加青色，则红色就会减少。对于没有学习过色彩理论的普通家庭用户来说，对色彩的调整情况，可以通过查看照片的预览效果进行判断。

小叮当：谢谢老师，我明白了。

步骤5　单击【确定】按钮，关闭【色彩平衡】对话框。选择【图像】|【调整】|【色相/饱和度】命令，打开【色相/饱和度】对话框，然后对【色相】、【饱和度】和【明度】进行调整，如图4.46所示。

步骤6　单击【确定】按钮，关闭【色相/饱和度】对话框。按Ctrl+D组合键取消选区，选择【图像】|【调整】|【色相/饱和度】命令，打开【色相/饱和度】对话框。在该对话框中调整各设置项的参数，对整张照片的色彩效果进行微调，如图4.47所示。

步骤7　单击【确定】按钮，关闭【色相/饱和度】对话框，然后保存文件，从而完成照片的处理。照片处理完成后的效果如图4.48所示。

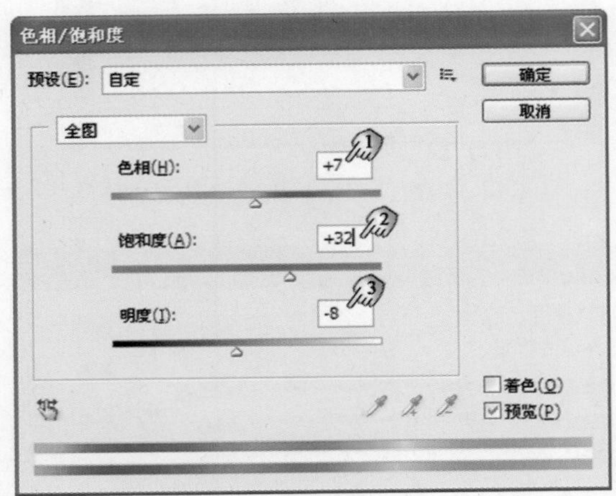

图4.46　【色相/饱和度】对话框的设置

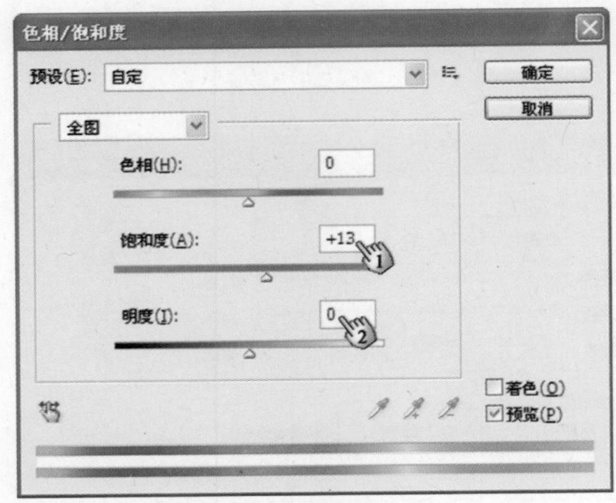

图4.47　【色相/饱和度】对话框

图4.48　照片处理完成后的效果

4.8 让照片更鲜艳

小叮当：老师，我喜欢拍摄风景照，可是我拍摄的风景照的色彩总是让人感觉很平淡，比如天不蓝，水不绿。
魔法师：是呀，这样的照片确实很常见。好山好水，可是拍出来的照片却缺乏感染力，无法获得良好的视觉效果。
小叮当：老师，您能不能给我介绍一下这种照片的处理技巧？
魔法师：好吧。这样的问题，实际上还是一个色彩调整的问题，灵活使用各种色彩调整命令，均能达到理想的调整效果。这里，我就介绍一下使用【可选颜色】命令来增强照片色彩效果的方法吧。

步骤1　启动Photoshop，打开需要处理的照片（路径：素材和源文件\part4\4.8\让照片更鲜艳.jpg），如图4.49所示。这是一张风景照，照片色彩平淡，缺乏感染力。下面对照片色彩进行调整，使照片的色彩更加靓丽。

步骤2　选择【图像】|【调整】|【可选颜色】命令，打开【可选颜色】对话框。从该对话框的【颜色】下拉列表中选择【白色】选项，并对颜色参数进行调整，如图4.50所示。

图4.49　需要处理的照片

图4.50　设置白色的颜色参数

步骤3　从【颜色】下拉列表中选择【中性色】选项，并对颜色参数进行调整，如图4.51所示。从【颜色】下拉列表中选择【黑色】选项，然后对颜色参数进行调整，如图4.52所示

图4.51　设置中性色的色彩

魔法师：使用【可选颜色】命令，可以只改变指定颜色中的某些特定的颜色成分，而其他颜色中同样的颜色成分不会改变。例如，印刷颜色中的绿色是青色和黄色合成的。改变绿色中青色的比例，就会使照片中的绿色改变，但这一改变不会影响其他颜色中的青色成分。
小叮当：明白了，看来【可选颜色】命令也是精确调整照片色彩的一件利器呀。

步骤4　单击【确定】按钮关闭【可选颜色】对话框，保存文件完成照片的处理。照片处理后的效果如图4.54所示。

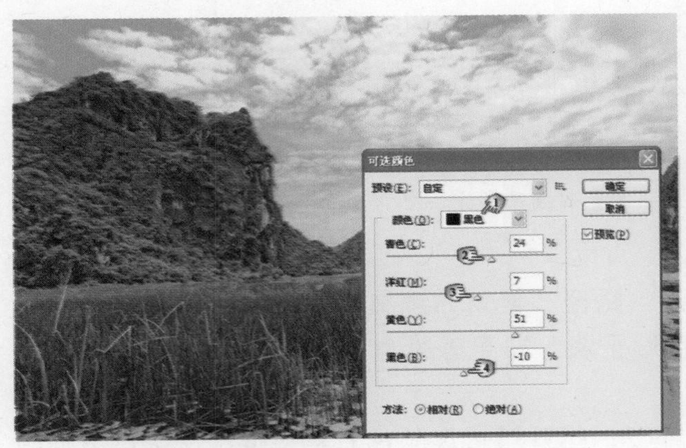

图4.52　设置黑色的色彩

图4.53　照片处理后的效果

4.9 让照片更有特色

魔法师：在使用Photoshop对数码照片进行后期处理时，通过对照片色调的调整，可以模拟一些自然现象，从而在照片中营造某种气氛，使照片更有特色。

小叮当：操作起来会不会很复杂？

魔法师：是否复杂，我们一起动手试试吧。

步骤1　启动Photoshop，打开需要处理的照片（路径：素材和源文件\part4\4.9\让照片更有特色.jpg），如图4.54所示。这是一张在夜色中捕鱼的照片，照片色调偏冷。下面使用【变化】命令来调整照片的色调，创建一种浓重的晚霞氛围。

步骤2　选择【图像】|【调整】|【变化】命令，打开【变化】对话框，如图4.55所示。单击该对话框中的【加深黄色】缩览图，增加照片中的黄色成分。此时可以预览到图像色调的变化，如图3.56所示。

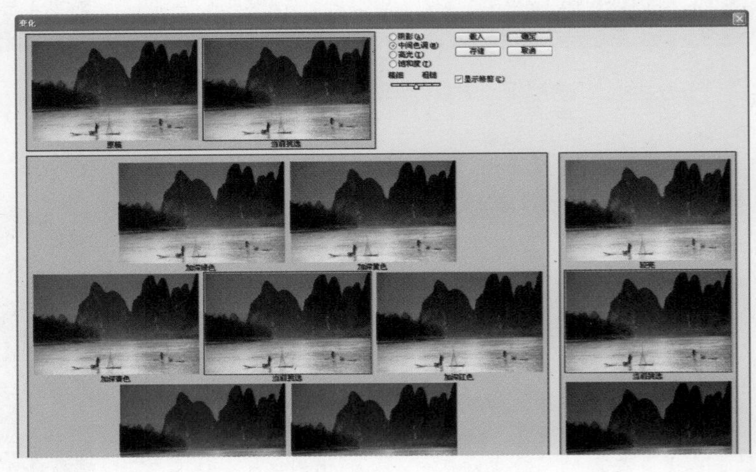

图4.54　需要处理的照片

图4.55　【变化】对话框

图4.56　单击【加深黄色】缩览图

小叮当：老师，【变化】命令很有特色，它与其他的色彩调整命令的界面不同吗？

魔法师：是的，这是一个很有特点的色彩调节命令。使用【变化】命令能够对图像或选区的色彩平衡、饱和度和对比度等进行调整，这种调整是一种可视化的调整，通过单击缩览图可以增加或减少某种色彩，从而直观地观察调整后的效果，使图像调整操作更加简单而方便。此命令特别适用于对那些不需要对图像的色彩进行精确调整的平均色调照片进行调节。

步骤3　单击【加深红色】缩览图，增加照片中的红色，如图4.57所示。单击该对话框右侧的【较亮】缩览图，可以将照片适当加亮，如图4.58所示。

图4.57　单击【加深红色】缩览图

图4.58　单击【较亮】缩览图

步骤4 选中该对话框左上角的【饱和度】单选按钮，如图4.59所示。单击出现【增加饱和度】缩览图，可增加照片的饱和度，如图4.60所示。从该对话框的右上角的原图和处理后的缩览图，可以观察对颜色或饱和度的调节效果。

图4.59 选中【饱和度】单选按钮

图4.60 单击【增加饱和度】缩览图

小叮当：使用【变化】命令选项组，可以直接调整照片的明暗和色彩饱和度。根据缩览图，从直观上感觉，直接单击缩览图来增加或减少某种颜色，真的很直观方便呢。

魔法师：是的，你说得很对。另外，在使用【变化】命令调整色彩时，每次单击改变色彩的程度是可以设置的。在【变化】对话框中向左拖动【精细/粗糙】滑块，每次单击的颜色改变量都会减少，从而使颜色调整更加准确。向右拖动该滑块，将增加每次单击的颜色改变量。

步骤5 色彩调整满意后，单击【确定】按钮，关闭【变化】对话框。保存文件，从而完成照片的处理。照片处理的最终效果如图4.61所示。

图4.61 照片处理后的效果

4.10 制作单色照片效果

魔法师：使用Photoshop将照片转换为单色照片的方法很多，其中最为方便的就是使用【黑白】命令。该命令能够对单色照片的颜色及其色调进行调整，得到需要的效果。

小叮当：听上去很不错，老师，您能教我吗？

魔法师：可以，我也正想讲讲这个问题。

步骤1　启动Photoshop，打开需要处理的照片（路径：素材和源文件\part4\4.10\制作单色照片.jpg），如图4.62所示。下面使用【黑白】命令将这张照片转换为褐色的怀旧风格照片。

图4.62　需要处理的照片

步骤2　选择【图像】|【调整】|【黑白】命令，打开【黑白】对话框。首先拖动该对话框中的颜色滑块，调整照片中该颜色的灰度级别，如图4.63所示。此时获得黑白照片的效果如图4.64所示。

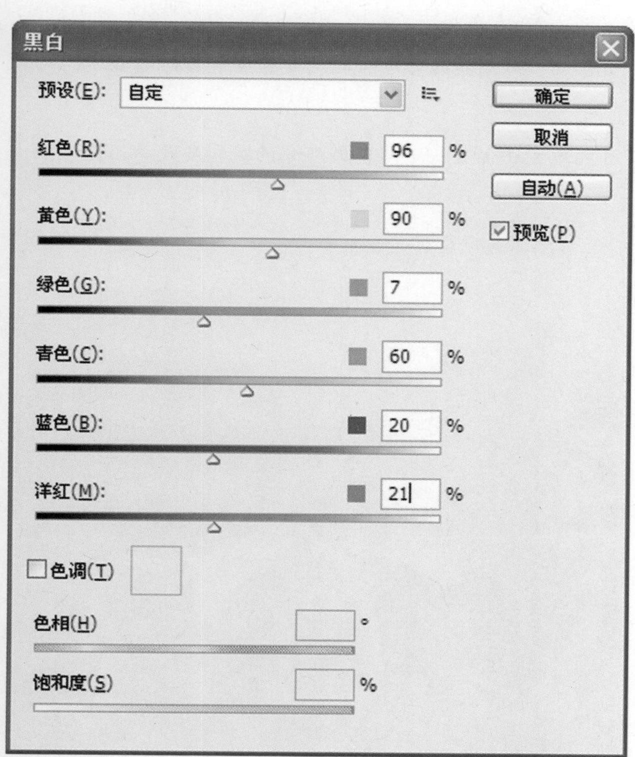

图4.63　调整颜色值

图4.64　黑白照片的效果

步骤3　在该对话框中选中【色调】复选框，则【色相】和【饱和度】设置项可用。拖动【色相】滑块，改变其色谱条上的位置，可以选择颜色。拖动【饱和度】滑块，改变颜色的饱和度，如图4.65所示。

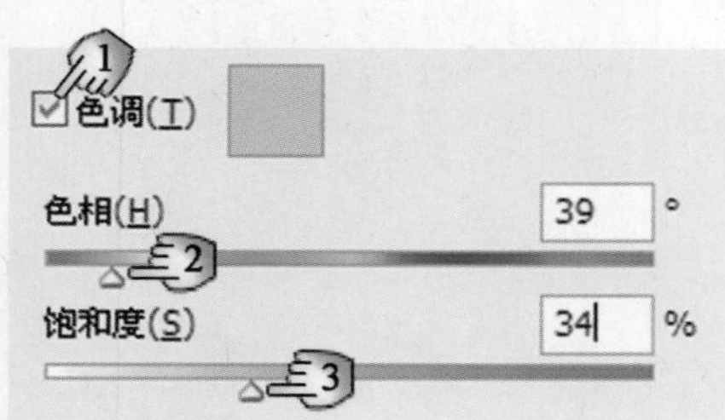

图4.65　调整照片色调

步骤4　单击【确定】按钮，关闭【黑白】对话框，然后保存文件，从而完成照片的处理。照片处理完成的效果如图4.66所示。

图4.66　照片处理完成后的效果

4.11 制作色彩浓郁的反转负冲效果

小叮当：老师，您看这张照片，色彩浓郁，这效果是相机拍摄出来的还是后期处理出来的呢？

魔法师：让我看看。哦，这是现在比较流行的反转负冲效果嘛。所谓反转负冲，指的是在照片冲印过程中，对正片使用负片的冲印工艺而得到的效果。

小叮当：这种效果有什么特别的地方吗？

魔法师：你看，在这张照片中，亮部和暗部严重偏绿，有的地方还偏蓝。中间色调部分的饱和度较高，在一张照片中同时存在冷色调和暖色调的对比，给人一种与众不同的感觉。

小叮当：这种效果是否可以使用Photoshop来获得？

魔法师：当然可以。使用Photoshop对数码照片进行处理，能够很容易地获得这种效果。

步骤1　启动Photoshop，打开需要处理的照片（路径：素材和源文件\part4\4.11\反转负冲效果.jpg），如图4.67所示。下面对这张照片进行处理，以获得反转负冲效果。

图4.67　需要处理的照片

步骤2　选择【窗口】|【通道】命令，打开【通道】面板，然后选择“蓝”通道，如图4.68所示。选择【图像】|【应用图像】命令，打开【应用图像】对话框，然后在对话框中对参数进行设置，如图4.69所示。单击【确定】按钮，关闭【应用图像】对话框，然后从【通道】面板中选择RGB通道，可以查看此时照片的效果，如图4.70所示。

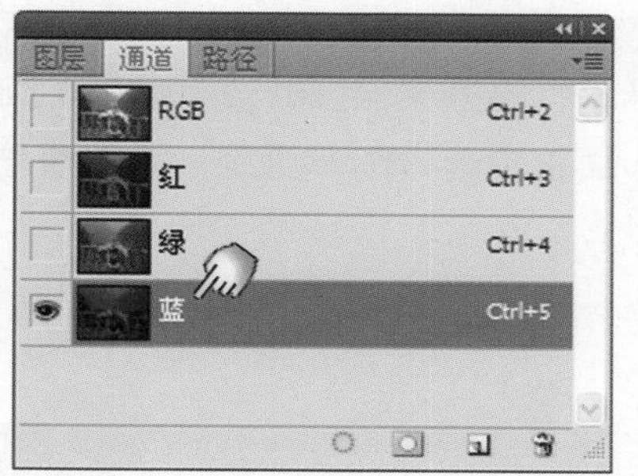

图4.68　选择“蓝”通道

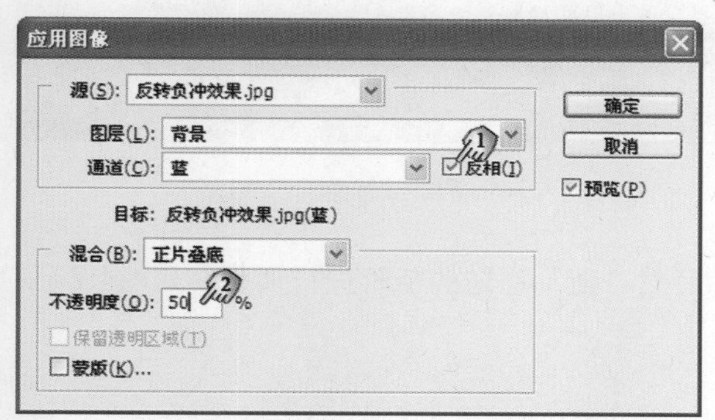

图4.69　【应用图像】对话框中的参数设置

图4.70　应用【应用图像】命令后的照片效果1

步骤3　从【通道】面板中选择“绿”通道，选择【图像】|【应用图像】命令，再次打开【应用图像】对话框，并在该对话框中对参数进行设置，如图4.71所示。单击【确定】按钮，关闭【应用图像】对话框，然后从【通道】面板中选择RGB通道，可以查看此时照片的效果，如图4.72所示。

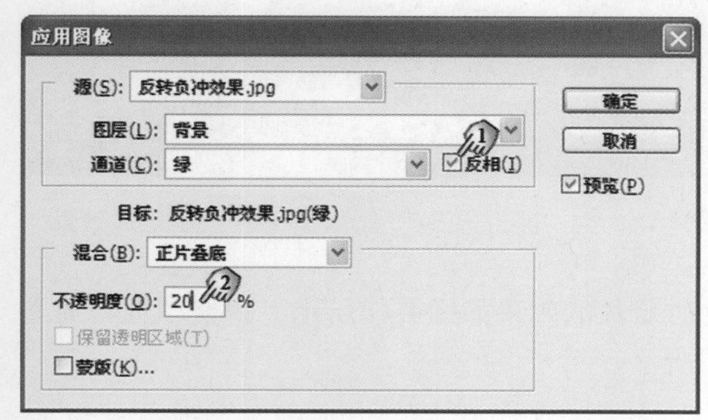

图4.71　【应用图像】滤镜的参数设置

图4.72　应用【应用图像】命令后的照片效果2

步骤4　在【通道】面板中选择“红”通道，选择【图像】|【应用图像】命令，再次打开【应用图像】对话框，参数采用默认值，如图4.73所示。单击【确定】按钮，关闭【应用图像】对话框，然后从【通道】面板中选择RGB通道，可以查看此时照片的效果，如图4.74所示。

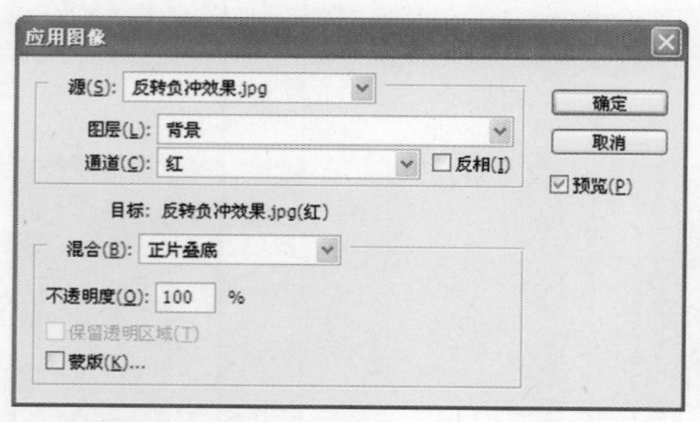

图4.73　【应用图像】对话框中参数使用默认值

图4.74　完成设置后的照片效果

步骤5　按Ctrl+L组合键，打开【色阶】对话框，然后对“蓝”通道的色阶进行调整，如图4.75所示。此时预览到的照片的效果如图4.76所示

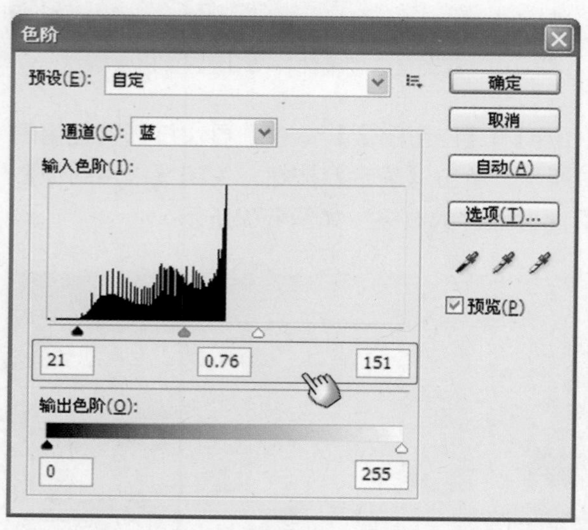

图4.75　对“蓝”通道的色阶进行调整

图4.76　对“蓝”通道的色阶进行调整后的照片效果

步骤6　调整“绿”通道的色阶，如图4.77所示。此时照片的效果如图4.78所示。调整“红”通道的色阶，如图4.79所示。完成调整后的照片效果如图4.80所示。

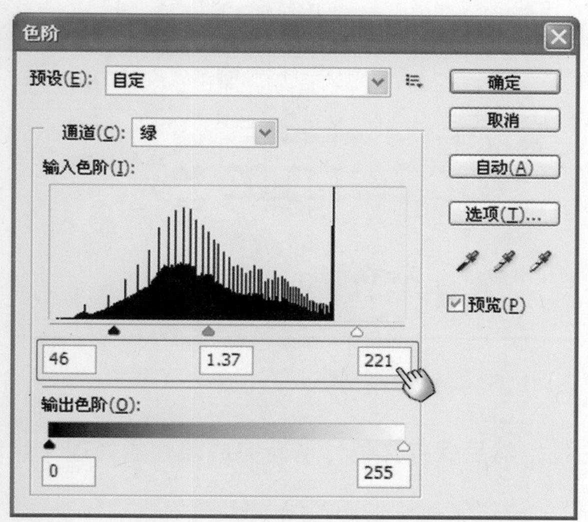

图4.77　调整“绿”通道的色阶

图4.78　对“绿”通道的色阶进行调整后的照片效果

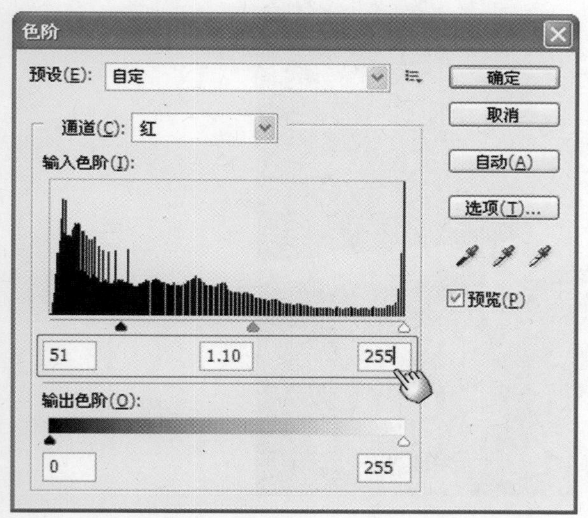

图4.79　调整“红”通道的色阶

图4.80　对“红”通道的色阶进行调整后的照片效果

步骤7　单击【确定】按钮，关闭【色阶】对话框，然后按Ctrl+B组合键，打开【色彩平衡】对话框，再调整中间调区域的色彩，如图4.81所示。对照片阴影区域的色彩进行调整，如图4.82所示。对照片高光区域的色彩进行调整，如图4.83所示。

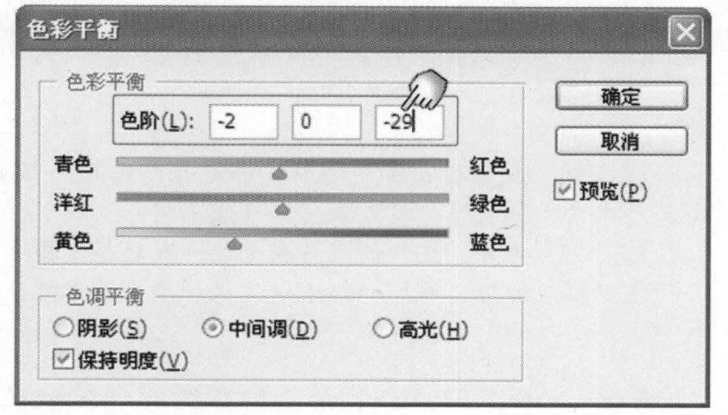

图4.81　调整中间调的色彩

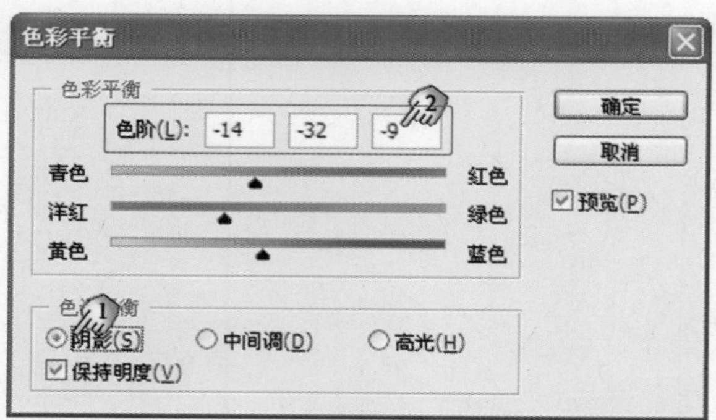

图4.82 对阴影区域色彩进行调整

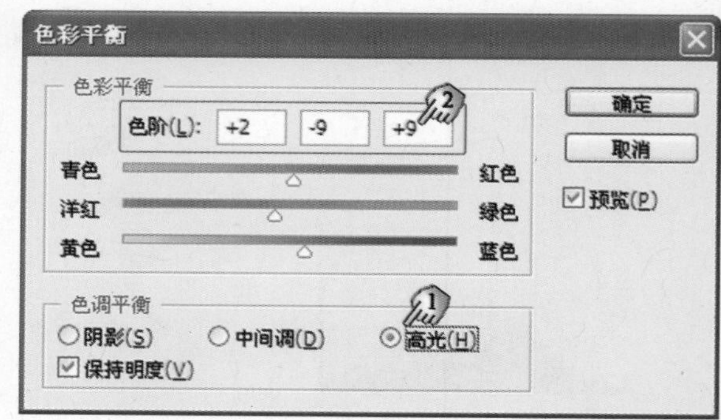

图4.83 对高光区域色彩进行调整

步骤8 单击【确定】按钮，关闭【色彩平衡】对话框，然后保存文档，从而完成照片的处理。照片处理完成后的效果如图4.84所示。

图4.84 照片处理完成后的效果

4.12 照片的淡彩效果

魔法师：我们现在看到的照片都是彩色照片，彩色照片比黑白照片更具有吸引力。如果在黑白照片中融入淡淡的彩色元素，那么照片的效果将会与众不同。

小叮当：老师，这样的照片我见过。我也想掌握这种照片的处理方法，您能讲讲吗？

魔法师：好吧，我们一起来制作这种淡彩效果吧。

步骤1 启动Photoshop，打开需要处理的照片（路径：素材和源文件\part4\4.12\淡彩效果.jpg），如图4.85所示。下面对这张照片进行处理，制作淡彩效果。

图4.85　需要处理的照片

步骤2　打开【图层】面板，然后将“背景”图层拖放到【创建新图层】按钮上，复制该图层。选择【图像】|【调整】|【去色】命令，将复制图层变为黑白图像，如图4.86所示。在【图层】面板中，将图层混合模式设置为【滤色】，同时将【不透明度】设置为60%，如图4.87所示。

图4.86　复制“背景”图层并去色

图4.87　设置图层混合模式和不透明度

步骤3　在【图层】面板中，单击【创建新的填充或调整图层】按钮，然后从下拉菜单中选择【纯色】命令，打开【拾取实色】对话框。在对话框中单击拾取颜色，如图4.88所示。单击【确定】按钮，关闭【拾取实色】对话框，然后在【图层】面板中创建一个纯色填充图层，再调整该图层的图层混合模式和不透明度，如图4.89所示。

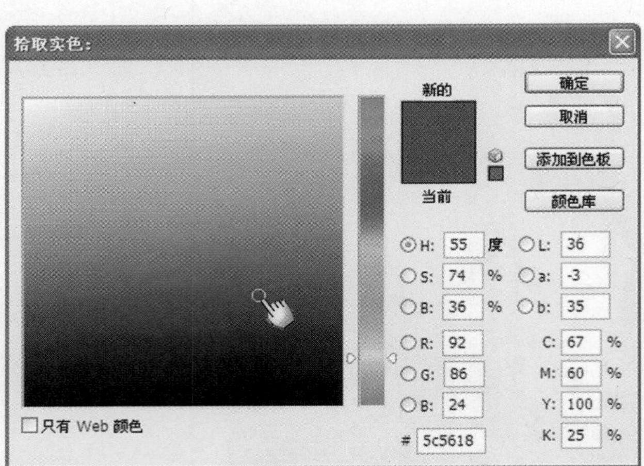

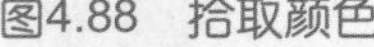
图4.88　拾取颜色

图4.89　调整填充图层的图层混合模式和不透明度

步骤4　再创建一个纯色填充图层，同时设置填充颜色，如图4.90所示。在【图层】面板中设置该填充图层的图层混合模式和透明度，如图4.91所示。

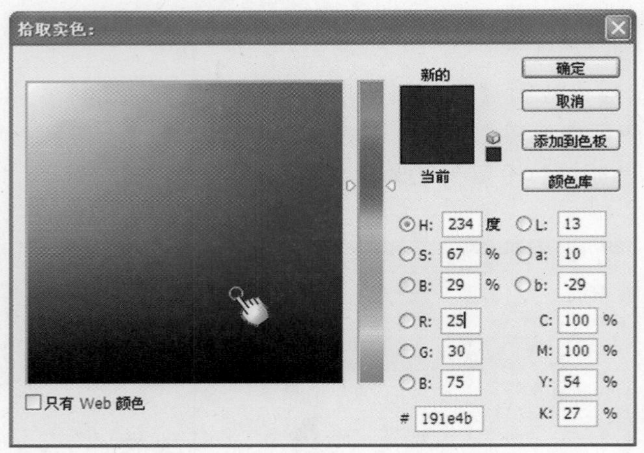

图4.90　设置填充颜色

图4.91　设置填充图层的图层混合模式和不透明度

步骤5　创建一个色阶调整图层，然后在打开的【色阶】调整面板中对色阶进行调整，如图4.92所示。创建色阶调整图层后的照片效果如图4.93所示。

小叮当：老师，在操作时大量使用调整图层和填充图层，有什么方法和要求吗？

魔法师：好。调整层将图层操作、调整操作和图层蒙版结合在一起。使用调整层对图像进行调整，是一种非破坏性调整，在【图层】面板中双击调整层图标，可以在【调整】面板中对效果进行修改，删除调整层即可去除添加到图像上的调整效果。同时，通过对附着于调整层的蒙版的编辑修改，还可以使调整效果作用于图像上需要的部分。

小叮当：这样看来，使用调整层处理图像比使用相应的调整命令方便得多。

魔法师：填充图层和调整图层的使用是相同的，不同之处在于，填充图层用于对照片填充色彩。你应该好好揣摩，掌握这两种图层的用法。

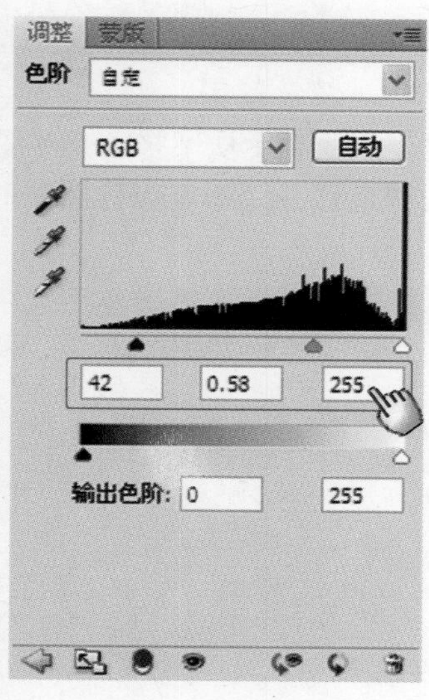

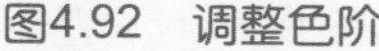

图4.92 调整色阶

图4.93 创建色阶调整图层

步骤6 选择【图层】|【合并可见图层】命令，合并所有可见图层，再保存文件。照片处理完成后的效果如图4.94所示。

图4.94 照片处理完成后的效果

4.13 照片的炫彩效果

魔法师：前面我们使用调整图层来调整照片的色调，创造了照片的淡彩效果。在很多商业作品中，能够看到浓重的背景色彩效果。下面我就介绍这种色彩特效的制作方法。

小叮当：好呀，老师。我们快点开始吧。

步骤1　启动Photoshop，打开需要处理的照片（路径：素材和源文件\part4\4.13\炫彩效果.jpg），如图4.95所示。下面使用【渐变映射】调整层和【亮度/对比度】调整层来创造炫彩效果。

步骤2　在【图层】面板中，单击【创建新的填充或调整图层】按钮 ，然后从下拉菜单中选择【渐变映射】命令，再在【调整】面板中单击色谱条，如图4.96所示。此时将打开【渐变编辑器】对话框，再从对话框的【预设】列表框中选择【黄、紫、橙、蓝渐变】，如图4.97所示。

步骤3　单击【确定】按钮，关闭【渐变编辑器】对话框。在【图层】面板中，设置填充图层的图层混合模式和不透明度，如图4.98所示。

图4.95　需要处理的照片

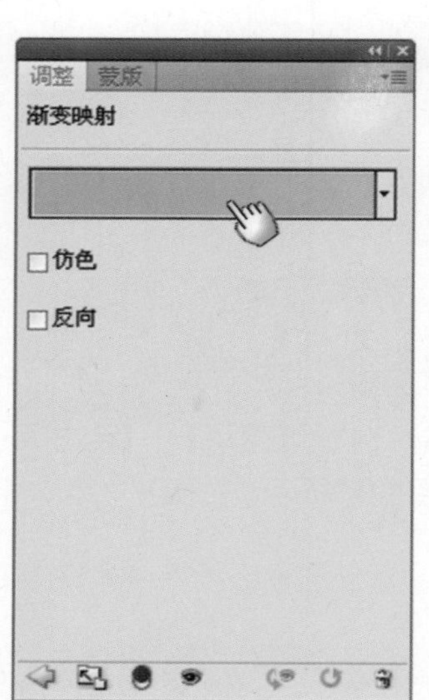

图4.96　单击色谱条

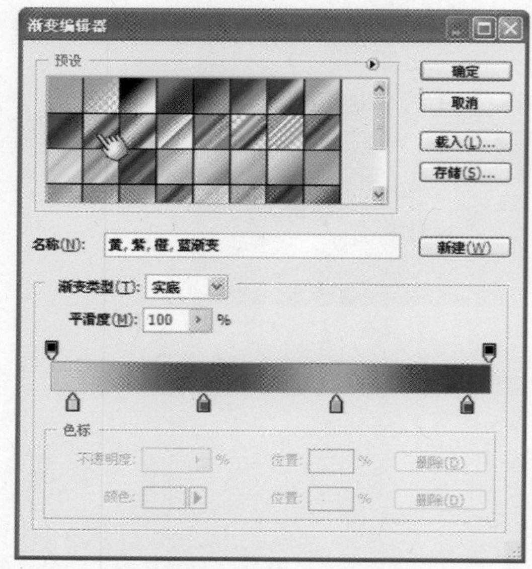

图4.97　选择渐变色

图4.98　设置图层混合模式和不透明度

步骤4　添加一个【渐变映射】调整层，并运用与步骤2相同的方式选择渐变色，此时选择的是【紫、橙渐变】，如图4.99所示。单击【确定】按钮，关闭【渐变编辑器】对话框，再设置该调整层的图层混合模式，如图4.100所示。

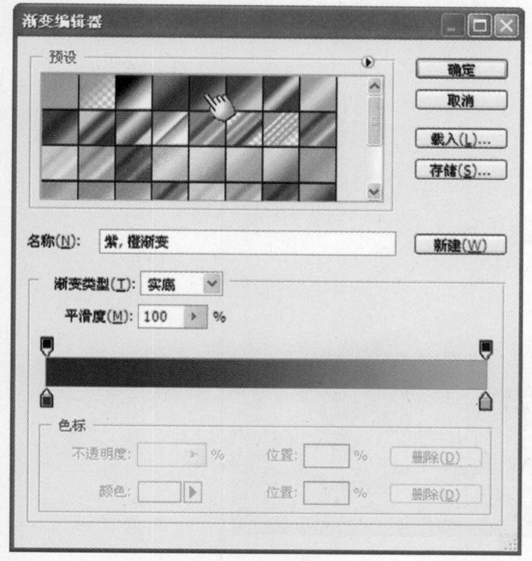

图4.99　选择【紫、橙渐变】

图4.100　设置图层混合模式

小叮当：渐变映射真是神奇，老师，您能不能介绍一下它的原理？

魔法师：渐变映射是将图像转为灰度，然后利用渐变条中的渐变颜色来替换照片中各个级别的灰度，从而形成具有渐变图像的效果。由于渐变映射的特殊性，常用来创建各种特殊的色彩效果，就像本例这样。

步骤5　添加一个【亮度/对比度】调整层，然后在【调整】面板中设置【亮度】和【对比度】的值，如图4.101所示。设置完成后的效果如图4.102所示。

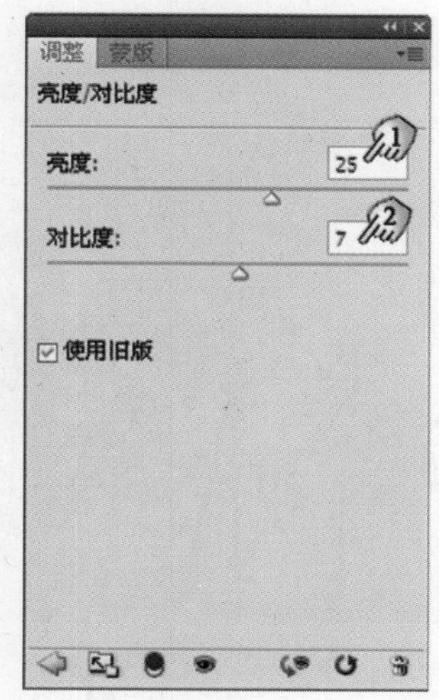

图4.101　设置【亮度】和【对比度】的值

图4.102　完成亮度和对比度设置后的图像效果

步骤6 按Ctrl+Shift+E组合键合并可见图层，然后保存文件，从而完成照片的处理。照片处理完成后的效果如图4.103所示。

图4.103 照片处理完成后的效果

4.14 晚霞的视觉特效

小叮当：老师，晚霞太美丽了，可是见多了感觉效果都差不多，色彩上有特色的却不多见。

魔法师：是呀。下面我就介绍一个使用填充和调整层来对晚霞照片进行处理的实例。通过这个实例，你可以以进一步熟悉色彩特效制作的技巧。

步骤1 启动Photoshop，打开需要处理的照片（路径：素材和源文件\part4\4.14\晚霞视觉特效.jpg），如图4.104所示。这是一张晚霞风景照片，下面通过对其色调进行调整，使照片获得与众不同的视觉效果。

图4.104 需要处理的照片

步骤2 在【图层】面板中，单击【创建新的填充或调整图层】按钮，然后从下拉菜单中选择【纯色】命令，创建一个纯色填充图层。在【拾取实色】对话框中拾取填充颜色，如图4.105所示。单击【确定】按钮，关闭对话框，再在【图层】面板中将图层混合模式设置为【叠加】，如图4.106所示。

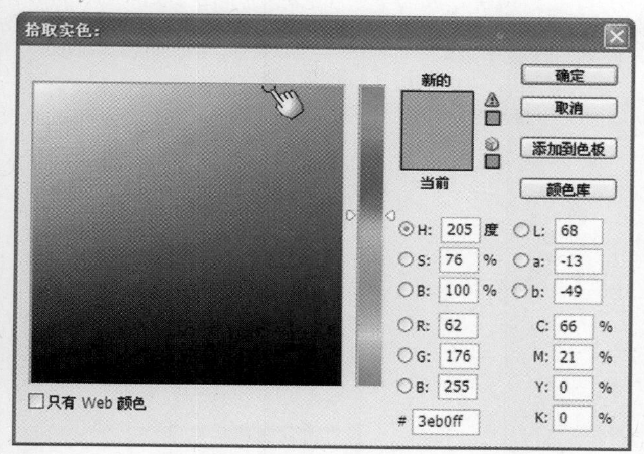

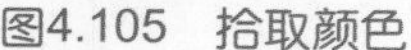
图4.105 拾取颜色

图4.106 添加填充图层后的效果

步骤3 添加一个【色相/饱和度】调整层，然后在【调整】面板中调整【色相】、【饱和度】和【明度】的值，如图4.107所示。此时照片的效果如图4.108示。

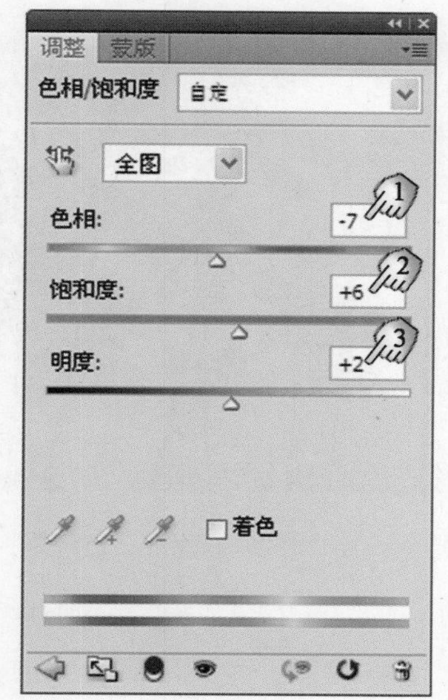

图4.107 【调整】面板中的设置

图4.108 添加【色相/饱和度】调整层后的效果

步骤4 添加一个【通道混合器】调整层，然后在【调整】面板中对“红”通道进行设置，如图4.109所示。对“绿”通道进行设置，如图4.110所示。对“蓝”通道进行设置，如图4.111所示。完成设置后的照片效果如图4.112所示。

步骤5 按Ctrl+Shift+E组合键合并图层，然后保存文件。照片处理完成后的效果如图4.113所示。

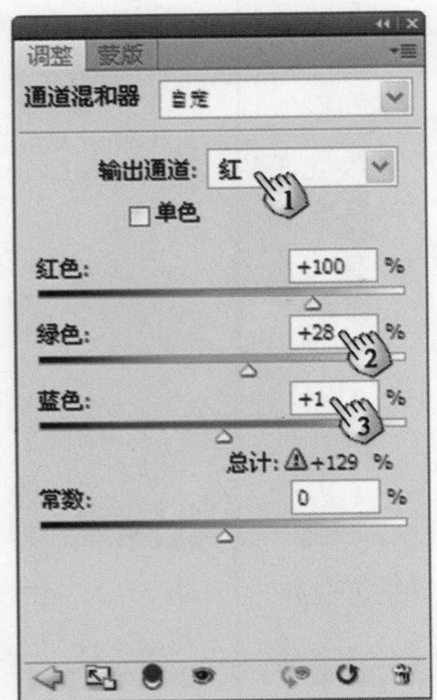

图4.109　对“红”通道进行设置

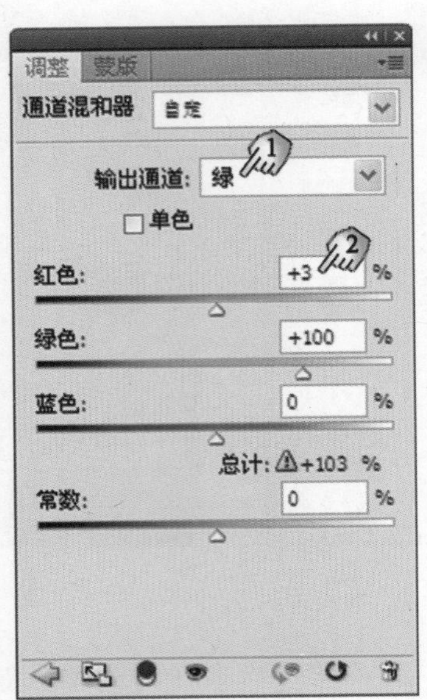

图4.110　对“绿”通道进行设置

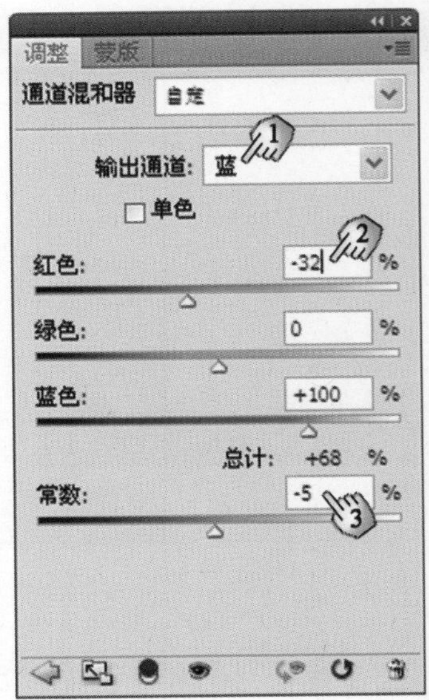

图4.111　对“蓝”通道进行设置

图4.112　完成设置后的照片效果

图4.113　照片处理完成后的效果

第5章

数码照片的合成技巧

对数码照片的处理包括对多幅照片的合成，照片合成涉及对象的选取、图像大小的调整以及合成对象色调的匹配等诸多方面的问题。Photoshop照片合成是一种技术，更是一门艺术。本章将通过一些照片合成效果实例，介绍数码照片合成操作中的常见技巧。

5.1 使用钢笔工具获取图像

小叮当：照片的合成，首选需要获取对象。使用Photoshop获取对象的方法很多，比如可以使用第1章中介绍过的【魔棒工具】选取相似色区域，也可以使用Photoshop选区工具来获取诸如矩形和圆形等规则选区。如何获取复杂选区呢？

魔法师：这个问题提得很好，本节我就介绍使用Photoshop的【钢笔工具】来获取对象的方法。

小叮当：【钢笔工具】？这个工具不是用来绘制矢量路径的吗？也能用它来创建选区吗？

魔法师：当然可以，【钢笔工具】是获取对象的一个十分有效的工具。因为该工具可以绘制矢量路径，而且你能够对路径进行有效的修改，这个路径同时可以被转换为选区，因此其特别适合于对边缘比较清晰的不规则对象的选取。

步骤1 启动Photoshop，打开需要处理的照片（路径：素材和源文件\part5\5.1\汽车.jpg、火焰.jpg），如图5.1所示。在这里，首先获取第一张素材照片中的汽车，然后将其合成到第二张素材照片中。

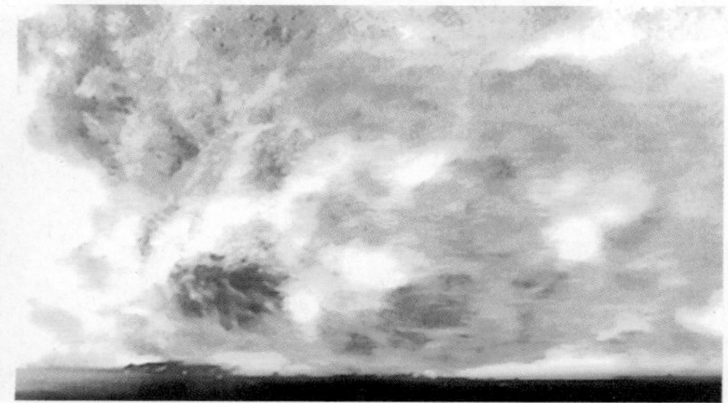

图5.1 需要处理的素材照片

步骤2 从工具箱中选择【钢笔工具】，然后在属性栏中单击【路径】按钮，同时选中【磁性的】复选框，如图5.2所示。在汽车的边缘单击，创建第一个锚点，然后沿着汽车的边缘单击鼠标，绘制出路径，如图5.3所示。绘制紧贴汽车边缘环绕汽车的路径，使最后一个锚点和第一个锚点重合，此时可以获得一个封闭路径，如图5.4所示。

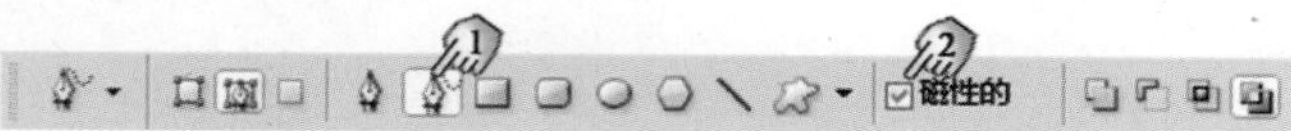

图5.2 属性栏的设置

图5.3 创建锚点并绘制路径

图5.4 绘制包围汽车的封闭路径

小叮当：在对工具进行设置时，使【路径】按钮处于按下状态，表示将要绘制矢量路径。但是为什么要选中【磁性的】复选框呢？

魔法师：选中【磁性的】复选框，能够保证在沿着对象边缘绘制路径时，路径能够自动紧贴对象边缘。

小叮当：这样一来，【钢笔工具】不就和【磁性套索工具】一样啦？

魔法师：可以这样认为。只是使用【钢笔工具】绘制的是矢量路径，而使用【磁性套索工具】绘制的是紧贴对象的选区。

步骤3　从工具箱中选择【添加锚点工具】，然后在需要改变形状的路径的两个锚点之间单击，添加一个新锚点，路径变为曲线。拖动该锚点，可以改变路径形状，使路径更符合车身边缘的形状，如图5.5所示。从工具箱中选择【转换点工具】，然后在路径的锚点上单击，将锚点转换为曲线点。横向移动鼠标，拖出控制柄以改变曲线的形状，如图5.6所示。

图5.5　添加锚点并改变路径形状

图5.6　改变路径的形状

步骤4　完成路径编辑后，选择【窗口】|【路径】命令，打开【路径】面板。单击该面板下方的【将路径作为选区载入】按钮，将绘制的路径转换为选区，如图5.7所示。选择【选择】|【修改】|【羽化】命令，打开【羽化选区】对话框，再设置【羽化半径】的值，如图5.8所示。完成设置后，单击【确定】按钮，关闭【羽化选区】对话框。

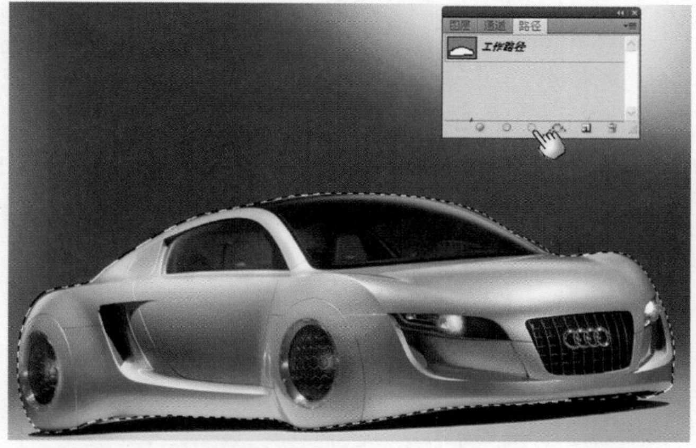

图5.7　获得选区

图5.8　设置羽化半径值

魔法师：对选区的羽化是对象选择的常用操作。羽化选区是为了使获取的对象的边缘柔化，不至于生硬。羽化的具体值，可以根据具体情况来设置。

小叮当：原来是这样。这个【羽化半径】值的作用是不是和【磁性套索工具】等工具的属性栏中的【羽化】值是一样的。

魔法师：对。这里无非就是一个使用工具前先进行设置和完成选区创建后再设置的区别而已。

步骤5　按Ctrl+C组合键，复制选区内容，然后打开将作为背景的照片。按Ctrl+V组合键，将汽车图像粘贴到该照片中。从工具箱中选择【移动工具】，然后移动汽车到照片的底部，如图5.9所示。

步骤6　按Ctrl+E组合键合并图层，然后保存文件，从而完成照片的合成处理。制作完成后的效果如图5.10所示。

图5.9　复制并移动选区图像

图5.10　照片合成效果

5.2 使用快速蒙版获取图像

魔法师：Photoshop提供了一种快速蒙版模式，在这种模式下，可以直接将已创建的选区作为蒙版进行编辑，也可以直接通过绘图工具来绘制选区。使用快速蒙版来创建选区的最大优势在于，Photoshop的工具和滤镜可以在快速蒙版模式下使用，其操作将直接作用于蒙版，从而实现对选区的编辑操作。

小叮当：如果是这样，那我不是可以创建任意形状的选区了？

魔法师：对。只要你能够在快速蒙版模式下创作相应的形状，都可以将其转换为选区。下面介绍使用快速蒙版创建选区的方法。

步骤1　启动Photoshop，打开需要处理的照片（路径：素材和源文件\part5\5.2\蜂鸟.jpg、花.jpg），如图5.11所示。在这里，我要将“蜂鸟.jpg”照片中的蜂鸟复制到“花.jpg”图像中，创作蜂鸟在花心采蜜的效果。

图5.11　需要处理的素材照片

步骤2　在工具栏单击【以快速蒙版模式编辑】按钮，进入快速蒙版状态。从工具箱中选择【画笔工具】，并为其设置一个合适大小的画笔笔尖。在工具箱中将前景色设置为黑色，然后使用画笔在照片中的蜂鸟上涂抹，直到将其全部覆盖为止，如图5.12所示。

步骤3　在工具栏中将前景色转换为白色，然后选择大小合适的画笔笔尖，再在蜂鸟的边缘小心涂抹，涂掉边界处多余的红色，如图5.13所示。涂抹完成后，按Q键退出快速蒙版，再按Ctrl+Shift+I组合键反转选区，从而获得需要的包含蜂鸟的选区，如图5.14所示。

图5.12　将蜂鸟涂抹为红色

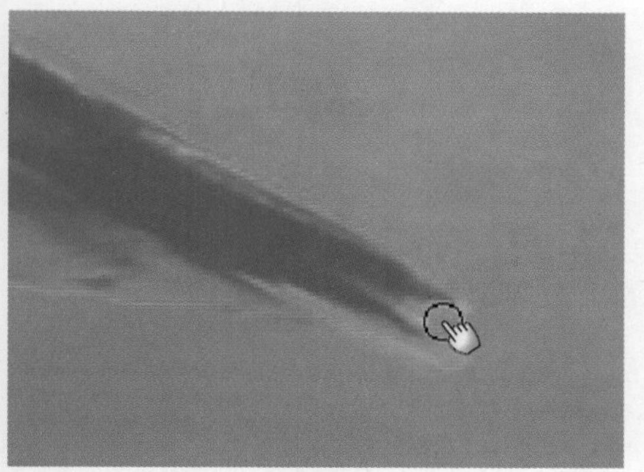

图5.13　在边界处涂抹

图5.14　获取选区

魔法师：在使用快速蒙版创建选区时，以黑色绘制的区域是非选择区域，即此时的红色叠加区域。以白色绘制的区域是非选择区域，而以灰色创建的区域则是半透明区域，能够获得羽化和消除锯齿的效果。

小叮当：我明白了。在退出快速蒙版状态后，为了获得包含蜂鸟的选区，还需要将选区反转。那么，在绘制选区时，如果需要将某个区域从选区中减去，可以使用白色进行涂抹；如果需要添加某个区域，则可以使用灰色涂抹该区。对吧，老师？

魔法师：是的。另外，你要注意，为了操作方便，这里可以使用快捷键。按D键，前景色和背景色会被设置为默认的黑色和白色，按X键则可以交换前景色和背景色。按[键将缩小画笔笔尖大小，按]键则可增大画笔笔尖。

小叮当：使用快捷键确实方便多了。

步骤4　按Ctrl+C组合键，复制选区图像，然后选择花所在的图像窗口，再按Ctrl+V组合键，粘贴蜂鸟到该图像窗口中。选择【编辑】|【自由变换】命令，然后拖动图像四周的控制柄，调整图像的大小，再拖动控制框，移动图像，将蜂鸟放置于花的右侧，如图5.15所示。

步骤5　按Enter键确认图像变换操作，然后按Ctrl+E组合键合并图层再保存文件。照片处理完成后的效果如图5.16所示。

图5.15　拖动控制柄改变图像大小

图5.16　照片处理完成后的效果

5.3 更换婚纱照片背景

小叮当生：老师，我常常遇到婚纱照片，很想给它们更换背景。由于婚纱是透明的，所以我在操作时常常无法使选取的图像与背景很好地融合在一起。

魔法师：是呀，由于婚纱的特殊性，使用常规的方法来抠取婚纱对象确实无法得到很好的效果。不过，使用通道来获取婚纱不是一件难事。

步骤1　启动Photoshop，打开需要处理的照片（路径：素材和源文件\part5\5.3\婚纱照片.jpg、背景.jpg），如图5.17所示。在这里，要将“婚纱照片.jpg”照片中的人物复制到“背景.jpg”图像中，以创作更换婚纱照片背景的效果。

图5.17　需要处理的照片

步骤2　从工具箱中选择【移动工具】，然后将婚纱照片拖动到作为背景的照片中。按Ctrl+T组合键，对图像进行适当变换，然后拖动控制柄，调整婚纱照片的大小，如图5.18所示。完成操作后，按Enter键确认变换，同时取消“背景”图层的显示状态，如图5.19所示。

图5.18　调整图像大小

图5.19　取消“背景”图层的显示

步骤3　选择【窗口】|【通道】命令，打开【通道】面板。在该面板中依次单击各个通道，查看照片效果，寻找图像黑白对比度最强的那个通道。这里，我们选择“绿”通道，然后将该通道拖放到面板下方的【创建新通道】按钮上，得到该通道的副本通道，如图5.20所示。

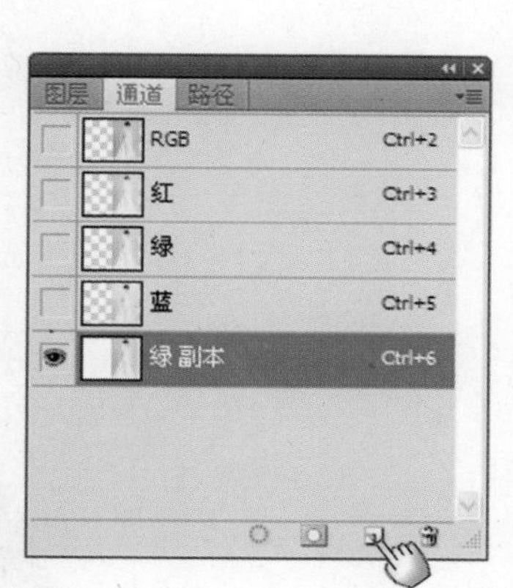

图5.20　复制“绿”通道

步骤4　按Ctrl+I组合键，对“绿 副本”通道进行反相处理，如图5.21所示。按Ctrl+L组合键，打开【色阶】对话框，然后拖动滑块，调整通道亮度以增强通道的黑白对比度，如图5.22所示。

图5.21　执行【反相】操作

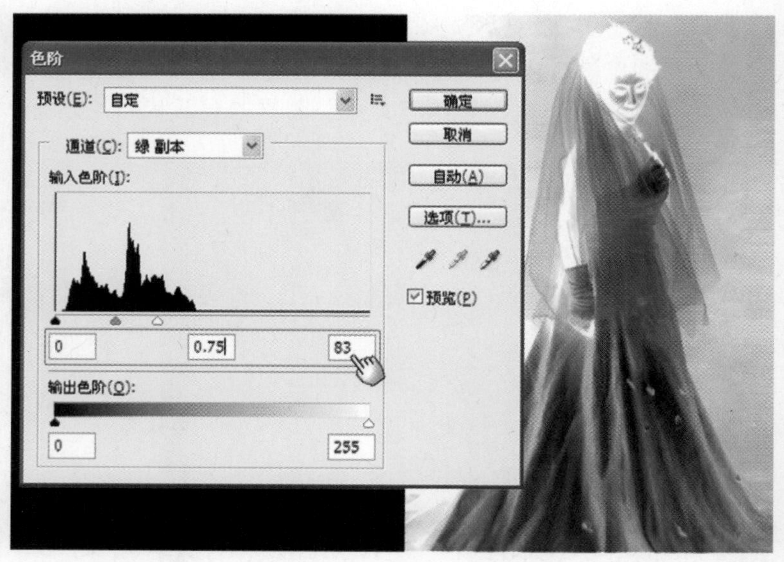

图5.22　调整色阶

步骤5　单击【确定】按钮，关闭【色阶】对话框，然后在工具箱中选择【画笔工具】，并在属性栏中设置画笔笔尖的大小和硬度，如图5.23所示。在“绿 副本”通道中涂抹，将背景涂抹为白色，同时将人物的身体不透明的区域涂抹为黑色。完成涂抹后的效果如图5.24所示。

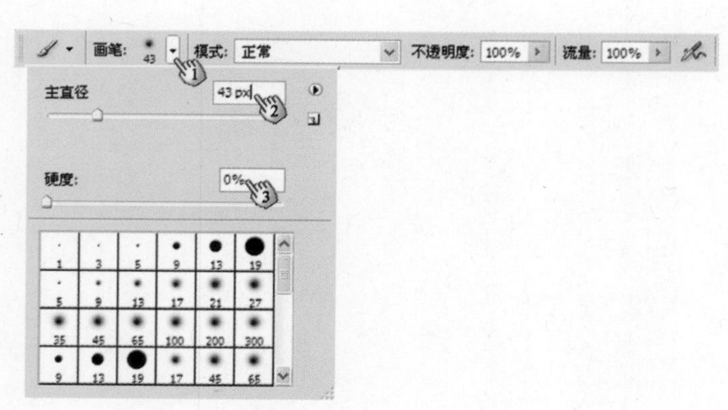

图5.23　设置画笔笔尖大小

图5.24　通道涂抹后的效果

步骤6　单击【通道】面板下的【将通道作为选区载入】按钮，载入选区，然后取消“绿 副本”通道的显示状态，再选择RGB通道，如图5.25所示。重新打开【图层】面板，并且使“背景”图层可见，然后选择人物所在的“图层 1”图层，再按Delete键删除选区内容，如图5.26所示。

图5.25 载入选区

图5.26 删除选区

小叮当：老师，听您的描述，通道的功能有点像蒙版吧？

魔法师：是呀，通道用于存储颜色信息，同时可以保存在图像中创建的选区。在保存选区时，白色部分表示完全选择的区域，黑色部分表示未被选择的区域，而灰色区域则表示半透明区域，透明的程度由灰度值来决定。就像本例，借助通道可以创建选区并对选区进行编辑。创建完成的选区可以保存在通道中，并且直接载入。

步骤7 按Ctrl+D组合键取消选区，然后从工具箱中选择【移动工具】，适当调整人物在照片中的位置。按Ctrl+E组合键合并图层，然后保存文件，从而完成本例的制作。完成照片合成后的效果如图5.27所示。

图5.27 完成照片合成后的效果

5.4 快速选取整体人物

小叮当：在照片处理过程中，遇到最多的显然是对人物照片的处理。在处理人物照片时，往往需要精确选取人物。由于人像本身的复杂性，要想精确选取人物确实不是一件容易的事情。在更换人物照片的背景时，我常常为人物的选取而头疼。

魔法师：是呀，你说得对。实际处理时，往往需要综合使用多种手段才能精确地获取人物。下面我以给一张儿童照片更换背景为例，介绍使用【橡皮擦工具】和通道来抠选人物的方法。在这里，首先使用【橡皮擦工具】获取人物身体，然后使用通道来精确选取照片中儿童的发辫。

步骤1　启动Photoshop，打开需要处理的照片（路径：素材和源文件\part5\5.4\儿童照片.jpg、背景素材.jpg），如图5.28所示。在这里，要先将儿童照片中的儿童抠取出来，再将她们放置到背景照片中。

图5.28　需要合成的照片

步骤2　从工具箱中选择【移动工具】，将儿童照片直接拖放到背景照片中，如图5.29所示。

步骤3　从工具箱中选择【橡皮擦工具】，并在属性栏中设置画笔笔尖大小。这里选择一款较大的画笔，如图5.30所示。使用【橡皮擦工具】在背景上涂抹，此时将透出下面图层的图像，涂抹掉大片背景区域，如图5.31所示。

图5.29　将儿童照片拖放到背景照片中

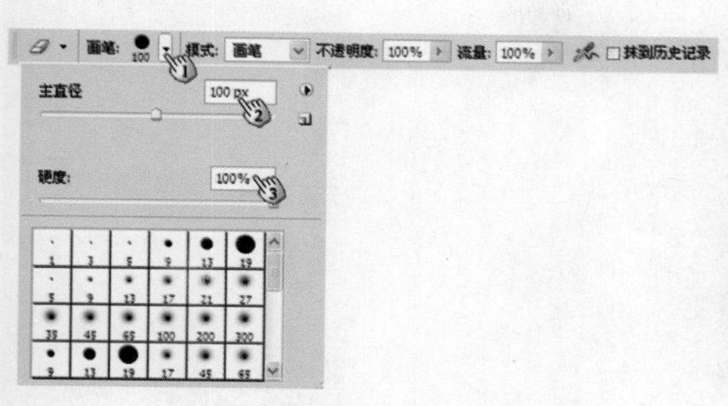

图5.30　设置画笔笔尖大小

图5.31　抹去背景

步骤4　按Ctrl++组合键将图像放大，再按[键缩小画笔笔尖，然后沿着小孩身体边缘小心涂抹，去掉身体边缘的小块背景，如图5.32所示。这里，只保留小孩发辫处不进行涂抹。涂抹完成后的效果如图5.33所示。

图5.32　沿着身体边缘涂抹

图5.33　涂抹完成后的效果

小叮当：老师，真的好麻烦呀，稍不注意就会抹掉应该保留的身体。

魔法师：是的，这是一个需要仔细和耐心的工作。在人物身体附近涂抹时，一定要小心，不要抹掉人物身体。根据身体的不同部位，调整画笔笔尖的大小，以适应身体边界的形状。同时，为了涂抹的准确度，可以将照片放大，以便精确定位。

步骤5　在【图层】面板中复制“图层 1”图层，同时取消“背景”图层的可见状态，如图5.34所示。在【通道】面板中复制“红”通道，并按Ctrl+I组合键将复制得到的通道反相，如图5.35所示。

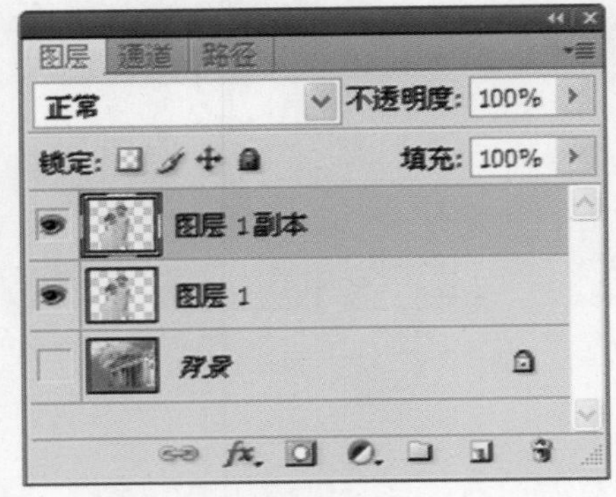

图5.34　复制图层并隐藏“背景”图层

图5.35　复制通道并反相

步骤6　从工具箱中选择【画笔工具】，然后将该通道中除了发辫部分外全部涂抹为黑色，如图5.36所示。在【通道】面板中选择RGB通道，同时使“红 副本”通道不可见。打开【图层】面板，然后使用【橡皮擦工具】将“图层 1”中带有原来背景的发辫清除干净，如图5.37所示。

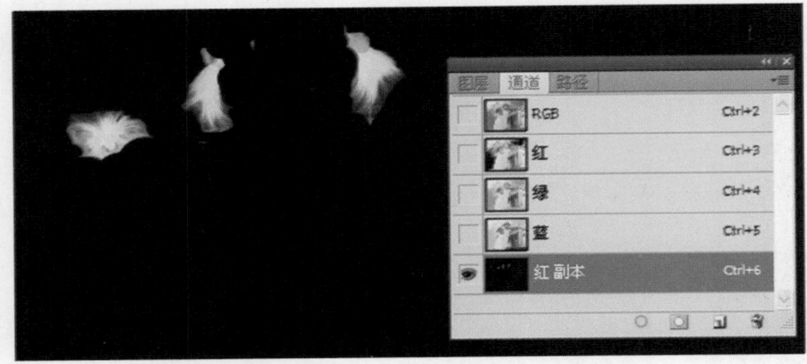

图5.36　将通道涂抹为黑色

图5.37　清除带有原来背景的发辫

步骤7　再次打开【通道】面板，然后按住Ctrl键同时单击“红 副本”通道，载入选区。打开【图层】面板，然后选择位于最上层的“图层1 副本”图层，再按Delete键清除选区内容。此时，能够获取清晰的发丝，如图5.38所示。

步骤8　按Ctrl+D组合键取消选区，再按Ctrl+E组合键向下合并图层。在照片中添加文字，同时调整文字大小和图像的位置，如图5.39所示。

图5.38　获取清晰的发丝

图5.39　创建文字并调整位置

步骤9　对图像进行最后修正，完成后按Ctrl+Shift+E组合键合并所有可见图层，再保存文件。本实例制作完成后的效果如图5.40所示。

图5.40　照片处理完成后的效果

5.5　使用图层蒙版合成照片

魔法师：图层蒙版是加在图层上的一个遮罩，能够对图层起到遮盖的作用。图层蒙版是进行照片处理的一个重要工具，使用它能够方便地实现照片的合成，获得真实的效果。

小叮当：我也遇到过在合成照片时效果生硬，不太自然的情况。也许使用图层蒙版能够解决这个问题。老师，您就讲讲蒙版的应用吧。

魔法师：好的。下面就跟着我一起操作吧。

步骤1　启动Photoshop，打开需要处理的照片（路径：素材和源文件\part5\5.5\风景.jpg、云朵.jpg），如图5.41所示。在这张风景照片中，天空布满了乌云。下面将“云朵.jpg”照片中的云彩合成到这张照片的乌云中，使天空中的乌云更具有层次感。

图5.41　需要处理的照片

步骤2　从工具箱中选择【移动工具】，将“云朵.jpg”文件拖放到“风景照片.jpg”文件窗口中，此时云朵被放置在一个新图层中。将该图层的图层混合模式设置为【滤色】，如图5.42所示。

步骤3　在【图层】面板中，单击【添加图层蒙版】按钮，为“图层 1”添加一个图层蒙版。从工具箱中选择【画笔工具】，并在属性栏中设置画笔的大小和硬度，如图5.43所示。将前景色设置为黑色，然后使用【画笔工具】在蒙版的下部涂抹，使“背景”图层的下部图像完全显示出来，如图5.44所示。

图5.42　拖放图像并设置图层混合模式

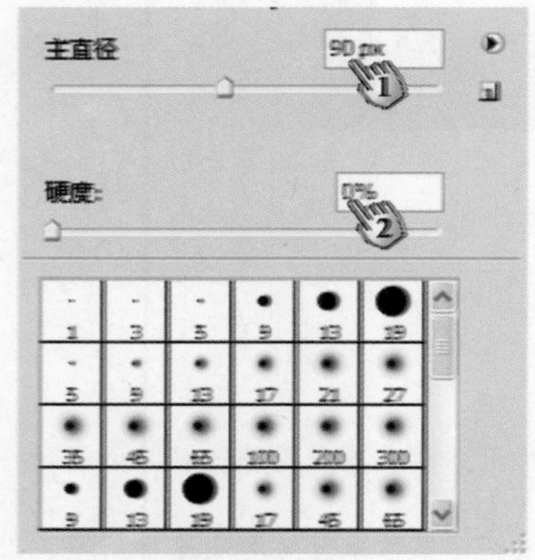

图5.43　设置画笔的大小和硬度

图5.44　使“背景”图层的下部显示出来

步骤4　在【画笔工具】的属性栏中，将【不透明度】设置为20%，如图5.45所示。使用【画笔工具】在地平线与天空的交界处涂抹，使风车显示出来，如图5.46所示。

图5.45　设置【不透明度】的值

图5.46　使风车显示出来

魔法师：图层蒙版相当于一个遮罩，其实际上是一个256级灰度的图像，其中的白色区域将会遮盖住下面图层的图像，而黑色区域将是完全透明的，能使下面图层的图像显示出来。图层蒙版中的灰色部分，根据其灰度的不同将具有不同级别的透明度。

小叮当：老师，我明白了，在步骤3中设置画笔的不透明度实际上就是使用灰色在蒙版中涂抹，使照片中地平线上下的过渡不至于生硬。

魔法师：对，就是这样的。这里，实际上你也可以通过将前景色设置为不同程度的灰色来获得与步骤3相同的效果。

步骤5　在【图层】面板中，单击"图层 1"左侧的缩览图，退出图层蒙版编辑状态，如图5.47所示。按Ctrl+U组合键，打开【色相/饱和度】对话框，然后调整云彩的色调，如图5.48所示。

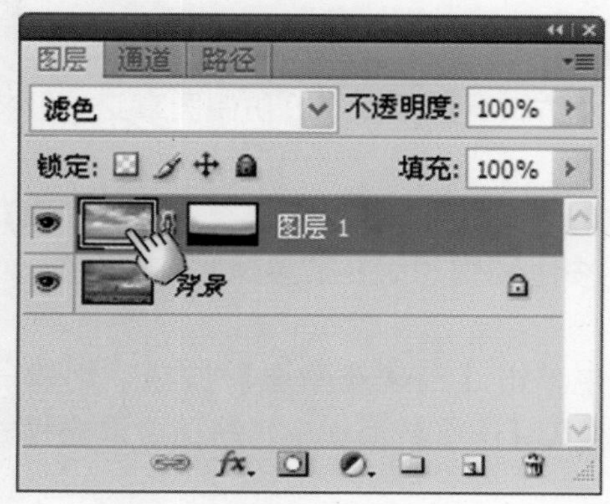

图5.47　退出蒙版编辑状态

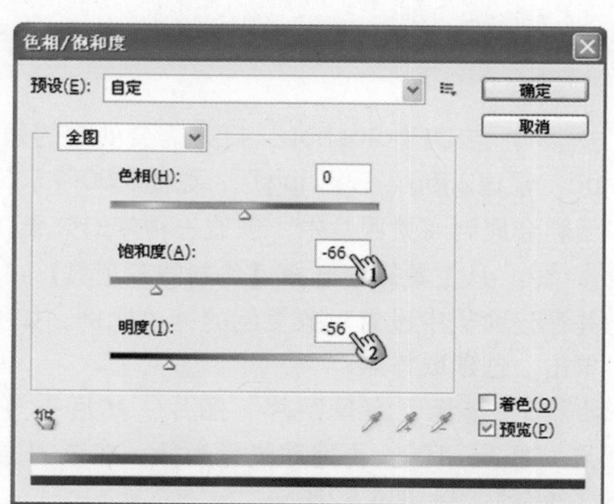

图5.48　【色相/饱和度】参数设置

步骤6 单击【确定】按钮，关闭【色相/饱和度】对话框，然后按Ctrl+E组合键合并图层，再保存文件。本例制作完成后的效果如图5.49所示。

图5.49 照片处理完成后的效果

5.6 使用【仿制源】面板复制多个对象

小叮当：老师，【仿制图章工具】是一个很有效的图像复制工具，我曾使用该工具进行图像复制，可是总感觉不太灵活。比如，在新图层中复制完成图像后，往往还需要使用【变换】命令来调整复制图像的大小。

魔法师：嗯，你有没有注意到Photoshop有一个【仿制源】面板，使用这个面板能够在使用【仿制图章工具】时，设置仿制图像的缩放比例。当然，使用该面板还可以设置仿制图像的旋转角度，设置不同的仿制源，并对不同的仿制源进行不同的设置。

小叮当：如果是这样，那真是方便多了。您赶快讲讲吧。

魔法师：好的。我们通过一个实例来看看将【仿制图章工具】和【仿制源】面板结合起来所获得的奇效吧。

步骤1 启动Photoshop，打开需要处理的照片（路径：素材和源文件\part5\5.6\海景照片.jpg、星球1.jpg、星球2.jpg、云彩.jpg），如图5.50所示。下面，使用【仿制源】面板和【仿制图章工具】将星球和云彩合成到海景照片中，创造一种梦幻效果。

步骤2 从工具箱中选择【仿制图章工具】，选择【窗口】|【仿制源】命令，打开【仿制源】面板，并在该面板中设置对象复制的缩放比例，如图5.51所示。按住Alt键同时在“星球1”素材图片的星球中单击，创建取样点。

步骤3 选择“海景照片”图片，然后在【图层】面板中单击【创建新图层】按钮，创建一个新图层“图层 1”，再拖动鼠标光标，在该图层中复制星球。在【图层】面板中，将图层混合模式设置为【滤色】，如图5.52所示。

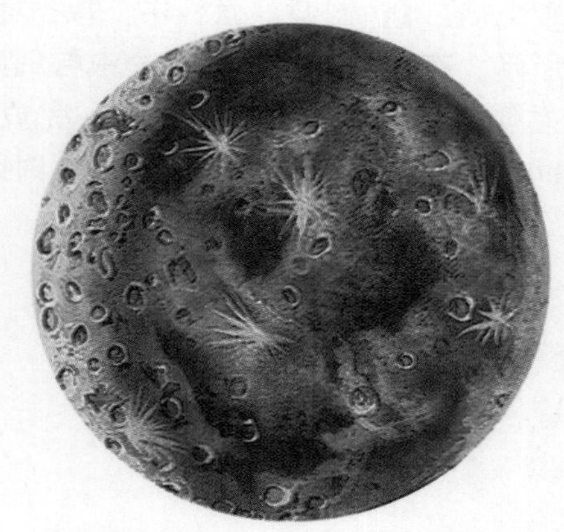

图5.50　需要处理的照片

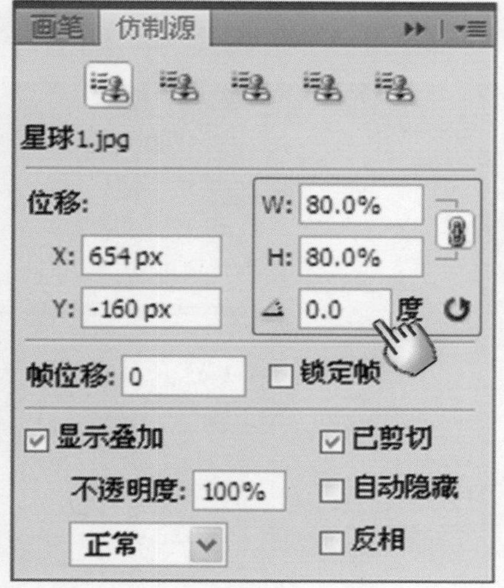

图5.51　设置缩放比例

图5.52　复制星球并设置图层混合模式

步骤4　在【仿制源】面板中，单击第二个【仿制源】按钮，并在该面板中进行参数设置，如图5.53所示。在“海景照片”图片中再创建一个新图层“图层 2”，然后使用【仿制图章工具】在该图层的左侧涂抹，复制第二个星球。完成星球的复制后，将图层混合模式设置为【滤色】，同时按Ctrl+Shift+U组合键，执行去色操作，此时照片的效果如图5.54所示。

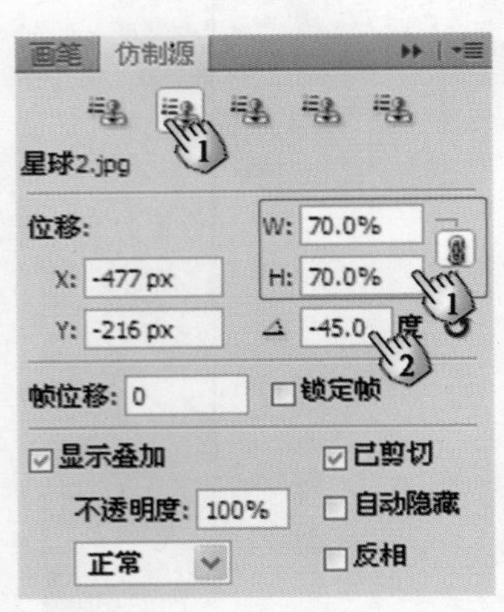

图5.53　【仿制源】面板中的参数设置

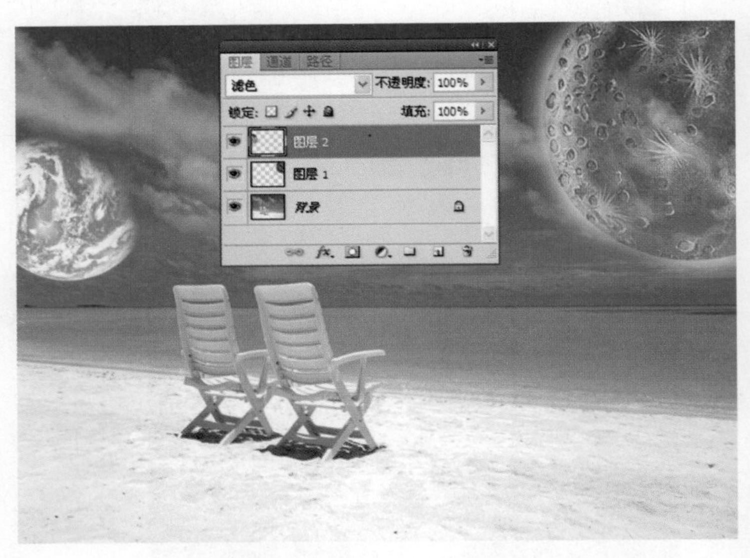

图5.54　复制第二个星球

步骤5　选择“云彩.jpg”图片，然后在【仿制源】面板中创建3个仿制源，如图5.55所示。在“海景照片”图片中再创建一个新图层，然后在【仿制源】面板中单击【仿制源】按钮，选择仿制源，再使用【仿制图章工具】，将云朵复制到新图层中。在这里，对于左边星球下的云朵，使用图5.55中创建的仿制源1；对于右边星球下的云朵，使用仿制源2，而对于天空中的云朵则使用仿制源3，如图5.56所示。

图5.55　创建3个仿制源

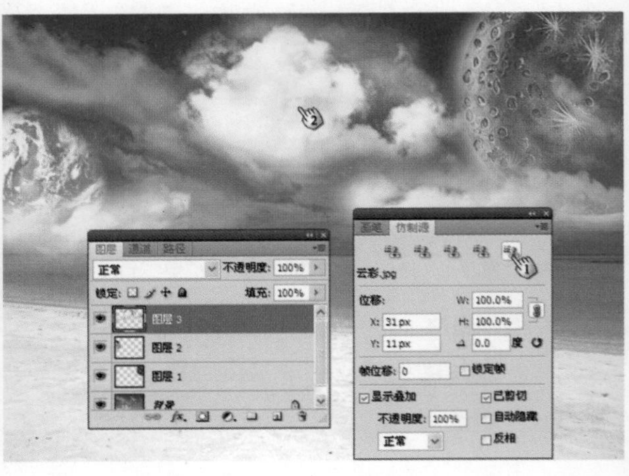

图5.56　复制云朵

魔法师：当需要复制多个对象时，可以使用【仿制源】面板同时设置多个仿制源，这样可以避免每次进行操作时重新设置取样点的麻烦。这样，在方便图像复制的同时，也便于对复制图像的修改。

小叮当：是呀，有了【仿制源】面板，确实在使用【仿制图章工具】时方便了很多。

步骤6 为云朵所在的“图层 3”图层添加一个图层蒙版，然后使用【画笔工具】在蒙版中涂抹，对云朵效果进行修饰，使其与背景融合更加自然。将“图层 3”图层的【不透明度】设置为90%，如图5.57所示。

步骤7 在【图层】面板中选择“图层 2”图层，然后将其【不透明度】设置为70%。为该图层添加一个图层蒙版，再使用【画笔工具】，用黑色涂抹星球下部，使下部渐隐入背景中，如图5.58所示。

图5.57 对云朵效果进行修饰

图5.58 创建图层蒙版

步骤8 按Ctrl+Shift+E组合键合并图层，然后保存文件，从而完成本实例的制作。实例照片处理完成后的效果如图5.59所示。

图5.59 照片处理完成后的效果

5.7 匹配环境色调

小叮当：对数码照片进行合成，最重要的就是真实自然，使两张拼合的照片做到难辨真伪。可是，我在拼合照片时，往往遇到两张照片的色调不一致的情况，要使它们的色调一致，往往要花大量的时间。您能不能给我一些指导呢？

魔法师：是呀，保持合成照片色调一致确实是对两张不同风格照片进行合成时必须注意的问题。这样吧，在这里我就介绍一个简单实用的调整照片色调的方法吧。

步骤1 启动Photoshop，打开需要处理的照片（路径：素材和源文件\part5\5.7\花.jpg、蝴蝶.jpg），如图5.60所示。这里要将“蝴蝶.jpg”照片中的蝴蝶复制到“花.jpg”照片中。由于蝴蝶的色调与花的色调不一致，复制后不做任何处理，无法得到真实自然的效果。下面我就使用【匹配颜色】命令来调整蝴蝶的色调，使之与“花.jpg”图片的环境色调相吻合。

图5.60 需要处理的照片

步骤2 选择蝴蝶所在的照片，再按Q键，进入快速蒙版编辑状态。从工具箱中选择【画笔工具】，并在属性栏中对画笔笔尖进行设置，如图5.61所示。使用【画笔工具】并以黑色涂抹蝴蝶的身体，此时快速蒙版下被涂抹的部位显示为红色，如图5.62所示。完成涂抹后，按Q键退出快速蒙版状态，再按Ctrl+Shift+I组合键反转选区，从而得到包含蝴蝶的选区，如图5.63所示。

魔法师：这里要注意，在绘制选区时，蝴蝶的触角和脚应该使用较小的画笔笔尖进行涂抹。选区绘制完成后按Q键退出快速蒙版状态，查看所绘制选区是否准确。再次进入快速蒙版，换用白色或灰色对蒙版中的红色区域进行修改。这些都是利用快速蒙版选取对象的小技巧，你要注意掌握哟。

小叮当：好的。

步骤3 按Ctrl+C组合键复制选区内容，然后切换到花朵所在的图像窗口，再按Ctrl+V组合键，将蝴蝶粘贴到照片中。按Ctrl+T组合键，拖动变换框将蝴蝶拖放到右侧的花朵上，同时拖动变换框上的控制柄，调整蝴蝶的大小并旋转蝴蝶，如图5.64所示。按Enter键，确认对蝴蝶的变换操作。

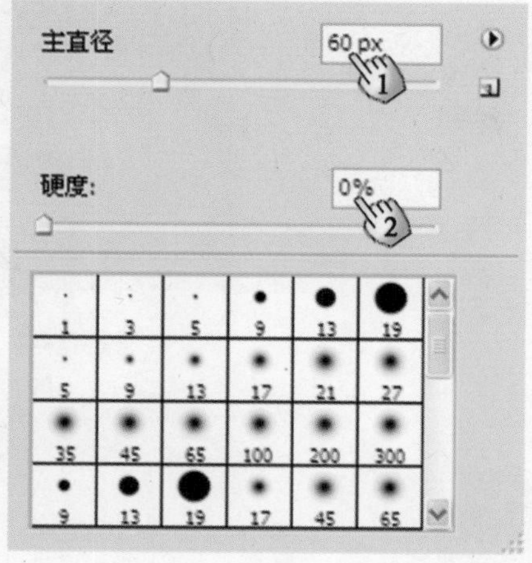

图5.61　设置画笔笔尖

图5.62　涂抹蝴蝶身体

图5.63　得到包含蝴蝶的选区

图5.64　对蝴蝶进行变换

步骤4　选择【图像】|【调整】|【匹配颜色】命令，打开【匹配颜色】对话框。首先从【源】下拉列表中选择需要匹配颜色的源照片，这里选择“花.jpg”。从【图层】下拉列表中选择【背景】选项，以“背景”图层作为匹配颜色的源图层。在【图像选项】选项组中对各设置项进行设置，此时可以在照片中预览蝴蝶色彩变化情况，根据需要继续调整各个设置项的值，如图5.65所示。

步骤5　单击【确定】按钮，关闭【匹配颜色】对话框，完成对蝴蝶的色彩调整操作。在【图层】面板中，将“图层 1”拖放到【创建新图层】按钮 上，复制蝴蝶。按Ctrl+T组合键，拖动变换框上的控制柄，将蝴蝶水平反转，同时调整其大小和角度。将其仿制到左边花朵上，调整完成后的效果如图5.66所示。

步骤6　按Ctrl+Shift+E组合键合并可见图层，然后保存文件。实例照片处理完成后的效果如图5.67所示。

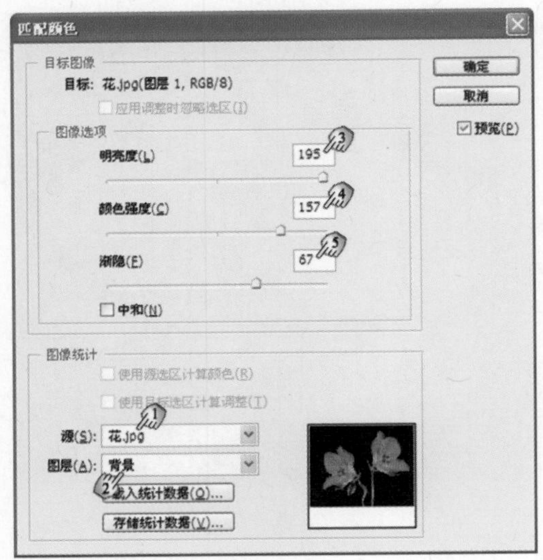

图5.65 【匹配颜色】参数设置

图5.66 复制蝴蝶并对其进行变换

图5.67 照片处理完成后的效果

5.8 制作透明倒影效果

魔法师：要使合成照片真实自然，往往需要还原真实世界的一些现象，比如透明的镜像倒影。

小叮当：是呀，我在制作包装效果图时，经常需要制作包装盒和各种器皿的透明效果。

魔法师：这种倒影效果，不仅仅体现在物品效果的设计上，很多场合都会用到。本节我就以一个具体的实例来介绍倒影效果的制作方法。

步骤1 启动Photoshop，打开需要处理的照片（路径：素材和源文件\part5\5.8\车.jpg、舞蹈.jpg），如图5.68所示。在本例中，要将照片中舞蹈的少女复制到“车.jpg”图片中，同时为少女添加与目标图片匹配的镜面倒影效果。

图5.68 需要处理的照片

步骤2 按Q键进入快速蒙版状态，然后从工具箱中选择【画笔工具】，使用黑色，以合适的画笔笔尖在人物身体上涂抹，如图5.69所示。涂抹完成后按Q键，退出快速蒙版，再按Ctrl+Shift+I组合键反转选区。选择【选择】|【修改】|【羽化】命令，打开【羽化选区】对话框，并设置选区的【羽化半径】，如图5.70所示。单击【确定】按钮，关闭【羽化选区】对话框，从而获得人物的选区，如图5.71所示。

图5.69 使用【画笔工具】在快速蒙版中涂抹

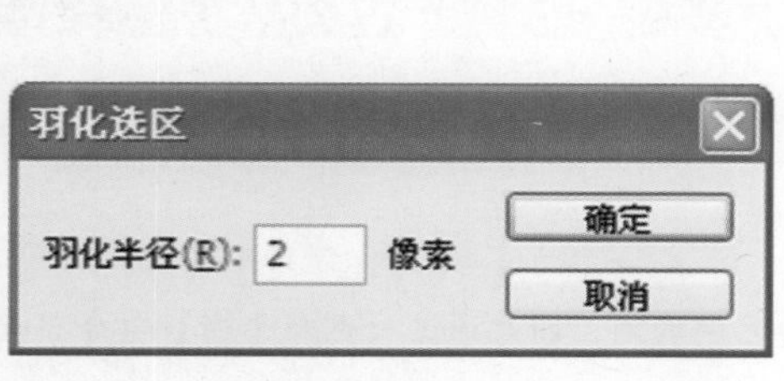

图5.70 设置【羽化半径】

图5.71 获得人物选区

步骤3　按Ctrl+C组合键复制选区，然后选择“车.jpg”所在的图像窗口，按Ctrl+V键，复制选区内容到该图像中。按Ctrl+T组合键，然后拖动变换框，调整图层中图像的大小，如图5.72所示。

步骤4　按Enter键确认变换操作。按Ctrl+B组合键，打开【色彩平衡】对话框，再调整人物的色调，使其与背景色调一致。这里主要是对人物的中间调的色彩进行调整，如图5.73所示。对人物阴影区域的色彩进行调整，如图5.74所示。对人物的高光区域的色彩进行调整，如图5.75所示。单击【确定】按钮，关闭【色彩平衡】对话框，此时的图像效果如图5.76所示。

图5.72　调整复制图像的大小

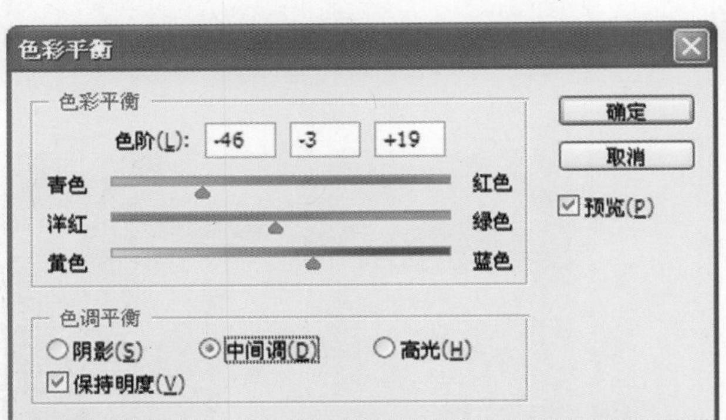

图5.73　调整中间调色彩

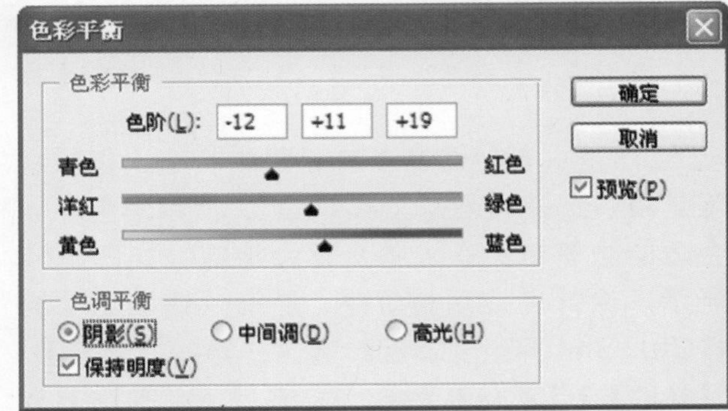

图5.74　调整阴影区域色彩

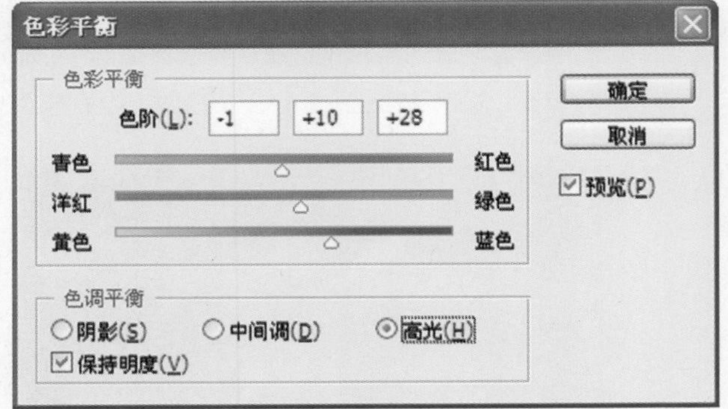

图5.75　调整高光区域色彩

图5.76　完成色彩调整后的图像效果

小叮当：这里为什么要使用【色彩平衡】命令呢？

魔法师：小女孩图像与背景图像色调不一致。由于背景图像的色调偏蓝，因此通过【色彩平衡】命令将女孩图像与背景的色调调整为一致，可以获得更好的图像效果。

步骤5 将“图层 1”拖放到【创建新图层】按钮上，创建一个新图层“图层 1 副本”，然后选择【编辑】|【变换】|【垂直翻转】命令，将图像垂直翻转。按Ctrl+T组合键，然后按Ctrl键同时拖动控制柄，对翻转后的图像进行透视变换，再拖动该图像，使其与人物的脚部对齐，如图5.77所示。

步骤6 按Enter键确认变换操作。在【图层】面板中，单击【添加图层蒙版】按钮，为“图层 1 副本”图层添加一个图层蒙版。按D键，将前景色和背景色设置为默认的黑色和白色。从工具箱中选择【画笔工具】，然后使用黑色在蒙版中涂抹，将作为倒影的脚涂抹掉，如图5.78所示。

步骤7 在属性栏中将【画笔工具】的【不透明度】设置为50%，然后按Ctrl+]组合键，将画笔笔尖扩大。使用【画笔工具】在蒙版中涂抹，获得隐约可见的倒影效果，如图5.79所示。

图5.77 对对象进行变换

图5.78 涂抹掉倒影的脚部

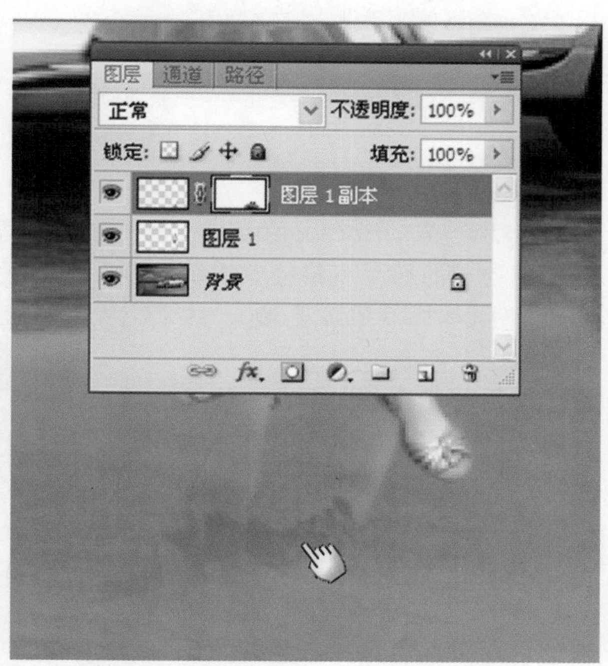

图5.79 获得隐约可见的倒影效果

步骤8 拖动图层中的对象，调整倒影的位置，效果满意后按Ctrl+Shift+E组合键合并可见图层，从而完成本实例的制作。本实例制作完成后的效果如图5.80所示。

图5.80　照片处理完成后的效果

5.9 为衣服添加纹理图案

小叮当：衣服的样式要是能够天天换新该多好呀。
魔法师：在Photoshop世界里，这个要求是能够满足的。下面我们一起来试试为衣服添加漂亮蕾丝的方法吧。

步骤1　启动Photoshop，打开需要处理的照片（路径：素材和源文件\part5\5.9\孩子.jpg、纹理.jpg），如图5.81所示。下面通过使用剪切蒙版和设置图层混合模式，将“纹理.jpg”文件中的纹理图案合成到女孩的衣裙上。

步骤2　按Q键，进入快速蒙版状态，然后使用【画笔工具】，将女孩的衣裙涂抹为红色。退出快速蒙版状态后，按Ctrl+Shift+I组合键，翻转选区，获得包含衣裙的选区，如图5.82所示。按Ctrl+J组合键，将选区复制到新图层“图层 1”中，如图5.83所示。

图5.81　需要处理的照片

魔法师：按Ctrl+J组合键，创建选区内图像的副本，相当于选择【图层】|【新建】|【通过复制的图层】命令。如果此时没有在图像中创建选区，则Photoshop会将当前图层的副本图层当作选区。

小叮当：是呀，我明白了。

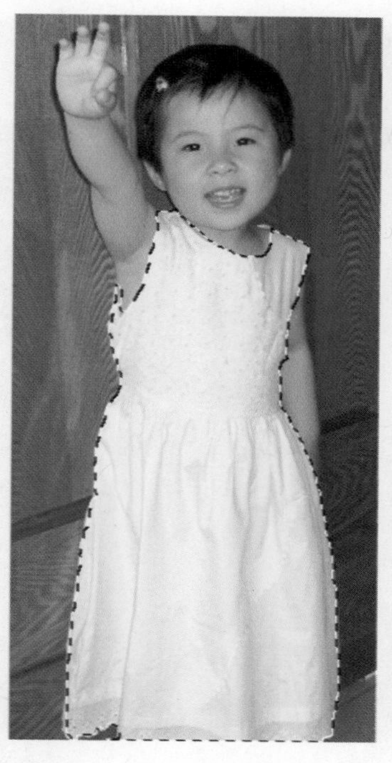

图5.82　获得包含衣裙的选区

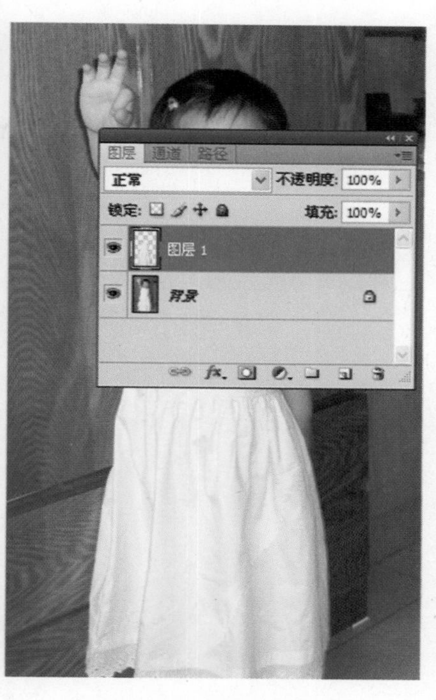

图5.83　复制选区到新图层

步骤3　从工具箱中选择【移动工具】，然后将“纹理.jpg”文件窗口中的图案拖放到女孩所在文档窗口中，并调整图像在文件窗口中的位置。选择【图层】|【创建剪贴蒙版】命令，将纹理所在的图层变为剪贴蒙版，如图5.84所示。

步骤4　在【图层】面板中，将“图层 2”图层的混合模式设置为【正片叠底】，并将【不透明度】设置为20%，此时纹理图案已经融入衣裙中，如图5.85所示。

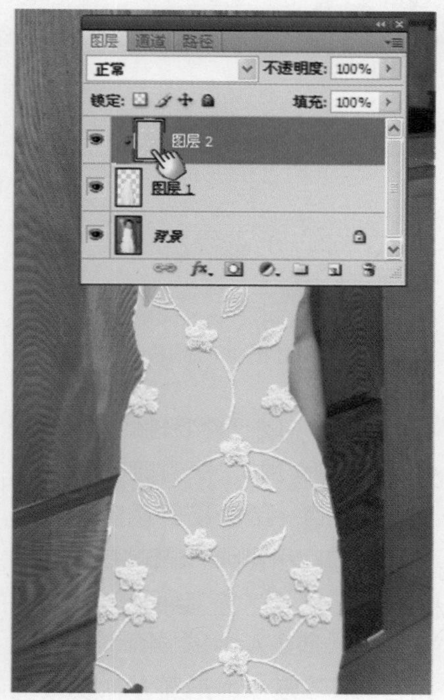

图5.84　创建剪贴蒙版

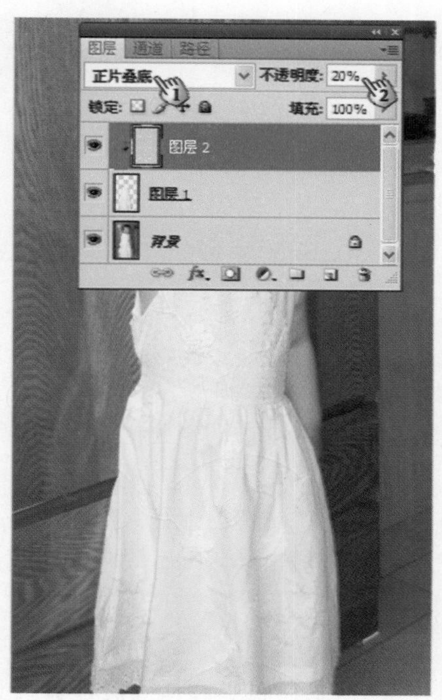

图5.85　设置图层混合模式和不透明度

步骤5　按Ctrl+Shift+E组合键合并图层，然后保存文档，从而完成本实例的制作。制作完成后的效果如图5.86所示。

图5.86　照片处理完成后的效果

5.10　协调人物和环境物品

小叮当：老师，照片合成确实有很多技巧，合成的关键在于真实。这往往需要对图像的形状、位置和色彩等进行调整才能获得满意的效果。

魔法师：是呀，你说得很对。下面我们通过对一张趣味儿童照片的合成来体会一下Photoshop在数码照片合成上的强大能力吧。

步骤1　启动Photoshop，打开需要处理的照片（路径：素材和源文件\part5\5.10\童趣.jpg、儿童.jpg），如图5.87所示。下面将使用“儿童.jpg”文件中女孩的头部替换“童趣.jpg”照片中的儿童头像。

步骤2　从工具箱中选择【磁性套索工具】，然后在“儿童.jpg”照片中沿着左侧女孩的脸部边缘创建包围脸部的选区，如图5.88所示。

图5.87　需要处理的照片

小叮当：老师，这里为什么使用【磁性套索工具】呢？

魔法师：【磁性套索工具】是Photoshop的一个很实用的选取对象的工具，该工具能够根据图像中颜色的差异来获取选区。使用该工具时，在选区的起点单击创建起始点，然后沿着需要选取的图像边界移动鼠标。你试试，会出现什么情况呢？

小叮当：咦，边框线吸附在对象的边界上了。

魔法师：是的。在创建选区时，边框线会根据图像颜色的差异自动生成，因此其十分适合于对那些轮廓比较清晰的对象的选取。创建了围绕对象的边框线后，把鼠标指针移回到起点并单击，就可以获得封闭的选区。

小叮当：是呀，我再试试。

魔法师：你要注意哟。自动生成的边框线往往不够准确，此时需要在对象形状发生改变的地方单击鼠标，创建控制点。控制点创建得越多，选区越精确。按Delete键则可以将上一个控制点删除。

图5.88　创建包围脸部的选区

步骤3　按Ctrl+C组合键，复制选区内容，然后选择“童趣.jpg”图像窗口，再按Ctrl+V组合键，粘贴选区内容到该照片中。按Ctrl+U组合键，打开【色相/饱和度】对话框，然后调整图像的色调，使之与原图像中儿童的面部色调一致，如图5.89所示。单击【确定】按钮，关闭【色相/饱和度】对话框，此时获得的效果如图5.90所示。按Ctrl+T组合键，调整脸部的大小和位置，使其与原照片中儿童的脸部重合，如图5.91所示。

步骤4　按Enter键确认变换操作，然后在【图层】面板中单击【创建新图层】按钮，为该图层添加一个图层蒙版。从工具箱中选择【画笔工具】，并将前景色设置为黑色，然后在图层蒙版中围绕脸部涂抹，使脸的下部被桶挡住，同时使帽子显示出来，如图5.92所示。

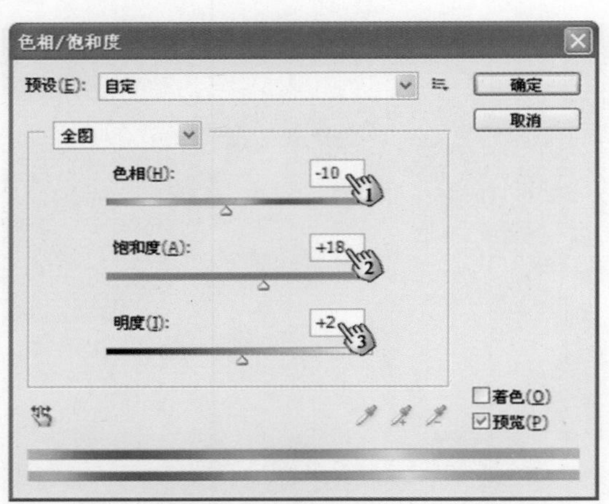

图5.89 【色相/饱和度】参数设置

图5.90 调整色调后的效果

图5.91 调整脸部的大小和位置

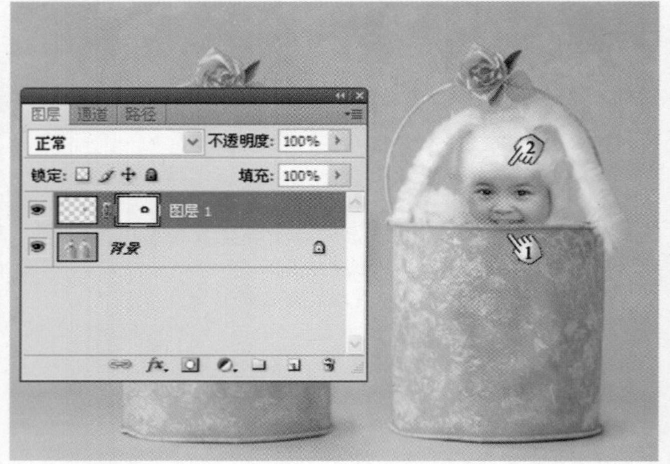

图5.92 在图层蒙版中围绕脸部涂抹

步骤5 在属性栏中将【画笔工具】的【不透明度】值设置为20%，如图5.93所示。使用【画笔工具】，在帽子的边缘涂抹，以增强绒毛效果，如图5.94所示。使用不同的透明度值多次尝试，效果满意后即完成对第一个头像的合成。

步骤6 再次使用【磁性套索工具】框选第二个女孩的头部，如图5.95所示。将其复制到“童趣.jpg”文件中，如图5.96所示。按Ctrl+L组合键，打开【色阶】对话框，再对面部的亮度进行调整，如图5.97所示。

图5.93 设置【不透明度】值

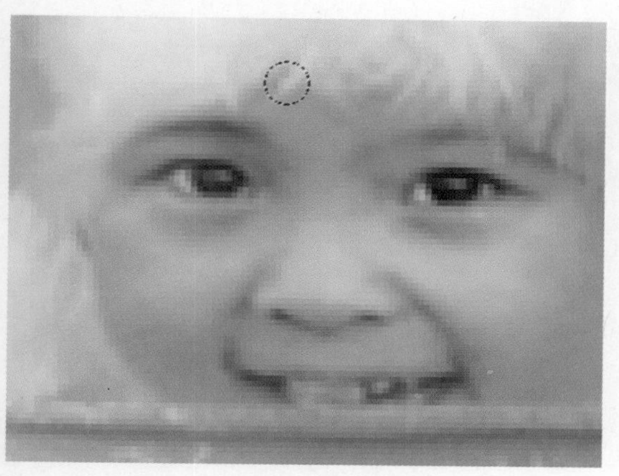

图5.94　增强绒毛效果

图5.95　框选面部

图5.96　复制面部

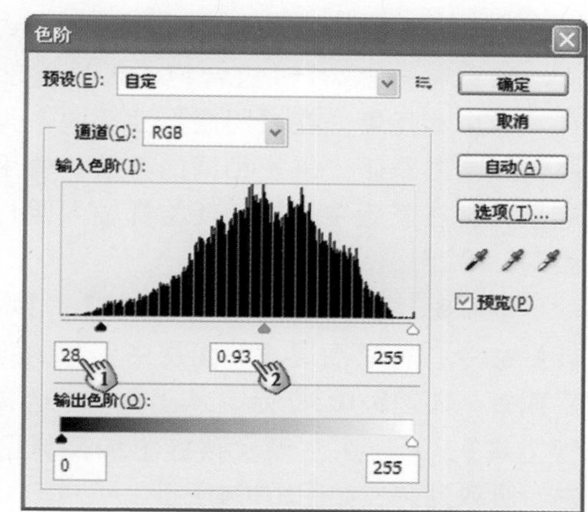

图5.97　【色阶】参数的设置

步骤7　单击【确定】按钮，关闭【色阶】对话框，再按Ctrl+B组合键，打开【色彩平衡】对话框，同时设置中间调的色彩，如图5.98所示。设置阴影区域的色彩，如图5.99所示。设置高光区域的色彩，如图5.100所示。单击【确定】按钮，关闭【色彩平衡】对话框，女孩脸部色调与“童趣.jpg”文件的色调已经协调一致，此时照片的效果如图5.101所示。

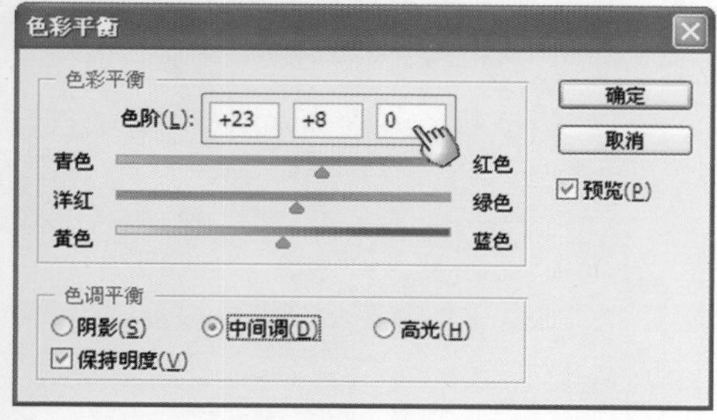

图5.98　设置中间调色彩

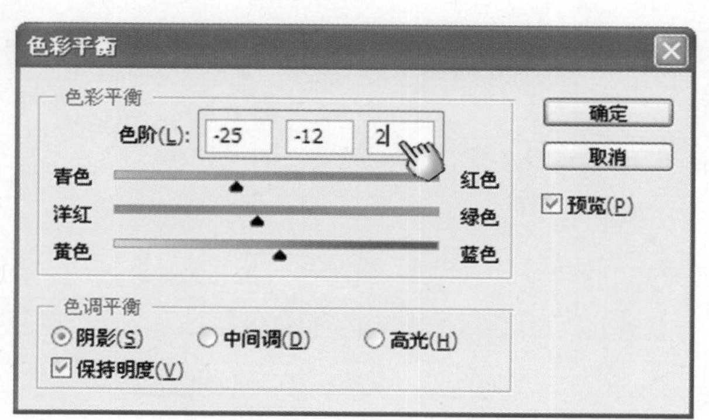

图5.99　设置阴影区域色彩

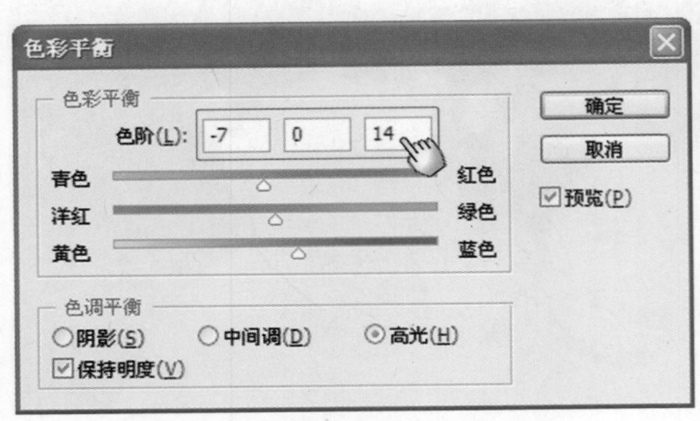

图5.100　设置高光区域色彩

图5.101　调整色彩后的效果

步骤8　按Ctrl+T组合键，调整脸部的位置、大小和角度。在【图层】面部中，为该图层添加图层蒙版。采用相同的方法，使用【画笔工具】在蒙版中涂抹，使脸部融入照片中，如图5.102所示。

步骤9　选择【边界】|【变换】|【水平翻转】命令，将“图层 2”图层中女孩的脸部水平翻转，如图5.103所示。从工具箱中选择【吸管工具】，在左侧女孩脸上的高光区域单击，吸取颜色，如图5.104所示。

图5.102　在图层蒙版中涂抹

图5.103　水平翻转女孩的脸部

图5.104　吸取颜色

步骤10　从工具箱中选择【画笔工具】，并在属性栏中将画笔比较设置为100%的柔性笔尖，同时将【不透明度】的值设置为20%，如图5.105所示。从【图层】面板中选择“图层 1”图层，然后使用【画笔工具】在右侧儿童的右脸上单击几次，创建高光效果，如图5.106所示。

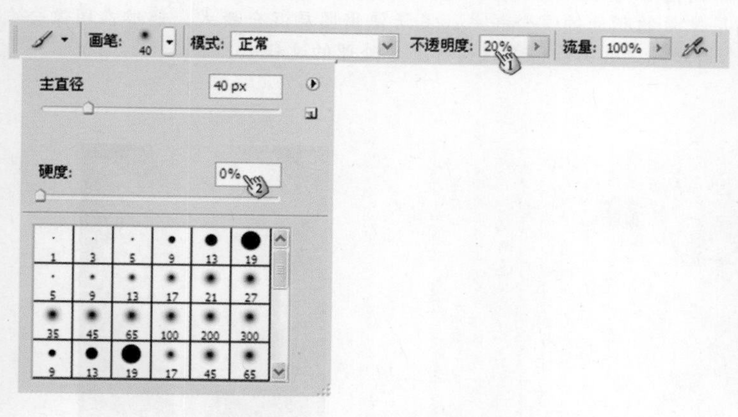

图5.105　设置画笔笔尖

图5.106　涂抹出高光效果

小叮当：老师，使用图层蒙版后，两个女孩的脸已经很好地与背景融合了，效果也不错，为什么还要进行这几步操作呢？

魔法师：你有没有注意到照片中光线的方向？

小叮当：哦，我明白了。照片中光线的方向来自左侧，因此两个女孩左侧脸部应该较亮，但女孩脸部的高光区域却在右侧，所以需要我们对脸部的高光区域进行修改。

魔法师：正是这样。左侧的女孩比较好处理，直接将其翻转，使其本来的高光区域移到左侧即可，但右侧的小女孩脸部原来就缺少亮度，所以这里需要使用【画笔工具】绘制出这个区域。

步骤11　对照片进行适当调整，效果满意后按Ctrl+Shift+E组合键合并所有可见图层。保存文档后，完成本实例的制作。本实例制作完成后的效果如图5.107所示。

图5.107　照片处理完成后的效果

5.11 混合出的特别效果

魔法师：从前面的实例我们已经知道，位于不同图层的图像之间存在遮盖关系，图像的不透明度决定了遮盖图层的通透能力，而图层混合模式则决定了上下图层像素的颜色的混合关系。灵活使用图层混合模式，能够在图像合成时获得很多意想不到的效果。下面我们通过一个婚纱特效的制作，尝试这种混合处理的过程吧。

小叮当：那我们就快来吧，我都等不及了。

步骤1　启动Photoshop，打开需要处理的照片（路径：素材和源文件\part5\5.11\婚纱照片.jpg、图案.jpg、纹理.jpg），如图5.108所示。下面以“图案.jpg”和“纹理.jpg”图片为素材，将其合成到婚纱照片中，创建婚纱照片的动感背景效果。

图5.108　需要处理的照片

步骤2　从工具箱中选择【移动工具】，将“图案.jpg”文件中的图案拖放到婚纱照片中。按Ctrl+T组合键，并在属性栏中设置缩放比例。这里，首先单击【保持长宽比】按钮，使其处于按下状态，在W文本框中输入水平缩放比例，此时Photoshop会在H文本框中自动输入缩放比例值，以保持图像原有的长宽比，如图5.109所示。按两次Enter键确认缩放操作，如图5.110所示。

步骤3　按Ctrl+I组合键，将图层中图像反相，然后在【图层】面板中将图层混合模式设置为【滤色】，如图5.111所示。将“图层 1”拖放到【创建新图层】按钮上，复制该图层，复制图层将保留源图层的图层混合模式，此时图像的效果如图5.112所示。

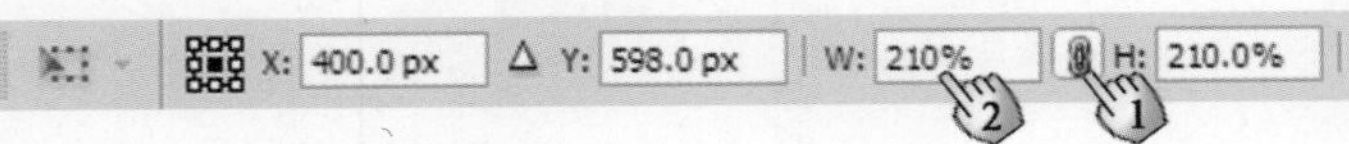

图5.109　设置缩放比例

图5.110　放大图案

图5.111　将图层混合模式设置为【滤色】

图5.112　复制“图层 1”

步骤4　选择【图像】|【调整】|【渐变映射】命令，打开【渐变映射】对话框。单击该对话框中的色谱条，如图5.113所示。在【渐变编辑器】对话框中单击【预设】列表框右侧的⊙，然后从下拉菜单中选择【色谱】命令，如图5.114所示。此时Photoshop提示是否替换当前的预设渐变，单击【添加】按钮，将色谱渐变添加到【预设】列表框中，如图5.115所示。

图5.113　【渐变映射】对话框

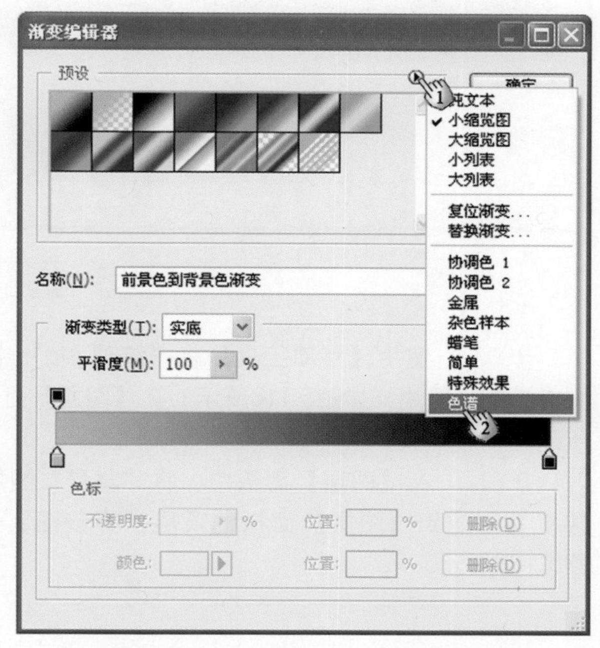

图5.114　选择【色谱】命令

步骤5　从【预设】列表框中选择【深色谱】渐变，如图5.116所示。单击【确定】按钮，依次关闭【渐变编辑器】和【渐变映射】对话框，此时照片的效果如图5.117所示。

图5.115　单击【追加】按钮添加渐变样式

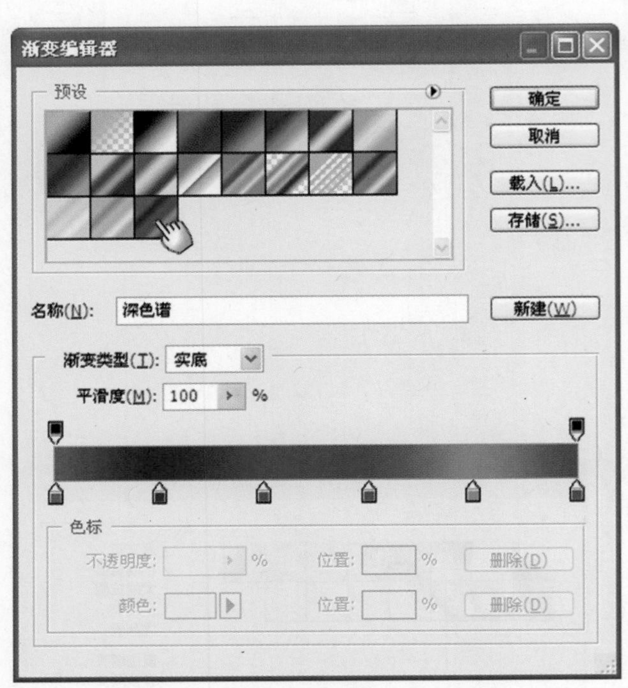

图5.116　选择【深色谱】渐变

图5.117　应用【渐变映射】命令后的效果

步骤6　使用【移动工具】将“纹理.jpg”中的图像拖放到婚纱照片中，同时调整图像的大小，使其充满整张照片，如图5.118所示。在【图层】面板中，将图层混合模式设置为【颜色加深】，如图5.119所示。

步骤7　在【图层】面板中，将“背景”图层拖放到【创建新图层】按钮 上，复制背景图层，再将其拖放到【图层】面板的顶层。将该图层的图层混合模式设置为【柔光】，此时照片的效果如图5.120所示。

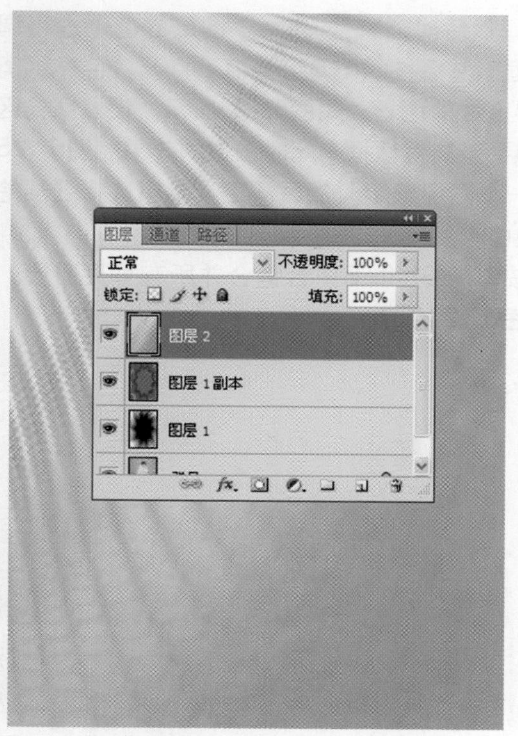

图5.118　放置纹理图像

图5.119　设置图层混合模式

小叮当：老师，您能给我讲讲Photoshop如何进行图层混合吗？

魔法师：好的，就以这里的两种图层混合模式来说说吧。当使用【滤色】图层混合模式时，Photoshop将查看颜色通道的颜色信息，将当前图层像素颜色的互补色与下面图层的像素颜色相乘，作为混合后的颜色值。对于【柔光】模式，算法则比较复杂，如果当前的色彩比50%的灰度亮；则图像变亮；如果比50%的灰度暗，则图像变暗。图层中如果存在黑色或白色，则会产生明显的较亮和较暗的区域，但不会产生黑色或白色。

小叮当：听上去好复杂哟。

魔法师：作为操作者，你当然没必要像程序员那样去深究它的算法。实际上，你只要了解它们能够获得的效果就可以了。例如，【滤色】模式能够产生较亮的颜色，而【柔光】模式则能够使图像变亮，也可能使图像变暗，这要根据相互混合的图层的具体情况来决定。这些经验可以通过不断的实践和摸索而获得。

图5.120　复制图层并设置图层混合模式

步骤8　按Ctrl+L组合键，打开【色阶】对话框，然后对“背景 副本”图层的色调进行调整，如图5.121所示。单击【确定】按钮关闭【色阶】对话框，然后按Ctrl+B组合键，打开【色彩平衡】对话框，再设置中间调的色彩，如图5.122所示。设置阴影区域的色彩，如图5.123所示。设置高光区域的色彩，如图5.124所示。单击【确定】按钮，关闭【色彩平衡】对话框，此时图像的效果如图5.125所示。

步骤9　在【图层】面板中，为“图层 2”添加一个图层蒙版。然后从工具箱中选择【画笔工具】，以不同的透明度在蒙版中涂抹，使纹理融入图像中，如图5.126所示。

步骤10　对效果进行最后的调整，效果满意后按Ctrl+Shift+E组合键合并所有可见图层。保存文档，完成本节实例的制作。实例制作完成后的效果如图5.127所示。

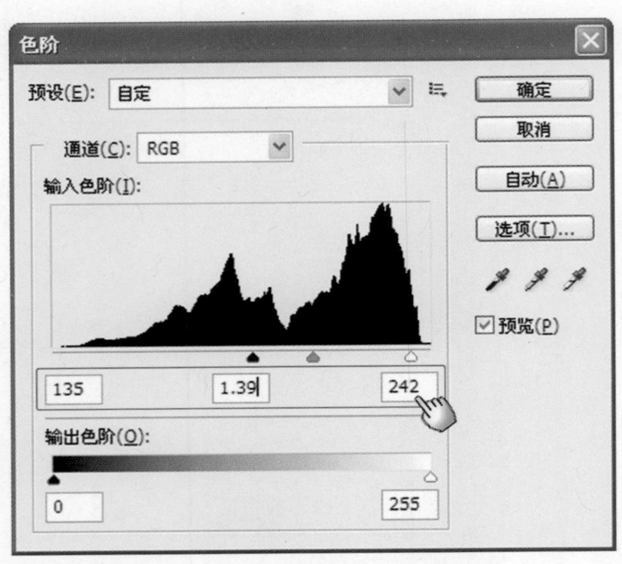

图5.121　【色阶】参数的设置

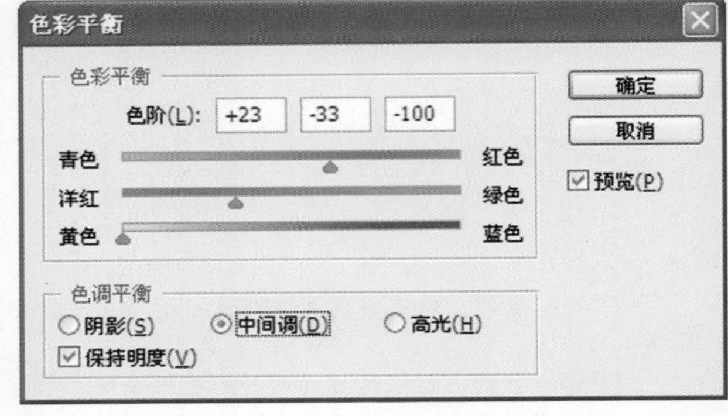

图5.122　设置中间调的色彩

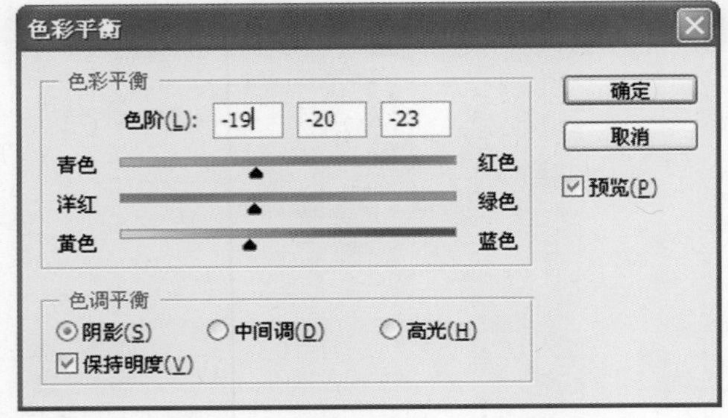

图5.123　设置阴影区域的色彩

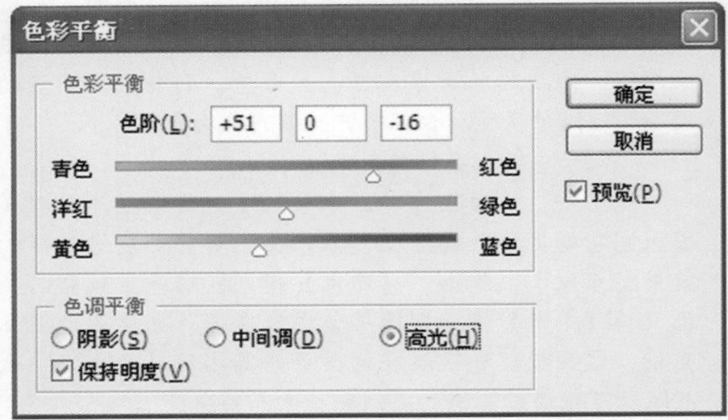

图5.124　设置高光区域的色彩

图5.125　调整色彩后的图像效果

图5.126　创建图层蒙版

图5.127　照片处理完成后的效果

5.12 轻松制作全景照片

小叮当：老师，全景照片真的很酷、很大气，可惜我的数码相机只是家用级的，无法拍摄这种照片。

魔法师：是吗？我们不是有Photoshop吗？使用Photoshop，我们能够方便地将普通数码照片合成为全景照片。如果你感兴趣，我们一起来试试吧。

小叮当：好呀。老师，我们开始吧。

步骤1　启动Photoshop，这里并不需要打开素材照片，本节将使用的素材照片如图5.128所示（路径：素材和源文件\part5\5.12\全景图素材照片1.jpg、全景图素材照片2.jpg、全景图素材照片3.jpg、全景图素材照片4.jpg）。

图5.128　需要处理的照片

步骤2　选择【文件】|【自动】|Photomerge命令，打开Photomerge对话框，如图5.129所示。在该对话框中单击【浏览】按钮，打开【打开】对话框，然后选择制作全景图的数码照片，如图5.130所示。

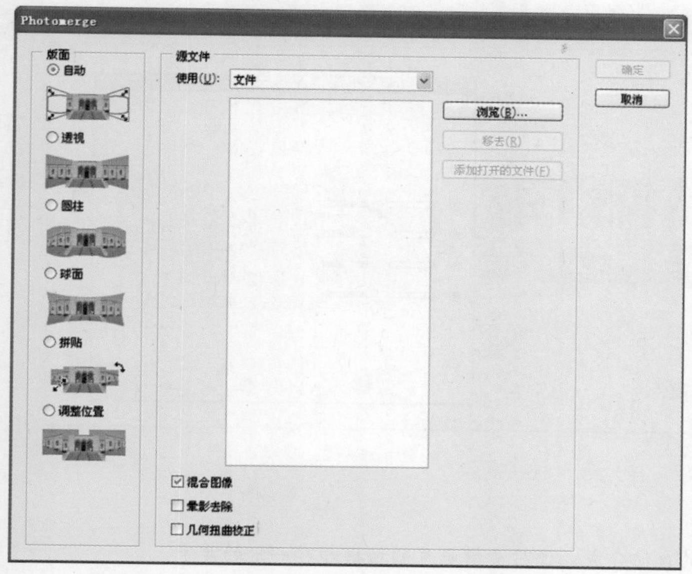

图5.129　Photomerge对话框

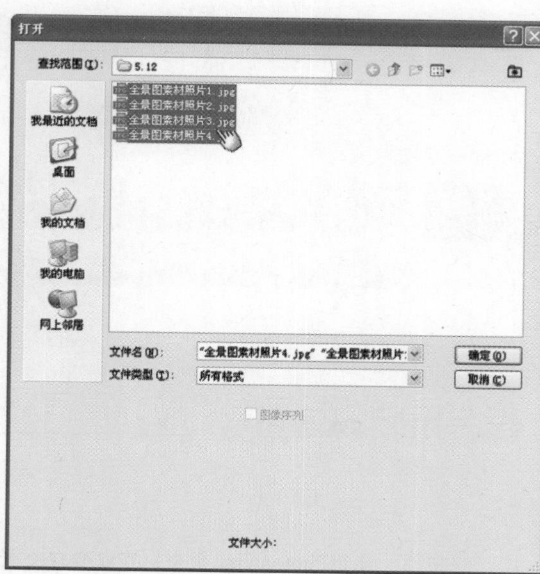

图5.130　选择文件

步骤3　单击【确定】按钮，关闭【打开】对话框，所选择文件被添加到Photomerge对话框的源文件列表中，如图5.131所示。单击【确定】按钮，关闭Photomerge对话框，Photoshop自动对所选择的素材照片进行合成，处理完成后的效果如图5.132所示。

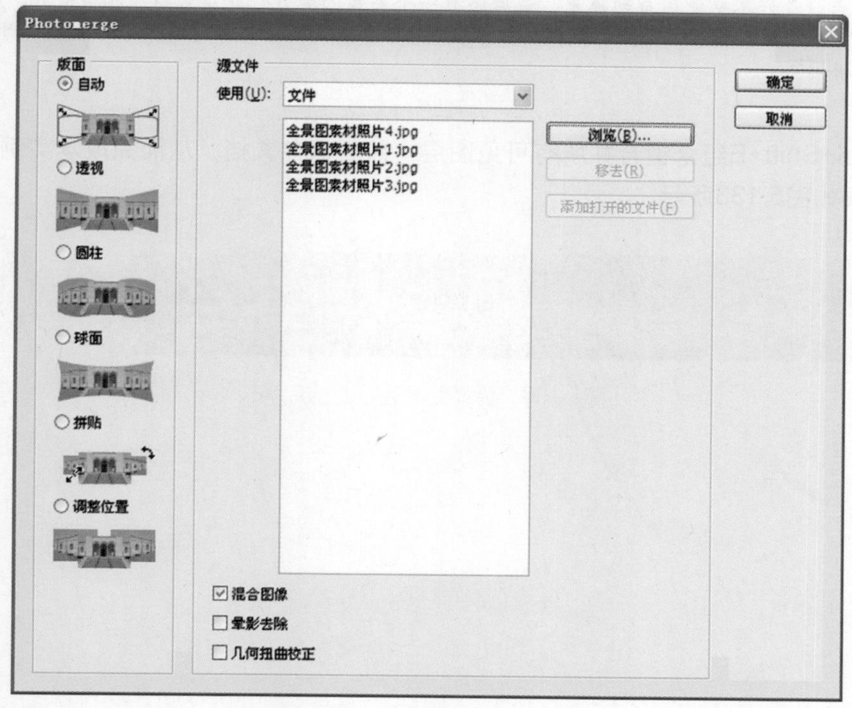

图5.131　文件被添加到列表中

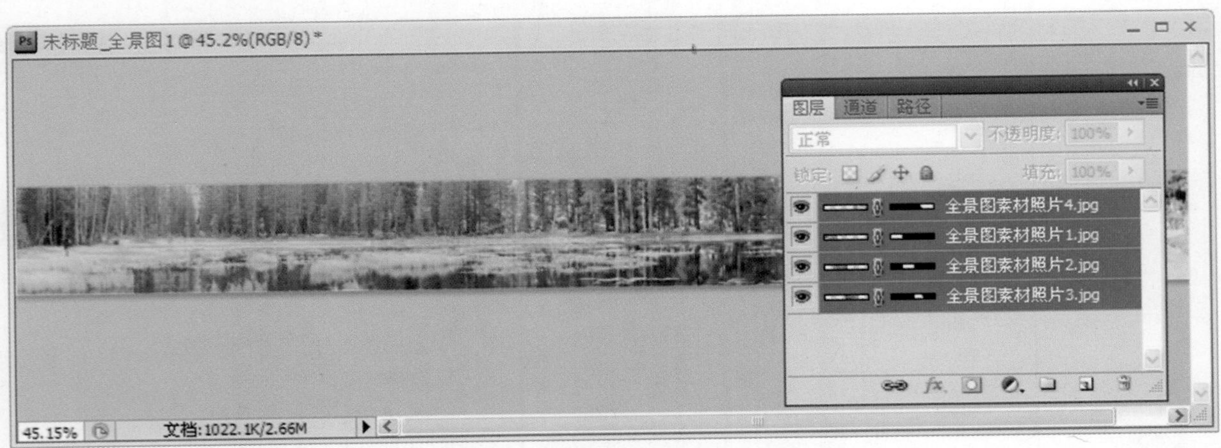

图5.132　合成全景照片

魔法师：使用Photomerge命令，可以实现全景图的自动合成，但对素材照片的拍摄却有一定的要求。

小叮当：老师，您快说说。

魔法师：要想获得满意的合成效果，在拍摄时树木照片应该保留充分的重叠区域。也就是说，拍摄时照片的重叠区域应该是照片的15%～40%。但重叠区域又不能过多，如果超过了70%，则混合效果也不好。拍摄时应保持相同的焦距，避免使用相机的缩放功能。在拍摄过程中，相机要保持水平，最好使用三脚架来保持相机处于相一水平高度。另外，在拍摄时，应该把相机放置于相同的位置，使照片来自于同一个视点。

小叮当：看来在合成全景图时，Photoshop的后期处理十分傻瓜，但拍摄却需要一定的功夫。

魔法师：是这样。在拍摄每张照片时还要注意，不要使用扭曲镜头，比如鱼眼镜头。照片应该保持相同的曝光度，为了做到这一点，最好不要使用自动曝光。最后还有一个关键的地方，就是素材应拍摄成360°的景物照片，也就是拍摄前后和左右4个方向的照片。导入计算机后，这些照片应按照从左向右的顺序进行编号，Photoshop则按照此编号顺序自动进行拼接。

步骤4　按Ctrl+Shift+E组合键合并所有可见图层，然后保存文档，从而完成本实例的制作。本实例制作完成后的效果如图5.133所示。

图5.133　照片处理完成后的效果

第6章

数码照片的常见特效制作

数码照片最大的优势在于人人都能通过图像处理软件来对其进行处理。使用Photoshop，摄影师可以为照片添加各种特效，在照片中模拟各种现象，以及使用自己喜欢的方式来装饰照片。本章将介绍使用Photoshop来制作数码照片的常见特效的方法。通过亲身体验，读者能够充分领略Photoshop处理照片的乐趣。

6.1 模拟小景深效果

魔法师：所谓小景深就是指被拍摄对象纵深的清晰空间范围较小，这种效果可以通过调整光圈来获得。一般而言，景深越小，照片中的主体对象和背景的距离显得越远，背景的淡化越强。反之，景深越大，背景的淡化越弱。

小叮当：小景深效果怎么获得呢？

魔法师：使用长焦距、大光圈可以拍摄小景深照片。当然，如果在拍摄时没有达到这样的效果，也可以使用Photoshop来进行后期模拟。下面介绍在数码照片的后期处理中，如何获得小景深效果的方法。

步骤1　启动Photoshop，打开需要处理的照片（路径：素材和源文件\part6\6.1\女孩.jpg），如图6.1所示。下面使用Photoshop的【镜头模糊】滤镜来模拟小景深效果。

步骤2　按Q键进入快速蒙版状态，然后从工具箱中选择【画笔工具】，使用【画笔工具】在快速蒙版中将女孩涂抹为红色，如图6.2所示。按Q键退出快速蒙版，获得除去女孩的其他选区，如图6.3所示。

图6.1　需要处理的照片

图6.2　将女孩涂抹为红色

图6.3　获得除去女孩之外的选区

步骤3　选择【滤镜】|【模糊】|【镜头模糊】命令，打开【镜头模糊】对话框，如图6.4所示。在【光圈】选项组中调整图像的模糊程度，如图6.5示。调整【镜面高光】选项组中各项的值，营造照片的高光效果，如图6.6所示。调整【杂色】选项组中【数量】的值，设置在模糊区域中添加的杂色的数量，如图6.7所示。

图6.4　【镜头模糊】对话框

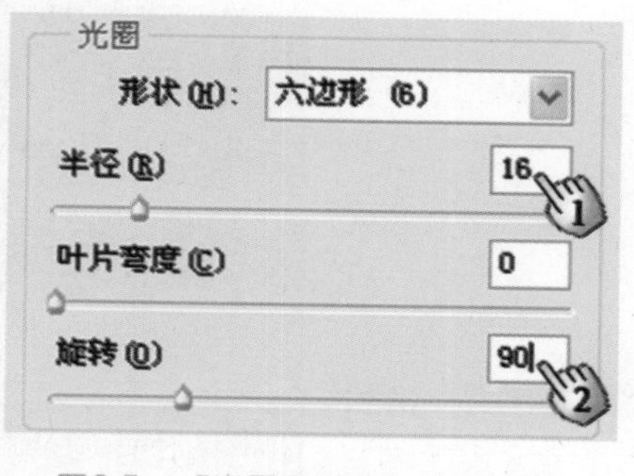

图6.5　【光圈】选项组中的设置

图6.6　【镜面高光】选项组的设置

图6.7　设置杂色的数量

魔法师：在使用【镜头模糊】滤镜时，滤镜会对照片进行模糊，从而移去照片中的胶片颗粒和杂色。为了使图像看上去更加逼真，可以重新向照片中添加杂色，以恢复照片的原貌，这就是【杂色】选项组设置项的作用。如果希望添加的杂色不影响照片的颜色，可选中【单色】复选框。

小叮当：我明白了。

步骤4　单击【确定】按钮，关闭【镜头模糊】对话框，再按Ctrl+D组合键取消选取。保存文件，从而完成本实例的制作。本实例制作完成后的效果如图6.8所示。

图6.8　照片处理完成后的效果

6.2 模拟变焦镜头效果

魔法师：变焦镜头是在拍摄时使用较慢的快门速度，同时迅速改变镜头焦距而产生的一种特殊效果。要拍摄这种效果，需要品质较好的相机和较高的拍摄技巧，普通家用相机是很难获得这种效果的。不过，为了使照片更具表现力，可以使用Photoshop在照片后期处理时模拟这种效果。

小叮当：老师，我们赶快来做做这个效果吧。

步骤1　启动Photoshop，打开需要处理的照片（路径：素材和源文件\part6\6.2\花朵.jpg），如图6.9所示。下面使用Photoshop对这张照片进行处理，模拟变焦镜头效果。

步骤2　按Q键进入快速蒙版状态，然后使用【画笔工具】在快速蒙版中将照片中的花朵涂抹为红色，如图6.10所示。按Q键退出快速蒙版状态，再按Ctrl+Shift+I组合键反转选区，从而获得包围花朵的选区，如图6.11所示。

图6.9　需要处理的素材照片

图6.10　将照片中的花朵涂抹为红色

图6.11　获得包围花朵的选区

步骤3　按Ctrl+J组合键，复制选区内容到新图层中。在【图层】面板中选择“背景”图层，然后执行【滤镜】|【模糊】|【径向模糊】命令，打开【径向模糊】对话框。在该对话框中，首先将模糊方法设置为【缩放】，然后设置模糊数量，最后拖动模糊中心，设置中心在照片中的位置，如图6.12所示。单击【确定】按钮应用滤镜，此时的照片效果如图6.13所示。

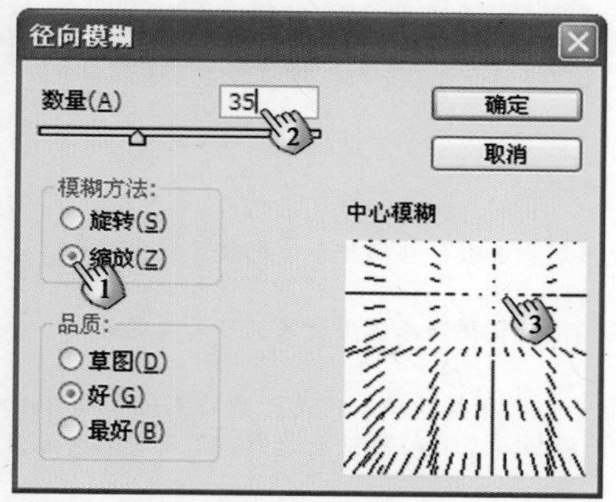

图6.12　【径向模糊】对话框的设置

图6.13　应用滤镜后的照片效果

步骤4　在【图层】面板中选择“图层1”图层，然后单击【创建图层蒙版】按钮，为该图层创建一个图层蒙版。使用【画笔工具】，以黑色在花朵边缘涂抹，对边界进行修饰，如图6.14所示。

步骤5　按Ctrl+Shift+E组合键，合并所有图层，再保存文件，从而完成本实例的制作。本实例制作完成后的效果如图6.15所示。

图6.14　对花朵边缘进行修饰

图6.15 制作完成后的效果

6.3 模拟动感镜头

魔法师：在拍摄照片时，使用动感镜头能够使照片背景产生线性模糊效果，从而使平淡的照片获得动感，以便更加形象地突出照片中的主体对象。

小叮当：是的，我见过这样的照片。可是老师，我曾经尝试在拍摄时获得动感镜头效果，可是真的好难，总是难以成功。

魔法师：这很正常。要想在拍摄时获得这种效果，还真要掌握一定的拍摄技巧。可是，我们不是有Photoshop吗？在照片的后期处理中，使用Photoshop的滤镜，同样可以方便地模拟漂亮的动感镜头效果。下面我们一起来试试吧。

步骤1 启动Photoshop，打开需要处理的照片（路径：素材和源文件\part6\6.3\飞跃.jpg），如图6.16所示。下面使用Photoshop对这张照片进行处理，模拟动感镜头效果。

步骤2 在【图层】面板中，将“背景”图层拖放到【创建新图层】按钮 上，创建该图层的副本图层。在【图层】面板中选择“背景”图层，然后选择【滤镜】|【模糊】|【动感模糊】命令，打开【动感模糊】对话框。在该对话框中对滤镜参数进行设置，如图6.17所示。

图6.16 需要处理的照片

步骤3　单击【确定】按钮，应用滤镜效果。在【图层】面板中选择“背景 副本”图层，然后单击【创建图层蒙版】按钮，为该图层创建一个图层蒙版。选择【画笔工具】，再设置合适的画笔笔尖，然后使用黑色在图层蒙版中涂抹，除保留需要突出的图像外，使“背景”图层中的动感效果显示出来，如图6.18所示。

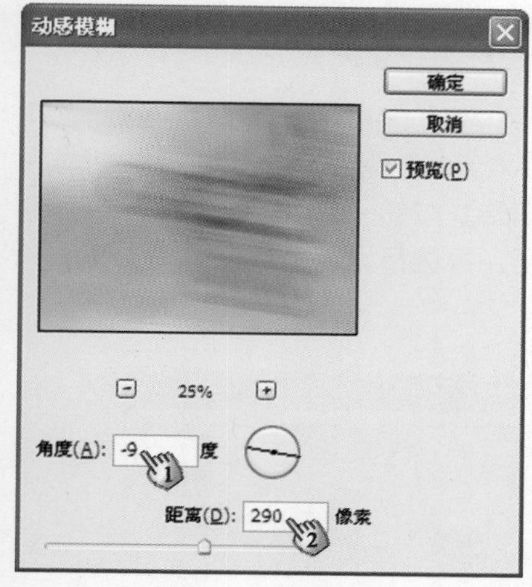

图6.17　【动感模糊】滤镜的参数设置

图6.18　在图层蒙版中涂抹，获得动感效果

魔法师：这里要注意两点。首先，【动感模糊】滤镜对话框中的【距离】值越大，照片中呈现的速度感就越强。其次，在蒙版中涂抹时，应该保留照片的主体部分。涂抹时，可以使用不同的透明度和画笔大小，以便获得更好的效果。

小叮当：好的，我再试试。

步骤4　效果满意后，按Ctrl+Shift+E组合键合并可见图层，然后保存文档，从而完成本实例的制作。本实例制作完成后的效果如图6.19所示。

图6.19　照片处理完成后的效果

6.4 模拟柔光镜效果

魔法师：在拍摄照片时，柔光镜起到柔化照片的作用，这样的照片画面反差得到降低。使用柔光镜，可以调节画面情调，根据创作需要，获得特殊的画面效果，使照片画面更加富有情趣。

小叮当：老师，使用Photoshop能够模拟柔光镜的拍摄效果吗？

魔法师：当然可以。下面我就介绍在照片后期处理时模拟柔光镜效果的方法。

步骤1 启动Photoshop，打开需要处理的照片（路径：素材和源文件\part6\6.4\小女孩.jpg），如图6.20所示。下面使用Photoshop来对这张照片进行处理，以便模拟柔光镜效果。

步骤2 在【图层】面板中，将“背景”图层拖放到【创建新图层】按钮上，复制该图层。选择【滤镜】|【模糊】|【高斯模糊】命令，打开【高斯模糊】对话框，再进行滤镜参数设置，如图6.21所示。

图6.20 需要处理的照片

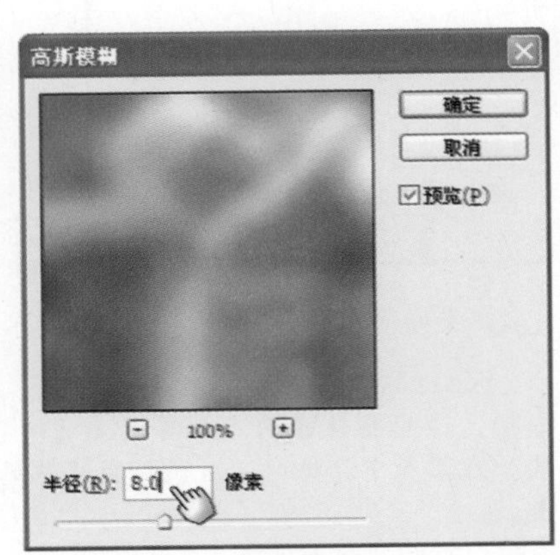

图6.21 【高斯模糊】对话框

步骤3 单击【确定】按钮，关闭【高斯模糊】对话框。在【图层】面板中，将图层混合模式设置为【叠加】，此时照片的效果如图6.22所示。按Ctrl+J组合键，复制当前图层，使照片的柔化效果得到强化，如图6.23所示。

图6.22 设置图层混合模式

图6.23 复制当前图层

步骤4　从工具箱中选择【减淡工具】，然后在属性栏中设置画笔笔尖的形状，同时将【曝光度】设置为50%，如图6.24所示。使用【减淡工具】，在女孩的脸部单击，将脸部适当加亮，如图6.25所示。

步骤5　处理效果满意后，按Ctrl+Shift+E组合键，合并所有可见图层，然后保存文档，从而完成本实例的制作。本实例制作完成后的效果如图6.26所示。

图6.24　属性栏的设置

图6.25　在脸部单击，加亮脸部

图6.26　照片处理完成后的效果

6.5 模拟LOMO照片效果

魔法师：LOMO相机是一种很有特色的低科技水平的相机，但由于其拍摄的照片色彩艳丽而在近年来成为一种摄影风尚。这种相机的特点是，镜头宽、速度快、色彩强烈以及没有闪光灯，但拍摄的照片的四周会显得比中间暗，也就是会出现所谓的暗角。LOMO照片是一种很有特色的照片效果。

小叮当：老师，使用Photoshop能够模拟这种照片效果吗?

魔法师：是的，当然可以。下面介绍使用Photoshop来模拟LOMO照片效果的方法。

步骤1　启动Photoshop，打开需要处理的照片（路径：素材和源文件\part6\6.5\母女.jpg），如图6.27所示。下面使用Photoshop来对这张照片进行处理，以获得LOMO照片效果。

图6.27　需要处理的照片

步骤2　按Ctrl+J组合键，复制“背景”图层，然后选择【图像】|【调整】|【亮度/对比度】命令，打开【亮度/对比度】对话框，再设置图像的亮度和对比度，如图6.28所示。单击【确定】按钮，关闭该对话框，照片效果如图6.29所示。

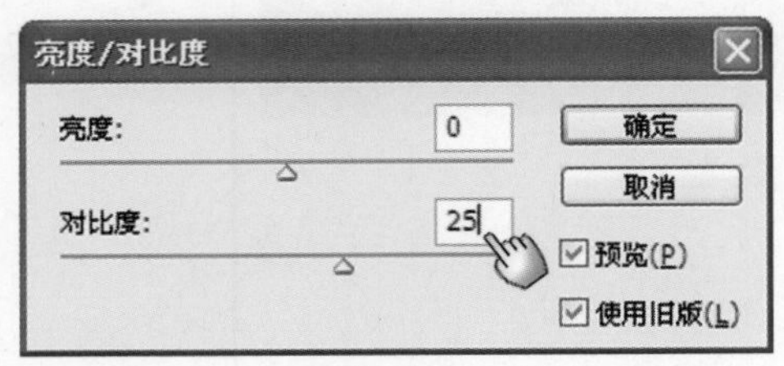

图6.28　【亮度/对比度】对话框

图6.29　调整亮度和对比度后的照片效果

步骤3　按Ctrl+U组合键，打开【色相/饱和度】对话框，然后对照片的色调进行调整，如图6.30所示。单击【确定】按钮，关闭该对话框，照片效果如图6.31所示。

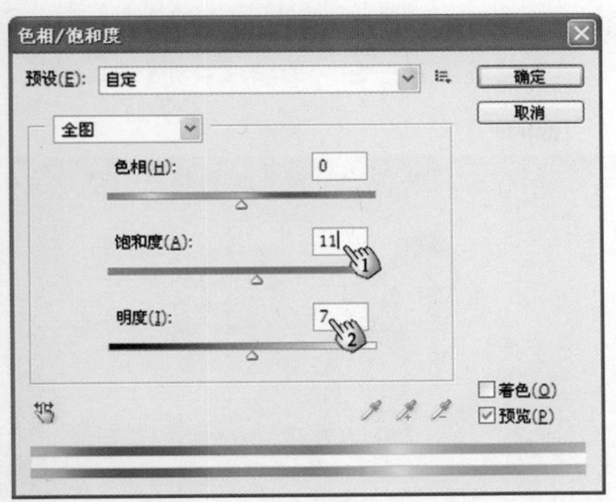

图6.30　【色相/饱和度】对话框的设置

步骤4　按Ctrl+A组合键，全选当前选区图像，然后选择【选择】|【修改】|【边界】命令，打开【边界选区】对话框。在该对话框中，将【宽度】设置为90像素，如图6.32所示。单击【确定】按钮，关闭该对话框。照片中的选区如图6.33所示。

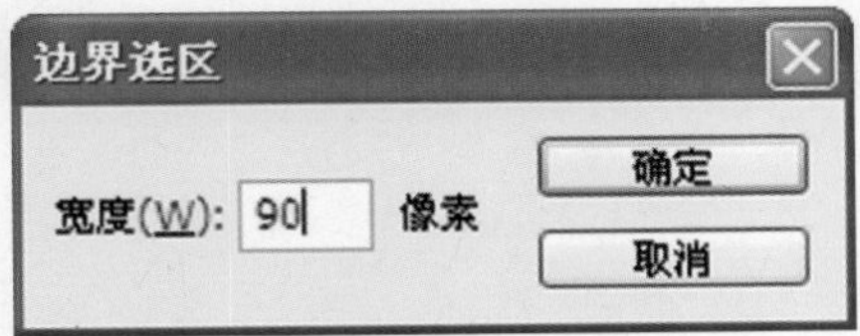

图6.32　【边界选区】对话框的设置

步骤5　选择【选择】|【修改】|【羽化】命令，打开【羽化选区】对话框，然后在该对话框中将选区的羽化值设置为50像素，如图6.34所示。单击【确定】按钮，关闭该对话框。照片中的选区如图6.35所示。

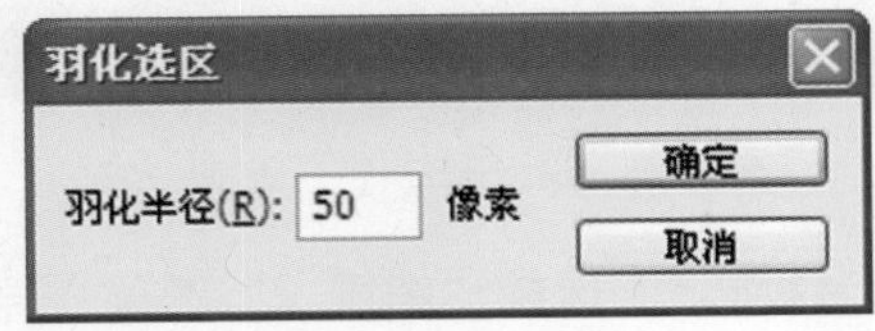

图6.34　设置选区的羽化值

图6.31　调整色相和饱和度后的照片效果

图6.33　照片中获得的选区

图6.35　羽化后的选区

步骤6　按D键，将前景色设置为黑色，然后选择【编辑】|【填充】命令，打开【填充】对话框，再从【使用】下拉列表中选择【前景色】，如图6.36所示。单击【确定】按钮，关闭【填充】对话框，选区将被前景色填充，如图6.37所示。

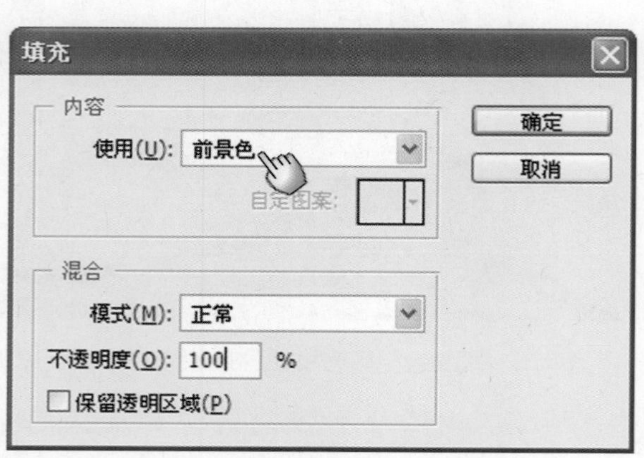

图6.36　【填充】对话框

图6.37　以前景色填充选区

步骤7　在【图层】面板中创建一个新图层，然后按Ctrl+Shift+I组合键，反转选区。选择【选择】|【修改】|【收缩】命令，打开【收缩选区】对话框，再设置选区的收缩量，如图6.38所示。单击【确定】按钮，关闭该对话框。选区收缩后的效果如图6.39所示。按X键，将前景色设置为白色，然后使用【填充】命令，向选区填充前景色。按Ctrl+D组合键，取消选区，此时照片的效果如图6.40所示。

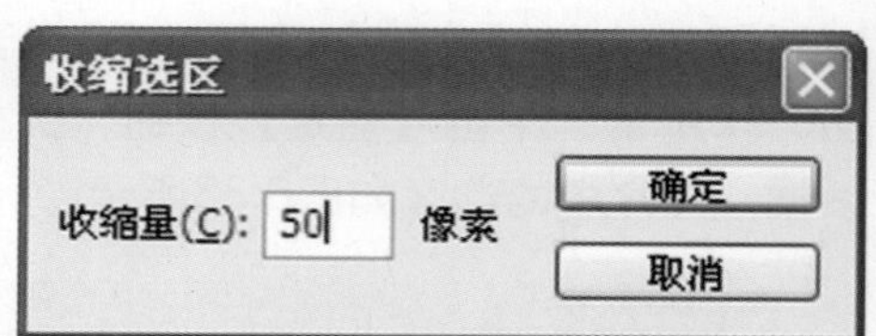

图6.38　设置选区的收缩量

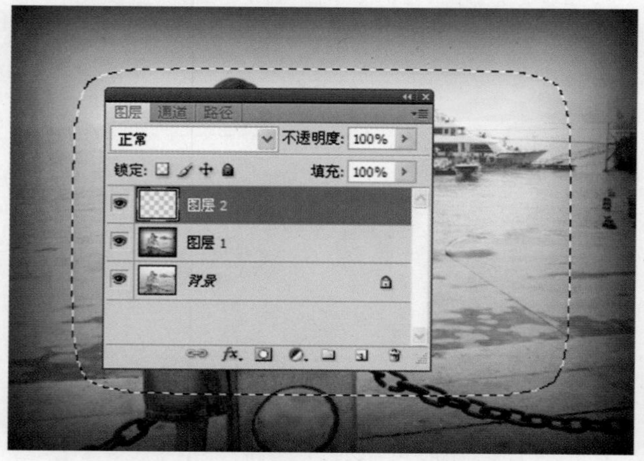

图6.39　收缩选区后的效果

图6.40　填充颜色后的效果

步骤8　设置当前图层的图层混合模式和不透明度，如图6.41所示。选择“图层 2”图层，再将其图层混合模式设置为【叠加】，如图6.42所示。

图6.41　设置图层混合模式和不透明度

图6.42　设置“图层 1”的图层混合模式

步骤9　按Ctrl+M组合键，打开【曲线】对话框，然后拖动曲线，将照片的色调适当压暗，如图6.43所示。单击【确定】按钮，关闭该对话框。按Ctrl+Shift+E组合键，合并图层，然后保存文档，从而完成本实例的制作。本实例制作完成后的效果如图6.44所示。

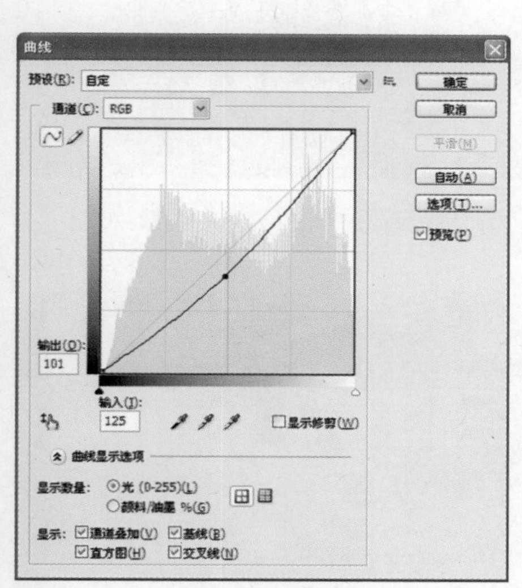

图6.43　【曲线】对话框的设置

图6.44　照片处理完成后的效果

6.6 制作色彩焦点效果

魔法师：在黑白照片中保留局部色彩，往往能够突出主体对象，画龙点睛。这种色彩效果适合于某些需要突出的情调，获得某种与众不同气氛的照片。

小叮当：是呀，我看过一些这种风格的商业作品，确实给人与众不同的感觉。

魔法师：如果要在胶片作品中获得这种效果，确实不太容易。对于数码照片来说，我们很容易使用Photoshop来创建这种效果。

步骤1　启动Photoshop，打开需要处理的照片（路径：素材和源文件\part6\6.6\女孩和米老鼠.jpg），如图6.45所示。下面使用Photoshop对这张照片进行处理，以获得色彩焦点效果。

步骤2　按Ctrl+J组合键，复制“背景”图层；按Ctrl+Shift+U组合键，将图像变成黑白图像，如图6.46所示。按Ctrl+L组合键，打开【色阶】对话框，然后将中间的灰色滑块左移，以提高图像的亮度，如图6.47所示。单击【确定】按钮，关闭【色阶】对话框，此时可以看到黑白图像的反差减小，如图6.48所示。

图6.45　需要处理的照片

图6.46　复制图层并转换为黑白图像

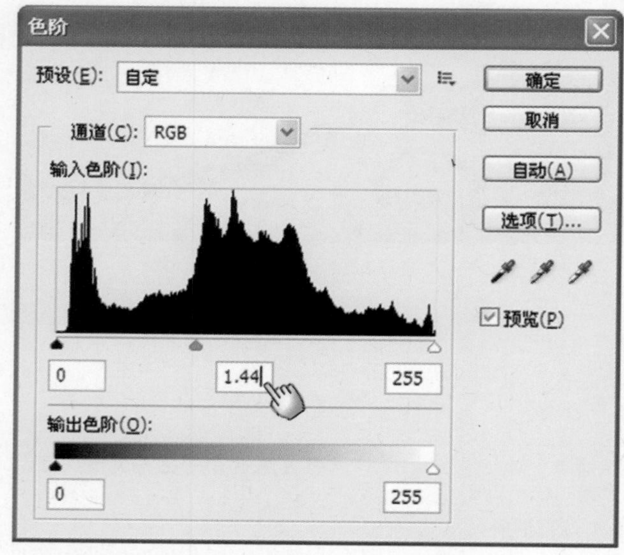

图6.47　【色阶】对话框

图6.48　应用【色阶】命令后的效果

步骤3　在【图层】面板中单击【添加图层蒙版】按钮，为图层添加一个图层蒙版。从工具箱中选择【画笔工具】，然后使用合适的画笔形状，以黑色在图层蒙版中涂抹，恢复照片中女孩的颜色，如图6.49所示。

步骤4　涂抹效果满意后，按Ctrl+E组合键合并图层，再保存文件，从而完成本实例的制作。本实例制作完成后的效果如图6.50所示。

图6.49　恢复女孩的颜色

图6.50　照片处理完成后的效果

6.7 制作光线效果

小叮当：老师，您看看我这张仰拍的枫树照片，拍得还可以吧。
魔法师：是的，不错。
小叮当：可惜没有拍到阳光透过树叶的光线照射效果，要是那样就更完美了。
魔法师：没什么呀，使用Photoshop，我们不是可以模拟阳光透过树叶缝隙的光照效果吗?
小叮当：怎么做的，您能不能教教我。
魔法师：好的，我们一起来试试吧。

步骤1　启动Photoshop，打开需要处理的照片（路径：素材和源文件\part6\6.7\红叶树.jpg），如图6.51所示。下面使用Photoshop对这张照片进行处理，以获得穿透树叶缝隙的阳光普照效果。

步骤2　打开【通道】面板，分别选择面板中的各个通道，找到其中明暗对比比较强烈的通道，这里选择“绿”通道。按住Ctrl键再单击该通道，将通道作为选区载入；按Ctrl+～组合键，重新选择RGB通道。打开【图层】面板，然后选择“背景”图层，此时图像中的选区如图6.52所示。

图6.51 需要处理的照片

图6.52 获得选区

步骤3 按Ctrl+J组合键，复制选区内容到新的图层中。选择【滤镜】|【模糊】|【径向模糊】命令，打开【径向模糊】对话框，然后在该对话框中对滤镜效果进行设置，同时拖放【中心模糊】框中的模糊中心，改变模糊中心的位置，如图6.53所示。单击【确定】按钮应用该滤镜特效，此时照片中将出现透过叶片的光线，如图6.54所示。

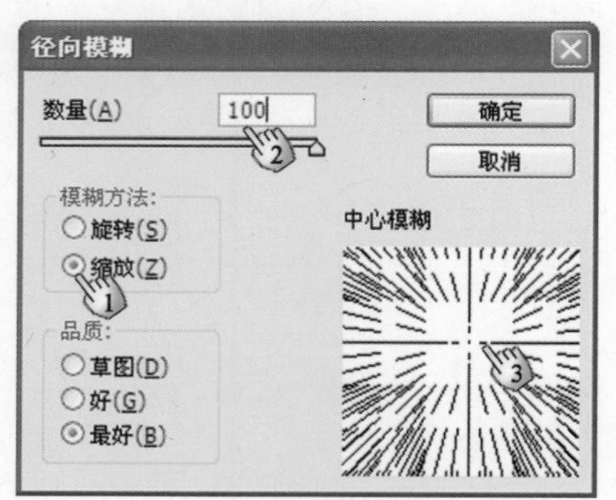

图6.53 【径向模糊】对话框

图6.54 应用滤镜

步骤4 按Ctrl+J组合键，复制当前图层，此时照片中将获得更为强烈的光线效果，如图6.55所示。将“背景”图层复制三次，同时将所有复制图层的图层混合模式都设置为【滤色】，此时照片的效果如图6.56所示。

图6.55　复制当前图层

图6.56　复制“背景”图层

小叮当：老师，为什么要复制“背景”图层呢？

魔法师：你有没有注意到，这张照片中的树干偏暗，在光线照射下很不真实。使用【滤色】图层混合模式，能够将照片变亮，以便显示树干的细节。这里，可根据具体情况来决定“背景”图层复制的个数，如果复制一次效果不理想，可以复制多次。

小叮当：明白了。

步骤5　在【图层】面板中选择“图层 1 副本”图层，然后选择【滤镜】|【渲染】|【镜头光晕】命令，打开【镜头光晕】对话框。在该对话框中，设置光晕中心的位置和光照效果的亮度，如图6.57所示。单击【确定】按钮，关闭该对话框，此时照片的效果如图6.58所示。

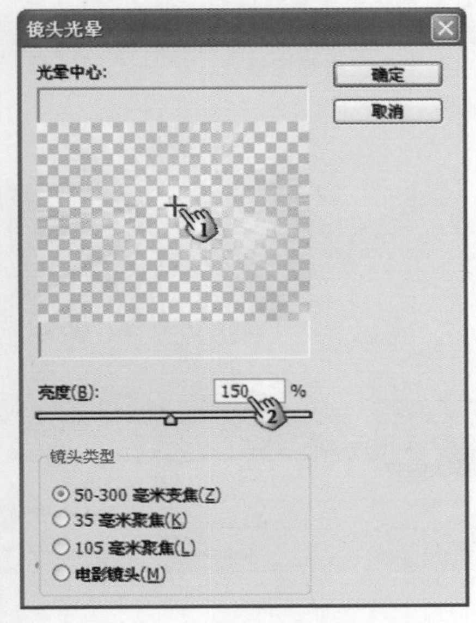

图6.57　【镜头光晕】对话框中的设置

图6.58　应用滤镜后的照片效果

步骤6　按Ctrl+Shift+E组合键合并所有可见图层，然后保存文档，从而完成本实例的制作。本节实例制作完成后的效果如图6.59所示。

图6.59　照片处理完成后的效果

6.8 制作薄雾效果

小叮当：江面上，孤舟渔人，淡淡的薄雾，这是怎样的意境？

魔法师：你在干什么，看你这副如痴如醉的样子，又在幻想什么了？

小叮当：没有啦，暑假我准备到桂林去旅游，我正在构思我的摄影作品呢。不过担心我运气不好，碰不到这样的美景。

魔法师：呵呵呵，是呀。江水，孤舟渔人，淡淡的薄雾，这3个元素都碰到确实是要点好运的。不过，没关系啦，咱们不是有Photoshop吗？Photoshop的作用不就是让照片的不完美变得完美吗？你说的这种意境，不用等你到桂林，我们现在就可以使用Photoshop制作出来呀。下面介绍一下使用Photoshop制作雾天效果的方法吧。

小叮当：来吧，我已经准备好了。

步骤1　启动Photoshop，打开需要处理的照片（路径：素材和源文件\part6\6.8\江渔.jpg），如图6.60所示。下面使用Photoshop对这张照片进行处理，为照片添加浮于江面的薄雾效果。

步骤2　在【图层】面板中单击【创建新图层】按钮，创建一个新图层。按Ctrl+A组合键，全选该图层，然后将前景色设置为白色，再按Alt+Delete组合键，以前景色填充选区。按Ctrl+D组合键取消选区，此时的照片效果如图6.61所示。

图6.60　需要处理的照片

步骤3　选择【窗口】|【样式】命令，打开【样式】面板。单击该面板右上角的按钮，然后从下拉菜单中选择【图像效果】命令，此时Photoshop会提示是否替换当前样式，如图6.62所示。单击【追加】按钮，将选择样式添加到【样式】面板中。在【样式】面板中单击【雾】选项，如图6.63所示。此时，该样式被应用到图层中，将图层混合模式设置为【正片叠底】，照片获得薄雾效果，如图6.64所示。

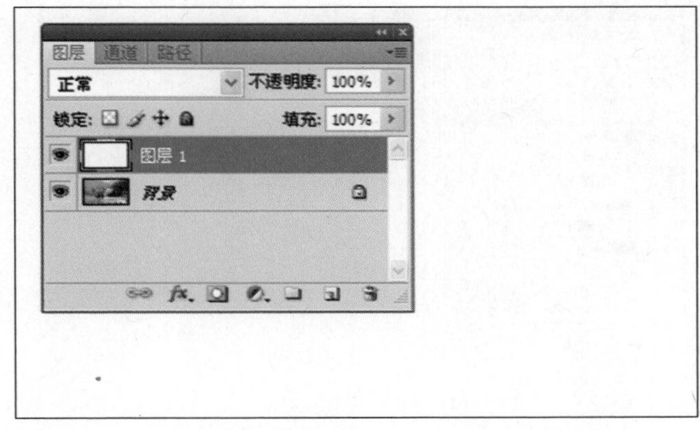

图6.61　以白色填充创建的新图层

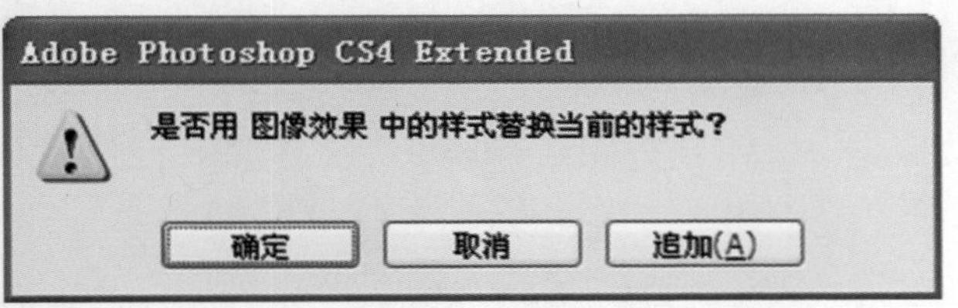

图6.62　Photoshop提示对话框

图6.63　单击【雾】选项

魔法师：为了方便操作Photoshop，提供了预设的图层样式，这些图层样式可以通过【样式】面板方便地进行调用，直接将其应用到图层中。例如，这里的【雾】效果就是一个预设的样式。

小叮当：【样式】面板应该如何使用呢？

魔法师：使用【样式】面板下的操作按钮，可以实现样式的新建和删除，同时可以将已经应用到图层中的样式清除。如果需要向面板中添加预设样式或设置面板的外观，可以使用【窗口】|【样式】菜单命令来实现。这些操作，你可以自己试试，很简单，也很实用。

图6.64　获得薄雾效果

步骤4　复制“图层 1”图层，以增强雾效果，如图6.65所示。复制“背景”图层，并将其放置到【图层】面板的顶端，如图6.66所示。选择“图层 1 副本”图层，然后按Ctrl+Shift+E组合键，向下合并图层，如图6.67所示。

步骤5　选择“背景 副本”图层，然后单击【图层】面板中的【添加图层蒙版】按钮，为图层添加一个图层蒙版。从工具箱中选择【画笔工具】，然后使用白色和黑色，以不同的透明度在图层蒙版中涂抹，使不同区域的薄雾的浓淡不一，从而具有层次感，如图6.68所示。

图6.65 复制图层

图6.66 复制“背景”图层

图6.67 向下合并图层

图6.68 在图层蒙版中涂抹

步骤6 效果满意后，按Ctrl+Shift+E组合键合并图层，然后保存文档，从而完成本实例的制作。本实例制作完成后的效果如图6.69所示。

图6.69 照片制作完成后的效果

6.9 制作雨景效果

魔法师：使用数码相机拍摄雨景时，往往无法拍出那种绵绵雨丝的效果。不过，可以使用Photoshop后期制作，为这种照片添加雨丝，更好地烘托场景气氛。下面我就介绍具体的制作方法。

小叮当：好的，我们开始吧。

步骤1　启动Photoshop，打开需要处理的照片（路径：素材和源文件\part6\6.9\雨中.jpg），如图6.70所示。下面使用Photoshop对这张照片进行处理，为照片添加细碎的雨丝。

步骤2　在【图层】面板中，单击【创建新图层】按钮，创建一个新图层。按Ctrl+A组合键全选该图层，再将前景色设置为白色，按Alt+Delete组合键以白色填充选区。按Ctrl+D组合键取消选区，此时照片的效果如图6.71所示。

图6.70　需要处理的照片

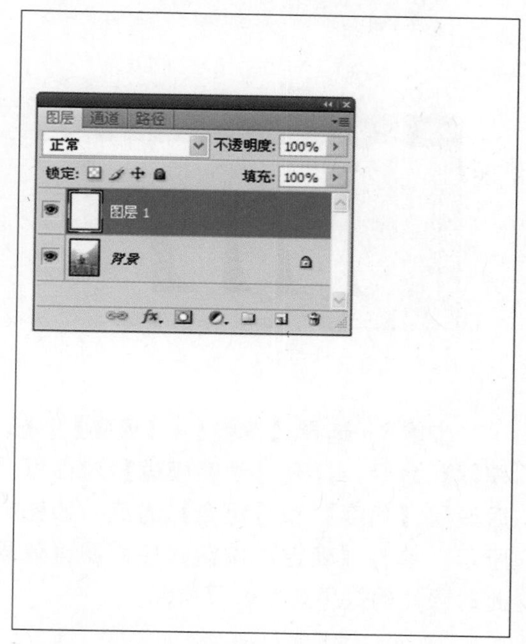

图6.71　以白色填充新图层

步骤3　选择【滤镜】|【像素化】|【点状化】命令，打开【点状化】对话框，在对话框中对参数进行设置，如图6.72所示。单击【确定】按钮应用滤镜效果，此时照片的效果，如图6.73所示。

步骤4　选择【图像】|【调整】|【阈值】命令，打开【阈值】对话框，再对相应参数进行设置，如图6.74所示。单击【确定】按钮，关闭对话框，再将当前图层的图层混合模式设置为【滤色】，如图6.75所示。

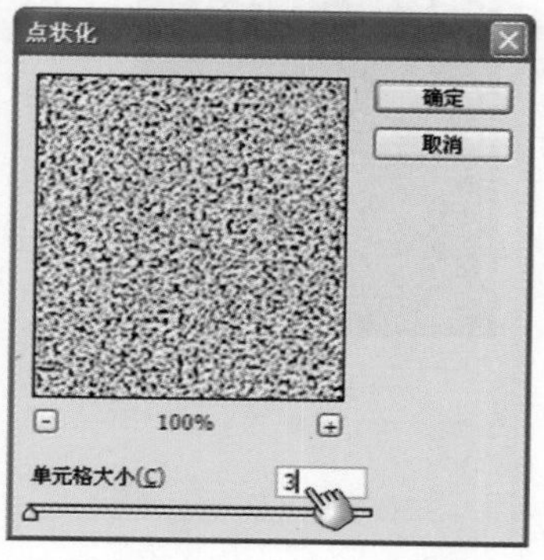

图6.72　【点状化】参数的设置

图6.73　应用滤镜后的效果

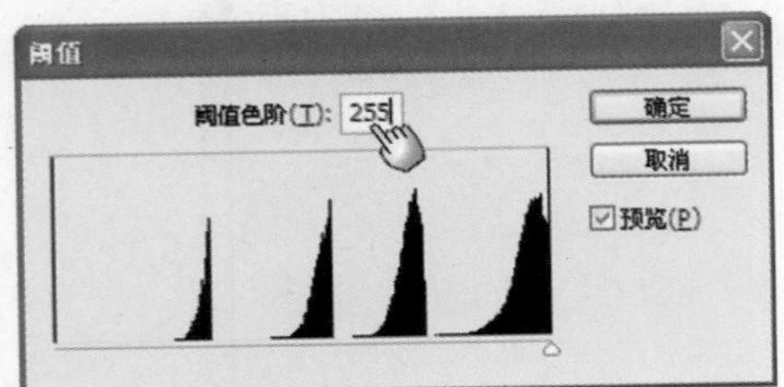

图6.74　【阈值】参数设置

图6.75　应用【阈值】命令并设置图层混合模式

步骤5　选择【滤镜】|【模糊】|【动感模糊】命令，打开【动感模糊】对话框，然后设置【角度】和【距离】的值，如图6.76所示。单击【确定】按钮，应用滤镜效果，此时照片的效果如图6.77所示。

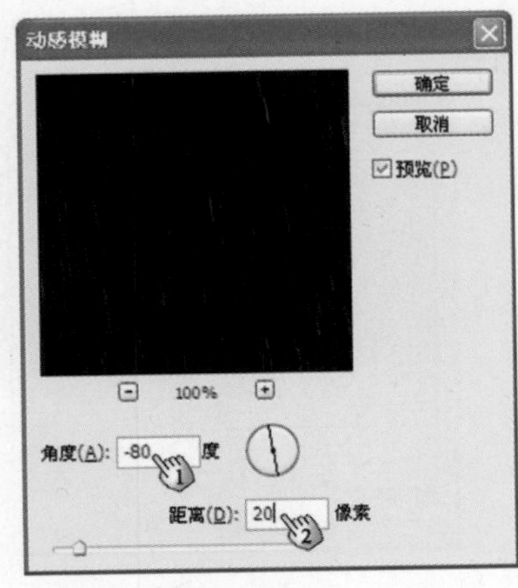

图6.76　【动感模糊】参数设置

图6.77　应用【动感模糊】滤镜后的效果

魔法师：【动感模糊】对话框中【角度】的值决定了雨丝的方向，而【距离】的值将决定雨丝的大小。你可以试试不同取值得到的效果，并根据自己的需要进行设置。

小叮当：老师，Photoshop的预设【图像效果】样式不是也有一个【雨】样式吗，我们可以采用像制作雾效果那样来制作雨效果嘛。

魔法师：你说得很对。但是你注意到没有，使用【雨】样式，在制作时没有这里采用的方法那么灵活。这里我们可以实现对雨丝的方向和大小的调整，更容易调出需要的雨丝效果，操作上比直接使用【雨】样式效果方便快捷多了。

步骤6　按Ctrl+E组合键合并图层，然后保存文档，从而完成本实例的制作。本实例制作完成后的效果如图6.78所示。

图6.78　本实例制作完成后的效果

6.10 制作彩虹效果

魔法师：在拍摄风景照片时，某些自然现象是可遇而不可求的，比如空中的彩虹和夜空中的流星等。在风景照片中，如果有这些自然现象，则可以为你的照片增色不少。在如画的风景照中增加一道彩虹，即使照片很普通，也会因为彩虹的出现而平添些许灵气。下面我们一起来看看使用Photoshop如何创建彩虹效果吧。

小叮当：好的。

步骤1　启动Photoshop，打开需要处理的照片（路径：素材和源文件\part6\6.10\风景照片.jpg），如图6.79所示。下面将使用Photoshop对这张照片进行处理，为照片添加彩虹效果。

图6.79　需要处理的照片

步骤2　在【图层】面板中，单击【创建新图层】按钮，创建一个新的空白图层。从工具箱中选择【渐变工具】，并在属性栏中对该工具的有关参数进行设置。这里，首先从【工具预设】选取器中选择【圆形彩虹】预设渐变样式，其他设置如图6.80所示。

图6.80　对工具参数进行设置

魔法师：这里要注意，Photoshop已经在工具栏中为大多数工具提供了预设的操作属性，可以直接从【工具预设】选取器中进行选择。选择预设属性后，如果只希望看到所选择工具的预设属性，一定要选中【仅限当前工具】复选框，此时选取器中将只显示当前选择工具的预设属性。

小叮当：好的，我记住了。

步骤3　使用【渐变工具】在照片中从上向下拖动鼠标，绘制圆形的彩虹渐变效果，如图6.81示。按Ctrl+T组合键，拖动变换框上的控制柄，将彩虹放大，再移动彩虹，将其放置于照片的右上角，如图6.82所示。完成变换操作后，按Enter键确认操作。

图6.81　绘制彩虹渐变

图6.82　对彩虹进行变换操作

步骤4　从工具箱中选择【橡皮擦工具】，并在属性栏设置合适大小的画笔笔尖，同时将【不透明度】设置为100%。使用该工具抹去彩虹的下面部分，如图6.83所示。

图6.83　抹去彩虹下面部分

步骤5　在【图层】面板中，将图层混合模式设置为【叠加】，同时将【图层不透明度】的值设置为40%，此时照片的效果如图6.84所示。将【橡皮擦工具】的【不透明度】设置为30%，然后在彩虹的下部适当进行涂抹，使彩虹更好地融合到背景中。涂抹完成后的效果如图6.85所示。

图6.84　设置图层混合模式和【不透明度】

图6.85　使用【橡皮擦工具】涂抹完成后的效果

步骤6　按Ctrl+E组合键合并图层，然后保存文档，从而完成本实例的制作。本实例制作完成后的效果如图6.86所示。

图6.86　实例制作完成后的效果

6.11 制作倒影和阴影效果

> 魔法师：在使用素材照片制作效果图时，为了真实地突出静物，在后期处理过程中，往往需要为静物添加阴影。对于放置在光滑平面上的对象，还需要添加倒影效果。下面我将介绍这两种特效的制作方法。
>
> 小叮当：好的。

步骤1　启动Photoshop，打开需要处理的照片（路径：素材和源文件\part6\6.11\玻璃杯.jpg），如图6.87所示。下面将使用Photoshop对这张照片进行处理，为照片中的玻璃杯添加倒影和阴影效果。

步骤2　从工具箱中选择【磁性套索工具】，然后在图像中拖动鼠标，创建包含玻璃杯下半部分的选区，如图6.88所示。按Ctrl+J组合键，复制选区内容，如图6.89所示。选择【编辑】|【转换】|【垂直翻转】命令，将图像垂直翻转，同时将该图像放置于照片中玻璃杯的下方，如图8.90所示。

图6.87　需要处理的照片

图6.88　创建包含玻璃杯下半部分的选区

图6.89　复制选区内容

图6.90　将图像移至玻璃杯的下方

步骤3　选择【编辑】|【变换】|【变形】命令，然后调整变形框上的控制柄，改变倒置玻璃杯的形状，使其杯底与正放杯底衔接在一起，如图6.91所示。单击【确定】按钮，确认变换操作。

魔法师：【变形】命令为对象的变换提供了更为方便的操作。这里，拖动控制柄、边框或网格中的某个区域都能够改变图像的形状。操作时，按Esc键可以取消当前的变换操作。按Enter键确认变形后，执行【编辑】|【还原】命令，可将图像还原为变换前的形状。

小叮当：我再来试试这些操作。

步骤4　在【图层】面板中，单击【添加新图层蒙版】按钮，为“图层 1”图层添加一个图层蒙版。从工具箱中选择【渐变工具】，并将前景色和背景色设置为默认的黑色和白色。在属性栏中对该工具的有关参数进行设置，如图6.92所示。在图层蒙版中，从下向上拖动鼠标，以渐变色填充图层，此时将获得倒影效果，如图6.93所示。

图6.91　调整倒置玻璃杯的形状

步骤5　在【图层】面板中，单击【创建新图层】按钮 ，创建“图层 2”图层。在【图层】面板中，将该图层放置于“背景”图层上方。从工具箱中选择【椭圆选框工具】 ，然后在该图层中绘制一个椭圆选区，如图6.94所示。选择【选择】|【修改】|【羽化】命令，打开【羽化选区】对话框，并在该对话框中设置【羽化半径】，如图6.95所示。

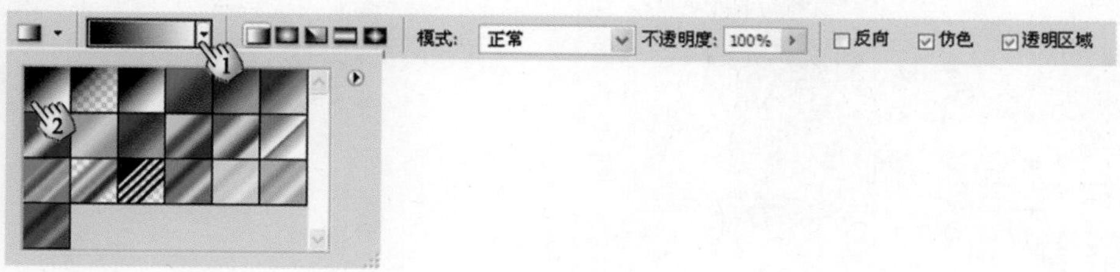

图6.92　设置【渐变工具】的参数

图6.93　在图层蒙版中使用渐变填充

图6.94　创建椭圆选区

步骤6　单击【确定】按钮，关闭【羽化选区】对话框。将前景色设置为黑色，然后按Alt+Delete组合键，以前景色填充选区。按Ctrl+D组合键取消选区，此时的效果如图6.96所示。为该图层添加一个图层蒙版，然后使用【画笔工具】 在蒙版中涂抹，使玻璃杯的底部完全显示出来，如图6.97所示。

羽化选区
羽化半径(R): 15 像素
确定
取消

图6.95　设置【羽化半径】

步骤7　使用相同的方法，制作第二个玻璃杯的倒影和阴影效果，如图6.98所示。这里，阴影效果的制作采用复制第一个玻璃杯的阴影，然后修改图层蒙版和图层的不透明度即可。

步骤8　按Ctrl+Shift+E组合键合并所有图层，然后保存文档，从而完成本实例的制作。本实例制作完成后的效果如图6.99所示。

图6.96　取消选区后的效果

图6.97　使杯底显示出来

图6.98　为第二个玻璃杯添加倒影和阴影

图6.99　实例制作完成后的效果

6.12 制作磨砂玻璃边框

魔法师：数码照片的修饰有很多方式，比如为照片添加合适的边框，就是修饰照片的有效方式之一。下面我将介绍使用Photoshop的【晶格化】滤镜和【玻璃】滤镜来制作数码照片的磨砂边框。

小叮当：好的。

步骤1　启动Photoshop，打开需要处理的照片（路径：素材和源文件\part6\6.12\婚纱照片.jpg），如图6.100所示。下面将使用Photoshop的【晶格化】滤镜和【玻璃】滤镜为这张照片添加磨砂玻璃边框。

步骤2　选择【图像】|【画布大小】命令，打开【画布大小】对话框，然后将画布的长和宽均扩展80像素，如图6.101所示。单击【确定】按钮，关闭对话框。

图6.100　需要处理的照片

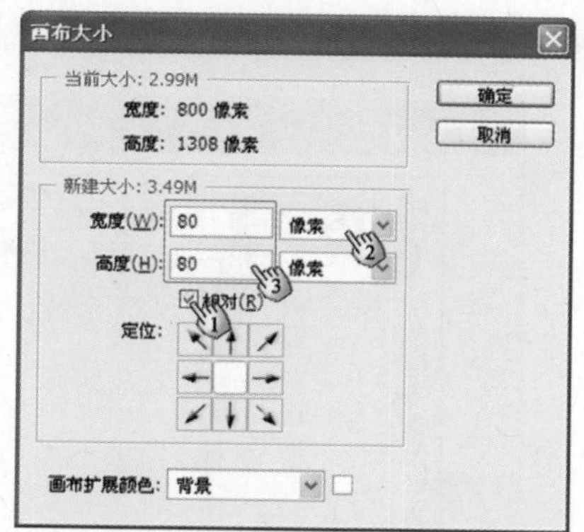

图6.101　【画布大小】对话框

魔法师：这里，选中【相对】复选框，在修改画布大小时，画布大小将相对于当前值而改变。如果取消选中该复选框，则Photoshop将画布大小重新设置为【宽度】和【高度】值。

小叮当：在修改画布大小时，如果设置大小超过了原来的画布大小，扩展部分的颜色能够修改吗?

魔法师：可以修改。从该对话框的【画布扩展颜色】下拉列表中，可以选择使用背景色、前景色或其他颜色作为填充色。同时单击该下拉列表框右侧的色块按钮，还可以打开【选择扩展画布颜色】对话框，再设置画布扩展部分的颜色就行了。

小叮当：我试试，真的很方便。

步骤3　从工具箱中选择【矩形选框工具】，然后沿着图像边框拖动鼠标，绘制一个包围照片的矩形选框，如图6.102所示。选择【选择】|【修改】|【收缩】命令，打开【收缩选区】对话框，再设置选区收缩量，如图6.103所示。单击【确定】按钮，关闭对话框，按Ctrl+Shift+I组合键反转选区，如图6.104所示。

图6.102　绘制矩形选框

图6.103　【收缩选区】对话框

图6.104　反转选区

步骤4　选择【滤镜】|【像素化】|【晶格化】命令，打开【晶格化】对话框，然后将【单元格大小】设置为30，如图6.105所示。此时照片的效果如图6.106所示。

图6.105　【晶格化】参数的设置

图6.106　使用【晶格化】滤镜后的效果

步骤5　选择【滤镜】|【滤镜库】命令，打开滤镜库对话框。首先选择【扭曲】类滤镜中的【玻璃】滤镜，然后在该对话框右侧对滤镜参数进行设置，如图6.107所示。单击【确定】按钮，应用【玻璃】滤镜，此时照片的效果如图6.108所示。

步骤6　按Ctrl+D组合键取消选区，然后保存文档，从而完成本实例的制作。本实例制作完成后的效果如图6.109所示。

图6.107　设置【玻璃】滤镜参数

图6.108 应用【玻璃】滤镜后的效果

图6.109 照片处理完成后的效果

6.13 制作异形花纹边框

魔法师：从前面的实例可以看出，制作特效边框的关键是对照片边界的选取以及在边界区域合理地使用滤镜。本节我将再介绍一个制作异形花纹边框的实例，希望你能进一步熟悉照片边框的制作思路。

小叮当：好的。

步骤1 启动Photoshop，打开需要处理的照片（路径：素材和源文件\part6\6.13\女孩.jpg），如图6.110所示。下面将使用Photoshop的滤镜为这张照片添加异形花纹边框。

步骤2 在【图层】面板中，单击【创建新图层】按钮，创建一个新图层。双击“背景”图层，打开【新建图层】对话框，如图6.111所示。这里不需要对该对话框内容进行任何设置，直接单击【确定】按钮，关闭对话框，背景图层将变为普通图层。调整图层的顺序，将“背景”图层放置于新建图层的上一层，如图6.112所示。

图6.110 需要处理的照片

新建图层
名称(N): 图层 0
使用前一图层创建剪贴蒙版(P)
颜色(C): 无
模式(M): 正常 不透明度(O): 100 %
确定
取消

图6.111 【新建图层】对话框

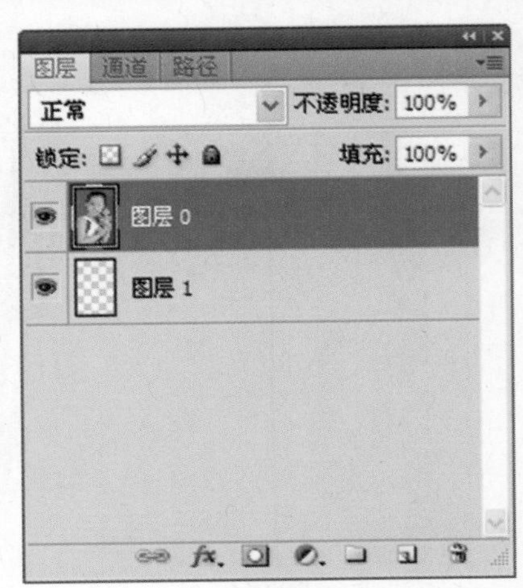

图6.112 调整图层顺序

步骤3 从工具箱中选择【多边形套索工具】，然后在女孩图像所在的“图层 0”中绘制一个多边形选区，如图6.113所示。按Q键进入快速蒙版状态，然后选择【滤镜】|【像素化】|【彩色半调】命令，打开【彩色半调】对话框并在该对话框中对滤镜参数进行设置，如图6.114所示。单击【确定】按钮应用滤镜，此时获得的效果如图6.115所示。

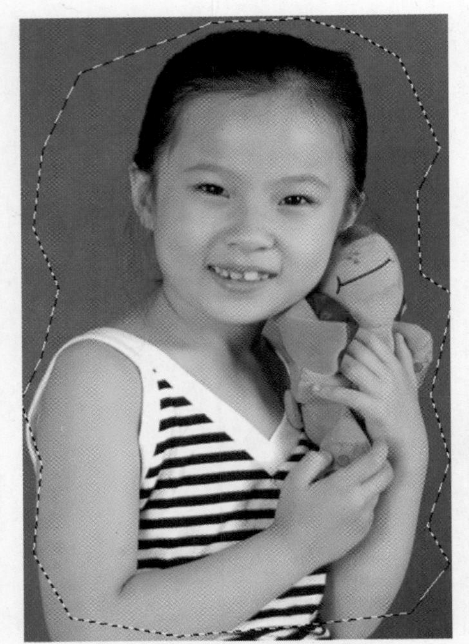

图6.113 绘制多边形选区

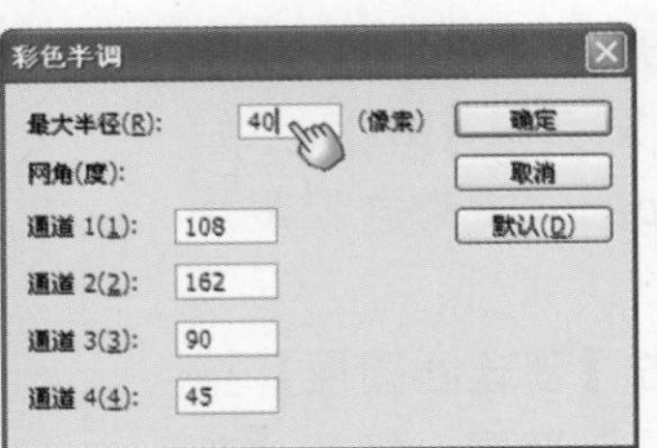

图6.114 【彩色半调】对话框

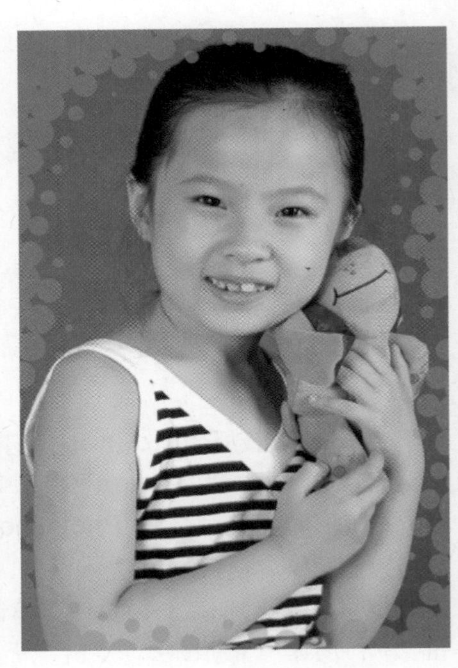

图6.115 应用滤镜后的效果

步骤4 选择【滤镜】|【滤镜库】命令，打开滤镜库对话框。选择【铬黄渐变】滤镜，并对其参数进行设置，如图6.116所示。单击【新建效果图层】按钮，创建一个新的滤镜特效，再将第二个【铬黄渐变】改为【撕边】，同时对该滤镜的参数进行设置，如图6.117所示。

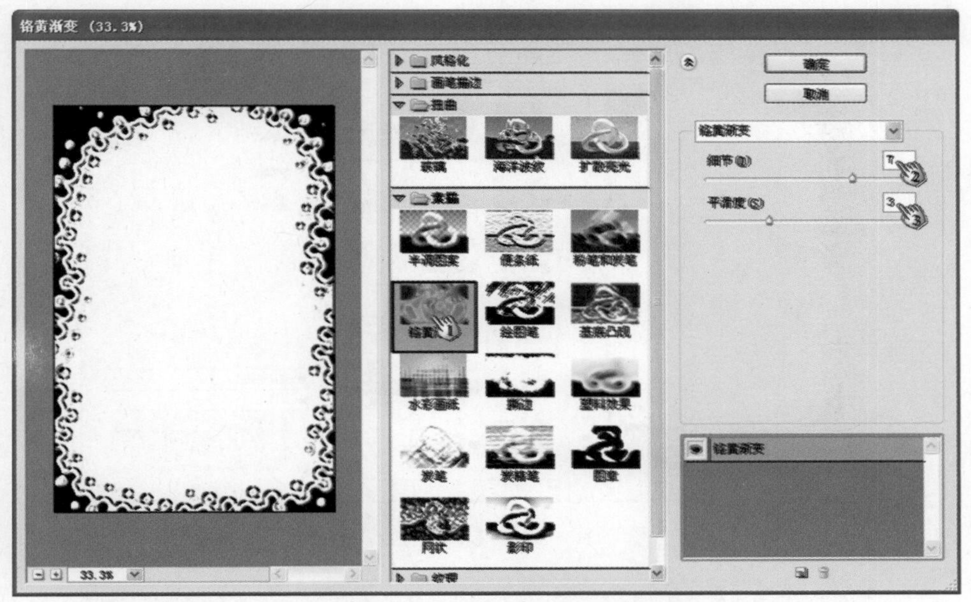

图6.116　设置【铬黄渐变】滤镜参数

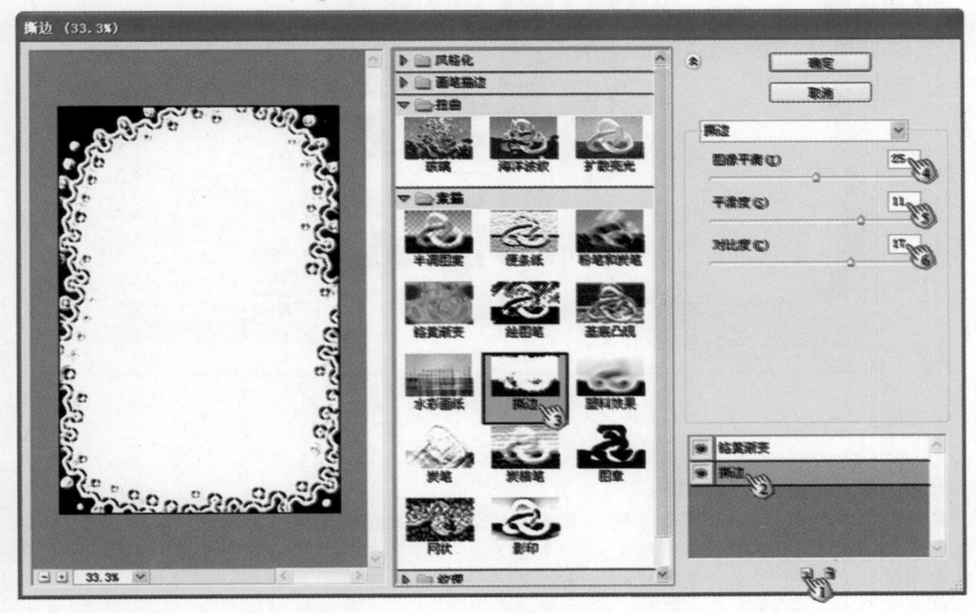

图6.117　添加【撕边】滤镜

步骤5　添加一个新的效果图层，这个效果图层默认为【撕边】滤镜，且放置于列表的顶层，将其拖放到列表的底层。将该滤镜更改为【水彩画纸】滤镜，并设置其参数，如图6.118所示。最后添加一个放置于列表最后的【扩散亮光】滤镜，其参数设置如图6.119所示。

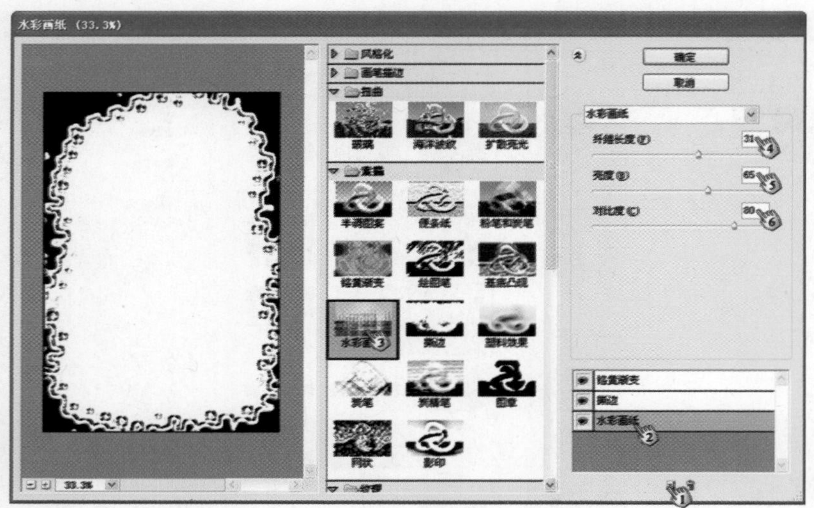

图6.118　添加【水彩画纸】滤镜

图6.119　添加【扩散亮光】滤镜

魔法师：你有没有发现使用滤镜库的优势？

小叮当：我觉得最大的优势就是操作方便。首先，从滤镜库中滤镜的图标缩览图可以看到该滤镜的效果，使用起来十分直观。其次，使用滤镜库可以同时完成一个效果序列的创建，即可以同时设置多个需要使用的滤镜，将它们一次性应用到图像中。边操作边预览，可以直接查看多个滤镜同时使用的效果，以及对其中单个滤镜参数修改或更改滤镜应用顺序所得到的最终效果。最后，在应用滤镜库后，再次打开滤镜库，上次使用的效果序列仍然存在，方便再次使用。

魔法师：你回答得很好，看来你已经掌握了滤镜库的使用方法了。

步骤6　单击【确定】按钮，关闭滤镜库对话框，应用所选择的滤镜，此时照片的效果如图6.120所示。按Q键退出快速蒙版状态，此时照片中获得使用滤镜创建的选区，如图6.121所示。按Ctrl+Shift+I组合键反转选区，然后按Delete键清除选区内容，再按Ctrl+D组合键取消选区，此时照片效果如图6.122所示。

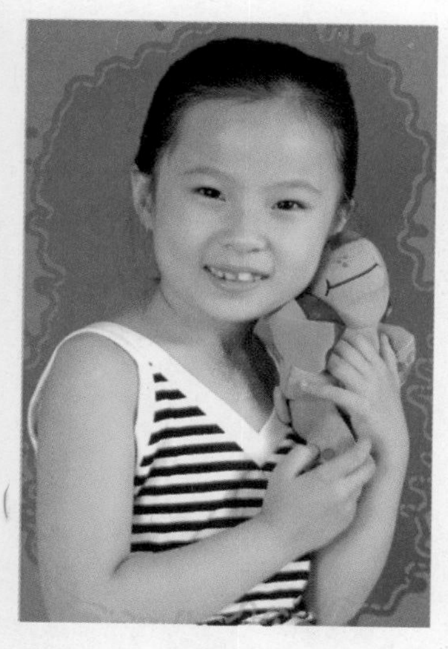

图6.120 应用滤镜后的效果

图6.121 获得选区

图6.122 清除选区内容并取消选区后的效果

步骤7 在【图层】面板中，选择“图层 1”图层。从工具箱中选择【渐变工具】，并在属性栏中打开【渐变拾色器】，选择使用的渐变色，其他参数设置，如图6.123所示。在“图层1”图层中，从左上角向右下角拖出渐变线，对图层进行渐变填充，此时照片的效果如图6.124所示。设置图层混合模式和【不透明度】的值，如图6.125所示。

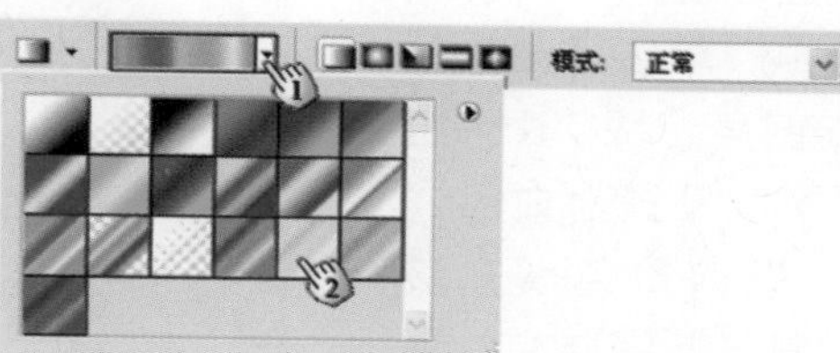

图6.123 属性栏的设置

步骤8 按Ctrl+E组合键合并图层，然后保存文档，从而完成本实例的制作。本实例制作完成后的效果，如图6.126所示。

图6.124 应用渐变填充后的效果

图6.125 设置图层混合模式和【不透明度】值

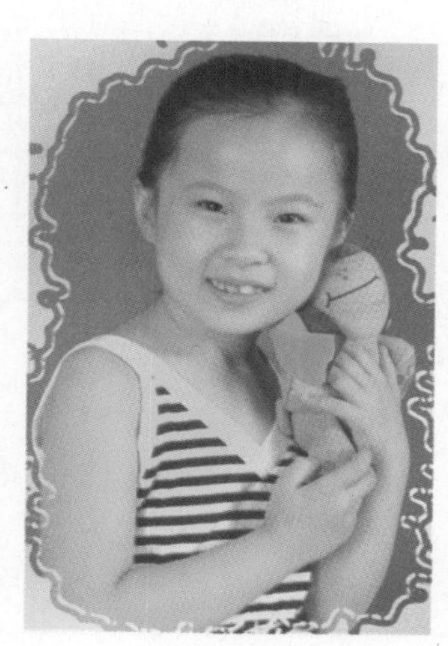

图6.126 实例制作完成后的效果

6.14 制作半调喷溅边框

魔法师：从前面的实例可以看到，对快速蒙版进行编辑，是获得各种异形选区的有效方法。因为在快速蒙版状态下，可以绘制各种图形，同时对图形添加各种滤镜特效。这些效果可以在编辑处理后直接变为选区。下面我再介绍一个使用快速蒙版来制作边框效果的实例。

小叮当：好的。

步骤1 启动Photoshop，打开需要处理的照片（路径：素材和源文件\part6\6.14\小女孩.jpg），如图6.127所示。下面将通过在快速蒙版编辑状态下使用【彩色半调】滤镜和【碎片】滤镜来为这张照片添加半调喷溅边框。

图6.127 需要处理的照片

步骤2 在【图层】面板中，单击【创建新图层】按钮，创建一个新图层。按Ctrl+A组合键，将该图层全选。将前景色设置为白色，然后按Alt+Delete组合键，以前景色填充该图层，如图6.128所示。将“背景”图层拖放到【创建新图层】按钮上，复制该图层，再将其拖放到【图层】面板顶层，如图6.129所示。

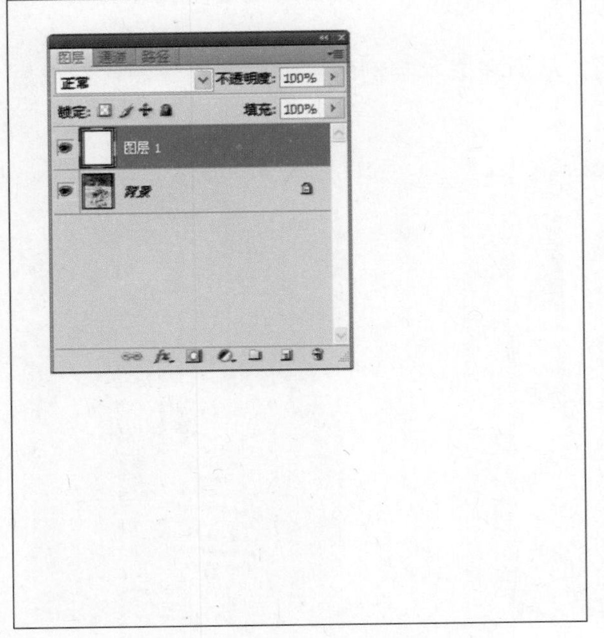

图6.128 以白色填充新图层

图6.129 场景中的“背景 副本”图层

步骤3　按Q键进入快速蒙版状态，再按D键将前景色和背景色设置为默认的黑色和白色。从工具箱中选择【画笔工具】，然后执行【窗口】|【画笔】命令，打开【画笔】面板。从【画笔】面板中选择画笔喷溅型画笔笔尖，并设置笔尖大小，如图6.130所示。使用【画笔工具】在蒙版中涂抹，如图6.131所示。

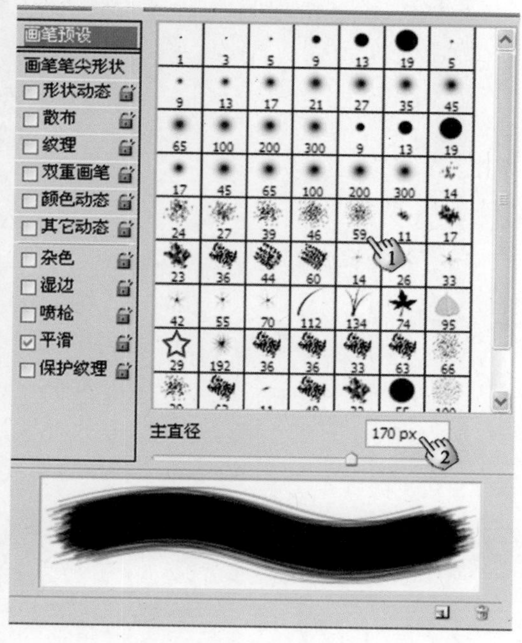

图6.130　设置画笔笔尖

图6.131　使用【画笔工具】在快速蒙版中涂抹

步骤4　选择【滤镜】|【像素化】|【彩色半调】命令，打开【彩色半调】滤镜对话框，并在该对话框中对滤镜参数进行设置，如图6.132所示。单击【确定】按钮，应用滤镜，照片效果如图6.133所示。

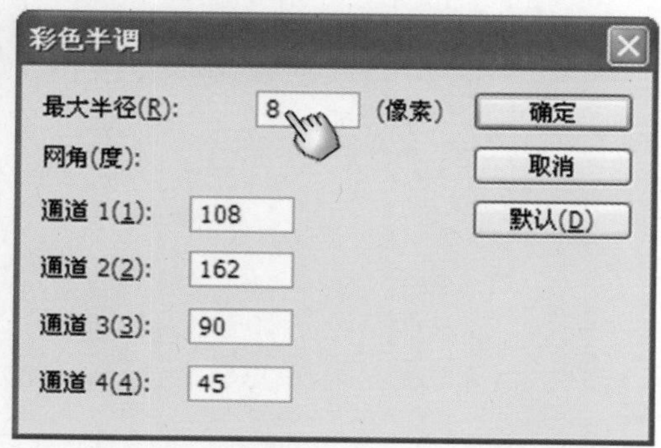

图6.132　【色彩半调】参数设置

图6.133　应用滤镜后的效果

步骤5 再次选择【画笔工具】，然后从【画笔】面板中选择一款柔性画笔笔尖，并设置画笔笔尖大小，如图6.134所示。使用【画笔工具】在快速蒙版中涂抹，抹掉应用滤镜后在女孩和马身上出现的斑点，如图6.135所示。

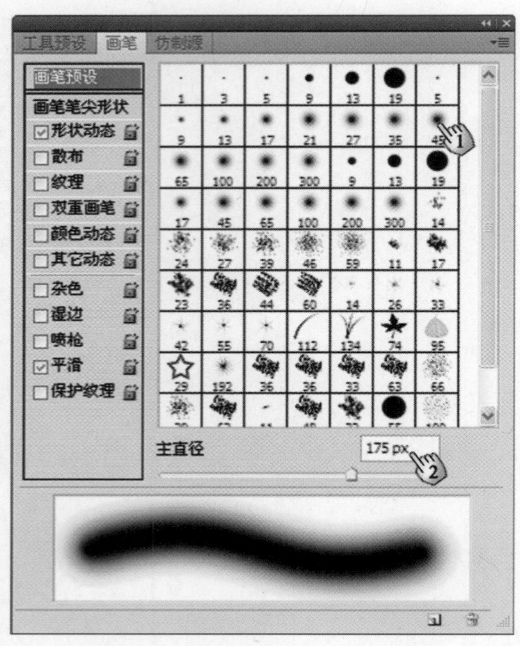

图6.134　设置画笔笔尖

图6.135　在蒙版中涂抹

步骤6 再次选择【滤镜】|【像素化】|【碎片】命令，打开【碎片】滤镜对话框，并在该对话框中对参数进行设置。按两次Ctrl+F组合键，重复应用该滤镜两次，此时获得的效果如图6.136所示。

> 魔法师：每次应用滤镜后，【滤镜】菜单的一个命令将显示最后一次使用过的滤镜名。按Ctrl+F组合键或执行该命令，均能够以上次设置参数重复应用该滤镜。在使用滤镜时，重复使用滤镜多次有时会比应用大参数使用一次该滤镜得到更加令人满意的效果。你可以在使用滤镜时多作尝试。
>
> 小叮当：好的，我再试试。

图6.136　应用【碎片】滤镜后的效果

步骤7 按Q键退出快速蒙版编辑状态，再按Delete键清除选区内容。按Ctrl+D组合键取消选区，此时照片的效果如图6.137所示。

步骤8 按Ctrl+Shift+E组合键，合并所有图层，然后保存文档，从而完成本实例的制作。本实例制作完成后的效果如图6.138所示。

图6.137　清除选区后的效果

图6.138　照片处理完成后的效果

6.15 制作老照片效果

魔法师：Photoshop提供了丰富的滤镜，灵活应用这些滤镜，能够制作出丰富的图像效果。这里，我首先介绍一下使用Photoshop滤镜来制作老照片的方法。

小叮当：老照片能给人一种历史的沧桑感，引起人们的怀旧情结。在使用Photoshop进行后期处理时，我也曾尝试制作老照片效果。老师，介绍一下您的方法吧。

步骤1　启动Photoshop，打开需要处理的照片（路径：素材和源文件\part6\6.15\九寨风光.jpg），如图6.139所示。下面利用这张素材照片来制作老照片效果。

步骤2　在【图层】面板中，复制"背景"图层得到"背景 副本"图层。按Ctrl+U组合键，打开【色相/饱和度】对话框，然后选中【着色】复选框，再设置图像的色彩，将其调整为老照片的褐色调图像，如图6.140所示。单击【确定】按钮，关闭【色相/饱和度】对话框，此时图像效果如图6.141所示。

图6.139　需要处理的照片

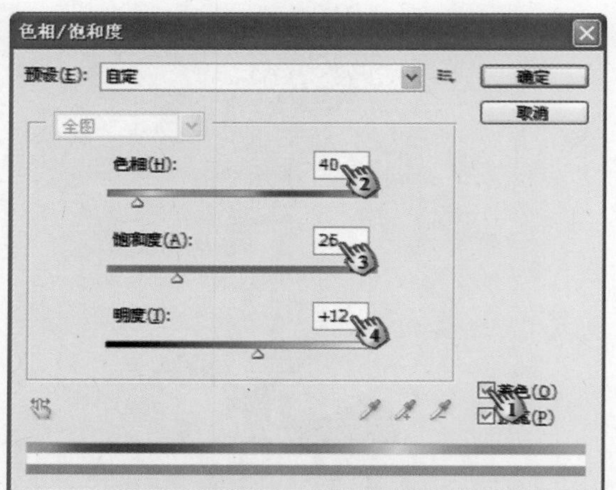

图6.140　【色相/饱和度】参数设置

图6.141　将图像调整为褐色调

步骤3　单击【创建新图层】按钮 ，创建一个空白图层，然后按D键，将前景色和背景色设置为默认的黑色和白色。按Ctrl+Delete组合键，以背景色填充该图层，再将该图层放置于“背景 副本”图层的下方，如图6.142所示。

步骤4　选择“背景 副本”图层，然后单击【添加图层蒙版】 ，为该图层添加一个图层蒙版。从工具箱中选择【矩形选框工具】 然后在蒙版中绘制一个矩形选框，再按Ctrl+Shift+I组合键，将选区反转。按Alt+Delete组合键，以前景色黑色填充图层蒙版，此时照片的效果如图6.143所示。

图6.142　以白色填充新建图层

图6.143　以黑色填充选区

步骤5　按Ctrl+D组合键取消选区。选择【滤镜】|【滤镜库】命令，打开滤镜库对话框。选择【画笔描边】类滤镜下的【喷溅】滤镜，并设置其参数，如图6.144所示。单击【确定】按钮，关闭对话框，此时照片的效果如图6.145所示。

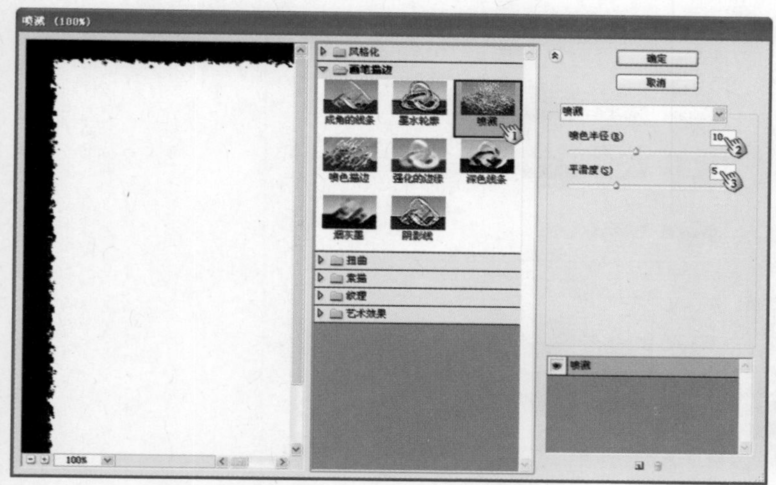

图6.144　设置【喷溅】滤镜参数

图6.145　应用滤镜后的效果

步骤6　在【图层】面板中，单击“图层 副本”图层的图层缩览图，选择该图层。选择【滤镜】|【杂色】|【添加杂色】命令，打开【添加杂色】对话框，再对滤镜参数进行设置，如图6.146所示。单击【确定】按钮，关闭对话框，照片应用滤镜后的效果如图6.147所示。

图4.146　【添加杂色】参数设置

图6.147　应用【添加杂色】滤镜后的效果

步骤7　选择【滤镜】|【滤镜库】命令，打开滤镜库对话框。从该对话框中选择【纹理】类滤镜的【颗粒】滤镜，再将【颗粒类型】设置为【垂直】，同时对滤镜参数进行设置，如图6.148所示。单击【确定】按钮，应用滤镜，此时照片的效果如图6.149所示。

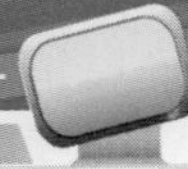

图6.148 设置【颗粒】滤镜参数

步骤8 在【图层】面板的顶层再创建一个新图层，然后选择【滤镜】|【渲染】|【云彩】命令，应用【云彩】滤镜，如图6.150所示。选择【滤镜】|【扭曲】|【波浪】命令，打开【波浪】对话框，并对滤镜效果进行设置，如图6.151所示。单击【确定】按钮，应用【波浪】滤镜，此时照片的效果如图6.152所示。

图6.149 应用【颗粒】滤镜后效果

步骤9 再次应用【颗粒】滤镜，将当前图层的图层混合模式设置为【柔光】，如图6.153所示。在【图层】面板中，单击“背景 副本”图层的图层缩览图，然后按Ctrl+L组合键，打开【色阶】对话框，再调整中间灰色滑块的位置，将图像适当加亮，如图6.154所示。单击【确定】按钮，关闭【色阶】对话框，照片的效果如图6.155所示。

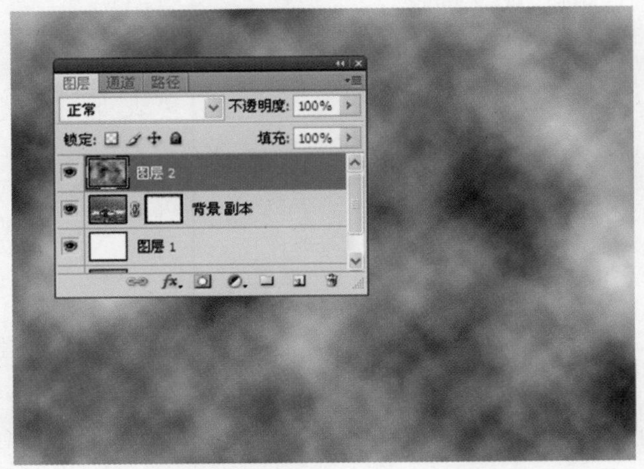

图6.150 应用【云彩】滤镜

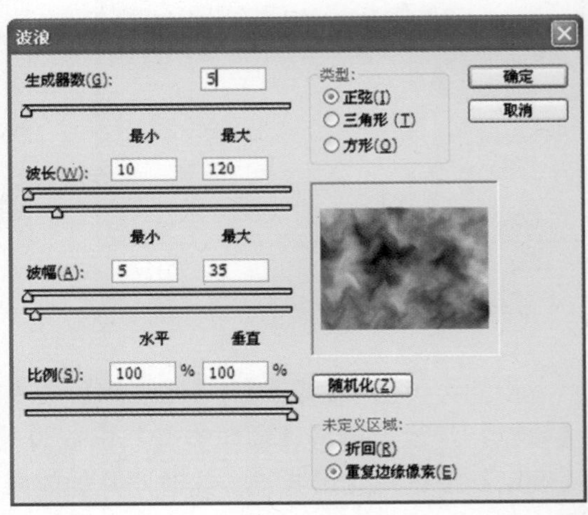

图6.151 【波浪】滤镜的参数设置

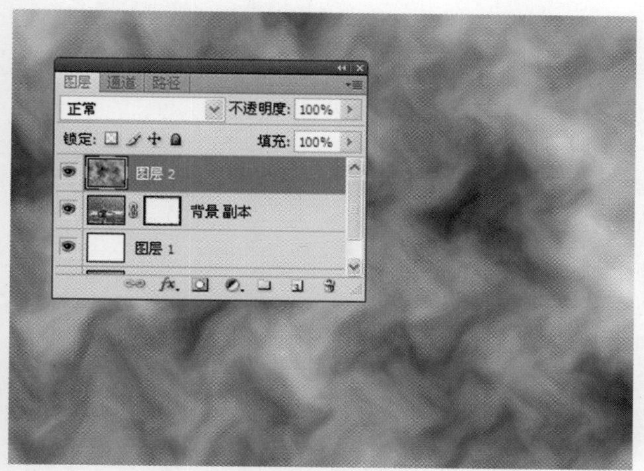

图6.152　应用【波浪】滤镜后的效果

图6.153　将图层混合模式设置为【柔光】

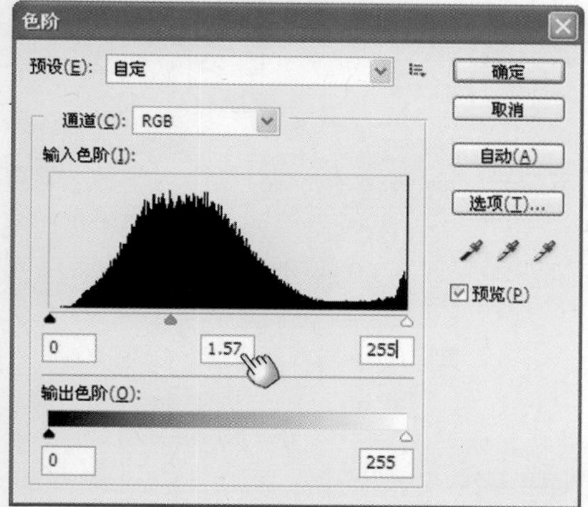

图6.154　【色阶】对话框

图6.155　应用【色阶】将图像加亮

步骤10　再次选择“图层 2”图层，为其添加一个图层蒙版。从工具箱中选择【画笔工具】，以黑色在蒙版中涂抹，继续对照片效果进行修饰，如图6.156所示。

图6.156　添加图层蒙版并用【画笔工具】涂抹

步骤11 从工具箱中选择【横排文字工具】T，并在属性栏中设置文字字体、字号和颜色，如图6.157所示。在图像中单击，创建一个文字图层，再输入文字，如图6.158所示。

图6.157 对工具进行设置

步骤12 在【图层】面板中，双击“背景 副本”图层，打开【图层样式】对话框。选中【样式】列表中的【投影】复选框，然后在该对话框右侧窗格中对【投影】样式进行设置。这里只改变投影的【不透明度】值，如图6.159所示。单击【确定】按钮，关闭对话框，为照片添加阴影效果，如图6.160所示。

步骤13 按Ctrl+Shift+E组合键合并所有图层，然后保存文档，从而完成本实例的制作。本实例制作完成后的效果如图6.161所示。

图6.158 输入文字

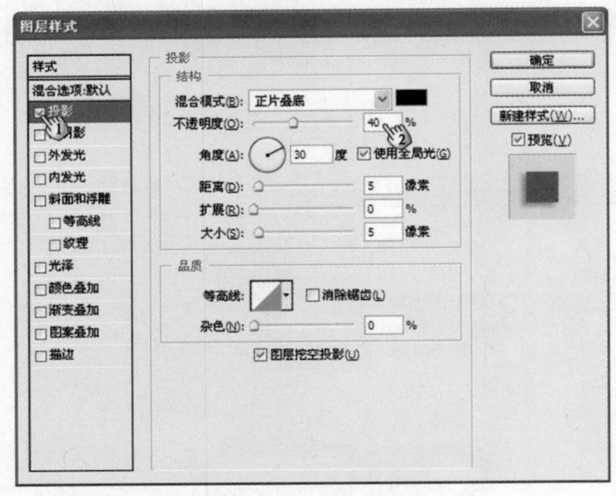

图6.159 【图层样式】对话框中的参数设置

图6.160 为照片添加投影效果

图6.161 实例制作完成后的效果

6.16 制作彩色钢笔画效果

魔法师：怎么样，刚才的实例制作完成没有？

小叮当：老师，您看看，还不错吧。这个实例制作确实有点难，使用的滤镜多，在制作特效的同时还涉及喷溅边框和投影效果的制作方法。不过我还是完成了。

魔法师：是的，你做得不错。下面这个实例，我们就简单一点吧。这个实例将使用Photoshop滤镜来制作彩色钢笔画的效果。在本实例中，我们将使用【照亮边缘】滤镜来绘制图像轮廓，使用图层混合模式来获得钢笔画效果。同时，使用【中间值】滤镜来为照片添加杂色，使效果更加逼真。本实例比较适用作为静物照片的特效。

小叮当：好吧，我们开始吧。

步骤1 启动Photoshop，打开需要处理的照片（路径：素材和源文件\part6\6.16\花朵.jpg），如图6.162所示。下面将利用这张素材照片来制作彩色钢笔画效果。

步骤2 在【图层】面板中，复制“背景”图层。选择【图像】|【调整】|【去色】命令，将该图层的图像转换为黑白图像，如图6.163所示。

图6.162 需要处理的照片

图6.163 将图像变为黑白图像

步骤3　选择【滤镜】|【风格化】|【照亮边缘】命令，打开【照亮边缘】对话框，并在该对话框中对滤镜效果进行设置，如图6.164所示。单击【确定】按钮，关闭对话框，应用滤镜后的图像效果如图6.165所示。按Ctrl+I组合键，将图像反相，再将图层混合模式设置为【叠加】，此时照片的效果如图4.166所示。

图6.164　【照亮边缘】滤镜的设置

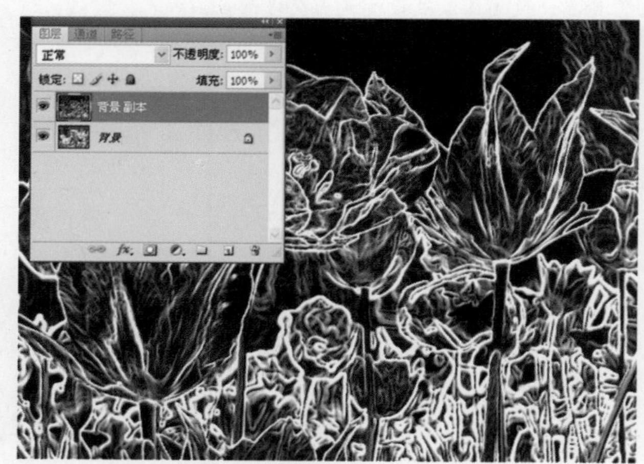

图6.165　应用滤镜后的图像效果

图6.166　将图像反相并设置图层混合模式

小叮当：老师，在【滤镜】|【风格化】菜单中，我怎么找不到【照亮边缘】滤镜呢？
魔法师：你注意到没有，在这个菜单里有一个【显示所有菜单项目】命令。执行这个命令，菜单中将显示被隐藏的菜单，此时【照亮边缘】滤镜命令就会出现。不要离开这个菜单，执行该命令就可以使用该滤镜了。
小叮当：好的，我试试。

步骤4　在【图层】面板中，选择“背景”图层。选择【滤镜】|【杂色】|【中间值】命令，打开【中间值】滤镜对话框，并对滤镜效果进行设置，如图6.167所示。单击【确定】按钮，关闭【中间值】对话框，照片中的线条将被加强，此时照片的效果如图6.168所示

图6.167　【中间值】滤镜的参数设置

图6.168　应用【中间值】滤镜后的效果

步骤5　按Ctrl+Shift+E组合键合并图层，然后保存文档，从而完成本实例的制作。本实例制作完成后的效果如图6.169所示。

图6.169　实例制作完成后的效果

6.17 制作油画效果

魔法师：熟练应用滤镜，可以模拟出许多绘画效果，就像我们之前的例子那样。下面介绍利用滤镜制作油画效果的方法。在这个实例中，我们将用到【中间值】、【绘画涂抹】、【浮雕效果】和【纹理化】等滤镜来制作油画效果，同时为油画添加一个西式边框。

小叮当：好呀，我们开始吧。

步骤1 启动Photoshop，打开需要处理的照片（路径：素材和源文件\part6\6.17\个人写真.jpg、边框.jpg），如图6.170所示。下面将利用素材照片来制作布纹油画效果，并为油画添加一个西式边框。

步骤2 打开“个人写真.jpg”的图像窗口，然后在【图层】面板中复制“背景”图层。选择【滤镜】|【杂色】|【中间值】命令，打开【中间值】对话框，然后对滤镜效果进行设置，如图6.171所示。单击【确定】按钮，关闭对话框，此时照片的效果如图6.172所示。

图6.170 需要处理的照片

步骤3 选择【滤镜】|【滤镜库】命令，打开滤镜库对话框。选择【艺术效果】类滤镜中的【绘画涂抹】滤镜，并对滤镜的参数进行设置，如图6.173所示。单击【确定】按钮，关闭滤镜库对话框，照片效果如图6.174所示。

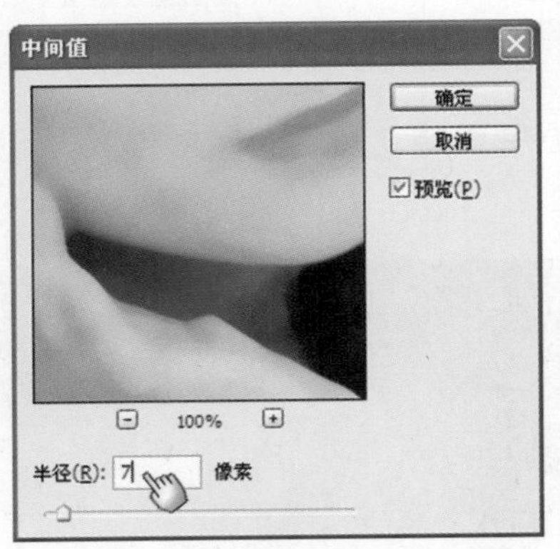

图6.171 【中间值】滤镜的参数设置

图6.172 应用【中间值】滤镜后的效果

图6.173 【绘画涂抹】滤镜的设置

图6.174 应用【绘画涂抹】滤镜后的效果

步骤4　选择【滤镜】|【锐化】|【USM锐化】命令，打开【USM锐化】对话框，然后对滤镜参数进行设置，如图6.175所示。单击【确定】按钮，关闭对话框，此时照片的效果如图6.176所示。

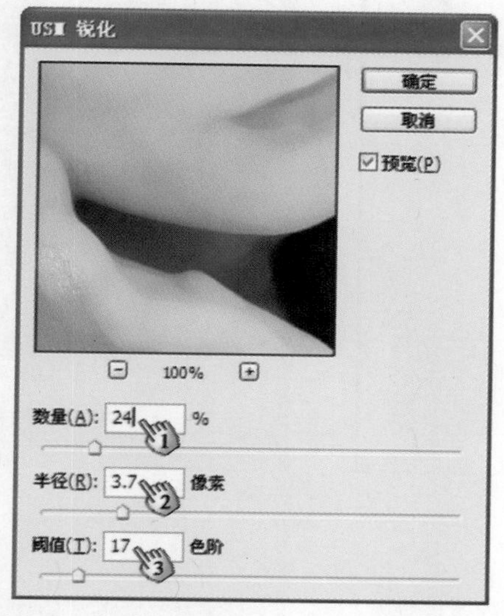

图6.175　【USM锐化】滤镜的参数设置

图6.176　应用【USM锐化】滤镜后的效果

步骤5　选择【滤镜】|【风格化】|【浮雕效果】命令，打开【浮雕效果】对话框，然后对滤镜进行设置，如图6.177所示。单击【确定】按钮，关闭对话框，此时照片的效果如图6.178所示。

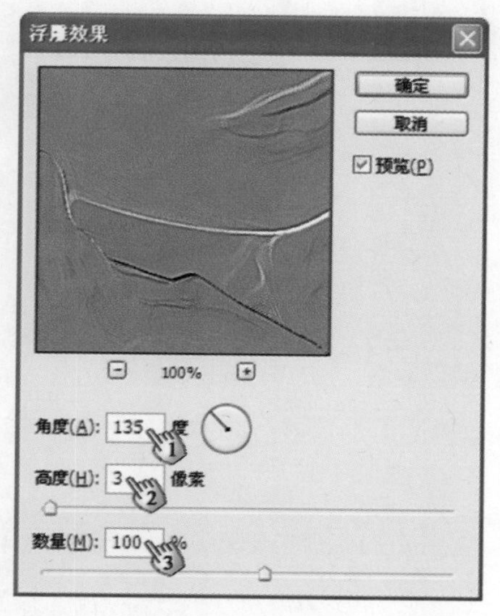

图6.177　【浮雕效果】滤镜的设置

图6.178　应用【浮雕效果】滤镜后的效果

步骤6　选择【滤镜】|【滤镜库】命令，打开滤镜库对话框，然后选择【纹理】类滤镜的【纹理化】滤镜。将该滤镜的【纹理】设置为【画布】，其他参数设置如图6.179所示。单击【确定】按钮，关闭对话框，此时照片的效果如图6.180所示。

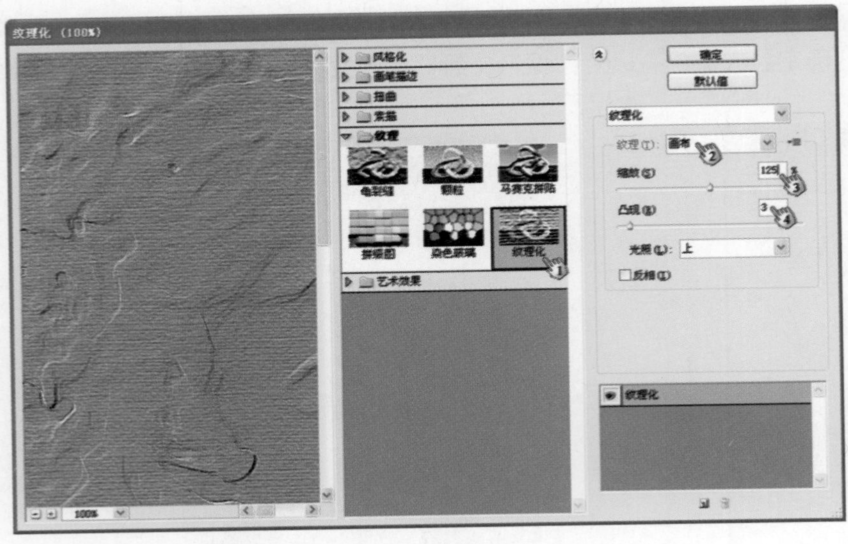

图6.179　【纹理】滤镜的设置

图6.180　应用【纹理】滤镜后的效果

步骤7　选择【图像】|【图像旋转】|【90°（顺时针）】命令，将图像顺时针旋转90°。按Ctrl+F组合键，再次应用【纹理】滤镜。选择【图像】|【图像旋转】|【90°（逆时针）】命令，将图像旋转还原，此时照片中将出现交织的布纹纹理，如图6.181所示。在【图层】面板中，将图层混合模式设置为【叠加】，使照片获得布纹油画效果，如图6.182所示。

步骤8　打开“边框.jpg”的图像窗口，然后在【图层】面板中双击“背景”图层，打开【新建图层】对话框，如图6.183所示。单击【确定】按钮，将背景图层转换为普通图层，如图6.184所示。

图6.181　获得布纹纹理

图6.182　设置图层混合模式

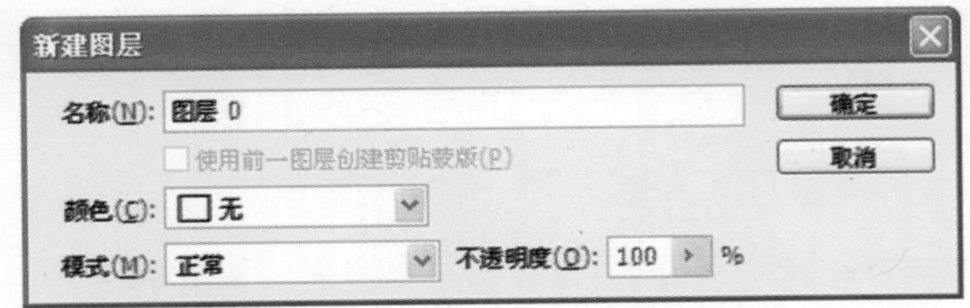

图6.183　【新建图层】对话框

图6.184　将背景图层转换为普通图层

步骤9　从工具箱中选择【魔棒工具】，并在属性栏中设置工具的【容差】值，如图6.185所示。使用【魔棒工具】在边框中间区域单击，选择该区域，然后按Delete键清除选区中的内容，此时选区变为透明，如图6.186所示。完成操作后，按Ctrl+D组合键取消选区。

图6.185　工具属性栏的设置

小叮当：老师，我不太明白，这里为什么要将背景图层转换为普通图层呢?

魔法师：你有没有注意到，在【图层】面板中，“背景”图层有一个锁定图标，表示“背景”图层被锁定了，你无法在【图层】面板中移动它的位置，它永远位于最底层。在本例中，如果对“背景”图层的选区使用清除选区操作，选区将以前景色填充，而不会出现我们需要的透明效果。除了刚才所说的，“背景”图层与普通图层在操作上还有一些限制，所以在需要对“背景”图层进行某些操作时，我们需要先将其转换为普通图层，就像本例这样。

小叮当：哦，原来是这样呀。

图6.186　删除选区中间区域

步骤10　打开“个人写真.jpg”文件的图像窗口，然后按Ctrl+E组合键，合并图层。从工具箱中选择【移动工具】，将油画效果照片拖放到边框照片中。在【图层】面板中，将油画照片所在的“图层1”拖放到“背景0”图层的下方，如图6.187所示。选择“图层 1”图层，然后按Ctrl+T组合键，再拖动变换框上的控制柄，对图像大小进行适当调整，如图6.188所示。

步骤11　效果满意后，按Enter键确认变换操作。按Ctrl+E组合键合并图层，然后保存文档，从而完成本实例的制作。本实例完成后的效果如图6.189所示。

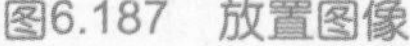
图6.187　放置图像

图6.188　适当调整图像大小

图6.189　实例制作完成后的效果

6.18 制作彩色点阵图

魔法师：图像以像素为基本构成单位，也就是说，数码照片实际上就是由很多不同颜色的点构成的。在照片的后期处理中，如果使用放大的点来构成照片中的图像，这就是点阵图了。对照片使用点阵图效果，往往能够获得不同的视觉感受。

小叮当：那么，如何制作点阵图效果呢？

魔法师：这样吧，下面一起来对一张儿童照片进行处理，制作它的点阵图效果。

步骤1　启动Photoshop，打开需要处理的照片（路径：素材和源文件\part6\6.18\小女孩.jpg），如图6.190所示。下面将使用这张照片来制作彩色点阵图效果。

步骤2　选择【图像】|【模式】|【灰度】命令，此时Photoshop给出提示信息，如图6.191所示。单击【扔掉】按钮，关闭提示对话框，此时照片变为灰度图像，如图6.192所示。

图6.190　需要处理的照片

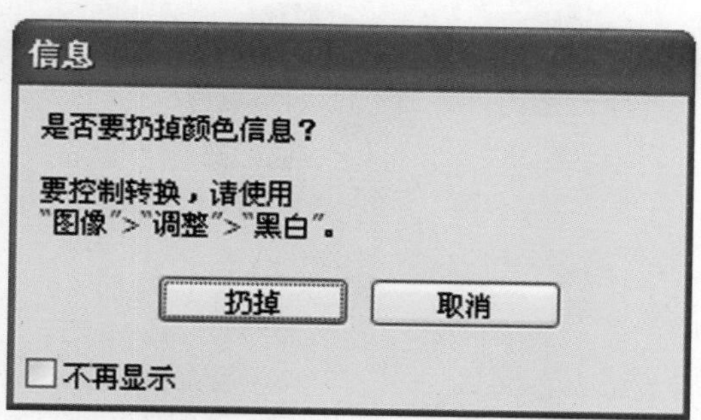

图6.191　Photoshop提示对话框

图6.192　照片变为灰度图像

魔法师：在Photoshop中打开一张数码照片，其默认图像模式为RGB模式。当将其转换为灰度模式时，Photoshop会丢掉组成图像的像素的色相和饱和度信息，只保留其亮度值。此时，Photoshop会给出提示，我们只需单击【扔掉】按钮确认操作，即可完成图像模式的转换。

小叮当：是这样呀。

步骤3　按Ctrl+L组合键，打开【色阶】对话框，然后拖动该对话框中的色阶滑块，增强照片的亮度，使照片黑白对比分明，如图6.193所示。单击【确定】按钮，关闭【色阶】对话框，此时照片的效果如图6.194所示。

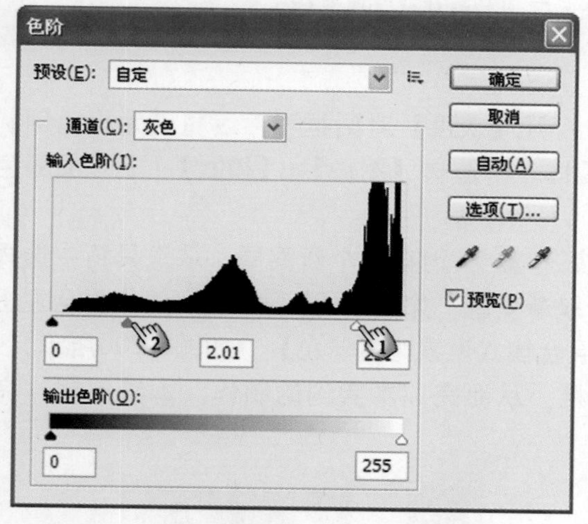

图6.193　【色阶】参数的设置

图6.194　应用【色阶】命令后的效果

步骤4　选择【图像】|【模式】|【显示所有菜单项目】命令，显示所有菜单项目，然后执行【位图】命令，打开【位图】对话框。【位图】对话框的参数设置如图6.195所示。单击【确定】按钮，关闭对话框，此时将打开【半调网屏】对话框，再对参数进行设置，如图6.196所示。单击【确定】按钮，关闭对话框，完成向位图模式的转换，此时照片的效果如图6.197所示。

图6.195 【位图】参数的设置

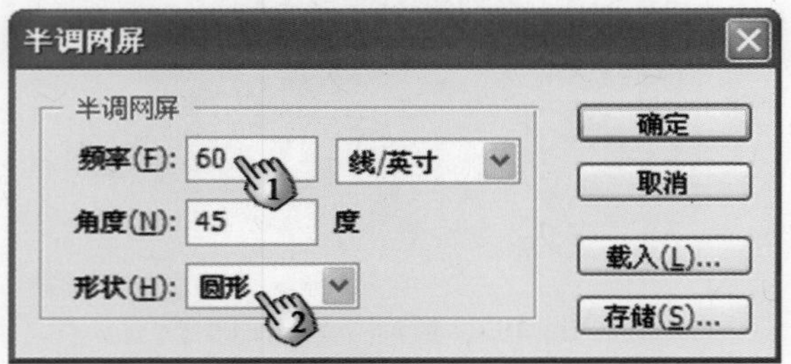

图6.196 【半调网屏】对话框的设置

图6.197 转换为位图模式后的图像效果

魔法师：在【位图】对话框中，选择【使用】下拉列表中的【半调网屏】选项，可以将灰度图像转为模拟半调网点。在【半调网屏】对话框中，【频率】文本框中的值用于设置半调网屏的精度，其值越大，获得网屏中的网点就越大。【形状】下拉列表框用于设置网点的形状，你可以使用不同的形状试试图像的效果。

小叮当：好的。

步骤5 选择【图像】|【模式】|【灰度】命令，打开【灰度】对话框，然后将【大小比例】设置为1，如图6.198所示。单击【确定】按钮，关闭对话框，再选择【图像】|【模式】|【RGB颜色】命令，将图像再次转换为RGB模式图像。

步骤6 单击【图层】面板中的【创建新图层】按钮，创建一个新图层。从工具箱中选择【渐变工具】，再从属性栏的【“渐变”拾色器】中拾取渐变色，如图6.199所示。在图像中从左上方向右下方拖出渐变线，使用渐变填充图层，同时将图层混合模式设置为【滤色】，如图6.200所示。

步骤7 按Ctrl+E组合键合并图层，然后保存文档，从而完成本实例的制作。本实例制作完成后的效果如图6.201所示。

图6.198 【灰度】参数的设置

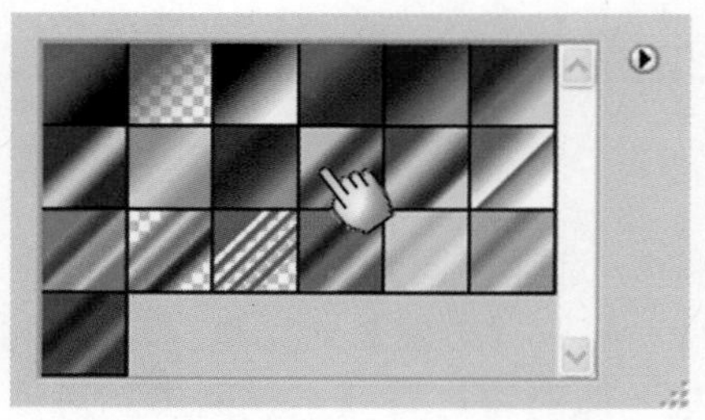

图6.199 拾取渐变色

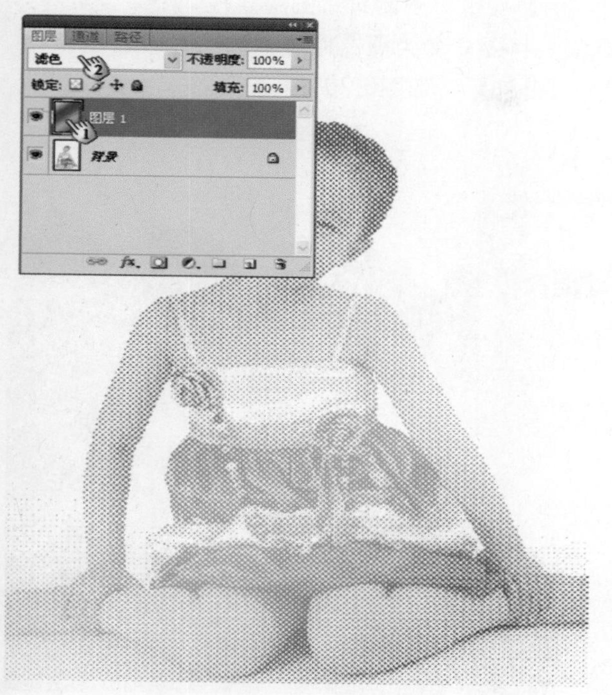

图6.200　使用渐变色填充图层

图6.201　彩色点阵照片

6.19 制作山水国画效果

小叮当：老师，您看我这几张风光照片拍得怎么样？

魔法师：不错，取景很好，拍得也很有气质。这张黄山照片很不错，我们一起使用Photoshop对它进行处理，制作国画效果怎么样？

小叮当：好呀，我们现在就开始吧。

步骤1　启动Photoshop，打开需要处理的照片（路径：素材和源文件\part6\6.19\黄山云海.jpg、印章.jpg），如图6.202所示。下面对“黄山云海.jpg”照片进行处理，制作国画效果。“印章.jpg”图片作为素材，将作为国画效果图的印章。

图6.202　需要处理的照片

步骤2　打开“黄山云海.jpg”文件窗口，然后在【图层】面板中复制背景图层。按Ctrl+U组合键，打开【色相/饱和度】对话框，然后在该对话框中拖动滑块，将照片变为黑白照片，如图6.203所示。单击【确定】按钮，关闭对话框，再将图层混合模式设置为【叠加】，如图6.204所示。

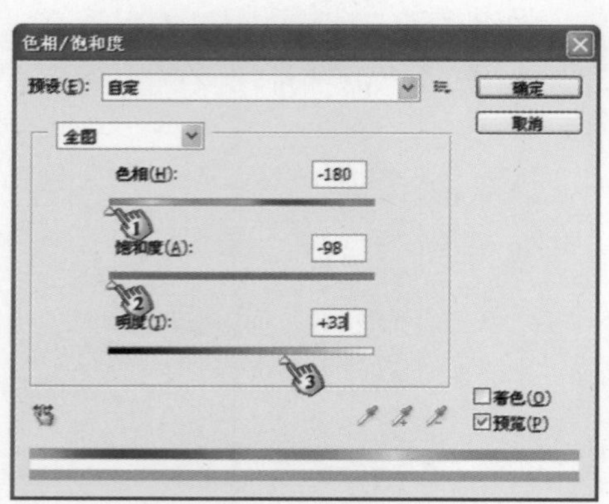

图6.203　【色相/饱和度】参数的设置

图6.204　调整图层混合模式

步骤3　选择【滤镜】|【模糊】|【显示所有菜单命令】命令，然后执行【特殊模糊】命令。在【特殊模糊】对话框中对滤镜参数进行设置，如图6.205所示。单击【确定】按钮，关闭对话框，照片效果如图6.206所示。

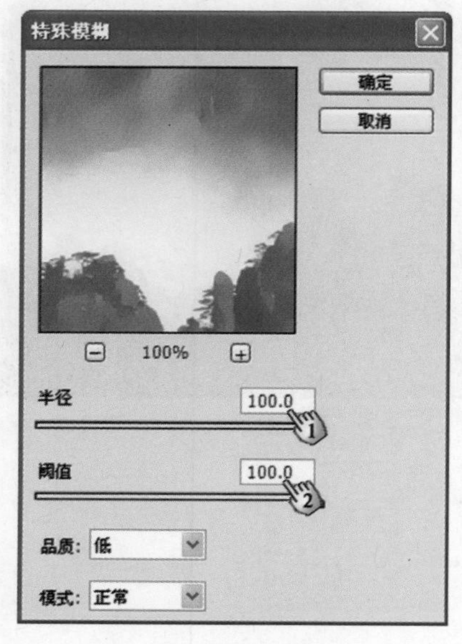

图6.205　设置【特殊模糊】滤镜的参数

图6.206　应用【特殊模糊】滤镜后的效果

步骤4　按Ctrl+M组合键，打开【曲线】对话框，然后在该对话框中调整曲线形状，如图6.207所示。单击【确定】按钮，关闭【曲线】对话框，此时照片的效果如图6.208所示。将“背景 副本”图层复制3个，此时照片的效果如图6.209所示。

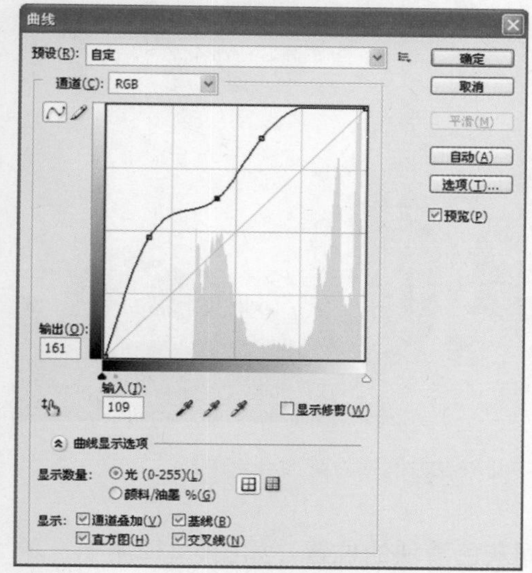

图6.207　调整曲线

图6.208　调整曲线后的照片效果

图6.209　复制“背景 副本”图层

步骤5　在【图层】面板中再次复制“背景”图层，选择【滤镜】|【杂色】|【中间值】命令，打开【中间值】对话框，再将【半径】设置为2像素，如图6.210所示。单击【确定】按钮应用该滤镜，再将图层混合模式设置为【滤色】，如图6.211所示。

图6.210　【中间值】滤镜参数的设置

图6.211　将图层混合模式设置为【滤色】

步骤6　按Ctrl+L组合键，打开【色阶】对话框，再调节中间灰色滑块的位置，如图6.212所示。单击【确定】按钮，关闭【色阶】对话框，图层中的图像被加亮，细节得到显现，如图6.213所示。

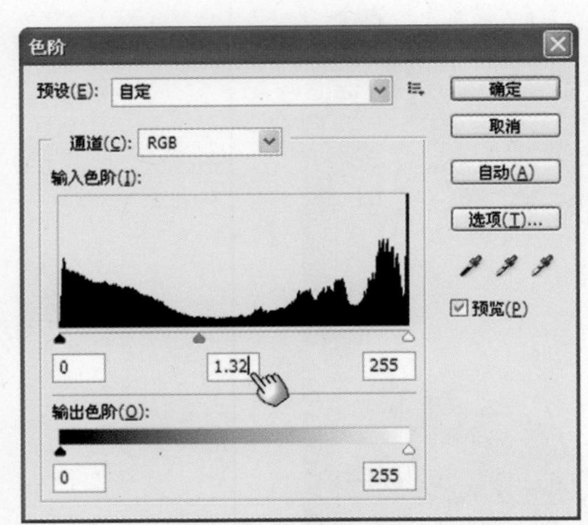

图6.212　【色阶】对话框

图6.213　应用【色阶】命令后的效果

步骤7　打开“印章.jpg”图像窗口，然后在【图层】面板中将“背景”图层拖放到“黄山云海.jpg”文件【图层】面板的最顶层。按Ctrl+T组合键，再调整图像的大小和位置。调整完成后按Enter键确认变换，此时为效果图添加一个印章，如图6.214所示。

图6.214　为效果图添加印章

步骤8　从工具箱中选择【竖排文字工具】，并在属性栏中设置文字字体、文字大小和颜色，如图6.215所示。在照片中按行输入诗词文字，如图6.216所示。

图6.215　属性栏的设置

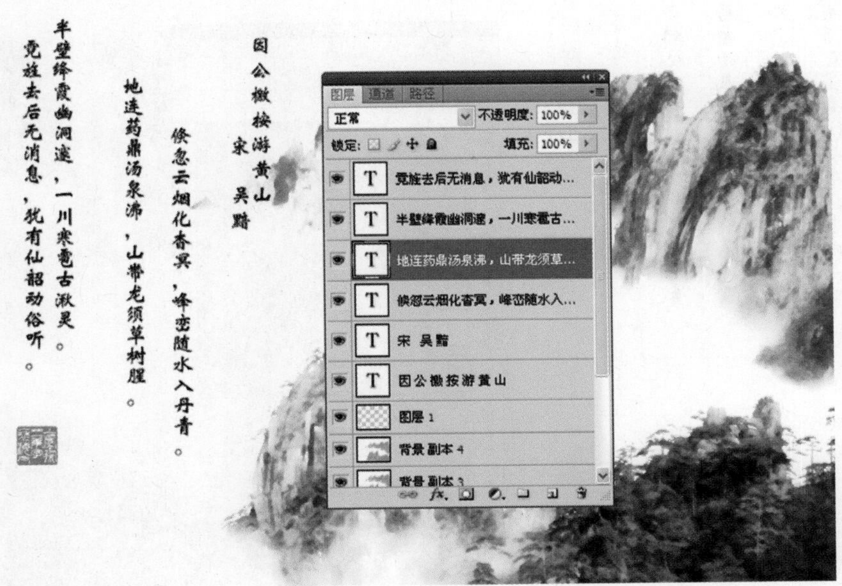

图6.216　按行输入文字

步骤9　在【图层】面板中，单击最上面的文字图层，然后按住Shift键再单击最后一个文字图层，将这些文字图层同时选中。选择【图层】|【对齐】|【顶端对齐】命令，使这些文字顶端对齐，如图6.217所示。选择【图层】|【分布】|【水平居中】命令，使这些文字水平均匀分布，如图6.218所示。

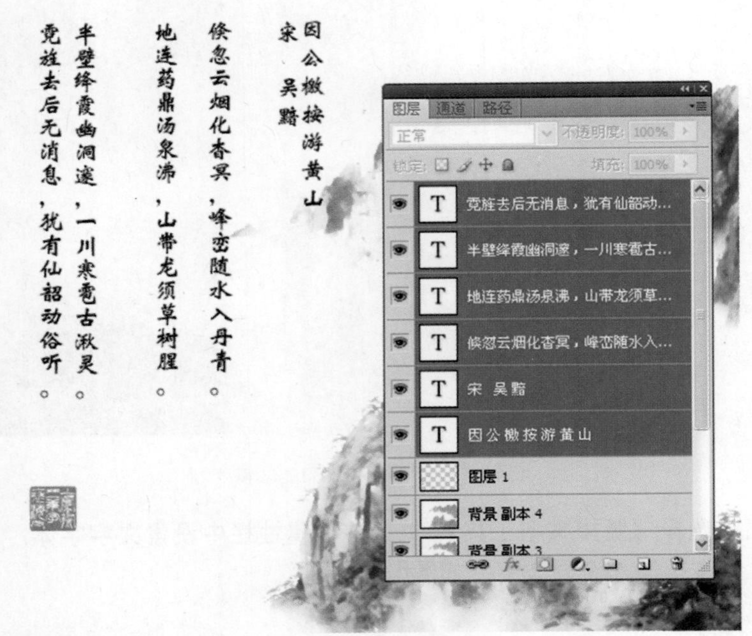

图6.217　文字顶端对齐

图6.218　文字水平居中分布

步骤10　在【图层】面板中，单击【创建新图层】按钮，在“背景”图层上方创建一个新图层。打开【拾色器】并设置前景色，如图6.219所示。单击【确定】按钮，关闭【拾色器（前景色）】对话框，按Alt+Delete组合键，以前景色填充图层，同时将图层混合模式设置为【柔光】，如图6.220所示。

步骤11　在【图层】面板中，为“背景 副本5”图层添加一个图层蒙版，然后从工具箱中选择【画笔工具】，使用50%的不透明度，以黑色的柔性笔尖在蒙版中涂抹，如图6.221所示。

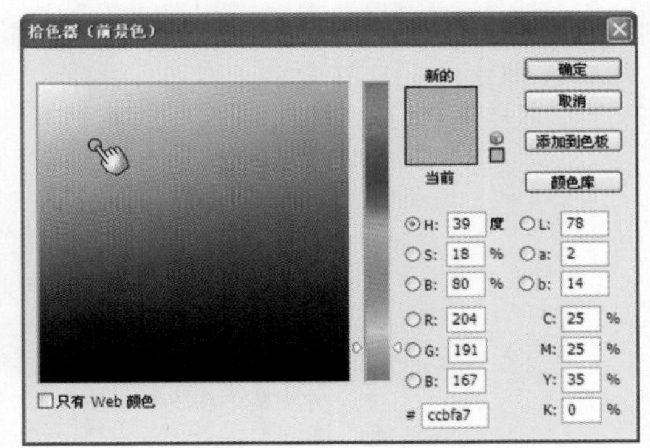

图6.219　拾取前景色

图6.220　填充图层

图6.221　为照片添加图层蒙版

步骤12　对各个图层中的对象的位置进行调整，效果满意后按Ctrl+Shift+E组合键合并所有图层，然后保存文档，从而完成本实例的制作。本实例制作完成后的效果如图6.222所示。

图6.222　实例制作完成后的效果

第7章

数码照片的创意设计

数码照片的创意设计涉及对多张照片的合成，各种滤镜的使用以及多种文字特效的使用等。本章主要介绍将生活中各种类型的数码照片进行处理，以获得具有艺术效果的合成照片的方法。通过对各种合成技法和特效的综合应用，让读者了解如何创建各种意境，从而获得独特的韵味并传达制作者思想和情感的方法和技巧。

7.1 制作叠加焦点照片效果

魔法师：我们拍摄的数码照片，往往因为取景不当，出现背景凌乱的现象，使拍摄主体无法得到凸现。在后期处理时，解决这个问题有多种方法，这里我就介绍一种使用叠加焦点照片来凸现照片主体对象的方法。

小叮当：我已经准备好了，我们开始吧。

步骤1　启动Photoshop，打开需要处理的照片（路径：素材和源文件\part7\7.1\女孩和蓝兔.jpg），如图7.1所示。下面对这张照片进行处理，制作叠加相框效果。

步骤2　在【图层】面板中，单击【创建新图层】按钮，在“背景”图层上创建一个新图层“图层1”。从工具箱中选择【矩形选框工具】，然后在该图层中绘制一个矩形选区。将前景色设置为黑色，再使用【油漆桶工具】将该选区填充为黑色，如图7.2所示。

图7.1　需要处理的照片

图7.2　绘制矩形选区并填充黑色

步骤3　按Ctrl+D组合键，取消选区。将“图层1”复制3个，分别选择位于下层的两个副本图层，然后按Ctrl+T组合键，对它们进行中旋转操作，再调整图像的位置，如图7.3所示。

图7.3　旋转并调整图像位置

步骤4　完成变换后，按Ctrl+E组合键依次将“图层 1 副本2”、“图层 1 副本”和“图层 1”图层合并为一个图层。将合并后的“图层 1”图层和“图层1 副本3”图层的图层混合模式均设置为【柔光】，如图7.4所示。

步骤5　从【图层】面板选择“图层 1”图层，然后单击【创建调整和填充图层】按钮，再从下拉菜单中选择【色阶】命令，创建一个【色阶】调整层。在【调整】面板中，拖动滑块调整图像的亮度，如图7.5所示。此时图像的效果如图7.6所示。将“色阶 1”调整层拖放到【创建调整和填充图层】按钮 上，复制该调整层，再将其放置于【图层】面板的顶端。将该调整层的【不透明度】设置为36%，如图7.7所示。

图7.4　设置图层混合模式

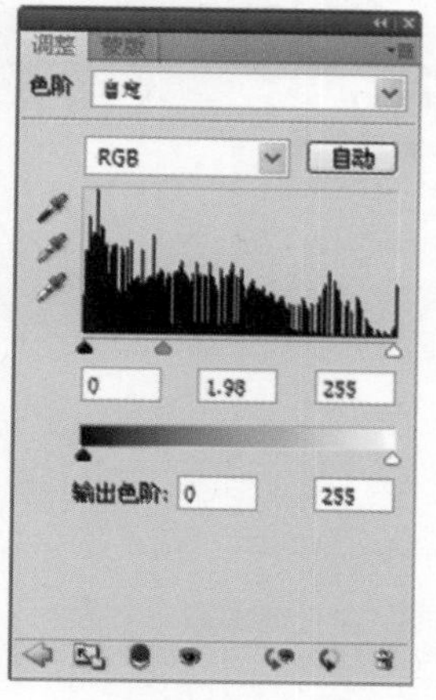

图7.5　【调整】面板中的设置

图7.6　添加【色阶】调整图层

图7.7　复制调整层并设置【不透明度】值

步骤6　在【图层】面板中，双击“图层1 副本3”图层，打开【图层样式】对话框。从【样式】列表中选中【投影】复选框，为图层添加【投影】样式效果，投影效果的参数进行设置如图7.8所示。选中【描边】复选框，为图层添加【描边】样式效果，描边效果的参数设置如图7.9所示。单击【确定】按钮，关闭【图层样式】对话框，图像的效果如图7.10所示。

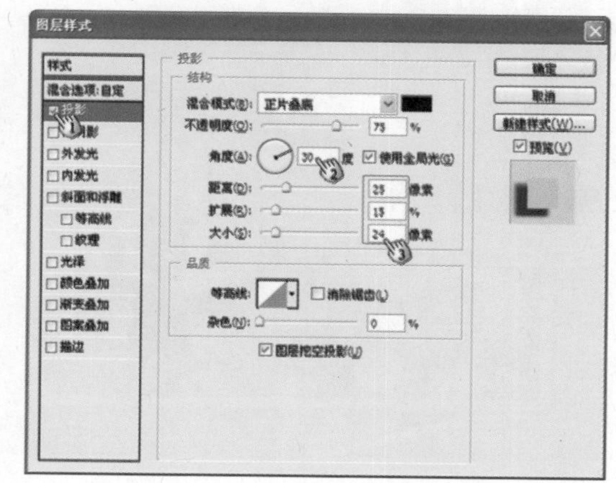

图7.8　添加投影效果

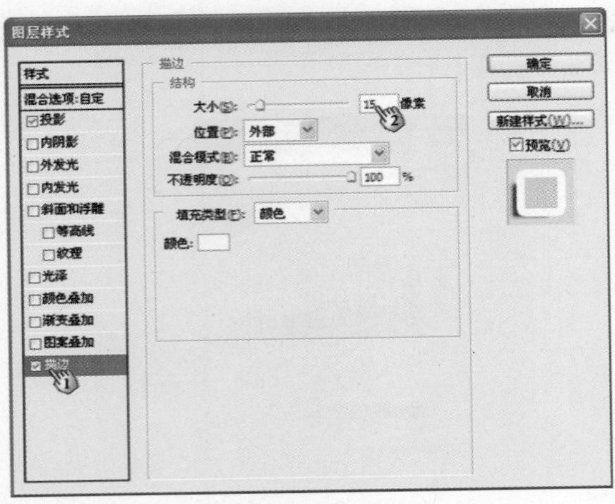

图7.9　添加描边效果

图7.10　添加图层样式后的图像效果

魔法师：使用图层样式可以获得很多特效。这里我简单介绍一下与图层样式有关的操作技巧，这些操作技巧希望你能好好掌握。

小叮当：好呀。

魔法师：在【图层】面板中，将一个图层的图层样式拖放到另一个图层上，能够实现图层样式的移动。将图层样式拖放到【图层】面板的【删除图层】按钮上，能够删除该图层样式。在图层上右击，然后选择【隐藏图层样式】命令，可以将图层样式效果隐藏。选择【停用图层样式】命令，则能够将图层样式停用。这两个命令均没有删除图层样式，可以随时使图层样式效果重新显现。

步骤7　在“图层1 副本3”图层上右击，然后选择【拷贝图层样式】命令。在“图层1”图层上右击，然后选择【粘贴图层样式】命令，粘贴图层样式，此时图像的效果如图7.11所示。选择“色阶1”调整层的图层蒙版，然后选择【画笔工具】，并使用柔性笔尖以黑色涂抹，恢复相框之外的背景色调，如图7.12所示。

图7.11　粘贴图层样式后的照片效果

图7.12　恢复背景色调

步骤8　按Ctrl+Shift+E组合键合并所有图层，然后保存文档，从而完成本实例的制作。本实例制作完成后的效果如图7.13所示。

图7.13　实例制作完成后的效果

7.2 制作翘角粘贴效果

魔法师：本节我们一起来制作类似于使用透明胶带粘贴的翘角照片效果。通过本实例的制作，我们能够了解制作照片留白边框的方法，以及翘角照片效果和透明粘贴胶带的制作方法，同时还可以了解使用【光照滤镜】模拟光照效果的技巧。

小叮当：好呀，我们开始吧。

步骤1　启动Photoshop，打开需要处理的照片（路径：素材和源文件\part7\7.2\快乐女孩.jpg），如图7.14所示。下面以这张照片为素材，制作照片的胶带粘贴效果。

图7.14　需要处理的照片

步骤2　将背景色设置为白色，然后选择【图像】|【画布大小】命令，打开【画布大小】对话框，并在该对话框中设置画布扩展大小，如图7.15所示。单击【确定】按钮，关闭【画布大小】对话框，画布向四周扩展，如图7.16所示。

步骤3　再次选择【图像】|【画布大小】命令，打开【画布大小】对话框，参数设置如图7.17所示。单击【确定】按钮，关闭对话框，画布向下扩展，如图7.18所示。

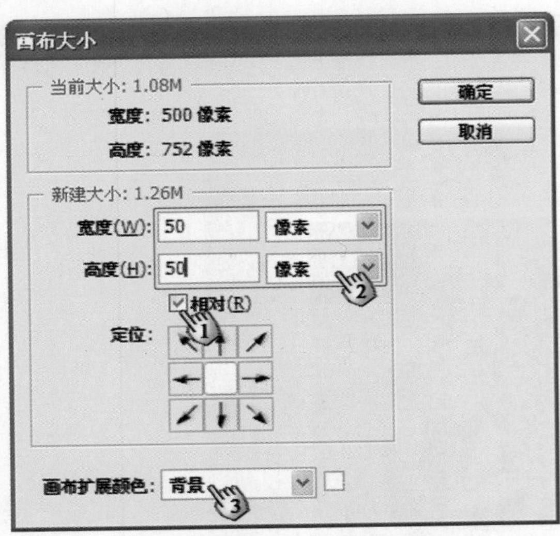

图7.15　【画布大小】对话框

图7.16　画布向四周扩展

画布大小
当前大小：1.26M
宽度：550 像素
高度：802 像素
确定
取消
新建大小：1.42M
宽度(W)：0
像素
高度(H)：100
像素
相对(R)
定位：
画布扩展颜色：背景

图7.17　【画布大小】对话框中的设置

图7.18　向下扩展画布

步骤4　按Ctrl+N组合键，打开【新建】对话框，然后在该对话框中设置新建文档的大小，如图7.19所示。单击【确定】按钮，创建一个背景透明的新文档，然后使用【移动工具】将上一步创建的图像拖放到这个新文档中。按Ctrl+T组合键，再拖动变换框上的控制柄，调整图像的大小。完成调整后的图像效果如图7.20所示。

步骤5　在“图层 1”图层上创建一个新的空白图层。从工具箱中选择【矩形选框工具】，并在属性栏中将【羽化】值设置为10像素，如图7.21所示。拖动鼠标指针，绘制一个框选照片的矩形选区，如图7.22所示。将前景色设置为黑色，然后按Alt+Delete组合键，以前景色填充选区。按Ctrl+D组合键取消选区，此时图像中的照片获得阴影效果，如图7.23所示。

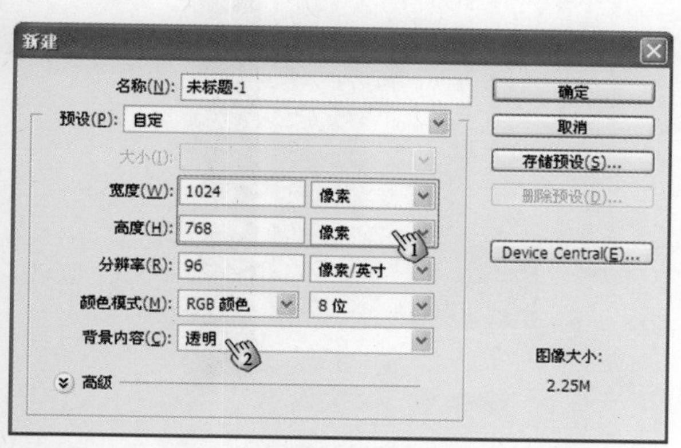

图7.19　【新建】对话框

图7.20　放置图像并调整大小

图7.21　设置【羽化】值

图7.22　绘制选区

图7.23　图像中的照片获得阴影效果

步骤6　选择【编辑】|【变换】|【旋转90°（顺时针）】命令，对阴影图像进行旋转。选择【滤镜】|【扭曲】|【切变】命令，打开【切变】对话框。在该对话框中拖动曲线，创建切变效果，如图7.24所示。单击【确定】按钮，应用滤镜，然后选择【编辑】|【变换】|【旋转90°（逆时针）】命令，将阴影图像逆时针旋转90°，此时的图像效果如图7.25所示。

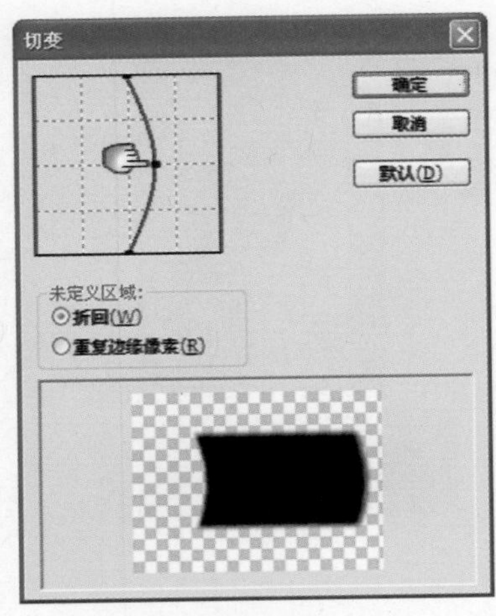
图7.24 【切变】对话框

图7.25 应用滤镜并旋转图像后的效果

步骤7 按Ctrl+T组合键，然后拖动变换框以及变换框上的控制柄，分别调整阴影的位置和大小。这里，使照片正好盖住阴影的上部，而在照片的下部露出部分弯曲的阴影。这样可以获得翘起照片的视觉效果，如图7.26所示。

图7.26 获得翘起照片效果

步骤8 在【图层】面板中，选择最底层的“图层 1”图层，然后按Alt+Delete组合键，以前景色填充该图层。选择【窗口】|【样式】命令，打开【样式】面板，然后单击该面板右上角的按钮，再从下拉菜单中选择【纹理】命令，此时Photoshop给出提示对话框，如图7.27所示。单击【追加】按钮，将该样式添加到【样式】面板中，然后单击其中的【着色墙板】样式，如图7.28所示。此时图像的效果如图7.29所示。

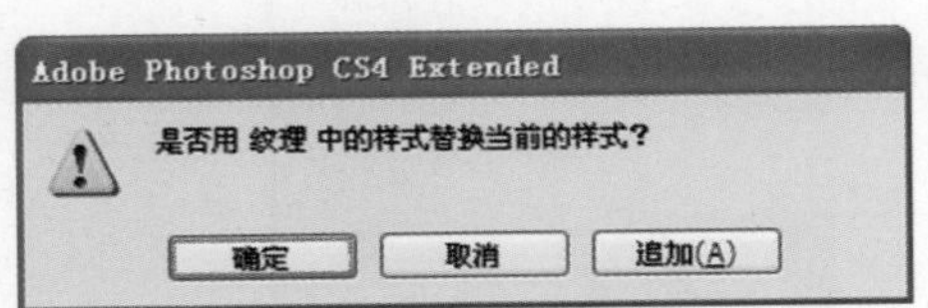

图7.27 Photoshop提示对话框

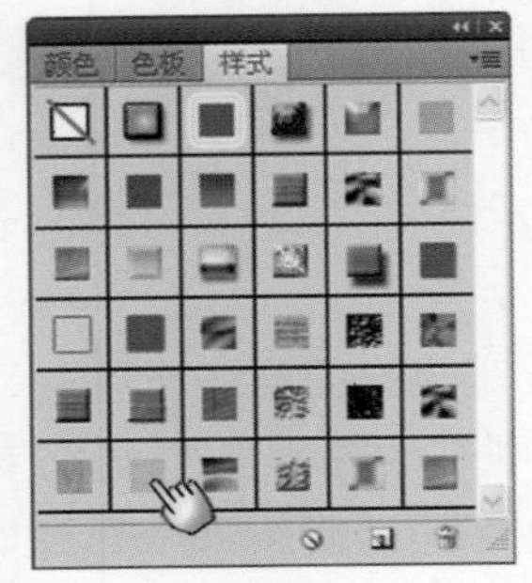
图7.28 单击【着色墙板】样式

图7.29 应用样式后的图像效果

步骤9　在【图层】面板的顶层，创建一个新的空白图层。从工具箱中选择【套索工具】，然后在照片的左上角绘制选区，如图7.30所示。打开【拾色器（前景色）】对话框，再拾取前景色，如图7.31所示。关闭对话框后，按Alt+Delete组合键以前景色填充选区，同时将图层的【不透明度】值设置为50%，如图7.32所示。

步骤10　在【图层】面板中，双击“图层 4”图层，打开【图层样式】对话框，再为该图层中的胶带添加投影效果。投影效果的参数设置如图7.33所示。单击【确定】按钮，关闭对话框，再按Ctrl+D组合键取消选区。此时获得的胶带效果如图7.34所示。

图7.30　绘制选区

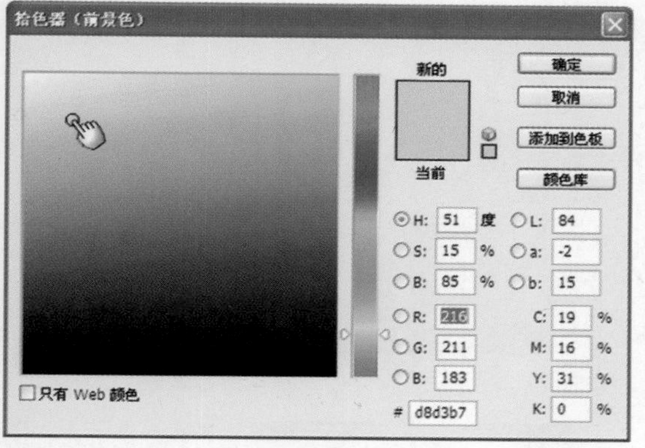

图7.31　拾取前景色

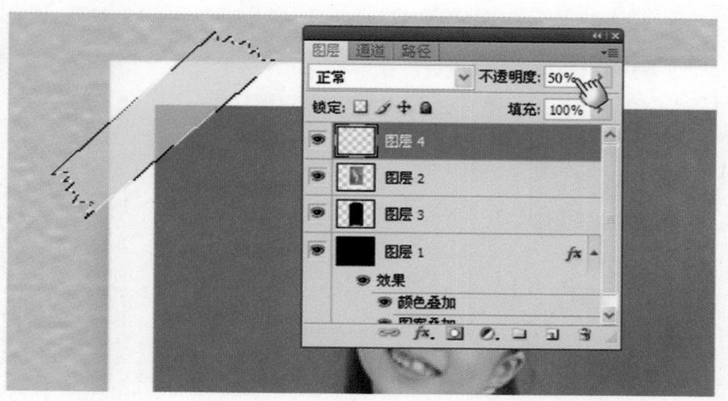

图7.32　填充选区并设置图层的【不透明度】值

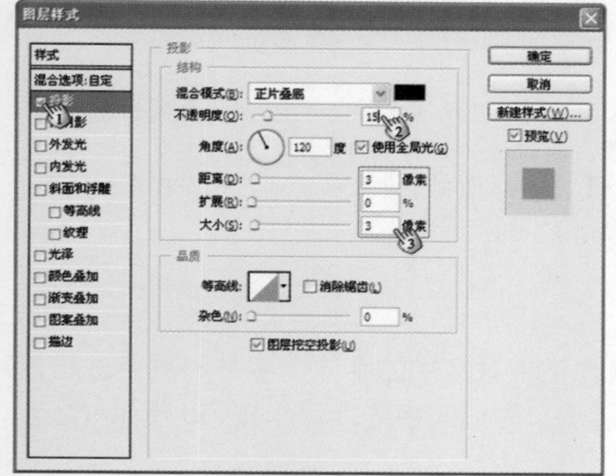

图7.33　添加【投影】效果

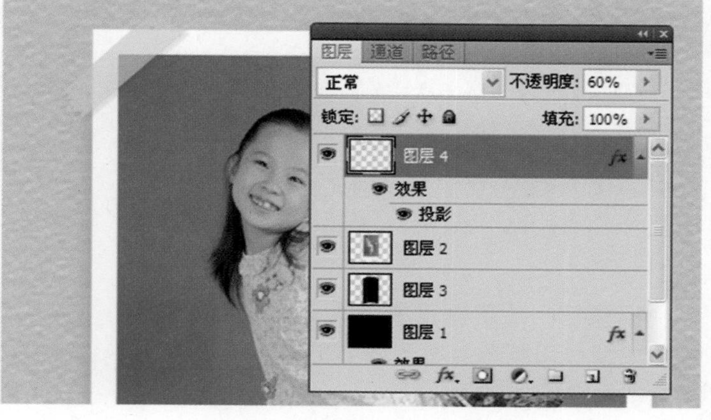

图7.34　制作的胶带效果

步骤11　复制“图层 4”，即将刚才制作的胶带复制一个。按Ctrl+T组合键，然后移动胶带到照片的右上角，同时对胶带进行旋转。效果满意后，按Enter键确认变换操作，此时获得照片两个角上的粘贴胶带效果，如图7.35所示。

步骤12　按Ctrl+Shift+E组合键，合并所有可见图层。选择【滤镜】|【渲染】|【光照效果】命令，打开【光照效果】对话框，并在该对话框中对光照效果进行设置，如图7.36所示。单击【确定】按钮，应用滤镜，图像效果如图7.37所示。

图7.35　获得两个角上的粘贴胶带

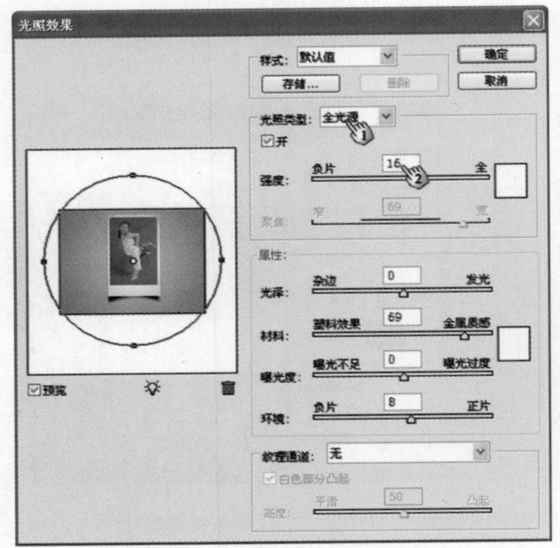

图7.36　【光照效果】对话框

图7.37　应用滤镜后的图像效果

> 魔法师：使用【光照效果】滤镜的【全光源】效果，能够模拟光在照片正上方向各个方向照射的效果，这就像在照片上放置一个灯泡的原因。其中，【强度】用于设置光照的强弱。拖动该对话框中的光圈，可以改变光源的位置；拖动光圈上的控制柄，可以改变光照范围的大小。通过对【属性】选项组内各个参数的设置，可以对光线的反射率、反射光线的颜色以及环境光的颜色进行设置。
>
> 小叮当：哦，是这样呀。我来操作试试。

步骤13　从工具箱中选择【横排文字工具】T，并在属性栏中对文字的字体、字号和颜色进行设置，如图7.38所示。在图像中单击，再输入文字，如图7.39所示。完成文字输入后，按Ctrl+Enter组合键确认文字输入操作。

图7.38　对文字样式进行设置

步骤14　双击在【图层】面板中创建的文字图层，打开【图层样式】对话框，然后为文字图层添加【投影】效果，如图7.40所示。选中【内阴影】复选框，将为文字添加内阴影效果，如图7.41所示。选中【斜面和浮雕】复选框，将为文字添加斜面和浮雕效果，如图7.42所示。选中【描边】复选框，则可为文字添加描边效果，如图7.43所示。单击【确定】按钮，应用图层样式，此时照片的效果如图7.44所示。

图7.39　输入文字

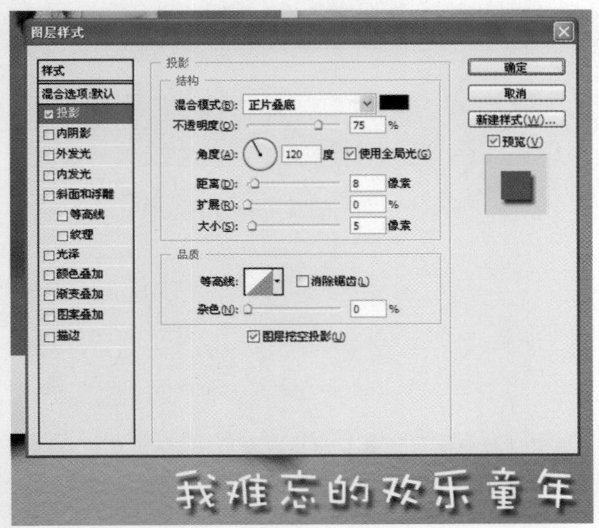

图7.40　为文字添加投影效果

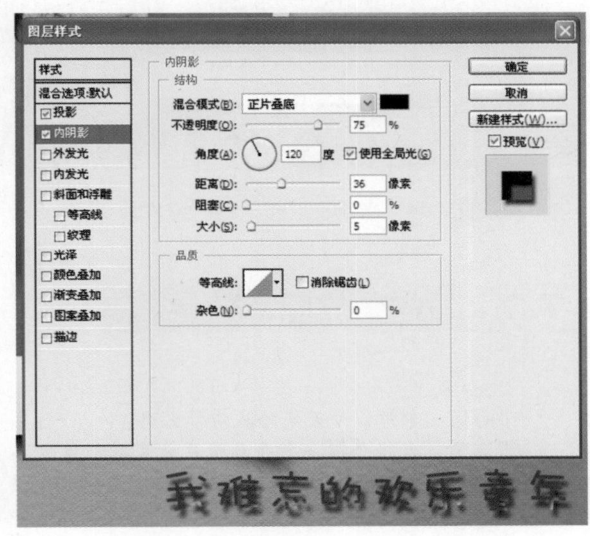

图7.41　为文字添加内阴影效果

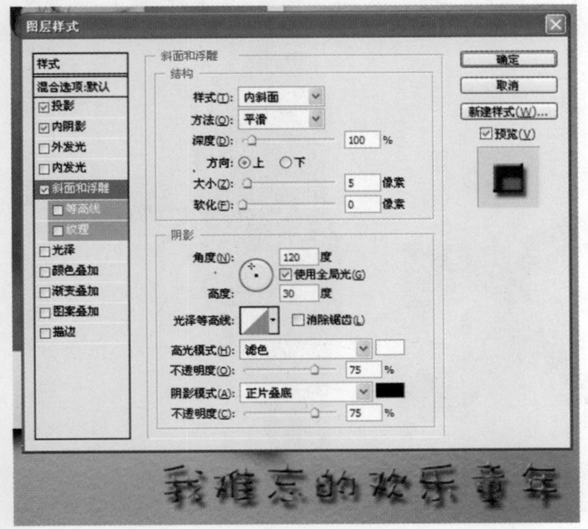

图7.42　为文字添加斜面和浮雕效果

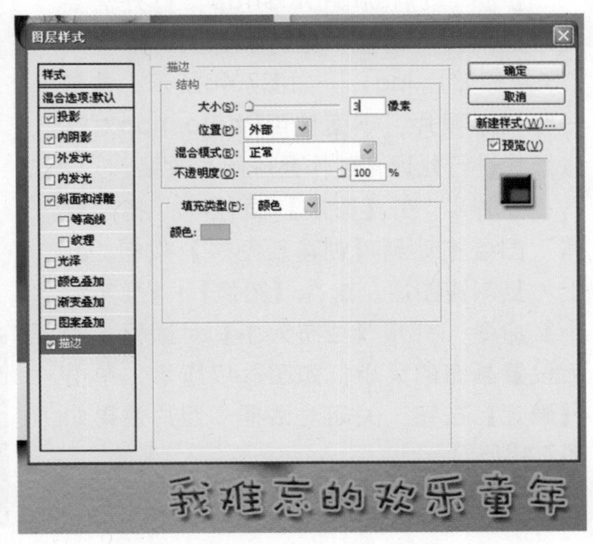

图7.43　为文字添加描边效果

步骤15　按Ctrl+Shift+E组合键合并可见图层，然后保存文档，从而完成本实例的制作。本实例制作完成后的效果如图7.45所示。

图7.44　应用图层样式后的照片效果

图7.45　实例制作完成后的效果

7.3　制作叠放照片效果

小叮当：老师，今天您给我讲什么呀？

魔法师：我将介绍一个叠放照片效果的制作方法。制作时，使用【矩形选框工具】将原图像分为4块，然后分别为4块添加样式效果。同时，通过对图像旋转不同的角度来获得交错叠放的效果。下面我们就开始吧。

小叮当：好呀。

步骤1　启动Photoshop，打开需要处理的照片（路径：素材和源文件\part7\7.3\婚纱照片.jpg），如图7.46所示。这是一张婚纱照片，下面使用Photoshop对这张照片进行处理，制作叠放照片效果。

图7.46　需要处理的照片

步骤2　在【图层】面板中，将“背景”图层拖动到【创建新图层】按钮上，复制该图层。选择【图像】|【画布大小】命令，打开【画布大小】对话框，然后设置画布的大小，如图7.47所示。单击【确定】按钮，关闭对话框，照片效果如图7.48所示。

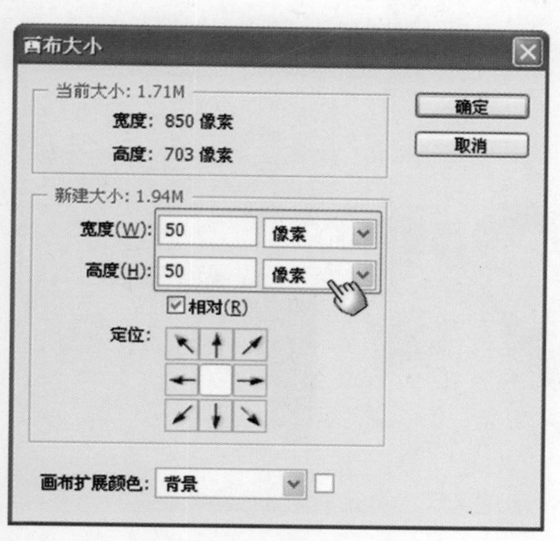

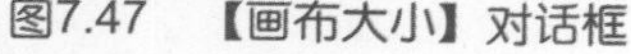

图7.47　【画布大小】对话框

图7.48　设置画布大小后的效果

步骤3　按Ctrl+R组合键，在图像窗口中显示标尺，再从标尺上拖出参考线，将图像分为4块，如图7.49所示。从工具箱中选择【矩形选框工具】，参照参考线绘制一个矩形选区，如图7.50所示。按Ctrl+C组合键，复制选区内容，再按Ctrl+V组合键，粘贴选区图像，如图7.51所示。采用相同的方法，复制参考线，分隔出另外3块图像，如图7.52所示。

图7.49　拖出参考线

图7.50　绘制矩形选区

图7.51　粘贴选区图像

图7.52　分别复制选区图像

> 小叮当：老师，参考线不需要了，怎么删掉呢？
> 魔法师：这样，你从工具箱中选择【移动工具】，再将参考线拖放到图像窗口的外面就可以了。

步骤4　从【图层】面板中选择“图层 4”图层，然后单击【添加图层样式】按钮 fx，再从下拉菜单中选择【投影】命令，打开【图层样式】对话框。为图层添加投影效果，投影效果的参数设置如图7.53所示。为图层添加描边效果，参数设置如图7.54所示。单击【确定】按钮，关闭【图层样式】对话框。按Ctrl+T组合键，对图层中图像进行旋转。按Enter键确认旋转变换，此时图像效果如图7.55所示。

步骤5　在“图层 4”上右击鼠标，然后选择【拷贝图层样式】命令，复制当前图层的图层样式。同时选择“图层 4”图层上的3个图层后右击鼠标，再选择【粘贴图层样式】命令，粘贴图层样式。分别对各个图层中的图像进行旋转变换，完成变换后的照片效果如图7.56所示。

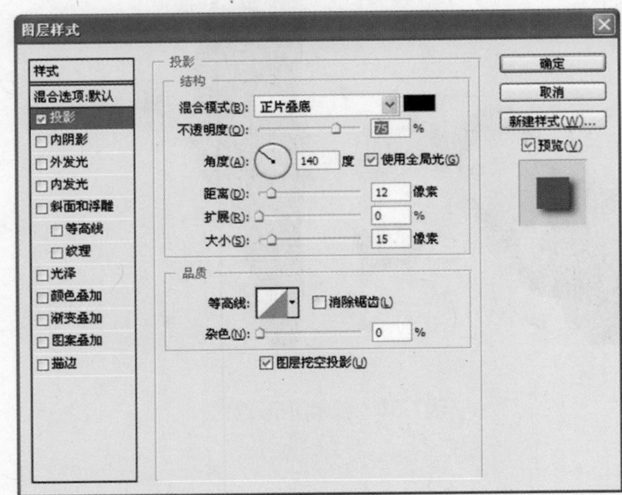

图7.53　【投影】效果的参数设置

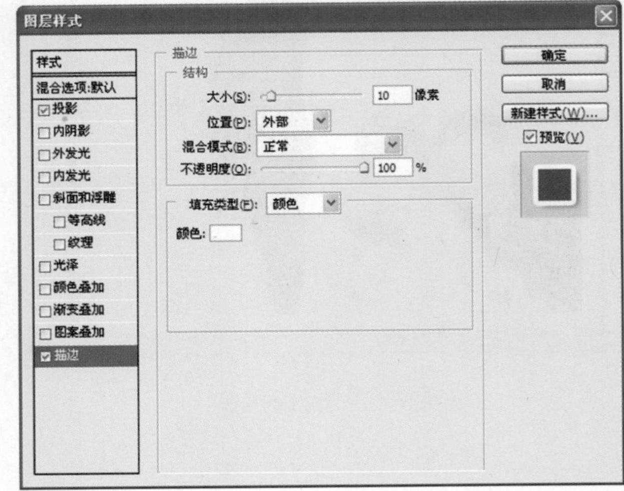

图7.54　【描边】效果的参数设置

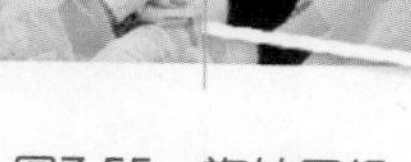

图7.55　旋转图像

图7.56　粘贴图层样式并旋转图像

魔法师：在进行图像处理时，经常需要对图像进行选择。在【图层】面板中选择第一个图层，然后按住Shift键再选择第二个图层后，则位于两个图层之间的图层都将被选中。如果需要选择不连续的图层，则可按住Ctrl键然后依次单击各个图层即可。选择【选择】|【所有图层】命令，可以选择【图层】面板中的所有图层。

小叮当：这样呀，我来试试。

步骤6　从工具箱中选择【横排文字工具】T，并在属性栏中设置文字的字体和字号，如图7.57所示。单击【设置文本颜色】按钮，打开【选择文本颜色】对话框，再设置文本的颜色，如图7.58所示。在图像中单击，创建文字图层，然后输入文字，如图7.59所示。

图7.57　属性栏参数设置

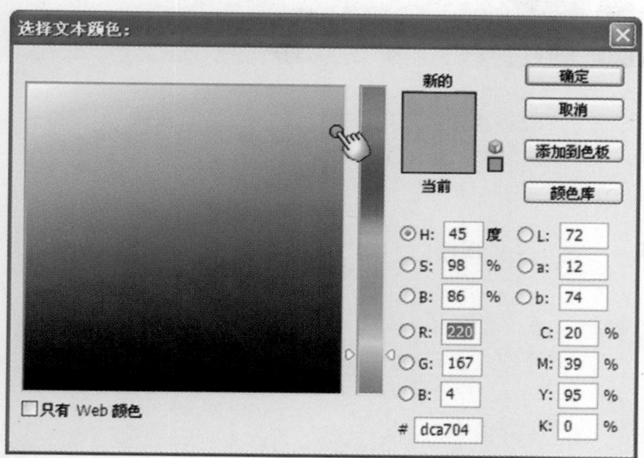

图7.58　【设置文本颜色】对话框

图7.59　输入文字后的图层

步骤7　双击文字图层，打开【图层样式】对话框，然后为文字添加投影效果，投影效果的参数设置如图7.60所示。为照片添加【外发光】效果，参数设置如图7.61所示。单击【确定】按钮，关闭【图层样式】对话框，此时图像的效果如图7.62所示。

步骤8　从工具箱中选择【横排文字工具】T，并在属性栏中设置文字的字体、字号和颜色，如图7.63所示。为照片添加文字，并使用相同的投影效果，如图7.64所示。

步骤9　按Ctrl+Shift+E组合键合并可见图层，然后保存文档，从而完成本实例的制作。本实例制作完成后的效果如图7.65所示。

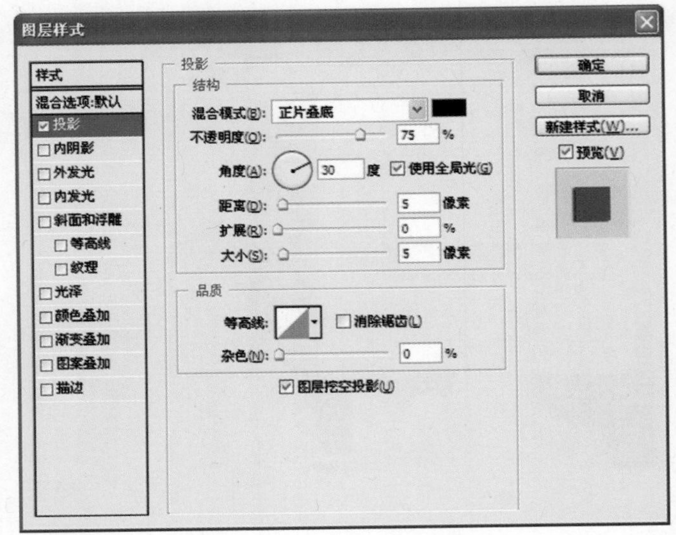

图7.60　投影效果的参数设置

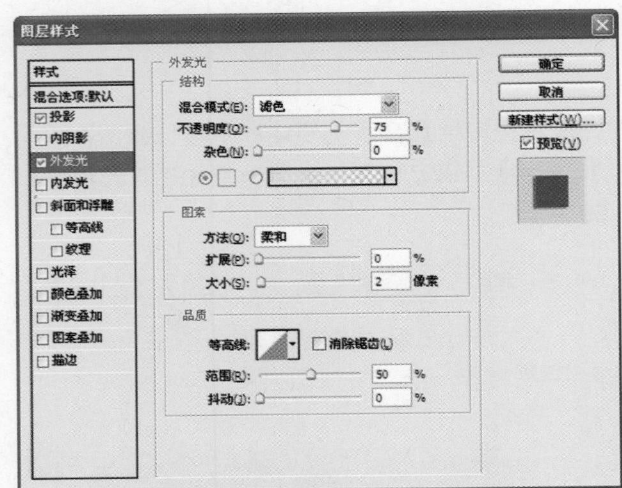

图7.61　添加外发光效果

图7.62　添加图层样式后的图像效果

图7.63　属性栏参数设置

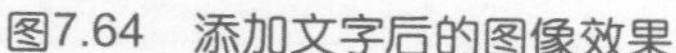
图7.64 添加文字后的图像效果

图7.65 实例制作完成后的效果

7.4 个人写真照片合成

小叮当：老师，制作合成照片很难吗？

魔法师：从技术上说，照片的合成无非就是对图层技术、蒙版技术和选择技术的应用，效果的好坏则取决于你的构图思维，你对色彩搭配的把握能力，以及你的创意智慧和创作技能等因素。这样吧，下面我介绍一个婚纱照片合成实例的制作过程。通过这个实例，你将了解使用滤镜制作背景的方法，掌握图层的常见操作技巧以及【钢笔工具】和【自定形状工具】的使用技巧。

小叮当：好呀，我们快点开始吧。

步骤1　启动Photoshop，打开需要处理的照片（路径：素材和源文件\part7\7.4\写真照片1.jpg、写真照片2.jpg、背景.jpg），如图7.66所示。下面对“背景.jpg”照片进行处理，将几张婚纱照片合成到背景照片中。

图7.66 需要处理的照片

步骤2　选择“背景.jpg”图像窗口，然后单击【创建新图层】，创建一个新的空白图层。在工具箱中单击【设置前景色】按钮，打开【拾色器（前景色）】对话框，并在该对话框中拾取前景色，如图7.67所示。依照同样的方法设置背景色，如图7.68所示。

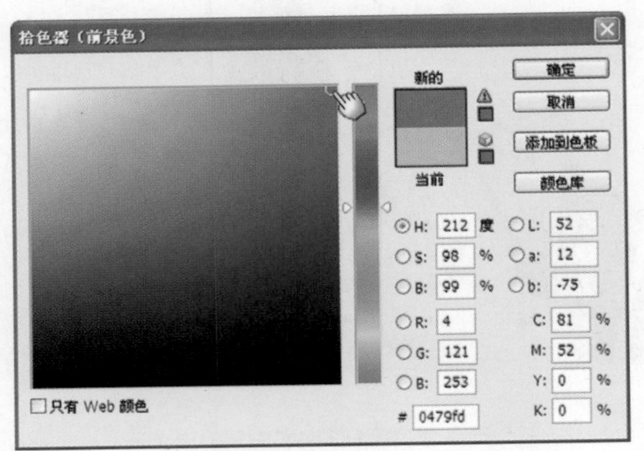

图7.67　拾取前景色

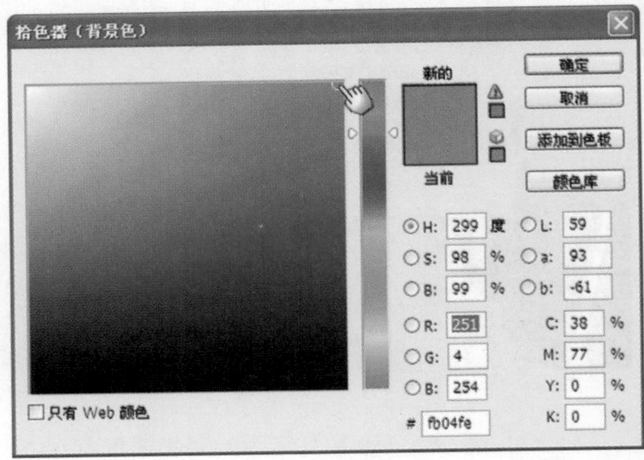

图7.68　拾取背景色

步骤3　从工具箱中选择【渐变工具】，并在属性栏中设置渐变样式，如图7.69所示。在当前图层中，从左上角向右下角拖出渐变线，以线性渐变填充图层。将图层混合模式设置为【滤色】，此时图像的效果如图7.70所示。

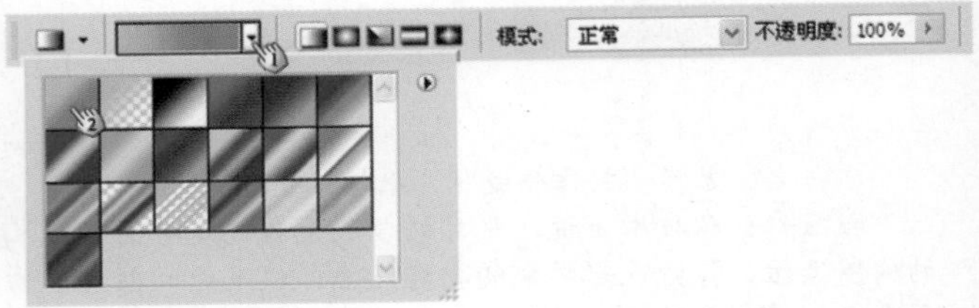

图7.69　设置渐变样式

步骤4　在“图层 1”图层上再创建一个新的空白图层。按D键将前景色和背景色变为默认的黑色和白色，然后按Alt+Delete组合键，以前景色填充图层。选择【滤镜】|【渲染】|【分层云彩】命令，对该图层应用滤镜效果，如图7.71所示。按Ctrl+U组合键，打开【色相/饱和度】对话框，然后对图层的色彩进行调整，如图7.72所示。单击【确定】按钮，关闭【色相/饱和度】对话框，同时设置图层混合模式和【不透明度】值，如图7.73所示。

图7.70　以渐变填充图层并设置图层混合模式

图7.71　应用【分层云彩】滤镜

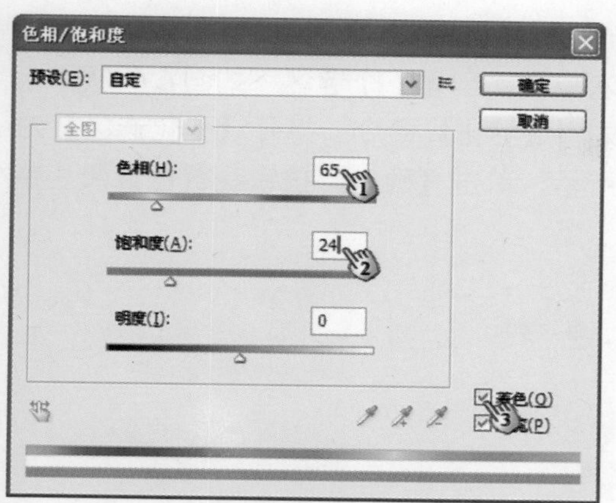

图7.72　【色相/饱和度】对话框

图7.73　设置图层混合模式和【不透明度】的值

步骤5　在【图层】面板中复制“图层 1”图层，然后选择【滤镜】|【像素化】|【马赛克】命令，打开【马赛克】滤镜对话框，并在对话框中对滤镜进行设置，如图7.74所示。单击【确定】按钮，应用滤镜效果，同时在【图层】面板中将图层混合模式设置为【叠加】，如图7.75所示。

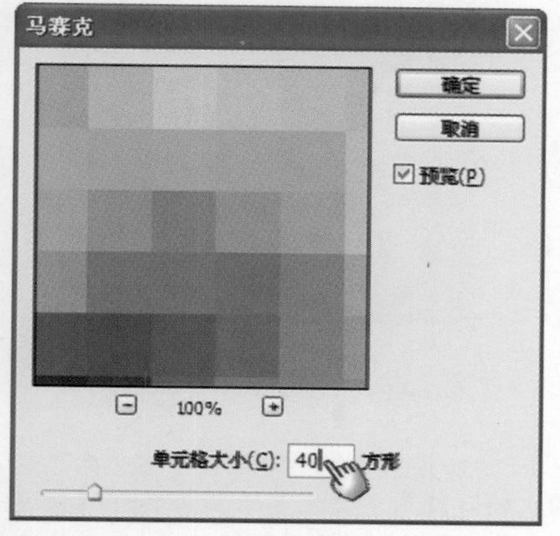

图7.74　【马赛克】滤镜对话框的参数设置

图7.75　应用滤镜并设置图层混合模式

步骤6　在【图层】面板中，单击【添加图层蒙版】按钮，为“图层 1”图层添加一个图层蒙版。从工具箱中选择【画笔工具】，然后使用柔性笔尖，以黑色在蒙版中涂抹，增强图像的斑驳效果，如图7.76所示。

图7.76　添加图层蒙版

步骤7　打开“写真照片2.jpg”图像窗口，然后从工具箱中选择【快速选择工具】，并在属性栏中对工具进行设置，如图7.77所示。在图像中的背景区域依次单击，创建一个选区，如图7.78所示。按Ctrl+Shift+I组合键，将选区反转，然后选择【选择】|【修改】|【羽化】命令，打开【羽化选区】对话框，并在该对话框中设置选区的【羽化半径】值，如图7.79所示。单击【确定】按钮获得包含照片中人物的选区，如图7.80所示。

图7.77　工具属性栏的设置

图7.78　创建选区

图7.79　【羽化选区】对话框

图7.80　创建包含人物的选区

魔法师：由于素材照片的背景色彩比较单一，所以我们在选取照片中的人物时使用了颜色类选择工具即【快速选择工具】。使用该工具可以快速选取图像中颜色相似的区域，当属性栏中的【添加到选区】按钮处于按下状态时，选区将被添加到原来创建的选区中。当【从选区减去】按钮处于按下状态时，表示从原选区中去除当前创建的选区。你在创建选区时，可以通过该工具的不同选择状态来实现对选区的编辑。

小叮当：哦，这样呀。我来试试。

步骤8　按Ctrl+C组合键，复制选区图像，然后打开“背景.jpg”图像窗口，再按Ctrl+V组合键，粘贴选区图像。按Ctrl+T组合键，然后在属性栏中设置图像的缩放比例，如图7.81所示。按两次Enter键确认变换操作，此时图像的效果如图7.82所示。

图7.81　设置缩放比例

步骤9　打开“写真照片1.jpg”图像文件窗口，然后选择【图像】|【画布大小】命令，打开【画布大小】对话框，然后设置画布向四周的扩展50像素，如图7.83所示。单击【确定】按钮，关闭【画布大小】对话框。在【图层】面板中，将“背景”图层拖放到“背景.jpg”图像的【图层】面板的顶层，如图7.84所示。

步骤10　按Ctrl+T组合键，然后拖动变换框上的控制柄，将图像适当缩小，同时旋转图像，完成变换后的图像效果如图7.85所示。将该图层复制5个，然后按Ctrl+T组合键，分别将复制图层中的图像缩小并旋转，再调整这些图像的位置。各个图层中图像变换完成后的效果如图7.86所示。

图7.82　添加婚纱照片后的效果

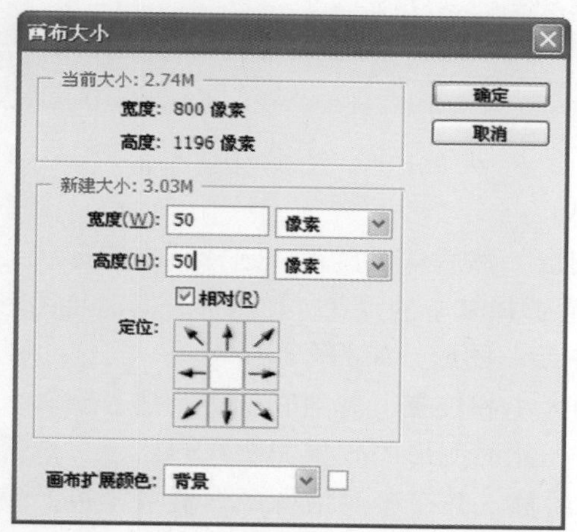

图7.83　【画布大小】对话框

图7.84　复制图层

图7.85　旋转图像

图7.86　复制图像并进行变换

步骤11　将“图层 4”图层和它的副本图层的图层混合模式设置为【明度】，同时将【不透明度】值设置为50%，再将“图层 3”放置于【图层】面板的顶层，此时图像的效果如图7.87所示。复制“图层 4”图层，然后将其副本图层放置于【图层】面板的顶层。按Ctrl+T组合键，再对图像进行变换操作。这里主要是对图像进行旋转和缩放，图像效果如图7.88所示。

图7.87　调整图层混合模式和【不透明度】

图7.88　复制并变换图像

步骤12　在【图层】面板中，选择“图层 2 副本”图层，然后从工具箱中选择【自定形状工具】。在属性栏中，打开【“自定形状”拾色器】面板，然后选择其中的【花 1】图形，同时将图形填充演示设置为白色，如图7.89所示。拖动鼠标指针，在图像中绘制图形，如图7.90所示。

步骤13　复制该形状图层，分别调整这些复制图层的大小和位置，并对它们进行适当旋转。选择这些图层，然后按Ctrl+E组合键，将它们合并为一个图层，此时图形的效果如图7.91所示。选择【滤镜】|【模糊】|【高斯模糊】命令，打开【高斯模糊】对话框，并在该对话框中设置【半径】值，如图7.92所示。单击【确定】按钮，应用滤镜效果，同时将图层的【不透明度】设置为80%。此时的图形效果如图7.93所示。

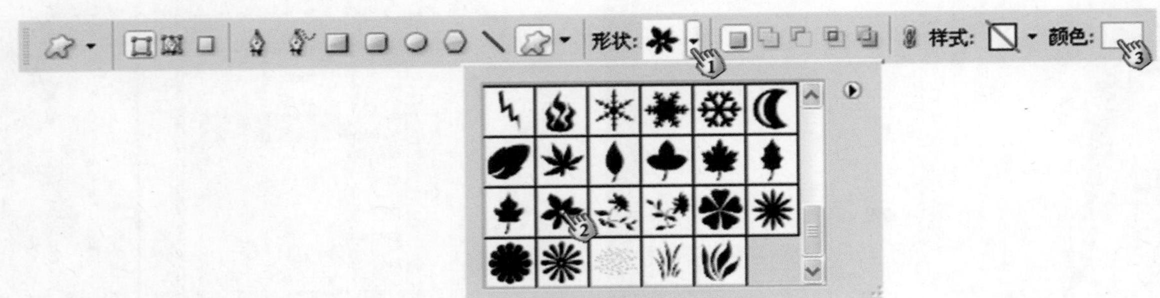

图7.89　属性栏的设置

图7.90　绘制形状

图7.91　添加更多的图形

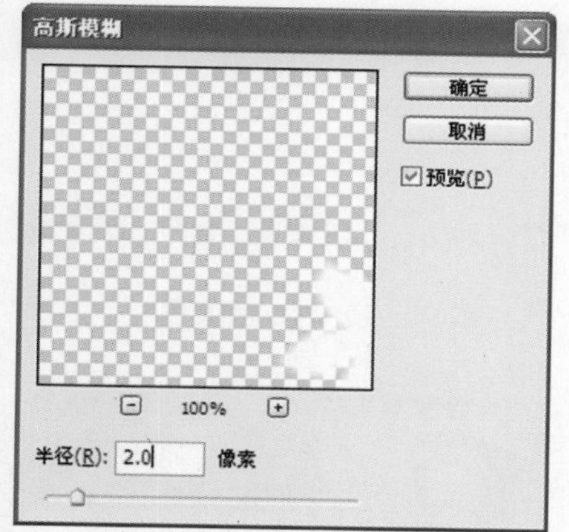

图7.92　【高斯模糊】对话框

图 7.93　应用【高斯模糊】滤镜并设置图层的【不透明度】值后的效果

步骤14　在【图层】面板中创建一个新图层，然后从工具箱中选择【画笔工具】。选择【窗口】|【画笔】命令，打开【画笔】面板，并设置画笔笔尖形状，如图7.94所示。对画笔笔尖的【形状动态】选项进行设置，如图7.95所示。在图层中单击，分别创建大小不一的光点，如图7.96所示。

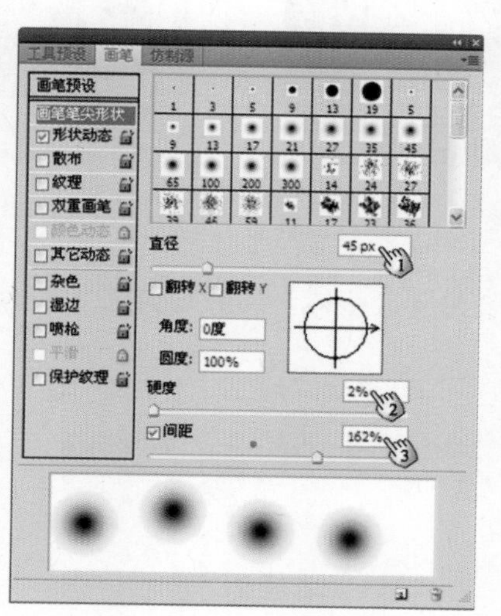

图7.94　设置画笔笔尖形状

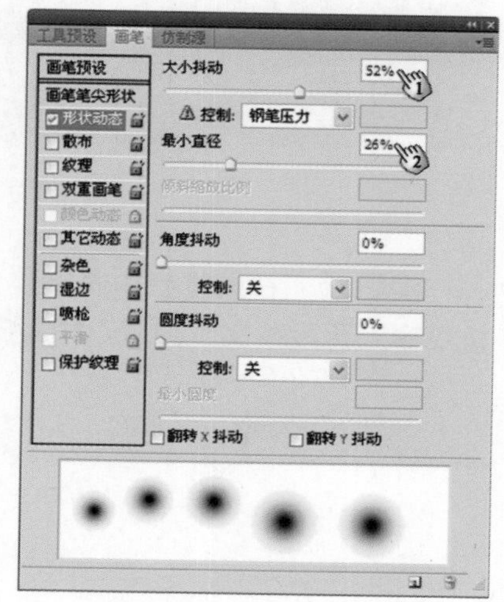

图7.95　设置画笔的【形状动态】

魔法师：【画笔】面板比【画笔工具】的属性栏的功能更为强大。这里，【形状动态】的设置决定了画笔笔尖形状的变化。其中，【大小抖动】的值决定了笔尖改变的程度，其值为0%表示不改变，其值为100%表示最大数量的改变。【最小直径】的值决定了笔尖缩放的百分比。在对【画笔笔尖形状】各设置项进行设置时，【间距】的值决定了拖动鼠标指针绘制线条或使用画笔描边路径时相邻两个画笔笔尖的间隔。

小叮当：原来是这样，我重新设置这些参数看看效果的变化。

图7.96　在图层中创建大小不一的光点

步骤15　从工具箱中选择【横排文字工具】T，然后从工具箱中选择【画笔工具】，并在属性栏中设置字体、字号和颜色，如图7.97所示。在图像中输入文字，如图7.98所示。在属性栏中修改字体和文字大小，如图7.99所示。在图像中再次输入文字，如图7.100所示。

图7.97　设置文字样式

图7.99　设置字体和字号

图7.98　输入文字

图7.100　再次输入文字

步骤16　在属性栏中将字体修改为英文字体，同时设置文字的大小和颜色，如图7.101所示。在图像中输入两段英文，如图7.102所示。

图7.101　设置文字样式

图7.102　输入英文

步骤17　在【图层】面板的顶层创建一个新图层。从工具栏中选择【钢笔工具】，然后在图像中单击，创建路径的起点。在路径的终点处单击，此时可以创建一条直线路径，如图7.103所示。从工具箱中选择【画笔工具】，打开【画笔】面板，再对画笔笔尖形状进行设置，如图7.104所示。

图7.103　创建直线路径

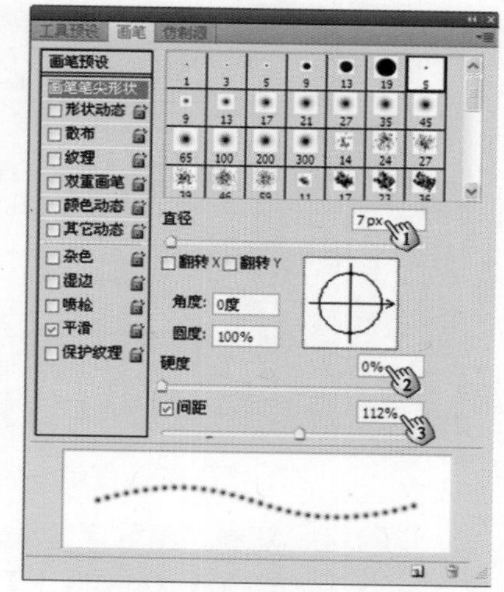

图7.104　设置画笔笔尖形状

步骤18　选择【窗口】|【路径】命令，打开【路径】面板，然后单击该面板下方的【用画笔描边路径】按钮，使用画笔描边路径，如图7.105所示。完成路径描边后，将“工作路径”拖放到【删除当前路径】按钮上，删除当前工作路径。

图7.105　用画笔描边路径

步骤19　打开【图层】面板，再创建一个新图层。从工具箱中选择【自定形状工具】，然后在属性栏中单击，使【填充像素】按钮处于按下状态，并从【“自定形状”拾色器】中选择【箭头2】形状，如图7.106所示。将前景色设置为白色，然后拖动鼠标指针，在“图层 7”图层中绘制形状，如图7.107所示。

步骤20　将“图层 7”复制3个，然后使用【移动工具】移动复制图层中图像的位置。当位置合适后，同时选择这些复制图层，再按Ctrl+E组合键，将它们合并为一个图层。调整合并后图层中图像的形状和大小，此时获得的图形如图7.108所示。

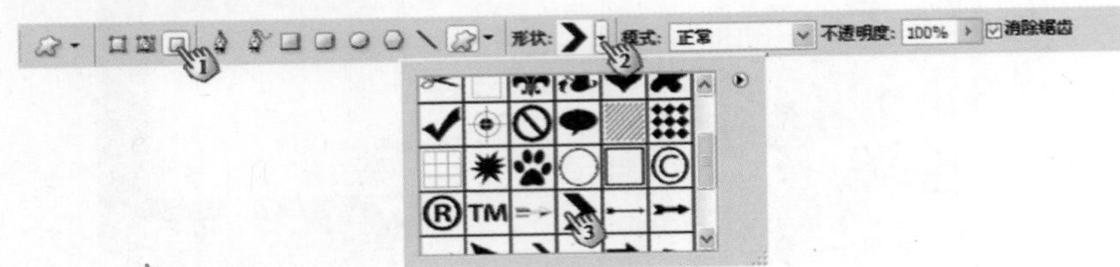

图7.106　【自定形状工具】的属性设置

图7.107　在图层中绘制形状

图7.108　合并图层后的图形

步骤21　复制“图层 7 副本3”图层，并调整获得图形的大小和位置，如图7.109所示。将该图层复制一个，然后选择【编辑】|【变换】|【水平变换】命令，将图形进行水平变换，同时调整后其位置如图7.110所示。

图7.109　复制图形

图7.110　水平反转图形

步骤22　双击“真爱”文字图层，打开【图层样式】对话框，为文字图层添加【外发光】样式效果，如图7.111所示。单击【确定】按钮，关闭【图层样式】对话框，再将该图层样式复制给“我们的爱天长地久”文字图层，此时图像的效果如图7.112所示。

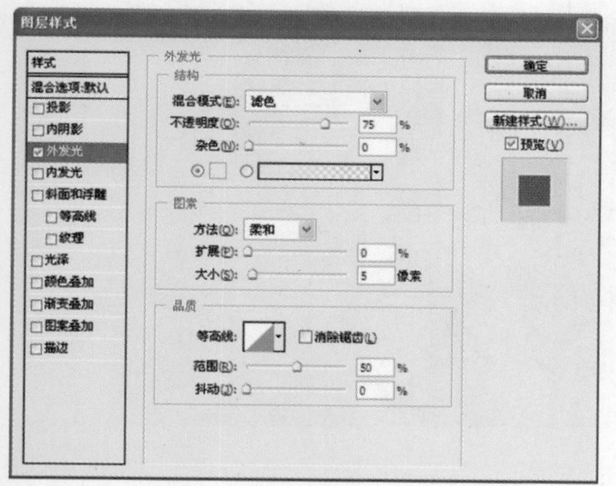

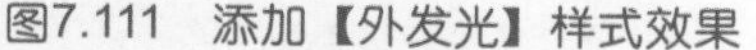
图7.111　添加【外发光】样式效果

图7.112　添加图层样式后的图像效果

步骤23　按Ctrl+Shift+E组合键合并所有图层，然后保存文档，从而完成本实例的制作。本实例制作完成后的效果如图7.113所示。

图7.113　实例制作完成后的效果

7.5 制作照片魔方

魔法师：与以前版本相比，Photoshop一大变化就是开始提供对3D对象的支持。使用Photoshop，可以打开和处理各种主流3D软件创建的3D文件。同时，Photoshop本身也具有创建各种3D对象的能力。

小叮当：看来Photoshop的功能真是越来越强大了，现在连3D对象都支持了。

魔法师：是的。下面我就介绍一个使用Photoshop的3D功能来创建照片特效的方法。通过本实例的制作，你将了解在Photoshop中创建三维对象的方法以及三维对象的编辑处理技巧。

步骤1　启动Photoshop，打开需要处理的照片（路径：素材和源文件\part7\7.5\写真照片1.jpg、写真照片2.jpg、写真照片3.jpg），如图7.114所示。下面以这3张照片作为素材，完成本节实例的制作。

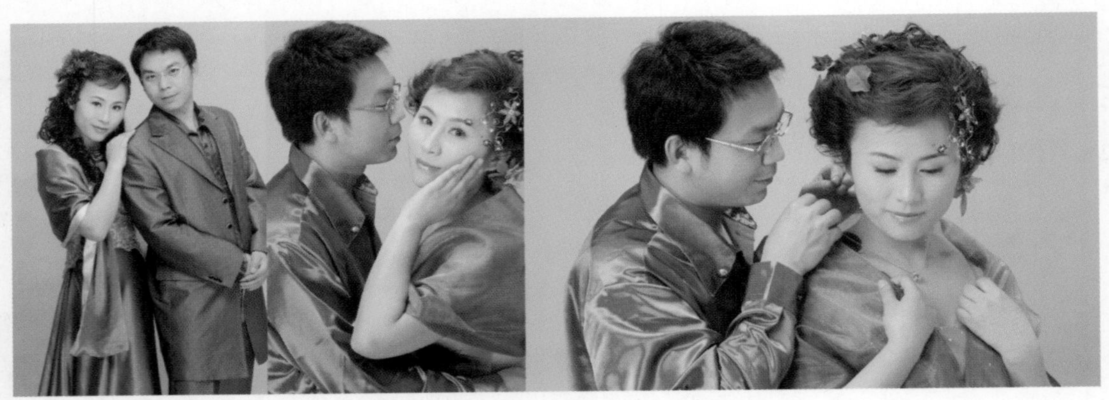

图7.114　需要处理的照片

步骤2　按Ctrl+N组合键，打开【新建】对话框。这里创建一个宽度为1024像素，高度为768像素的背景透明的新文件，如图7.115所示。单击【确定】按钮，关闭【新建】对话框，即可使用所设置的参数创建新文件。

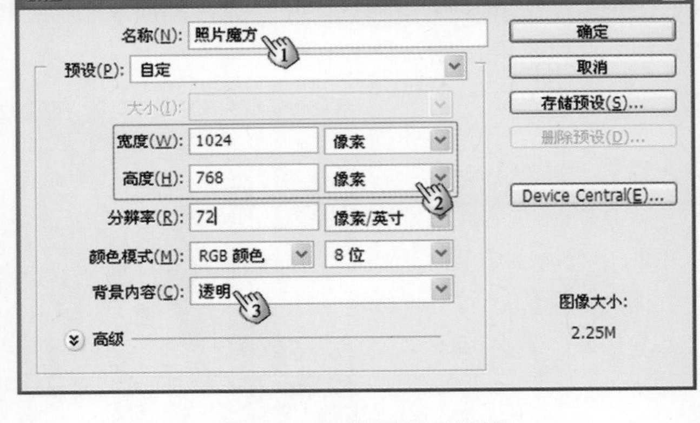

图7.115　【新建】对话框

步骤3　从工具箱中选择【矩形选框工具】，然后绘制一个矩形选区。打开【拾色器（前景色）】对话框，拾取前景色，如图7.116所示。单击【确定】按钮，关闭对话框，然后按Alt+Delete组合键，以前景色填充选区，如图7.117所示。

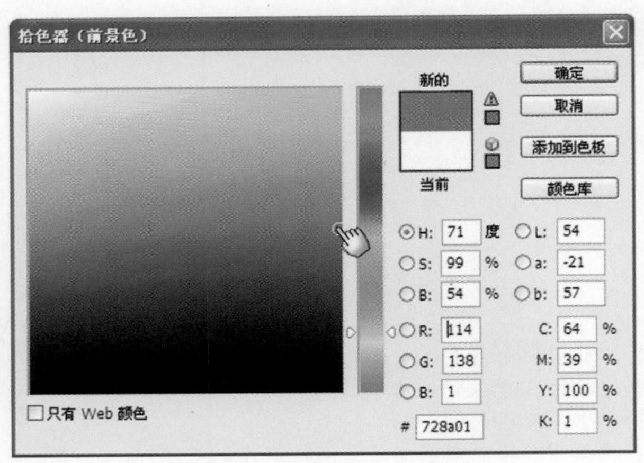

图7.116　设置前景色

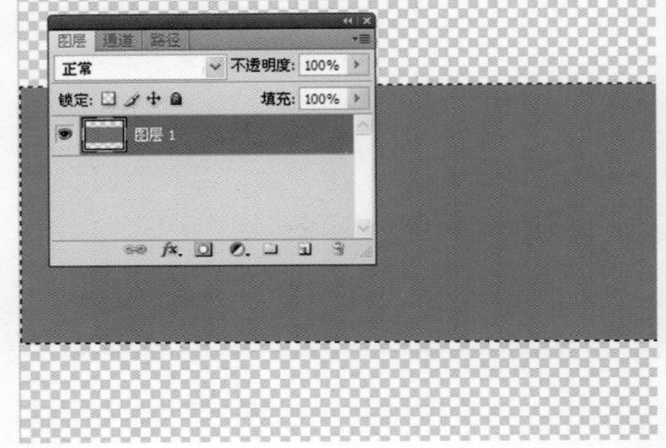

图7.117　以前景色填充选区

步骤4　在【图层】面板中创建一个新图层，然后使用【矩形选框工具】绘制一个矩形选区，再使用橘黄色（颜色值为R：225，G：218，B：9）填充该选区，如图7. 118所示。按Ctrl+D组合键取消选区，再复制该图层。使用【移动工具】，将图像移动画布的底部，如图7.119所示。

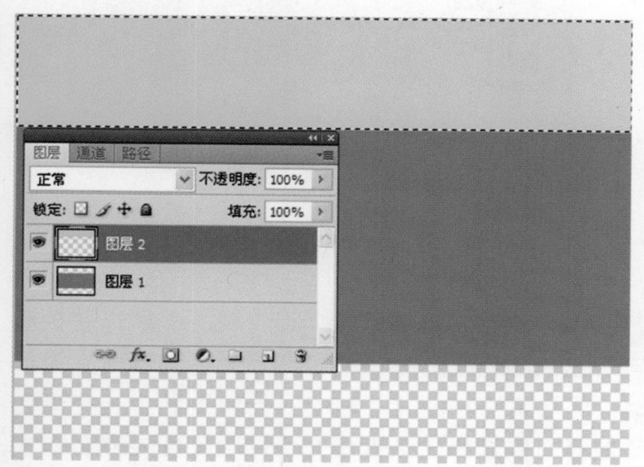

图7.118　使用橘黄色填充选区

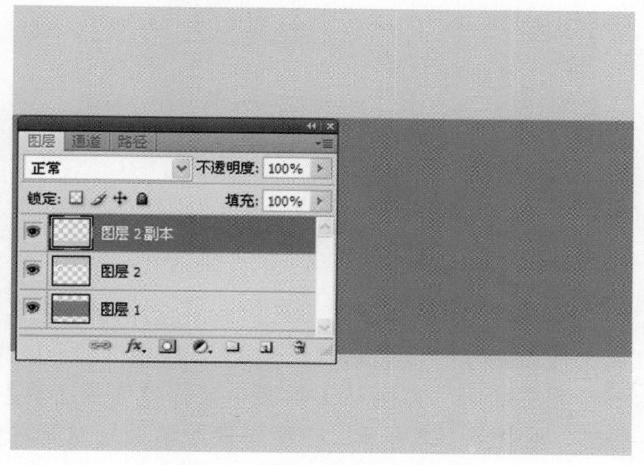

图7.119　复制图层并将图像移到底部

步骤5　在【图层】面板中，创建一个新图层，然后使用【矩形选框工具】，绘制一个包含绿色区域的选区。按D键，将前景色和背景色设置为默认的黑色和白色，再按Alt+Delete组合键，以前景色填充选区。选择【滤镜】|【渲染】|【分层云彩】命令，应用该滤镜，此时的图像效果如图7.120所示。

步骤6　按Ctrl+D组合键，取消选区。选择【滤镜】|【模糊】|【显示所有菜单项目】命令，再选择【径向模糊】命令，打开【径向模糊】对话框，并在该对话框中对滤镜进行设置，如图7.121所示。单击【确定】按钮，应用滤镜效果。按两次Ctrl+F组合键，重复应用滤镜效果，同时在【图层】面板中将图层混合模式设置为【明度】，如图7.122所示。添加图层蒙版，然后使用【画笔工具】抹掉超过边界的黑色，如图7.123所示。

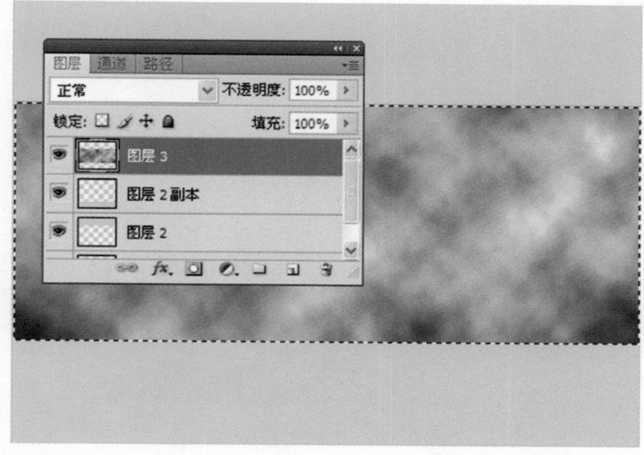

图7.120　使用【分层云彩】滤镜

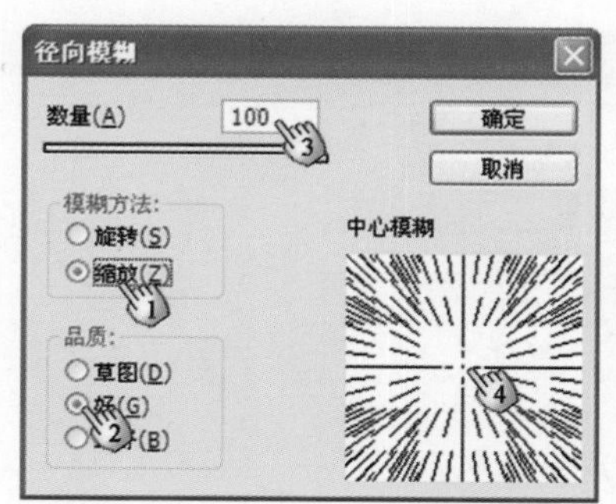

图7.121　【径向模糊】对话框

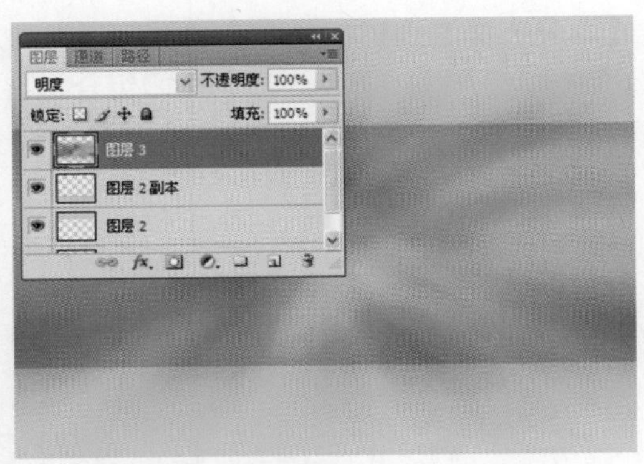

图7.122　应用滤镜并设置图层混合模式

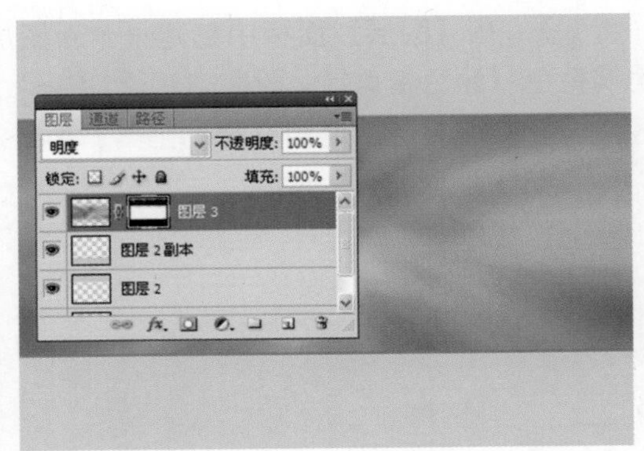

图7.123　添加图层蒙版

步骤7　使用【移动工具】，将写真照片2拖放到当前文件中。按Ctrl+T组合键，然后拖动控制柄，将图像缩小。完成缩放操作后按Enter键确认操作，此时图像的效果如图7.124所示。为该图层添加一个图层蒙版，然后从工具箱中选择【渐变工具】，再从属性栏的【“渐变”拾色器】中选择渐变样式，如图7.125所示。在图层蒙版中，从左向右拖动鼠标，以选择的渐变填充，同时将图层混合模式设置为【滤色】，图层的【不透明度】值设置为50%，此时图像的效果如图7.126所示。使用相同的方法，制作第二个半透明图像效果，如图7.127所示。

图7.124　添加图像

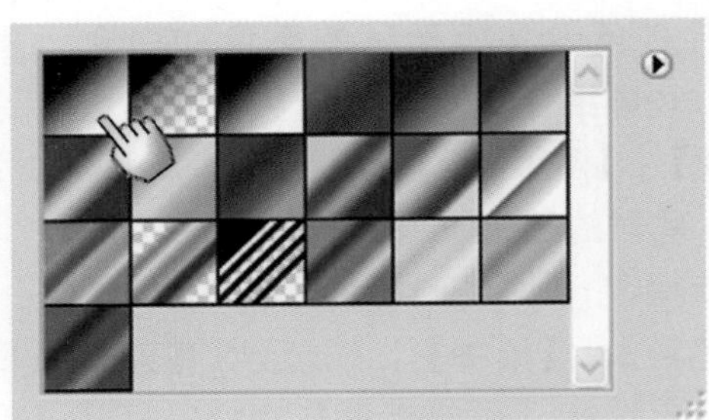

图7.125　设置渐变

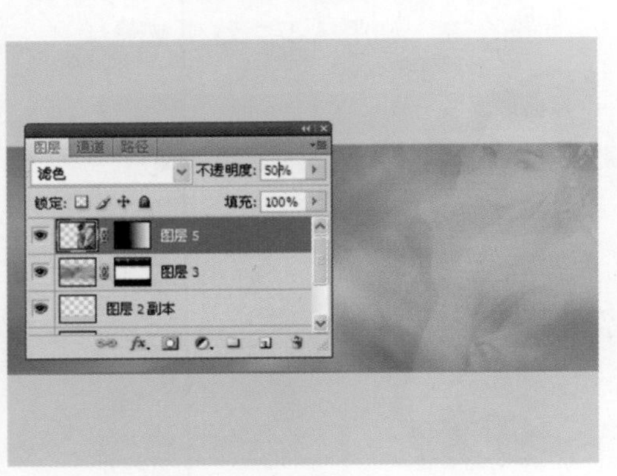

图7.126　以渐变填充蒙版

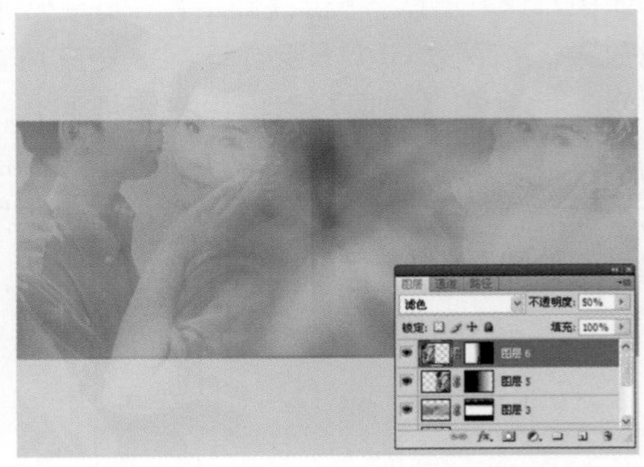

图7.127　制作第二个半透明图像

步骤8　在【图层】面板中创建一个新图层，然后从工具箱中选择【矩形选框工具】，在图层中绘制一个矩形选区。设置前景色，其颜色值为R：255，G：171，B：9。按Alt+Delete组合键，填充选区，如图7.128所示。按↓键，将选区下移，然后使用同样的前景色填充选区。反复多次，绘制装饰边条。按Ctrl+D组合键，取消选区，此时图像的效果如图7.129所示。

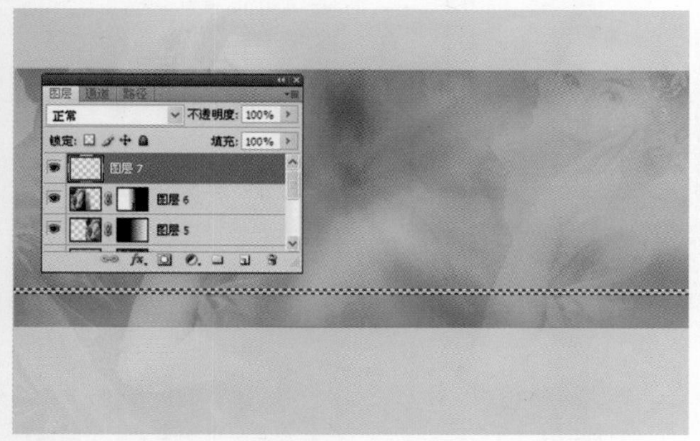

图7.128　填充选区

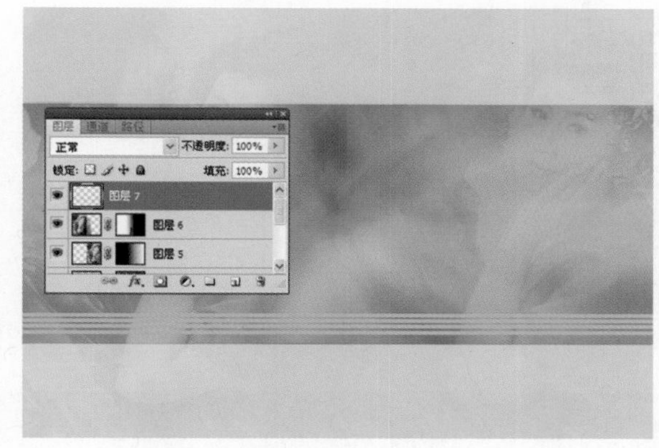

图7.129　绘制装饰线条

步骤9　在【图层】面板中创建一个新图层，然后从工具箱中选择【矩形选框工具】，在图层中绘制一个矩形选区，然后以白色前景色填充该选区，如图7.130所示。按Ctrl+D键，取消选区；按Ctrl+T组合键，然后按住Alt键同时拖动控制柄，对图像进行透视变换。按Enter键确认变换，此时图像的效果如图7.131所示。

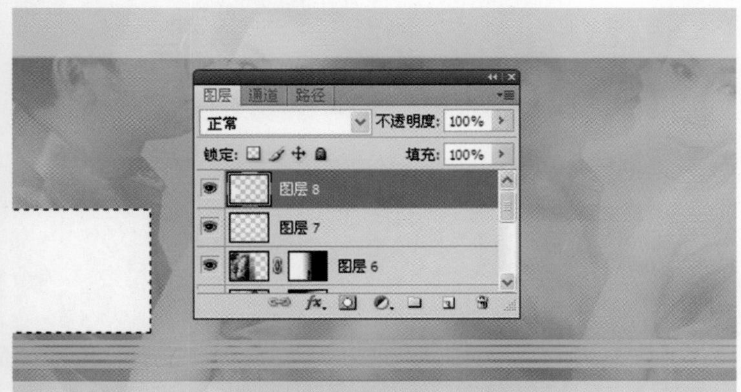

图7.130　绘制选区并以白色填充

图7.131　对图形进行透视变换

步骤10　双击图层，打开【图层样式】对话框，然后为该图层添加【描边】样式效果，其参数设置如图7.132所示。单击【确定】按钮，关闭【图层样式】对话框，此时图形的效果如图7.133所示。

步骤11　使用【移动工具】，将“写真照片1.jpg”图像拖放到当前文件窗口中。按Ctrl+T组合键，拖动控制柄缩小图像，如图7.134所示。按Enter键确认变换，再按Alt+Ctrl+G组合键创建剪贴蒙版，此时图像的效果如图7.135所示。

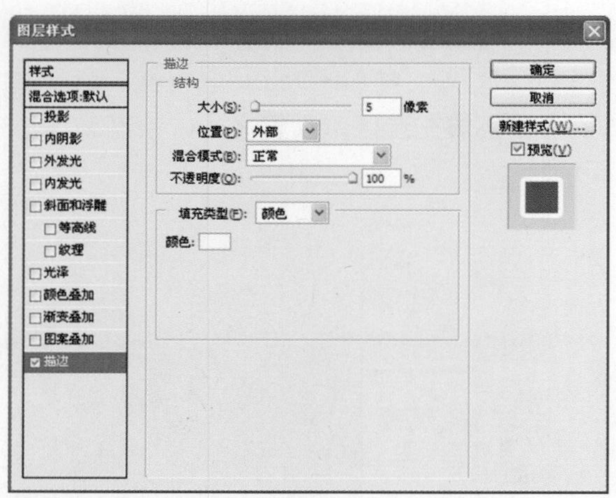

图7.132 设置【描边】样式

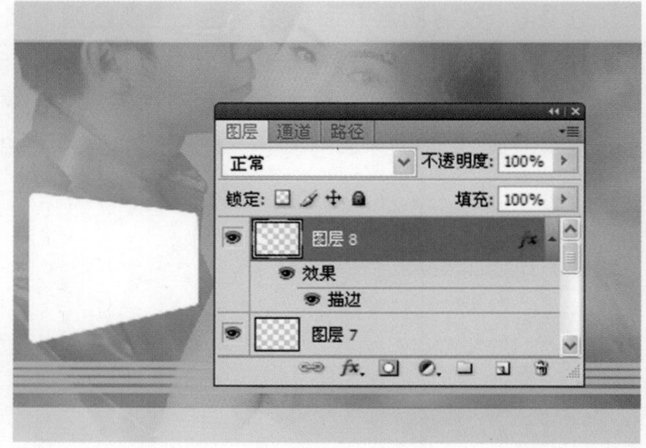

图7.133 添加【描边】图层样式后的效果

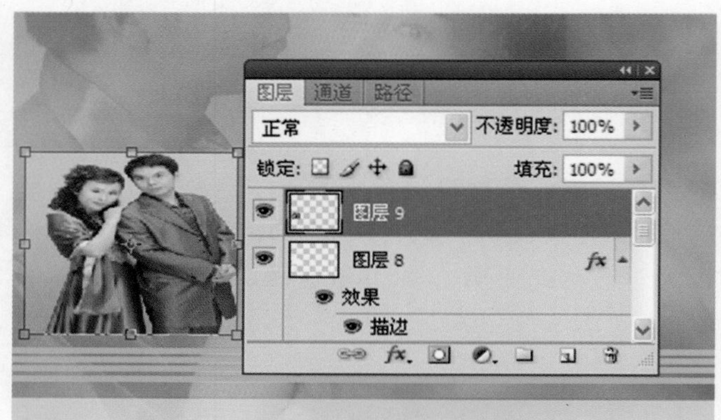

图7.134 缩小图像

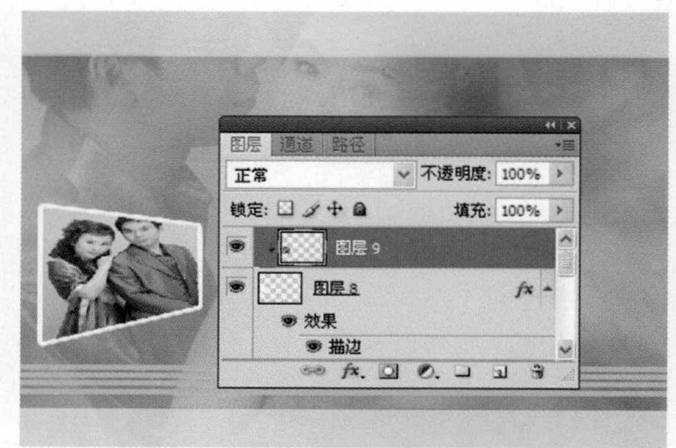

图7.135 创建剪贴蒙版

步骤12 使用相同的方法，在图像中制作另外两张素材照片的透视照片效果，如图7.136所示。

步骤13 在【图层】面板中，单击【创建新图层】按钮，创建一个新的空白图层。选择3D|【从图层新建形状】|【立方体】命令，创建3D图层，如图7.137所示。

步骤14 在【图层】面板中，双击3D图层下的【左侧材料－默认纹理】选项，打开“左侧材料－默认纹理.psb”文档窗口。使用【移动工具】，将“写真照片1.jpg”图像拖放到该文件窗口中，同时调整其大小使其占满整个画布，如图7.138所示。

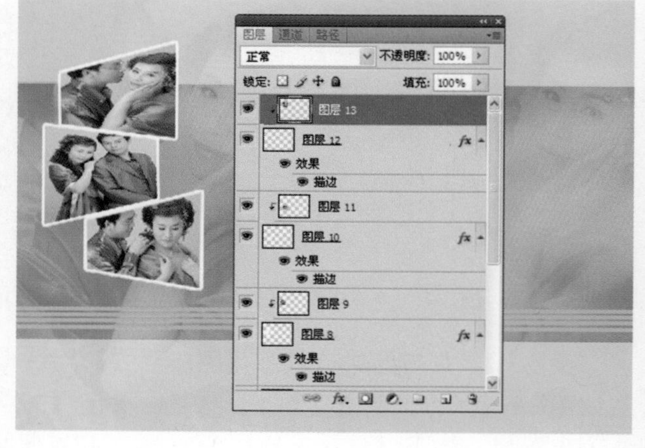

图7.136 制作透视照片效果

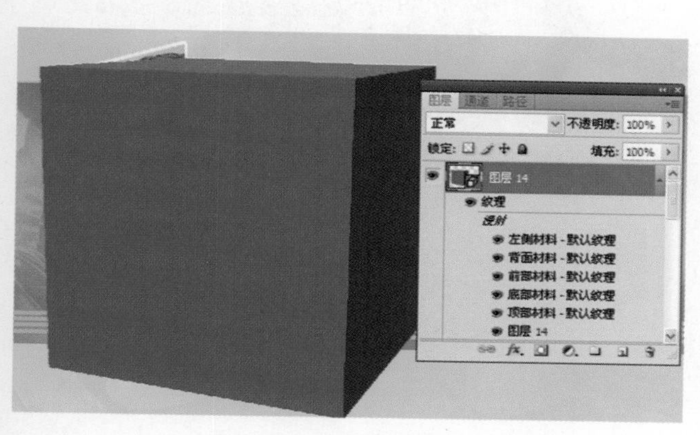
图7.137　创建3D图层

图7.138　放置素材图片

步骤15　从工具箱中选择【自定形状工具】，并在属性栏中对其参数进行设置，如图7.139所示。在图像中拖动鼠标指针，绘制网格，如图7.140所示。打开该图层的【图层样式】对话框，为图层添加【内阴影】效果，其参数设置如图7.141所示。单击【确定】按钮，关闭【图层样式】对话框，此时图像的效果如图7.142所示。关闭“左侧材料－默认纹理.psb”文档窗口，所编辑的纹理被添加到3D立方体的左侧面，如图7.143所示。

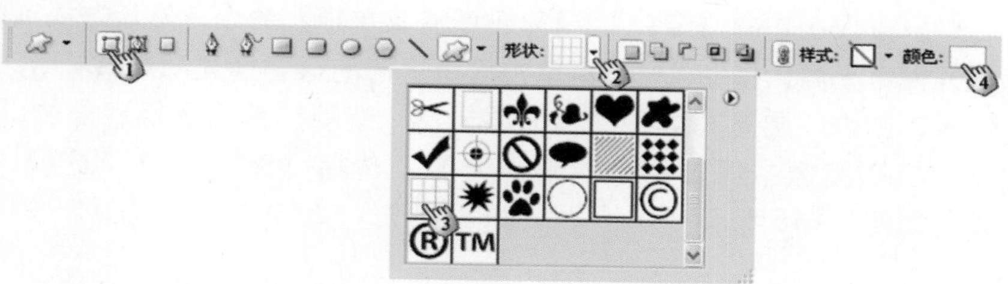

图7.139　属性栏的设置

图7.140　绘制网格

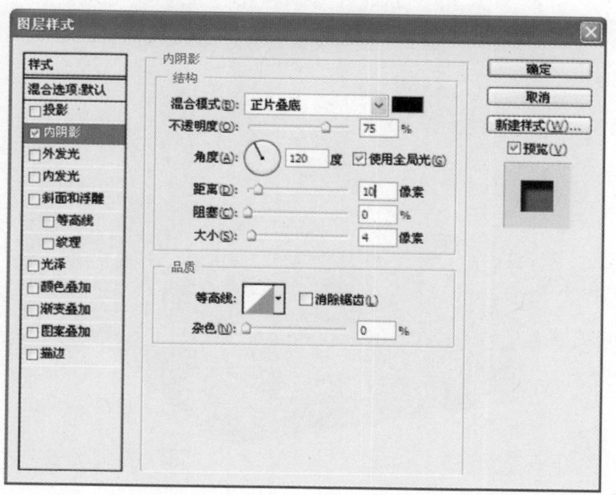

图7.141　【内阴影】效果的参数设置

图7.142 应用图层样式后的效果

图7.143 图像被添加到左侧面

步骤16 采用相同的方法，向立方体的背面和底部添加“写真照片2.jpg”和“写真照片3.jpg”文件，同时制作类似的网格效果。从工具箱中选择【3D旋转工具】，旋转立方体，使3个材料图片的3个面都能够看到，如图7.144所示。

步骤17 选择【窗口】|【显示所有菜单项】命令，然后选择3D命令，打开3D面板。单击面板中的【滤镜：光源】按钮，再单击面板底部的【切换光源】按钮，使照片中显示出光源。打开【无限光】列表，再选择其中的“无限光 3”选项。单击面板底部的【删除光源】按钮，将该光源删掉，仅在图像中保留两个无限光光源。选择“无限光 1”选项，并设置其【强度】和【柔和度】值，如图7.145所示。

图7.144 旋转立方体

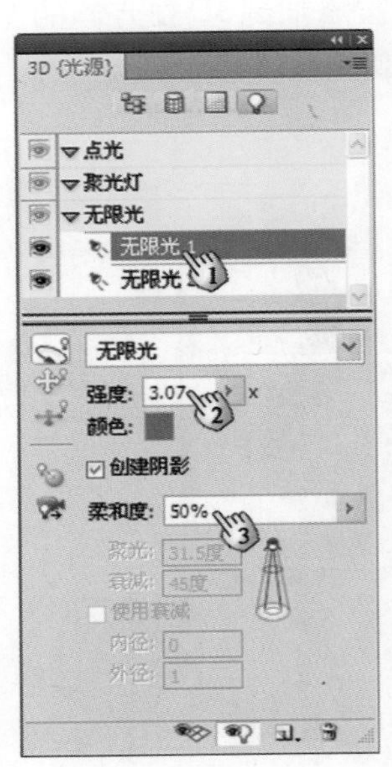

图7.145 对光源“无限光 1”进行设置

魔法师：在Photoshop中可以使用3种光源，分别是点光、聚光灯和无限光。点光近似于一个发光点，其光线能够向各个方向照射。聚光灯能够产生锥形光线。无限光就像太阳光，其光线能够从一个方向平行照射。这里，从3D面板的列表中选择一种光源，然后单击按钮，再从下拉菜单中选择一种光源类型，可以在图像中添加一个光源。选择光源后，可以对光源的【强度】、【色彩】和【柔和度】等参数进行设置，从而获得不同的光照效果。这个，你应该多试试。

小叮当：好的。

步骤18　设置光源“无限光 2”的【强度】和【柔和度】，如图7.146所示。选择“无限光 1”，然后单击【旋转光源】按钮，再在图像中拖动该光源，改变其光照角度。同样，再对“无限光 2”的光照角度进行调整。设置光照效果满意后的图像效果如图7.147所示。

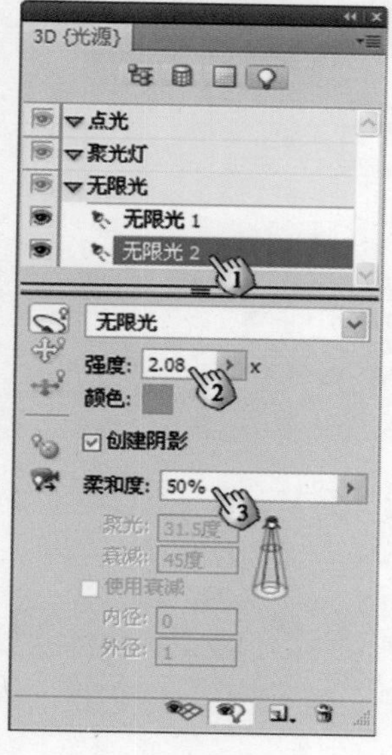

图7.146　设置光源“无限光 2”

图7.147　设置光源后的图像效果

步骤19　在3D面板中，再次单击【切换光源】按钮，取消其按下状态，这样可以隐藏图像中的光源。从工具箱中选择【3D滑动工具】，然后拖动立方体，改变其大小和位置，如图7.148所示。

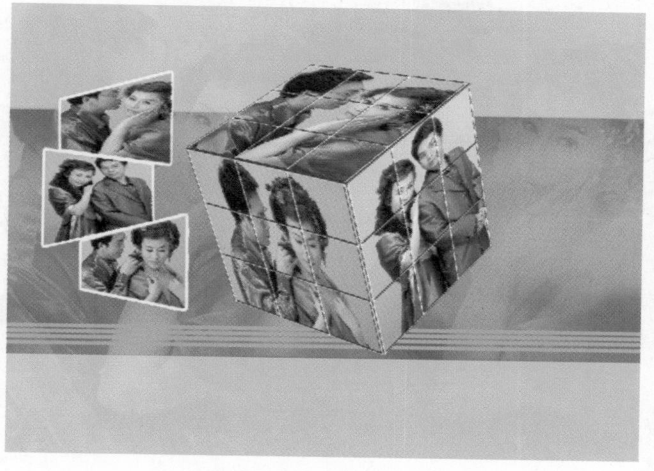

图7.148　改变立方体的大小和位置

魔法师：选择3D图层后，可以使用3D工具。3D工具可以从工具栏中进行选择。选择一个3D工具后，可以在属性栏中再进行选择。使用3D工具可以对3D对象进行移动、旋转和缩放等操作。

小叮当：Photoshop提供的3D工具还是很多的，基本能满足3D对象的各种操作。

魔法师：这里还要注意，在对3D对象进行编辑时，有时需要切换视图。此时可以从3D工具的属性栏的【视图】下拉列表中选择视图模式。

步骤20 从工具箱中选择【横排文字工具】T，并在属性栏中设置文字的字体、字号和颜色，如图7.149所示。在图像中输入英文诗歌文字，如图7.150所示。

图7.149 【横排文字工具】属性栏的设置

步骤21 在属性栏中重新设置文字的字体和字号，如图7.151所示。在图像中输入文字，如图7.152所示。打开该文字图层的【图层样式】对话框，为其添加【投影】效果，如图7.153所示。为图层添加【外发光】效果，如图7.154所示。为图层添加【斜面和浮雕】效果，如图7.155所示。为图层添加【渐变叠加】效果，如图7.156所示。为图层添加【描边】效果，如图7.157、图7.158所示。

图7.150 输入英文诗歌

图7.151 重新设置字体和字号

图7.152 再次输入文字

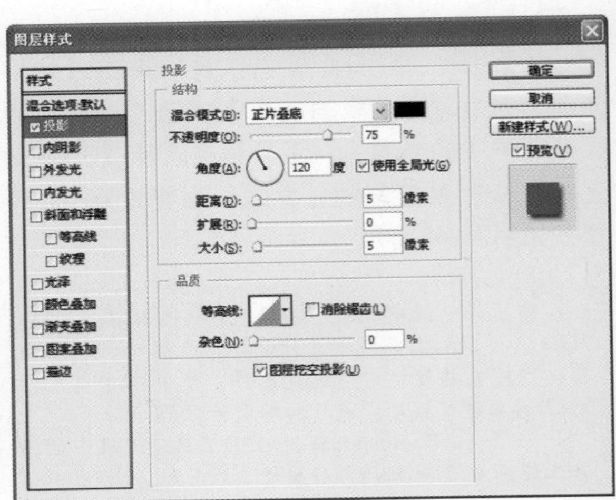

图7.153 添加【投影】效果

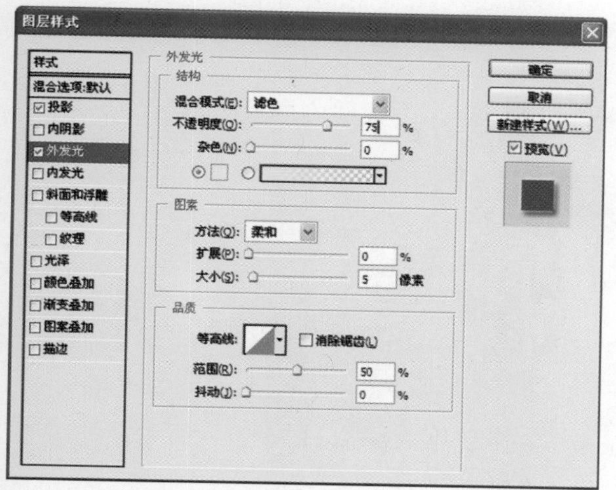

图7.154　为图层添加【外发光】效果

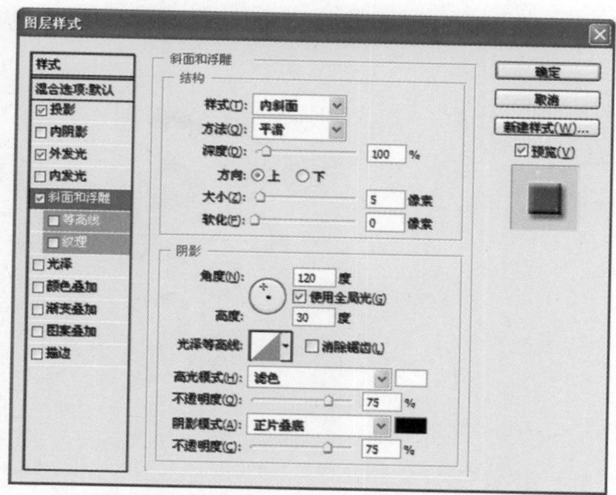

图7.155　为图层添加【斜面和浮雕】效果

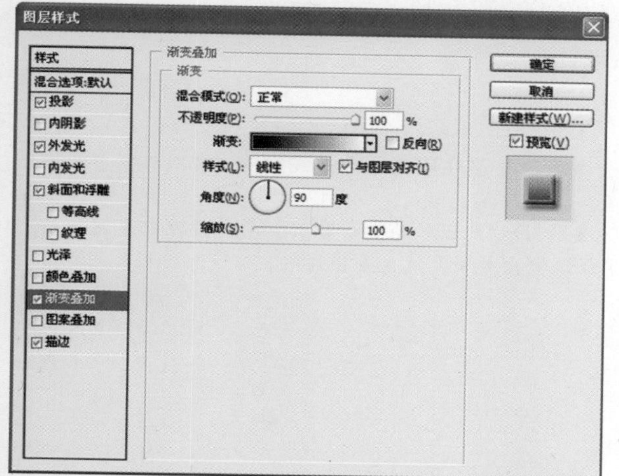

图7.156　为图层添加【渐变叠加】效果

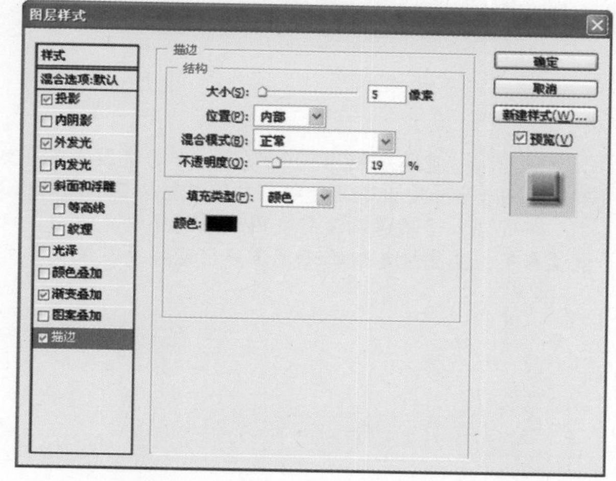

图7.157　为图层添加【描边】效果

步骤22　在【图层】面板中选择3D图层，然后选择3D|【为最终输出渲染】命令，对3D图层进行渲染。完成渲染后，按Ctrl+Shift+E组合键合并所有图层，然后保存文档，从而完成本实例的制作。本实例制作完成后的效果如图7.159所示。

图7.158　添加图层样式后的效果

图7.159　实例制作完成后的效果

魔法师：完成3D对象的制作后，为了使图像获得更好的输出效果，应该对3D图像进行渲染。这样能够保证图像不管是用于Web输出还是打印，都能够获得最高的输出品质。

小叮当：怪不得在没有使用【为最终输出渲染】命令之前，我的3D对象边界的线条有严重的锯齿现象，渲染后就没有了。虽然对复杂的3D图像进行渲染要花很多时间，但为了保证输出效果，这也是值得的。

7.6 婚纱场景特效合成

魔法师：本实例里我将介绍使用淡彩素描画获得一款婚纱照片的合成特效。通过实例制作，你能够进一步熟悉使用通道来获取对象，特别是获取婚纱对象的方法。同时，你还能够进一步掌握文字工具的使用方法以及文字特效的创建方法，以及掌握图层的各种操作技巧。下面我们就开始实例制作吧。

小叮当：好的。

步骤1　启动Photoshop，打开需要处理的照片（路径：素材和源文件\part7\7.6\背景.jpg、素材照片1.jpg、素材照片2.psd），如图7.160所示。下面使用将素材照片合成到背景照片中，同时为图像添加文字和淡彩素描特效。

步骤2　在【图层】面板中，将“背景”图层拖放到【创建新图层】按钮上，复制背景图层。按Ctrl+U组合键，打开【色相/饱和度】对话框，然后在该对话框中对图像的色彩进行设置，如图7.161所示。单击【确定】按钮，关闭【色相/饱和度】对话框，同时将图层混合模式设置为【叠加】，此时的图像效果如图7.162所示。

图7.160　需要处理的照片

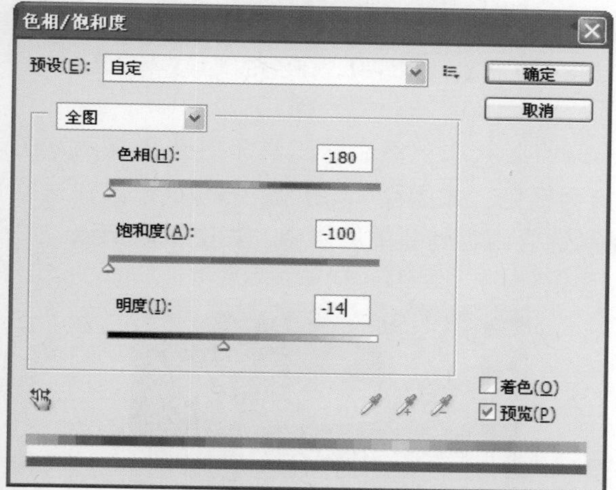

图7.161　【色相/饱和度】对话框中的设置

图7.162　应用【色相/饱和度】命令并设置图层混合模式

步骤3　在【图层】面板中，将“背景”图层拖放到【创建新图层】按钮 上，创建一个副本图层，再将图层混合模式设置为【颜色减淡】，同时调整图层的【不透明度】值，如图7.163所示。

图7.163　设置图层混合模式和【不透明度】值

步骤4　选择【滤镜】|【模糊】|【高斯模糊】命令，打开【高斯模糊】滤镜对话框，再设置【半径】值，如图7.164所示。单击【确定】按钮，应用滤镜效果，此时图像的效果如图7.165所示。

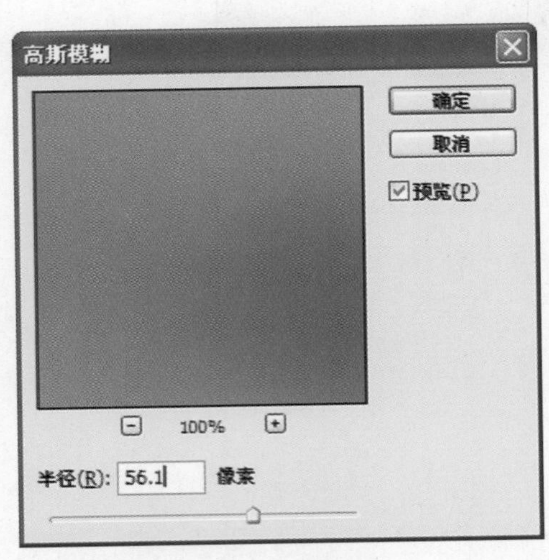

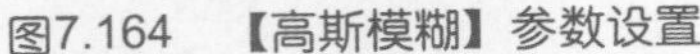

图7.164 【高斯模糊】参数设置

图7.165 应用【高斯模糊】滤镜后的图像效果

步骤5 打开“素材照片1.jpg”文件。按Q键进入快速蒙版状态，然后从工具箱中选择【画笔工具】，再使用黑色将人物身上除了头发之外的区域涂抹为红色，如图7.166所示。按Q键退出快速蒙版状态，再按Ctrl+I组合键反转选区。按Ctrl+J组合键，复制选区内容到新的图层中，如图167所示。

图7.166 将人物涂抹为红色

图7.167 复制选区内容

步骤6 打开【通道】面板，再复制“绿”通道。选择“绿 副本”通道，然后按Ctrl+L组合键，打开【色阶】对话框，再调整通道中图像的亮度，如图7.168所示。单击【确定】按钮，关闭【色阶】对话框。从工具箱中选择【画笔工具】，再以白色在通道中涂抹，将背景涂抹为白色，仅保留头发，如图7.169所示。

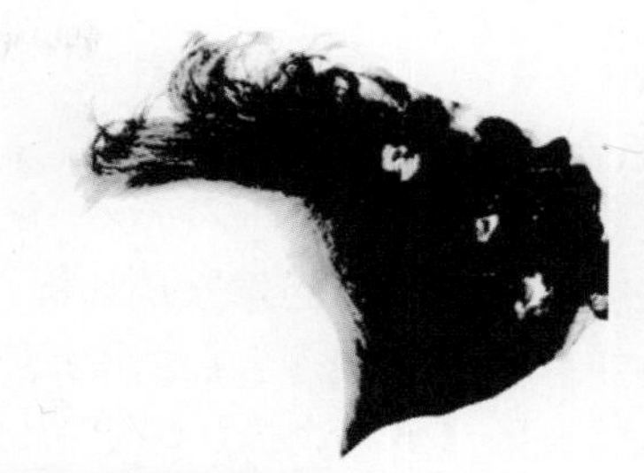

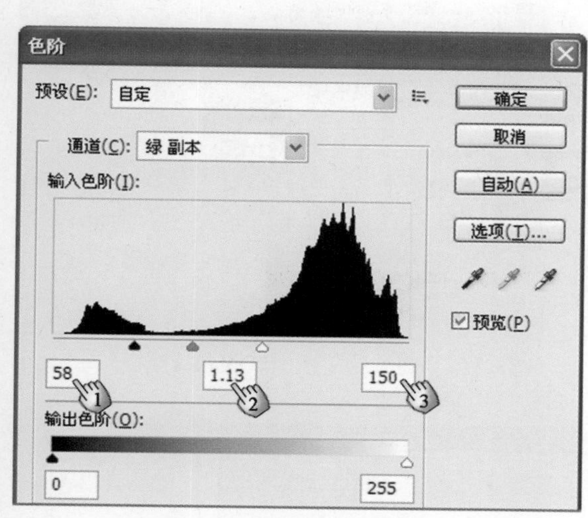

图7.168　【色阶】对话框

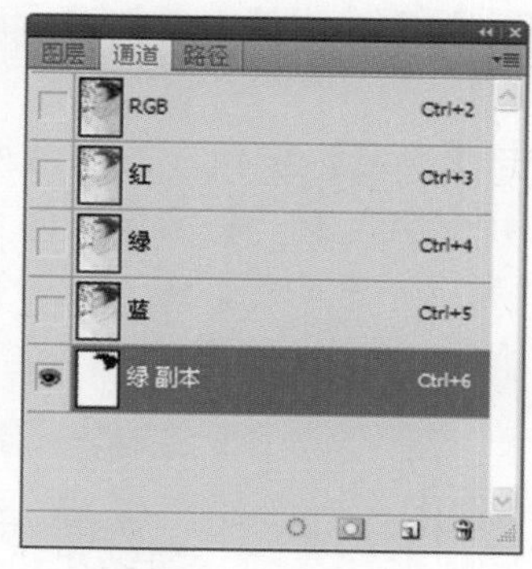

图7.169　保留头发

步骤7　在【通道】面板中，使RGB通道可见，再单击“绿 副本”通道前的标志，使该通道不可见。按住Ctrl键同时单击该通道，将通道作为选区载入。打开【图层】面板，然后在【图层】面板中选择“背景”图层。按Ctrl+Shift+I组合键，反转选区，再按Ctrl+J组合键，将选区粘贴到新图层中，此时图像的图层结构如图7.170所示。

步骤8　按Ctrl+E组合键，合并“图层3”和“图层 2”，然后将合并后的图层拖放到背景图像的【图层】面板中。按Ctrl+T组合键，再调整图像的位置和大小。按Enter确认变换操作，图像效果如图7.171所示。

图7.170　图像的图层结构

图7.171　拖放图层并调整图像大小后的效果

步骤9　复制“图层 1”图层，然后按Ctrl+Shift+U组合键，将复制图层去色。将图层混合模式改为【滤色】，如图7.172所示。复制该图层，选择确认变换操作后的图像效果如图7.172所示。选择【滤镜】|【风格化】|【显示所有菜单项目】命令，然后选择【照亮边缘】命令，打开【照亮边缘】对话框。在该对话框中对滤镜参数进行调整，如图7.173所示。

图7.172　将图层混合模式改为【滤色】

步骤10　单击【确定】按钮，关闭【照亮边缘】对话框。按Ctrl+I组合键，将图像方向，同时调整图层混合模式和【不透明度】值，此时图像的效果如图7.174所示。

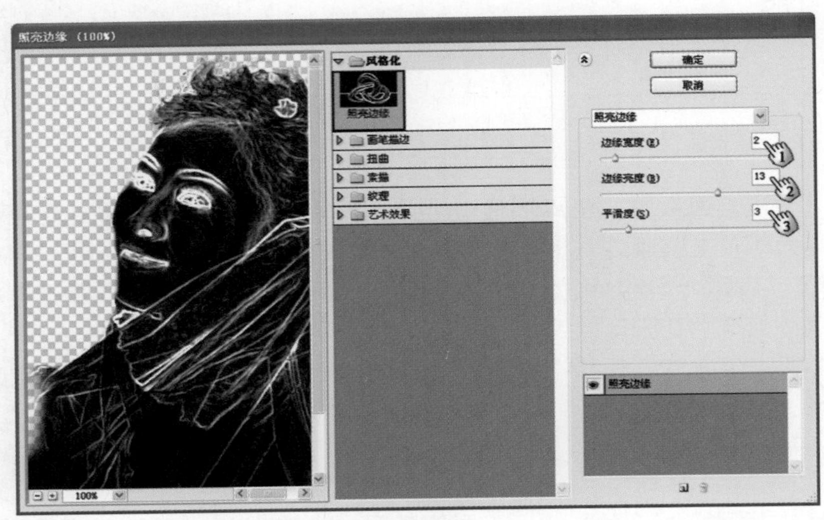

图7.173　【照亮边缘】对话框

步骤11　使用【移动工具】，将“素材照片2.psd”文件中的人物拖放到当前图像窗口中。在该图像所在图层上新建一个空白图层。然后从工具箱中选择【矩形选框工具】，按住Shift键同时拖动鼠标指针，绘制一个正方形选区。打开【拾色器（前景色）】对话框，并设置前景色，如图7.175所示。关闭【拾色器（前景色）】对话框，然后按Alt+Delete组合键，以设置的前景色填充选区。按Ctrl+D组合键，取消选区，此时图像的效果如图7.176所示。

图7.174　反相并调整图层混合模式和【不透明度】值后的效果

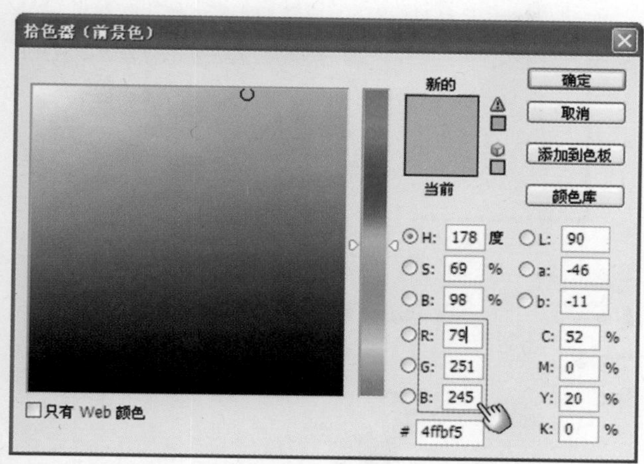

图7.175　拾取前景色

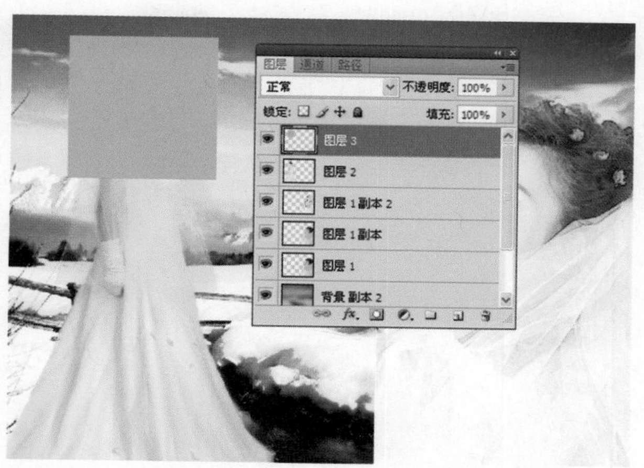

图7.176　填充选区后的效果

魔法师：瞧，人物已经被抠取出来了。如果你想知道抠取人物的具体操作方法，可以参照前面步骤自己进行操作。也可以参考第5章的有关内容进行操作，这里就不赘述了。

小叮当：好的，我知道。

步骤12　在【图层】面板中，双击该图层，打开【图层样式】对话框，然后为图层添加【外发光】效果，其参数设置如图7.177所示。在【样式】列表中选中【斜面和浮雕】复选框，再对【斜面和浮雕】效果进行设置，如图7.178所示。选中【等高线】复选框，并对参数进行设置，如图7.179所示。单击【确定】按钮，关闭【图层样式】对话框，然后在【图层】面板中将【填充】值设置为27%，如图7.180所示。

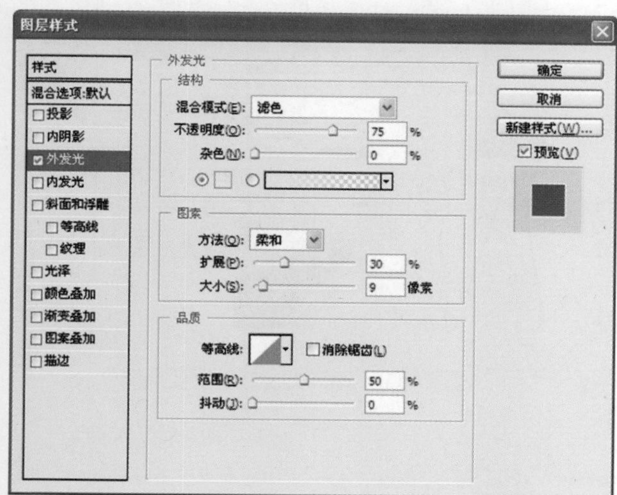

图7.177　【外发光】效果的参数设置

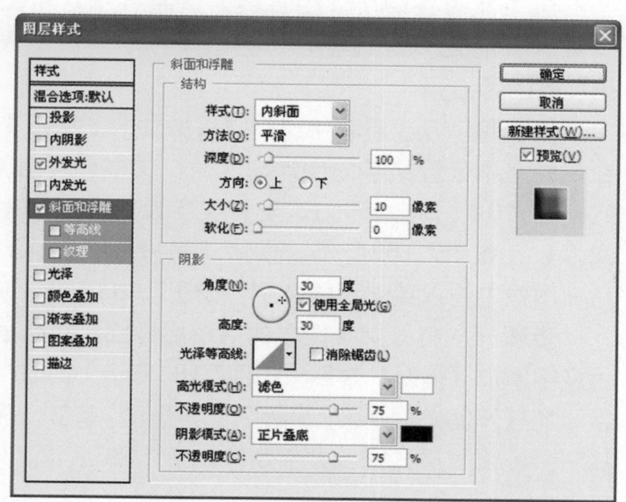

图7.178　【斜面和浮雕】效果的参数设置

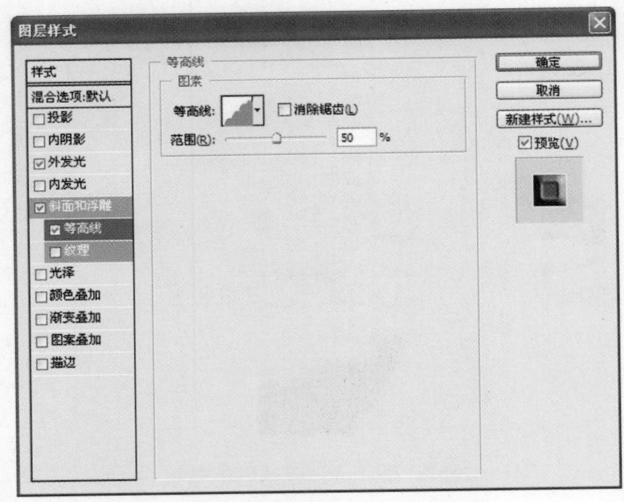

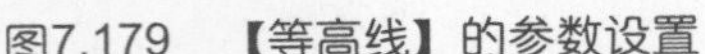

图7.179　【等高线】的参数设置

图7.180　设置【填充】值

小叮当：老师，我在调整图层的【不透明度】或【填充】值后，有时获得的效果是一样的。它们之间有区别吗?

魔法师：当然有区别。这里，【填充】值实际上控制的是图层填充色的不透明度。当没有在图层中添加样式效果(如阴影和内发光等效果)时，调整【不透明度】或【填充不透明度】值获得的效果是一样的。而当在图层中添加了样式效果后，对两者的调整将会出现不同的效果。可以这样理解，【不透明度】的值将影响整个图层中的所有像素，包括添加的样式效果，而【填充】值则对图层中样式效果均不起作用。

小叮当：原来是这样，我明白了。

步骤13　将“图层 3”图层复制4个，再选择这些图层，然后按Ctrl+T组合键，调整各图层中图像的位置，并将它们进行旋转。完成操作后的图像效果如图7.181所示。

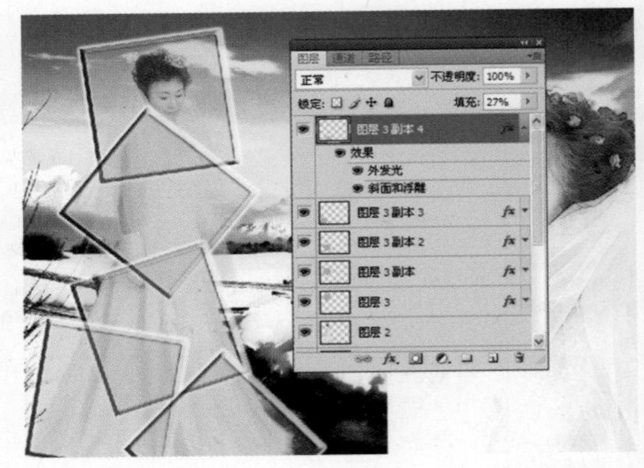

图7.181　复制图层并进行变换操作

步骤14　从工具箱中选择【横排文字工具】T，并在属性栏中设置文字的字体和字号，文字颜色值为R：1，G：102，B：160。这里将文字设置为【居中对齐文本】，如图7.182所示。使用【横排文字工具】，然后在图像中输入英文诗的文字，如图7.183所示。

步骤15　打开文字图层的【图层样式】对话框，再为文字添加【投影】效果，如图7.184所示。同时，为文字添加【外发光】效果，如图7.185所示。单击【确定】按钮，应用图层样式，文字效果如图7.186所示。

图7.182　属性栏参数设置

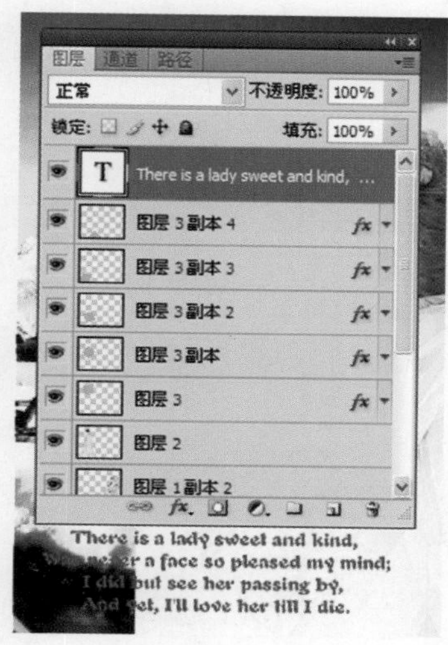

图7.183 输入英文诗

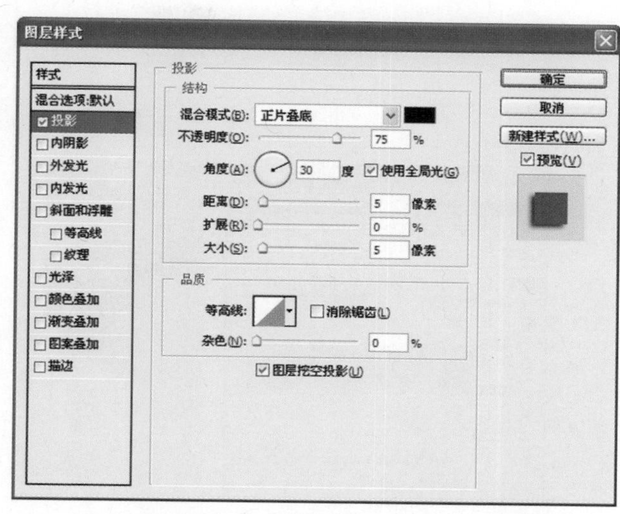

图7.184 【投影】效果的设置

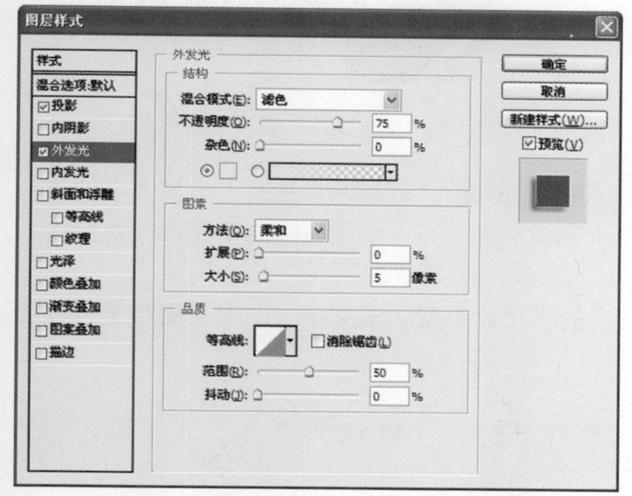

图7.185 【外发光】效果的设置

图7.186 添加图层样式后的文字效果

步骤16 应用相同的设置，继续使用【横排文字工具】输入汉字，并添加相同的图层样式效果，如图7.187所示。在【横排文字工具】的属性栏中，重新设置字体和字号，如图7.188所示。在图像中输入文字，并分别使用【移动工具】重新放置这两个汉字，如图7.189所示。

步骤17 分别选择这两个汉字，然后按Ctrl+T组合键，对文字进行旋转变换。完成变换后，将英文文字的图层样式通过复制和粘贴的方式赋予这两个文字，完成操作后文字的效果如图7.190所示。

图7.187 输入汉字并添加文字效果

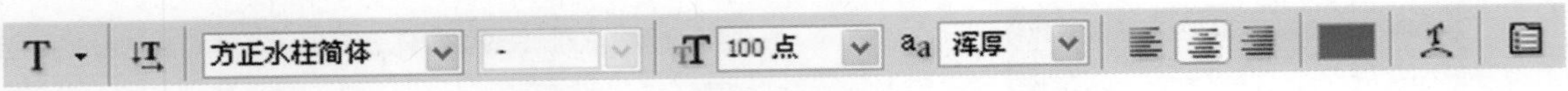

图7.188　设置字体和字号

图7.189　输入汉字并放置这两个汉字

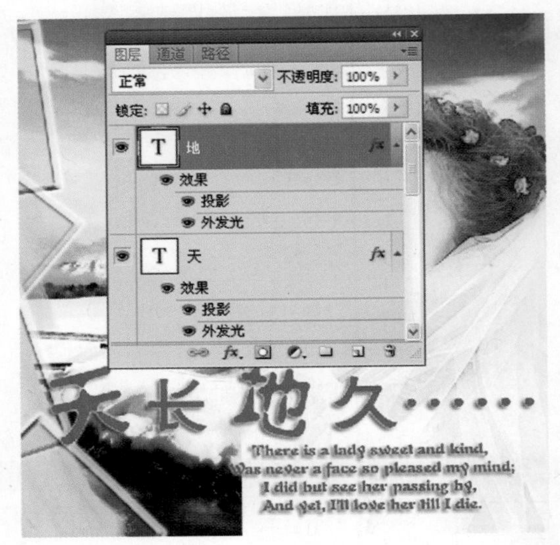

图7.190　旋转文字并添加图层样式效果

步骤18　再次在属性栏中对【横排文字工具】进行设置，如图7.191所示。这里，设置文字的颜色值为R：195，G：227，B：246。在图像中主体人物所在图层的上方，创建一个文字图层，然后输入文字FOREVER，如图7.192所示。

步骤19　通过复制和粘贴操作，将前面步骤中文字的样式效果赋予该文字，同时将图层混合模式设置为【柔光】，此时文字的效果如图7.193所示。

图7.191　【横排文字工具】属性栏的设置

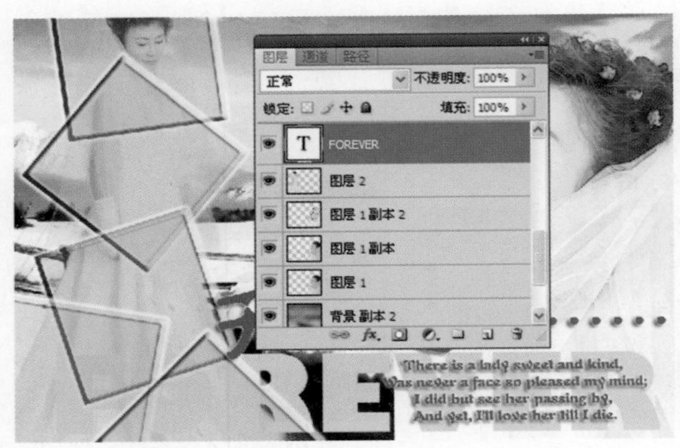

图7.192　输入文字

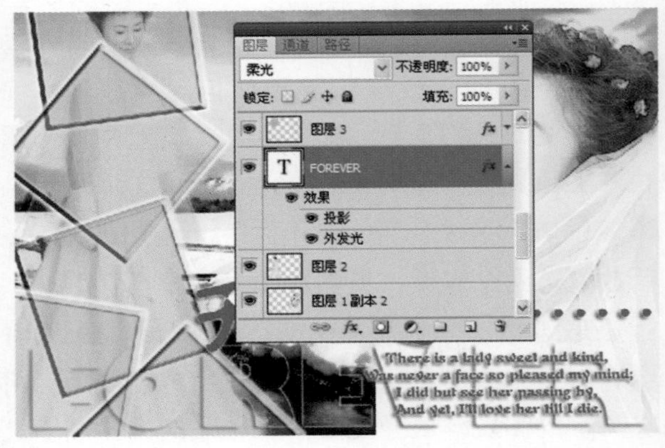

图7.193　添加图层样式并更改图层混合模式

步骤20　按Ctrl+Shift+E组合键合并所有可见图层，然后保存文档，从而完成本实例的制作。本实例制作完成后的效果如图7.194所示。

图7.194　实例制作完成后的效果

7.7 制作个性背景图案

魔法师：作为一款专业的图像处理软件，Photoshop擅长位图图像处理以及各种特效制作，但这并不意味着Photoshop的绘图能力很差。相反，Photoshop提供了多种工具来绘制图形。同时，通过对基本图形的排列和拼合，能够制作出各种复杂的图形。本节我将借助一张儿童写真照片处理的实例来介绍Photoshop的图形绘制方法和技巧。通过本实例，你将掌握使用图层拼合复杂图形的方法、文字嵌套照片效果和文字变形效果的制作方法以及通过使用【画笔工具】描边路径来绘制图形的方法。

小叮当：好呀，我们快点开始吧，我都等不及了。

步骤1　启动Photoshop，打开需要处理的照片（路径：素材和源文件\part7\7.7\花纹.jpg、小女孩1.jpg、小女孩2.jpg），如图7.195所示。下面就使用这几张素材图片来制作个性儿童写真效果图。

图7.195　需要处理的照片

步骤2 按Ctrl+N组合键，打开【新建】对话框，该对话框中的参数设置如图7.196所示。完成设置后，单击【确定】按钮，创建一个新文件。

步骤3 从工具箱中选择【渐变工具】，然后在属性栏中单击【“渐变”拾色器】按钮，打开【渐变编辑器】对话框。在该对话框中，将渐变设置为【前景色到背景色渐变】，同时设置渐变开始颜色，如图7.197所示。选择渐变终止颜色色标，设置其颜色，如图7.198所示。关闭【渐变编辑器】对话框，然后在图像中从上向下拖动鼠标指针，以所设置的渐变色填充当前图层，如图7.199所示。

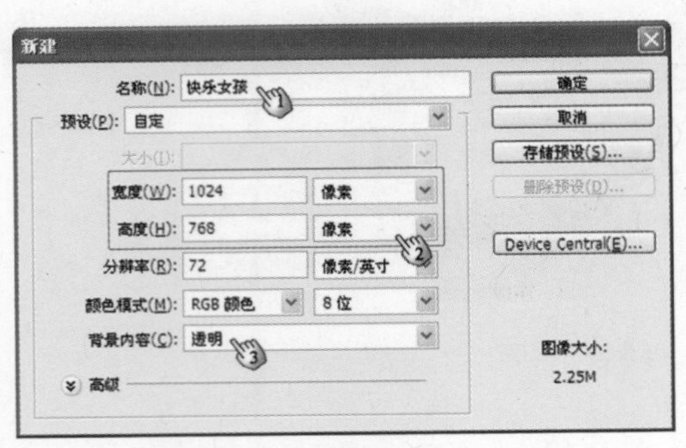

图7.196 【新建】对话框

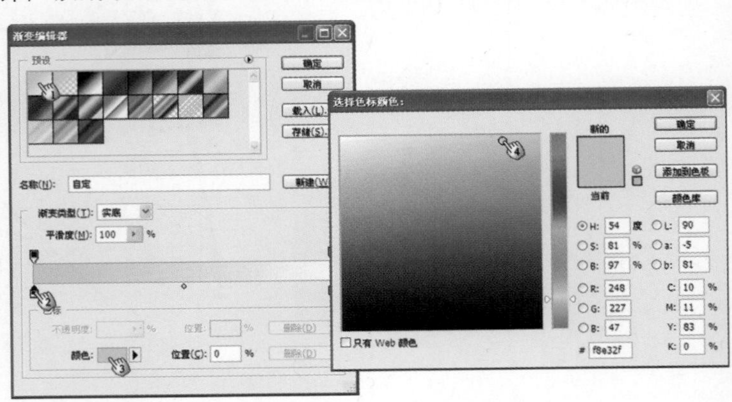

图7.197 设置渐变开始颜色

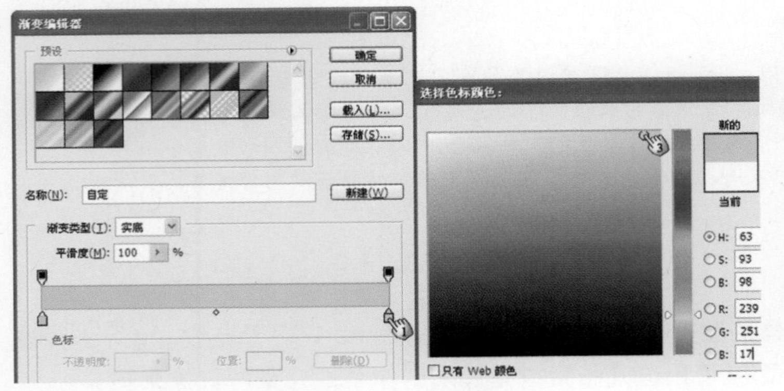

图7.198 设置渐变终止颜色

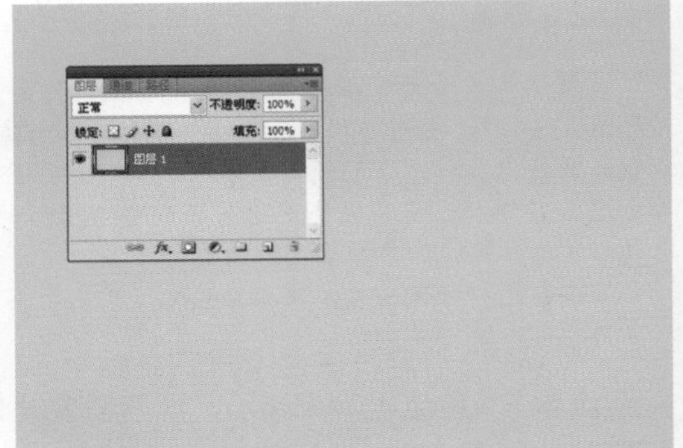

图7.199 以渐变色填充图层1

步骤4 使用【移动工具】，将“花纹.jpg”文件拖放到当前图像窗口中，再调整图像大小，使其占满整个画布。在【图层】面板中，将图层混合模式设置为【柔光】，如图7.200所示。

步骤5 在【图层】面板中，单击【创建新图层】按钮，创建一个新图层。从工具箱中选择【矩形选框工具】，然后拖动鼠标指针，绘制一个矩形选区。将前景色变为白色，再按Ctrl+Delete组合键，以前景色填充选区。按Ctrl+D组合键，取消选区。此时将得到一个白色矩形，如图7.201所示。

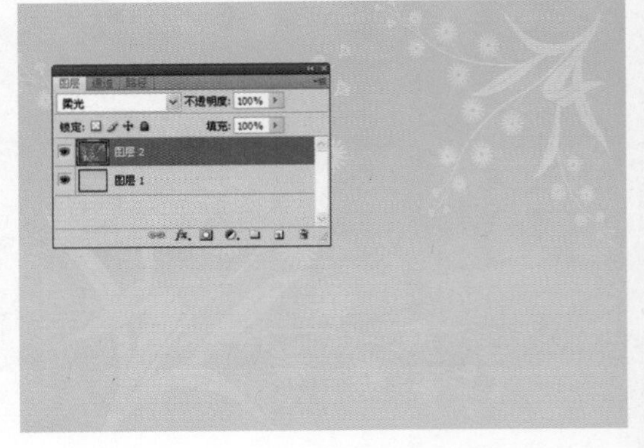

图7.200 放置图像并设置图层混合模式

图7.201　绘制一个白色矩形

步骤6　按Ctrl+D组合键，取消选区，然后选择【编辑】|【变换】|【斜切】命令。拖动变换框上的控制柄，对图形进行斜切变换，如图7.202所示。按Enter键确认变换，再复制当前图层。按Ctrl+T组合键，并在属性栏中设置图形角度，如图7.203所示。按Enter键确认图形旋转，再移动图形，将其重新放置。按Enter键确认变换操作，此时图形的效果如图7.204所示。

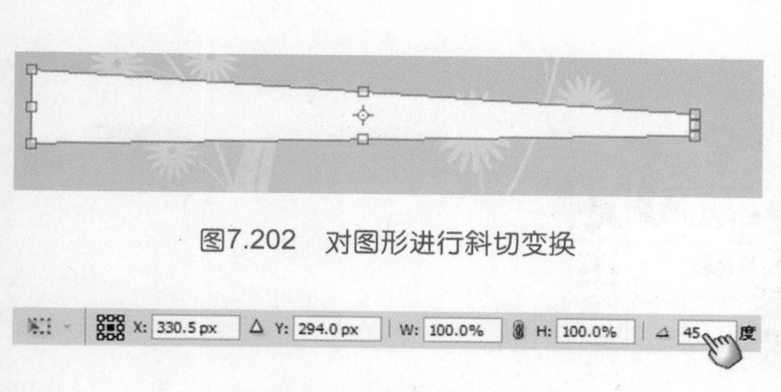

图7.202　对图形进行斜切变换

图7.203　设置变换角度

图7.204　复制图层并进行旋转变换

步骤7　按Ctrl+E组合键，将“图层3 副本”图层和“图层3”图层合并为一个图层。复制合并后的图层，再将合并后的图层旋转90°，并调整图形的位置，如图7.205所示。再次按Ctrl+E组合键，将两个图层合并为一个图层。复制合并后的图层，再将合并后图层的图形旋转180°，同时调整旋转后图形的位置，如图7.206所示。

图7.205　复制图层并旋转

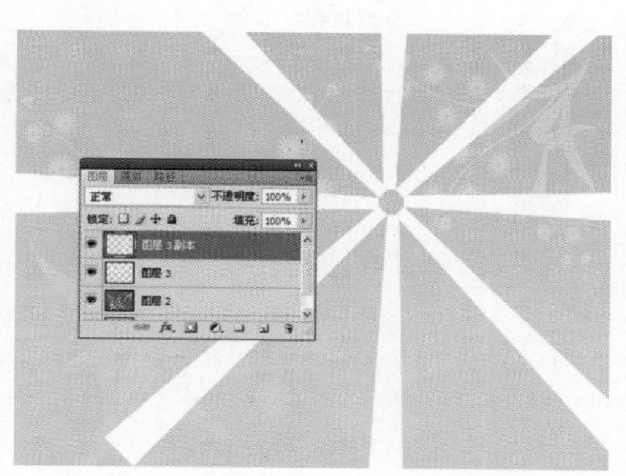

图7.206　再次复制图层并旋转

步骤8　按Ctrl+E组合键，合并图层，再调整合并后图形的大小和位置，并对图形进行适当旋转。在【图层】面板中，将该图层的【填充】效果设置为50%，如图7.207所示。

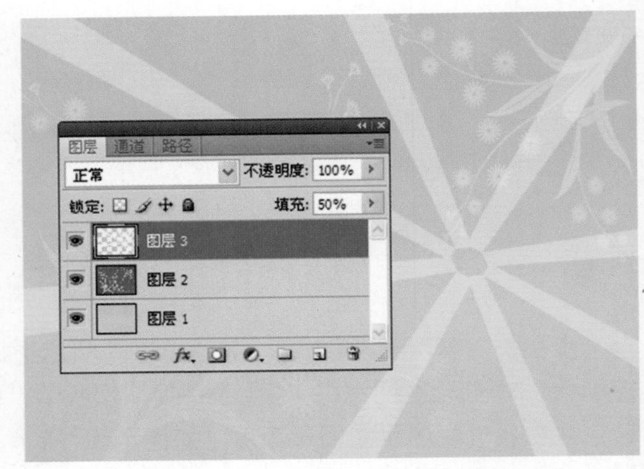

图7.207　合并图层并设置【不透明度】值

步骤9　在【图层】面板中，单击【创建新图层】按钮，创建一个新图层。从工具箱中选择【自定义形状工具】，然后在属性栏中单击，使【以像素填充】按钮处于按下状态。打开【"自定形状"拾色器】面板，拾取形状，同时将【不透明度】设置为50%，如图7.208所示。拖动鼠标指针，绘制爪印，如图7.209所示。

步骤10　将爪印所在的图层复制两个。调整这两个图层中图形的大小，并重新放置它们。在【图层】面板中，双击图层的名称，对该面板中的图层重新命名，如图7.210所示。

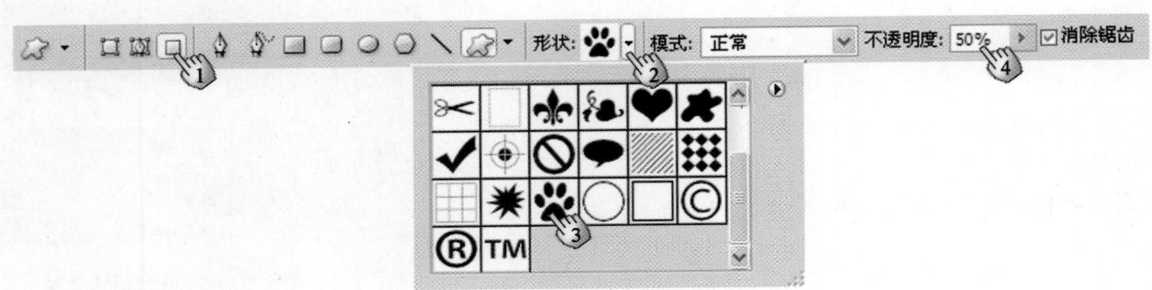

图7.208　【自定形状工具】属性栏的设置

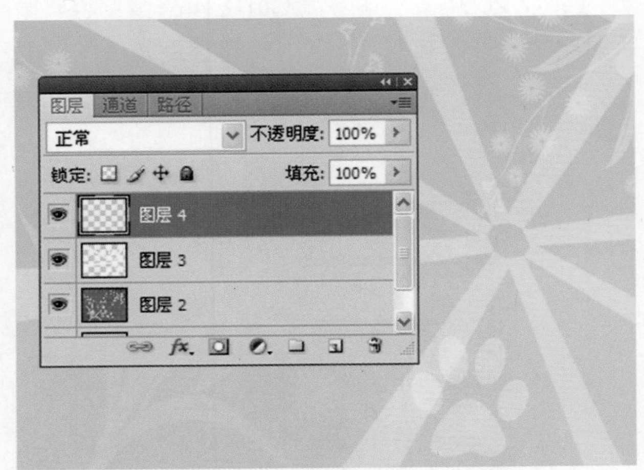

图7.209　绘制图形

图7.210　复制爪印并对图层重命名

步骤11　在【图层】面板中，创建一个新图层，再将其命名为“圆点”图层。从工具箱中选择【椭圆工具】，并在属性栏中将该工具设置为【路径】模式，如图7.211所示。按住Shift键同时拖动鼠标指针，绘制一个圆形路径，如图7.212所示。

图7.211　设置为【路径】模式

图7.212　绘制圆形路径

步骤12　从工具箱中选择【画笔工具】，然后在属性栏中单击【切换画笔面板】按钮，打开【画笔】面板，再在该面板中对画笔笔尖的形状进行设置，如图7.213所示。选择【窗口】|【路径】命令，打开【路径】面板，选择之前创建的工作路径然后单击【用画笔描边路径】按钮，如图7.214所示。完成描边后单击【删除当前路径】按钮，删除工作路径，此时将获得按路径分布的圆点效果，如图7.215所示。

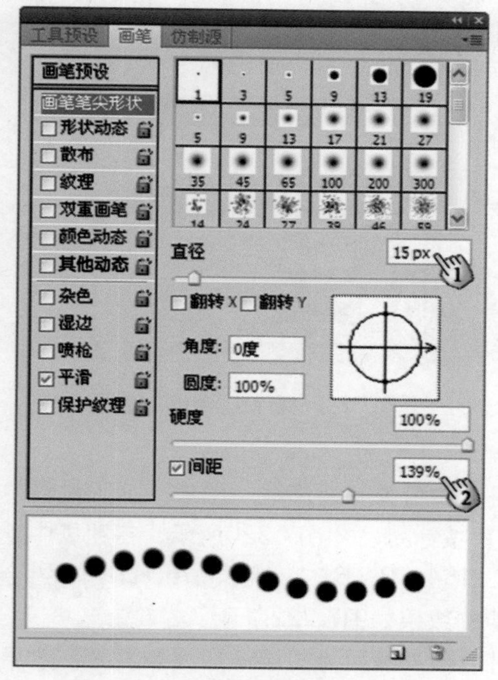

图7.213　设置画笔笔尖形状

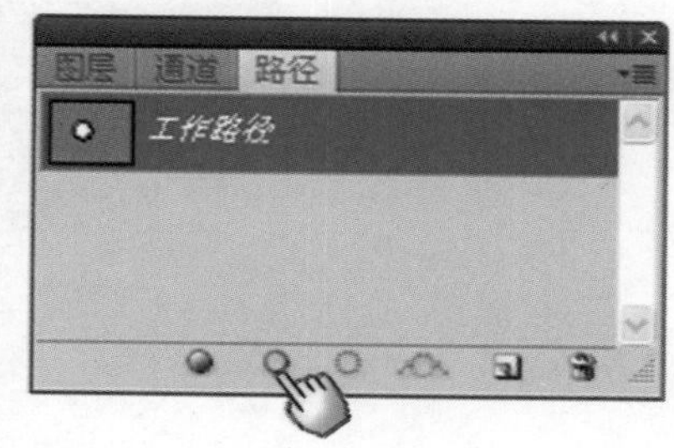

图7.214　单击【用画笔描边路径】按钮

图7.215　按路径分布的圆点

步骤13　打开【图层】面板，然后双击“圆点”图层，打开【图层样式】对话框。从【样式】列表中选择【混合选项：自定】选项，再将图层的【填充不透明度】设置为0，如图7.216所示。为图层添加【外发光】效果，其参数设置如图7.217所示。单击【确定】按钮，关闭【图层样式】对话框，此时图形的效果如图7.218所示。复制“圆点”图层，再调整复制图层的大小和位置，如图7.219所示。

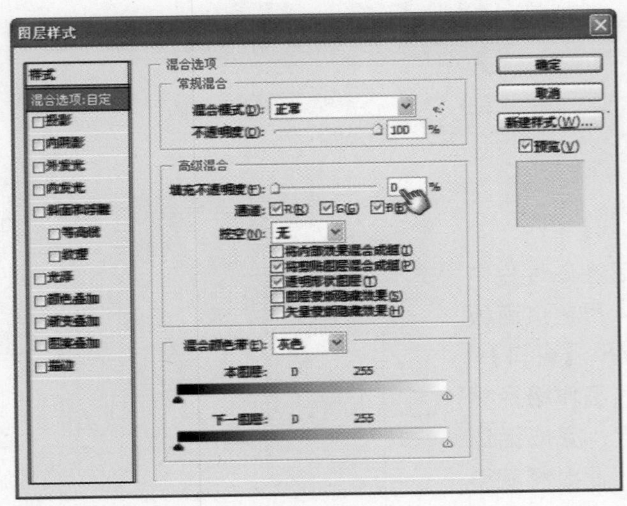

图7.216　将【填充不透明度】设置为0

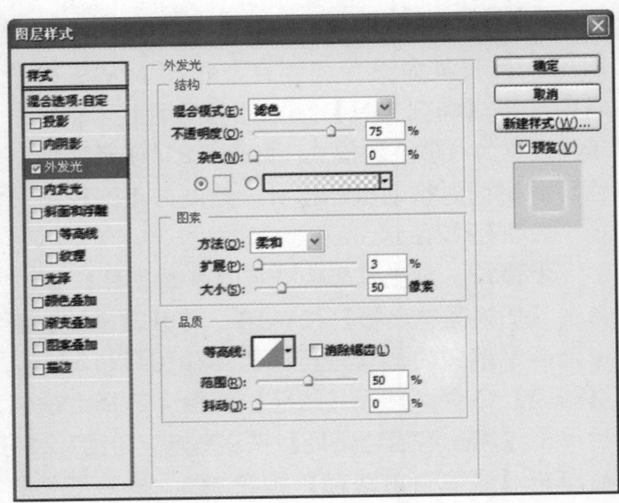

图7.217　添加【外发光】效果

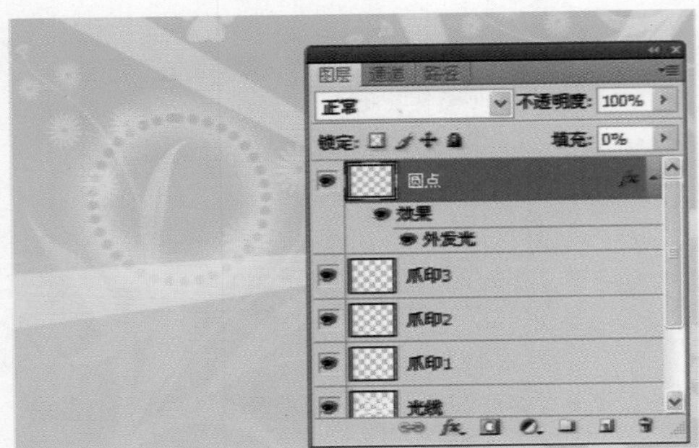

图7.218　图形的效果

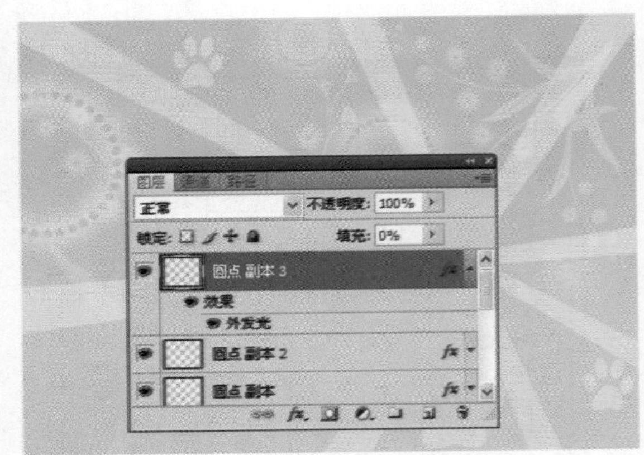

图7.219　复制“圆点”图层

步骤14　在【图层】面板中，创建一个新图层，再将其命名为“装饰线”图层。从工具箱中选择【矩形选框工具】，然后在属性栏中单击【添加到选区】按钮，如图7.220所示。在图像中绘制选区，如图7.221所示。设置前景色（颜色值为R：255，G：164，B：6），然后按Alt+Delete组合键，以前景色填充选区。按Ctrl+D组合键，取消选区，此时图像的效果如图7.222所示。

步骤15　双击“装饰线”图层，打开【图层样式】对话框，然后为图层添加【外发光】效果，其参数设置如图7.223所示。单击【确定】按钮，关闭【图层样式】对话框。在【图层】面板中，将该图层的【填充】值设置为80%，然后移动该图层，将其放置于“光线”图层的上方，如图7.224所示。

图7.220　属性栏的设置

图7.221　绘制选区

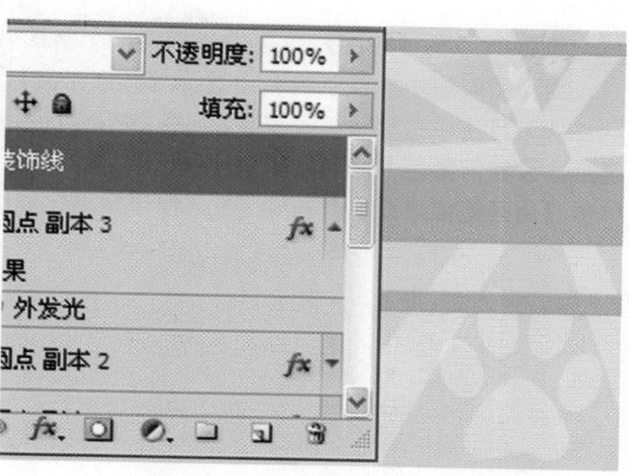

图7.222　填充选区后的效果

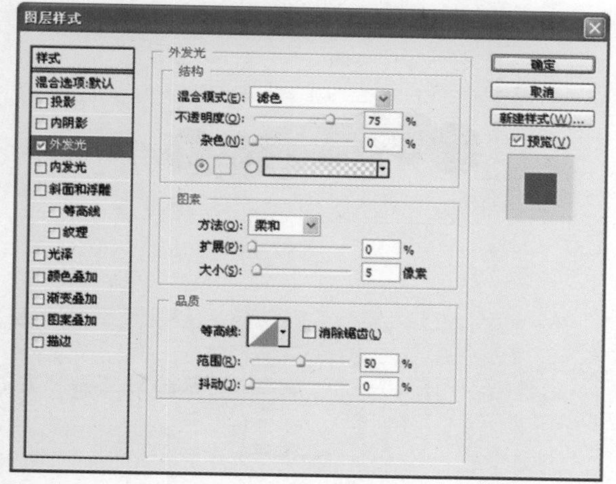

图7.223　添加【外发光】效果

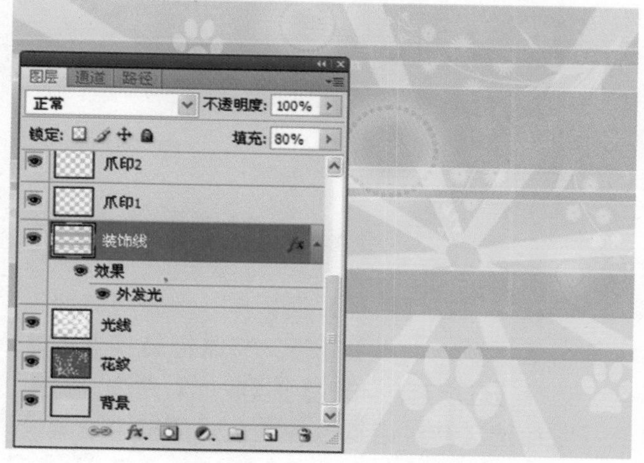

图7.224　设置【填充】值并重新放置图层

步骤16　在【图层】面板中，单击【创建新组】按钮，创建一个图层组，再将该组命名为“背景”。再次单击【创建新组】按钮，创建一个图层组，并将该组命名为“人物”，如图7.225所示。

图7.225　对图层分组

魔法师：当图像中拥有很多图层时，如何在繁多的图层中找到需要的图层是一个大问题。一般来说，在对图像进行编辑修改时，为了能够快速找到需要的图层，给图层重新命名，用便于记忆并能够反应该图层功能的名称，这是一个值得推荐的好办法。另外，为了实现对图层的分类管理，还可以对具有相同功能的图层进行分组。这样不仅能够便于对图像进行编辑修改，而且能够使【图层】面板变得简洁清爽。

小叮当：是呀，对于复杂、图层多的文件，要找到某个图层往往需要不断地拖拉滚动条，但在分组后就方便多了。

步骤17　在【图层】面板中，创建一个新图层，再将其命名为“边框”图层，并将该图层放置到“人物”图层组中。从工具箱中选择【椭圆工具】，然后在图像中绘制一个圆形路径，如图7.226所示。从工具箱中选择【画笔工具】，然后在【画笔】面板中对画笔笔尖的形状进行设置，如图7.227所示。设置前景色，其颜色值为R：255，G：164，B：6。从【路径】面板中选择“工作路径”，然后单击【用画笔描边路径】按钮，描边路径，如图7.228所示。

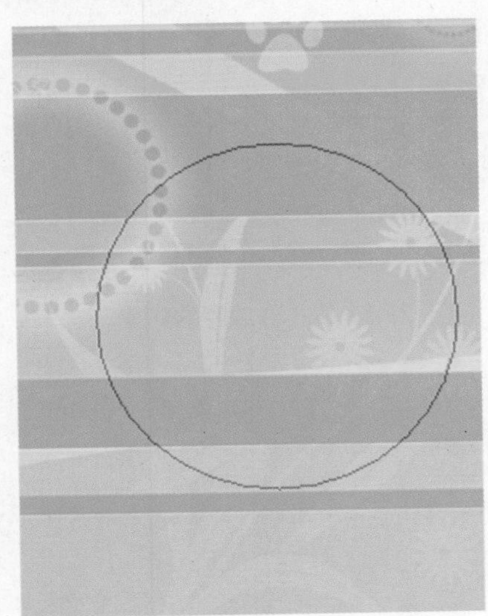

图7.226　绘制圆形路径

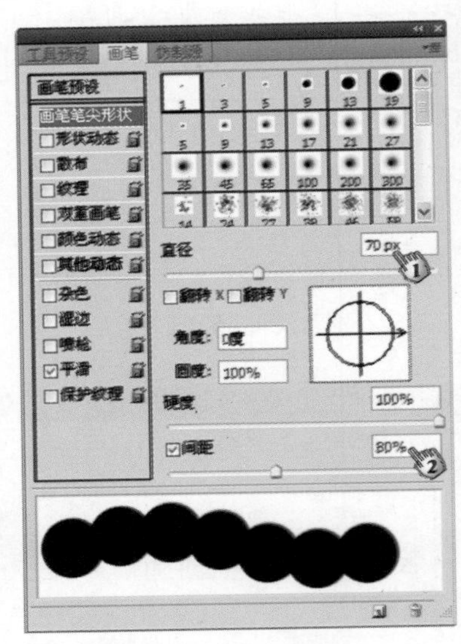

图7.227　设置画笔笔尖

步骤18　在【路径】面板中，单击【将路径作为选区载入】按钮，将路径转换为选区。选择【选取】|【修改】|【收缩】命令，打开【收缩选区】对话框，并在该对话框中设置选区的【收缩量】，如图7.229所示。按Delete键，清除选区内容，如图7.230所示。从【路径】面板中选择“工作路径”，然后单击【删除当前路径】按钮，删除当前的工作路径，再按Ctrl+D组合键，取消选区。

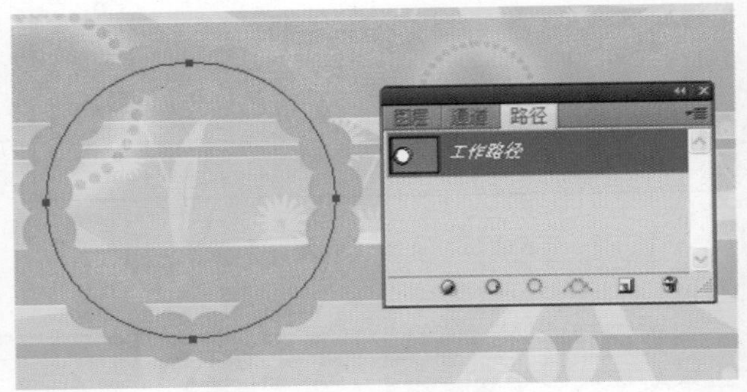

图7.228　用画笔描边路径

图7.229　【收缩选区】对话框

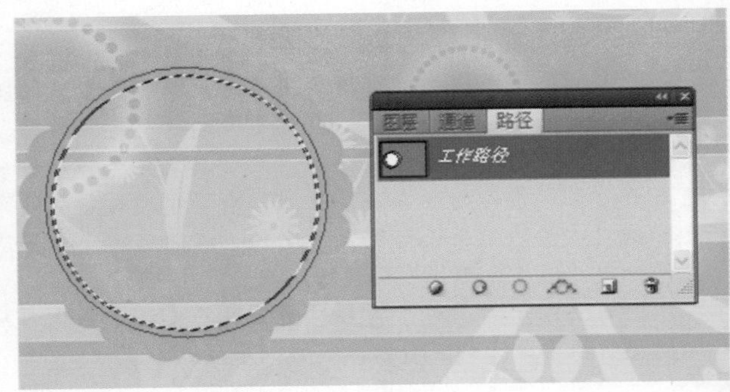

图7.230　删除选区内容

步骤19　在【图层】面板中，双击“边框”图层，打开【图层样式】对话框，然后为图层添加【投影】效果，其参数设置如图7.231所示。为图层添加【描边】效果，其参数设置如图7.232所示。单击【确定】按钮，关闭【图层样式】对话框，图像效果如图7.233所示。

步骤20　打开“小女孩1.jpg”的图像窗口，然后从工具箱中选择【快速选择工具】，再在属性栏中单击【添加到选区】按钮，使其处于按下状态。使用合适的画笔笔尖，在图像的背景区域拖动鼠标指针，创建选区。按Ctrl+I组合键，将选区反转，获得包含女孩的选区，如图7.234所示。

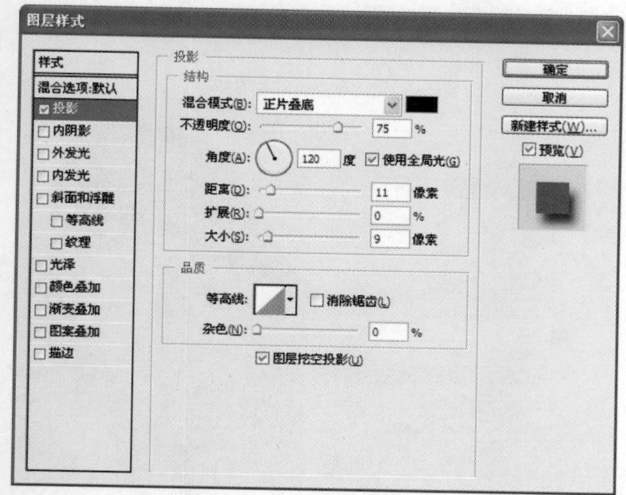

图7.231　添加【投影】样式效果

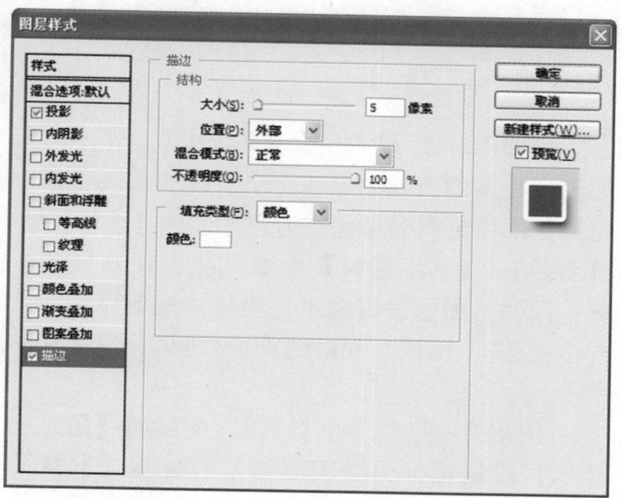

图7.232　添加【描边】样式效果

图7.233　添加图层样式后的图像效果

图7.234　获得包含女孩的选区

步骤21　按Ctrl+J组合键，将选区内容复制到新图层中，然后将该图层拖放到“快乐女孩”图像窗口中。按Ctrl+T组合键，调整女孩的大小，并将其放置到之前创建的边框中，如图7.235所示。单击【添加图层蒙版】按钮，创建一个图层蒙版，然后使用【画笔工具】在蒙版中涂抹，对图像效果进行修饰。将该图层命名为“小女孩1”图层，此时的图像效果如图7.236所示。

图7.235　将女孩放置到边框中

图7.236　添加图层蒙版

步骤22　打开“小女孩2.jpg”文件，然后使用相同的方法创建包含小女孩的选区，并将选区图像复制到当前图像中。选择【编辑】|【变换】|【水平翻转】命令，将图像水平翻转，同时将图像适当缩小，再将该图层命名为“小女孩2”图层，此时的图像效果如图7.237所示。

步骤23　打开“小女孩2”图层的【图层样式】对话框，为该图层添加【外发光】效果，其参数设置如图7.238所示。单击【确定】按钮，关闭【图层样式】对话框，此时图像的效果如图7.239所示。

图7.237　复制图像

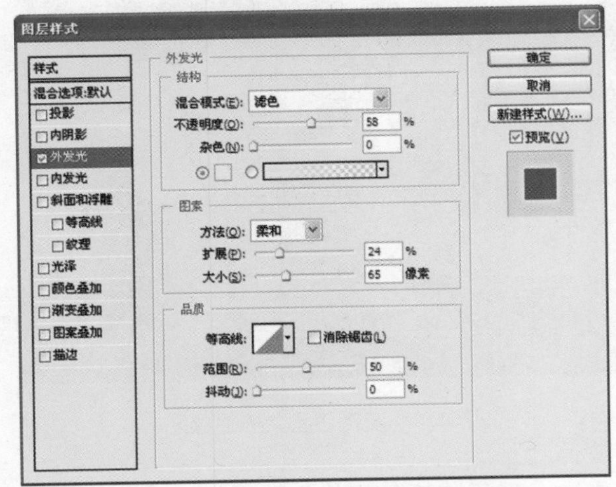

图7.238　【外发光】效果的参数设置

图7.239　添加图层样式后的效果

步骤24　在【图层】面板中，创建一个名为“文字”的图层组。从工具箱中选择【横排文字工具】 T，并在属性栏中对其参数进行设置，如图7.240所示。在图像中输入文字P，如图7.241所示。

图7.240　【横排文字工具】的属性栏设置

步骤25　双击文字图层，打开【图层样式】对话框，然后为文字添加【投影】样式效果，其参数设置如图7.242所示。为图层添加【外发光】样式效果，其参数设置如图7.243所示。为图层添加【描边】样式效果，其参数设置如图7.244所示。单击【确定】按钮，关闭【图层样式】对话框，然后复制该文字图层，同时将文字修改为A，此时的图像效果如图7.245所示。

图7.241　输入文字P

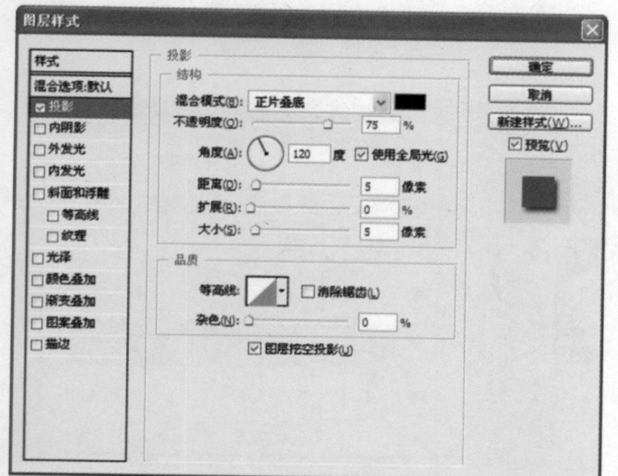

图7.242　【投影】效果的参数设置

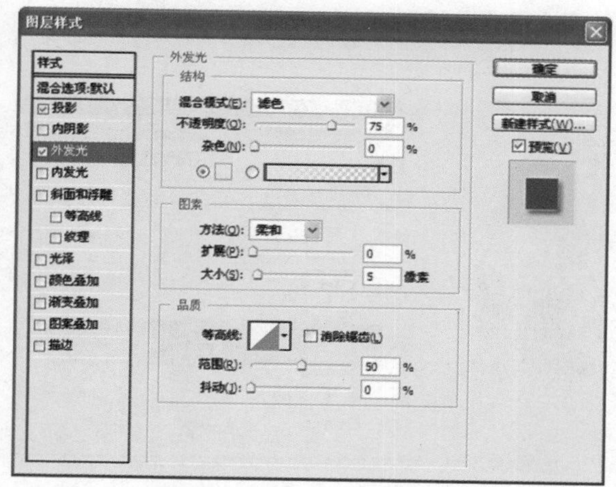

图7.243　【外发光】效果的参数设置

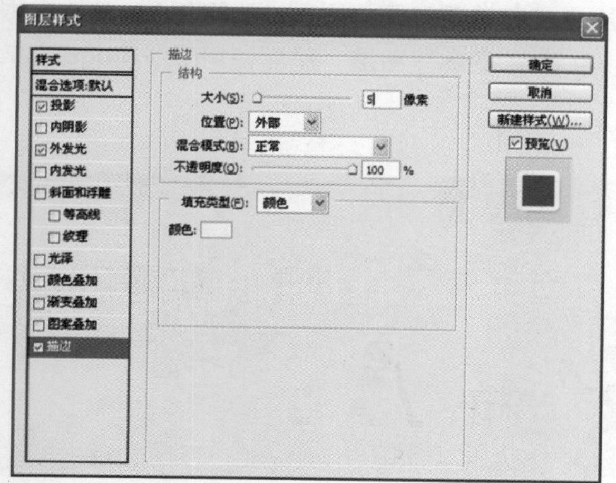

图7.244　【描边】效果的参数设置

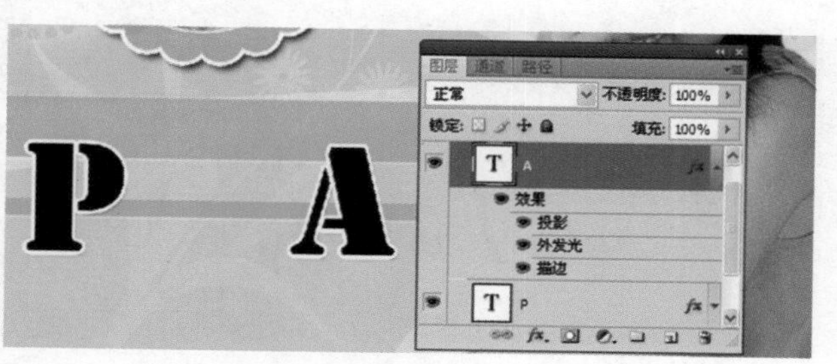

图7.245　复制文字并修改文字

步骤26　从工具箱中选择【横排文字工具】T，并在属性栏中对其参数进行设置，如图7.246所示。再次输入文字retty和ngel，并添加相同的图层样式，完成后的文字效果如图7.247所示。

图7.246　工具属性栏的设置

步骤27　在“人物”图层组中，复制“女孩1”图层，再删除图层蒙版，并将该图层放置到P文字图层的上方。在图像窗口中，调整图像的大小，再将图像放置到字母P的位置，如图7.248所示。按Ctrl+Shift+G组合键，创建剪贴蒙版，此时获得的文字嵌图效果如图7.249所示。

图7.247　添加文字

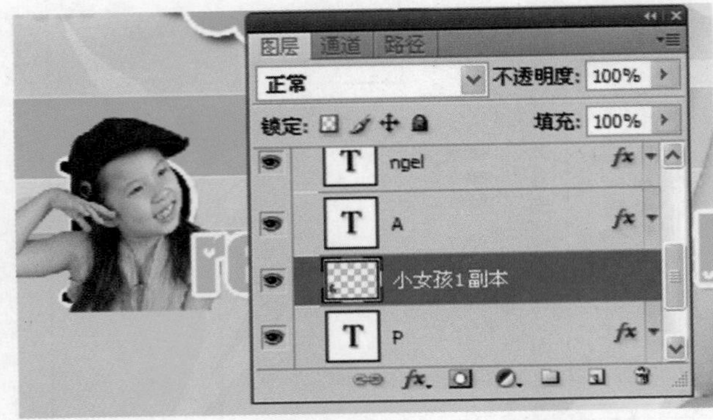

图7.248　调整图像大小并放置图像

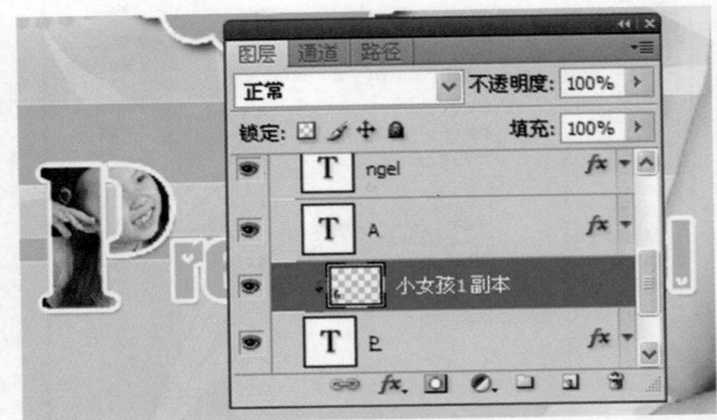

图7.249　创建剪贴蒙版后的效果

步骤28　复制“女孩2”图层，再删除该图层的图层样式。按照相同的方法，为字母A添加文字嵌图效果，如图7.250所示。复制“小女孩 1 副本”和“小女孩 2 副本”图层，然后使用retty和ngel文字图层添剪贴蒙版，制作文字嵌图效果，如图7.251所示。

图7.250　创建剪贴蒙版

图7.251　创建其他文字的嵌图效果

魔法师：图像在文字中的镶嵌效果是可以修改的。选择图像所在的图层，然后使用【移动工具】移动图像的位置，即可改变图像在文字中的位置。

小叮当：如果我想同时改变图像和嵌套的图像的位置和大小，该怎么办呢？

魔法师：你可以使用两种方法。如果能确保对某两个图层不再需要编辑处理了，那么可以将它们合并为一个图层。你也可以在【图层】面板中同时选择这两个图层，然后单击面板下方的【连接图层】按钮，链接这两个图层。此时对它们进行移动，改变大小以及旋转等操作都将同时作用于两个图层中的图像。

步骤29 从工具箱中选择【横排文字工具】T，并在属性栏中对文字样式进行设置，如图7.252所示。在图像中输入文字，如图7.253所示。双击文字图层，打开【图层样式】对话框，然后为文字添加【投影】效果，其参数设置如图7.254所示。为文字添加【内阴影】效果，其参数设置如图7.255所示。为文字添加【外发光】效果，其参数设置如图7.256所示。为文字添加【渐变叠加】效果，其参数设置如图7.257所示。为文字添加【描边】效果，其参数设置如图7.258所示。单击【确定】按钮，关闭【图层样式】对话框，此时的文字效果如图7.259所示。

图7.252 文字属性栏的设置

图7.253 输入文字

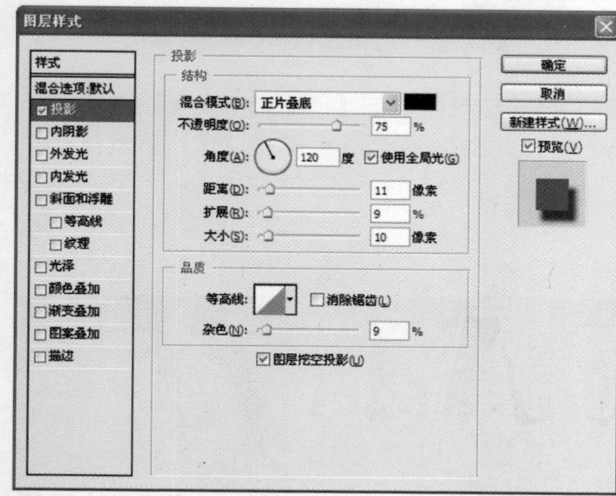

图7.254 【投影】效果的参数设置

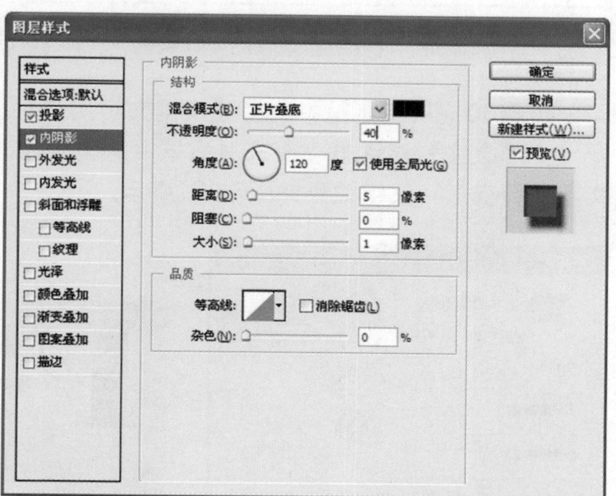

图7.255 【内阴影】效果的参数设置

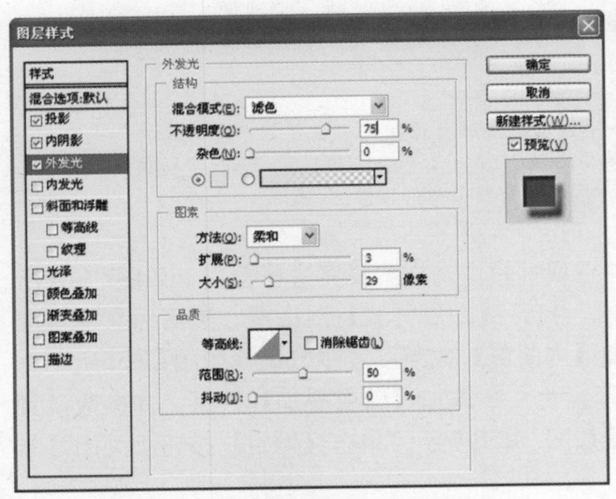

图7.256 【外发光】效果的参数设置

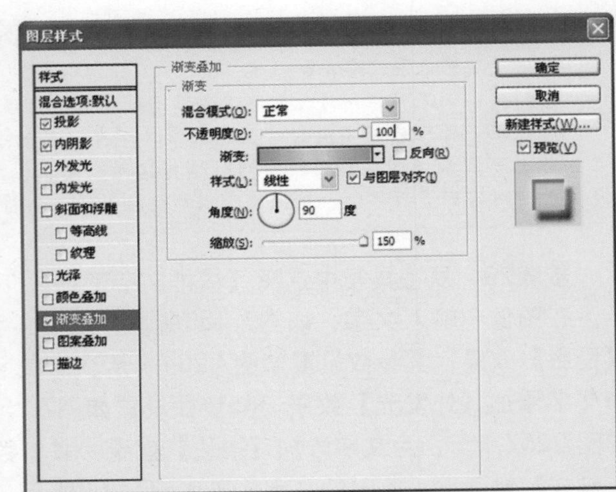

图7.257 【渐变叠加】效果的参数设置

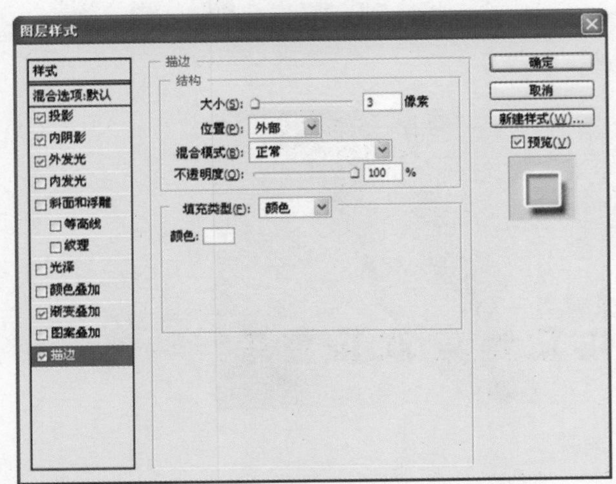

图7.258 【描边】效果的参数设置

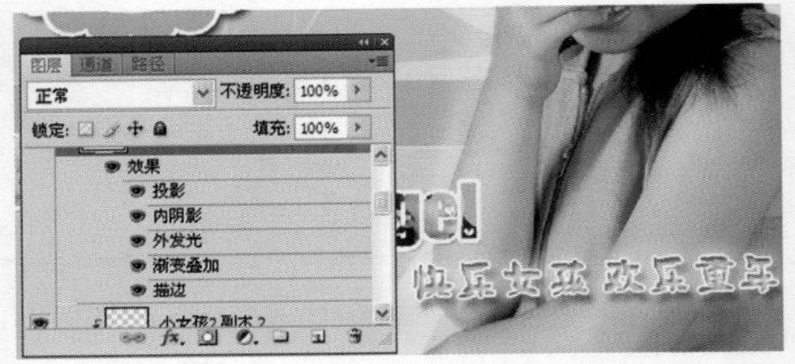

图7.259 添加图层样式后的文字效果

步骤30 从工具箱中选择【横排文字工具】T，然后在属性栏中单击【创建文字变形】按钮，打开【变形文字】对话框。在该对话框中对文字效果进行设置，如图7.260所示。单击【确定】按钮，对文字进行变形，文字效果如图7.261所示。

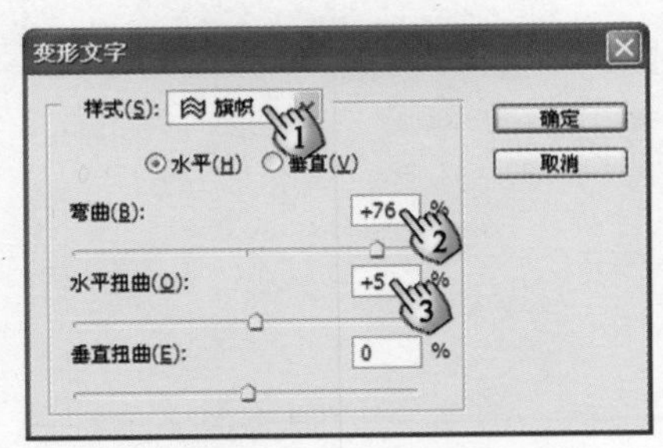

图7.260 【变形文字】对话框

图7.261 文字的变形效果

步骤31　对图层中各个对象的位置进行调整，效果满意后按Ctrl+Shift+E组合键，合并所有图层，然后保存文档，从而完成本实例的制作。本实例制作完成后的效果如图7.262所示。

图7.262　实例制作完成后的效果

7.8 为婚纱照制作浪漫背景

小叮当：老师，这一节您给我讲什么呢？

魔法师：本节主要介绍使用素材照片以及Photoshop滤镜来合成一张婚纱照片。通过制作本实例，你能够熟悉Photoshop的扭曲滤镜的使用方法，了解各种素材照片合成的技巧，以及在创意作品中使用不同字体、不同大小的文字获得文字艺术效果的方法。

小叮当：我们开始吧，老师。

步骤1　启动Photoshop，打开需要处理的照片（路径：素材和源文件\part7\7.8\背景.jpg、玫瑰花1.jpg、玫瑰花2.jpg、婚纱照片1.jpg、婚纱照片2.jpg），如图7.263所示。下面以背景照片为基础，合成包含多张素材照片的婚纱写真。

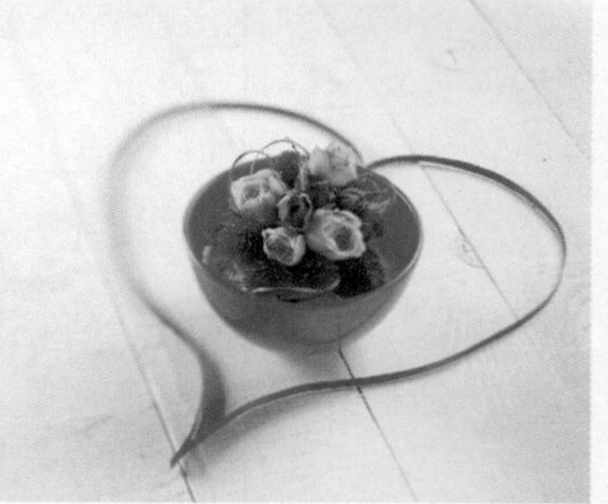

图7.263　需要处理的照片

步骤2　在【图层】面板中，创建一个新图层，并将其命名为“渐变”图层。打开【拾色器（前景色）】对话框，再设置前景色，如图7.264所示。完成前景色的设置后，将背景色设置为白色，然后从工具箱中选择【渐变工具】，并在属性栏中对工具参数进行设置，如图7.265所示。在图像中从上向下拖动鼠标指针，进行渐变填充，如图7.266所示。

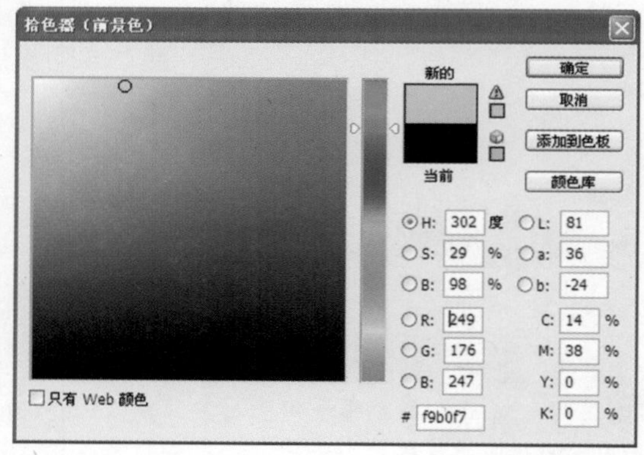

图7.264　设置前景色

图7.265　属性栏的设置

步骤3　复制“背景”图层，再将这个副本图层放置于【图层】面板的顶层。选择【滤镜】|【模糊】|【动感模糊】命令，打开【动感模糊】对话框，然后在该对话框中对滤镜的有关参数进行设置，如图7.267所示。单击【确定】按钮，应用滤镜效果，此时获得的效果如图7.268所示。

步骤4　选择【滤镜】|【扭曲】|【波浪】命令，打开【波浪】对话框，然后在该对话框中对滤镜参数进行设置，如图7.269所示。单击【确定】按钮，应用滤镜，此时图像的效果如图7.270所示。

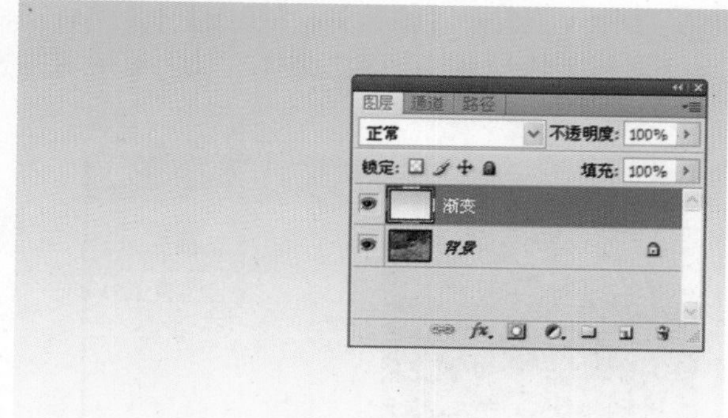

图7.266　创建渐变

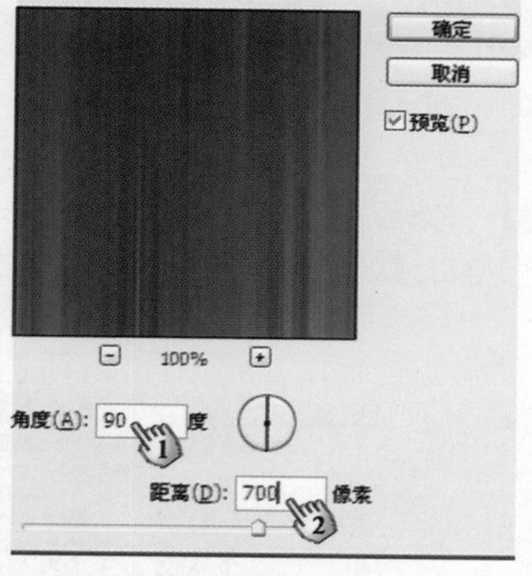

图7.267　【动感模糊】滤镜的参数设置

图7.268　应用滤镜后的图像效果1

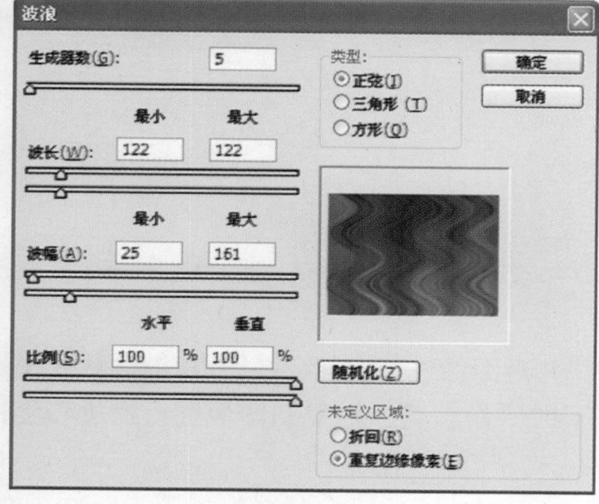

图7.269　【波浪】滤镜的参数设置

图7.270　应用滤镜后的图像效果2

步骤5　选择【滤镜】|【扭曲】|【旋转扭曲】命令，打开【旋转扭曲】对话框，然后在该对话框中对参数进行设置，如图7.271所示。单击【确定】按钮，应用滤镜，此时的图像效果如图7.272所示。

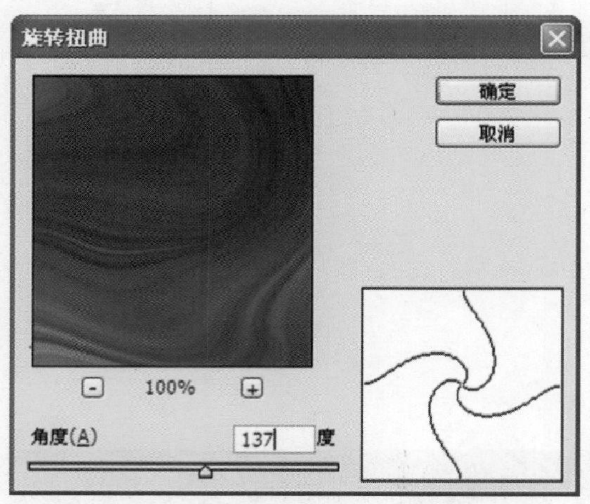

图7.271　【旋转扭曲】滤镜的参数设置

图7.272　应用【旋转扭曲】滤镜后的图像效果

步骤6　在【图层】面板中，将图层混合模式设置为【柔光】，然后按Ctrl+U组合键，打开【色相/饱和度】对话框，再对图像的色彩进行调整，如图7.273所示。单击【确定】按钮，关闭【色相/饱和度】对话框，此时图像的效果如图7.274所示。

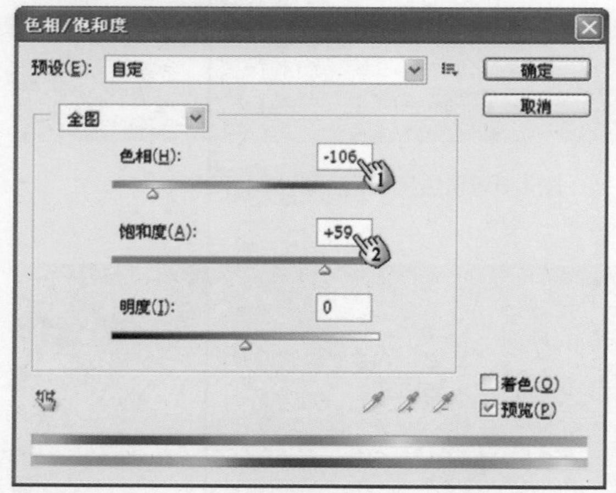

图7.273　【色相/饱和度】对话框

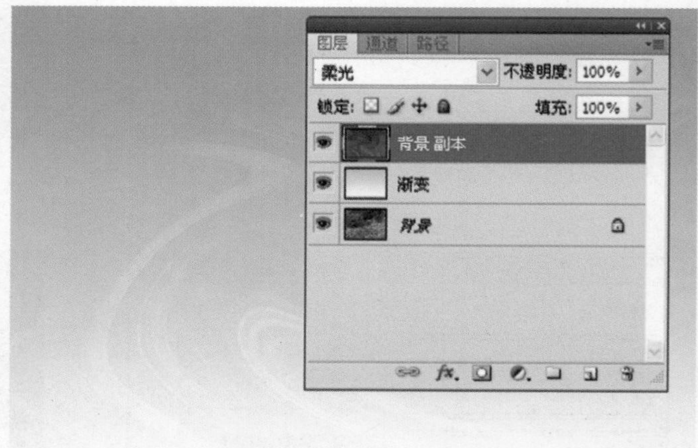

图7.274　应用【色相/饱和度】命令后的图像效果

步骤7　按Ctrl+T组合键，再拖动控制柄，将图像放大，并对图像进行旋转。按Enter键确认变换操作，此时图像的效果如图7.275所示。复制该图层，然后按Ctrl+T组合键，对复制图像进行缩放和旋转操作，操作完成后的图像效果如图7.276所示。

图7.275　对图像进行变换

图7.276　对复制图层进行变换后的效果

步骤8　在“渐变”图层的上方创建一个名为“云彩”的新图层。按D键将前景色和背景色设置为黑色和白色，再按Alt+Delete组合键，以前景色填充图层。选择【滤镜】|【渲染】|【分层云彩】命令，应用【分层云彩】滤镜。在【图层】面板中，对图层的图层混合模式和【不透明度】值进行设置，如图7.277所示。

步骤9　使用【移动工具】，将“玫瑰花1.jpg”图像拖放到当前图像中，然后在【图层】面板中将玫瑰花所在的图层命名为“玫瑰花1”图层，同时将该图层放置于【图层】面板的最上方。按Ctrl+T组合键，然后拖动变换框上的控制柄，将图像缩小，并将图像放置于当前图像的右上角。按Enter键确认变换操作，然后在【图层】面板中将图层混合模式设置为【滤色】，如图7.278所示。

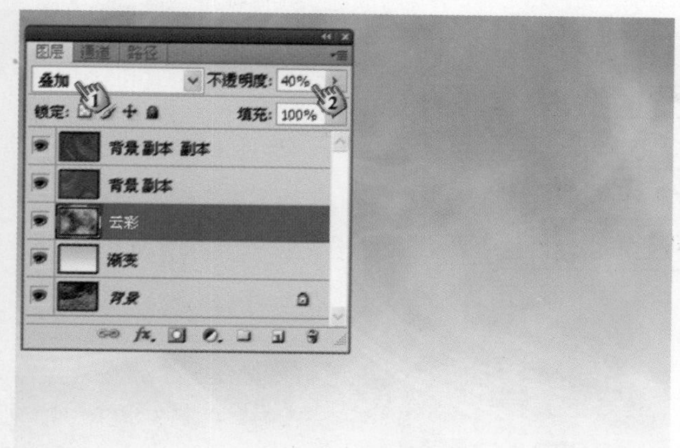

图7.277　设置图层混合模式和【不透明度】值

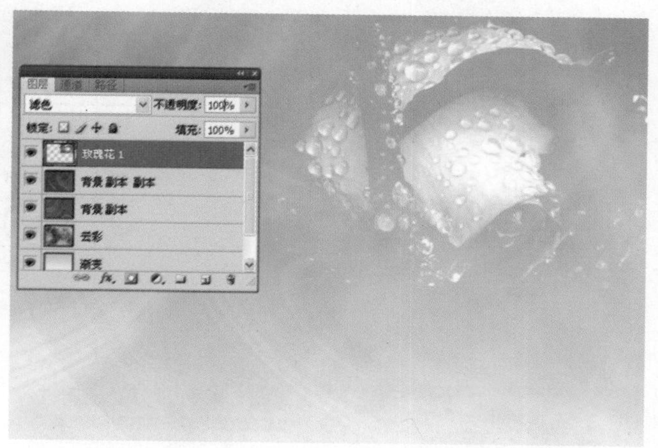

图7.278　放置玫瑰花

步骤10　使用【移动工具】，将“玫瑰花2.jpg”图像拖放到当前图像中，然后在【图层】面板中将玫瑰花所在的图层命名为“玫瑰花2”图层，同时将该图层放置于【图层】面板的最上方。按Ctrl+T组合键，然后拖动变换框上的控制柄，将图像缩小，并将图像放置于当前图像的右上角。按Enter键确认变换操作，然后在【图层】面板中将图层混合模式设置为【正片叠底】，同时将【不透明度】值设置为30%，如图7.279所示。

步骤11　在【图层】面板中，单击【创建图层蒙版】按钮，再从工具箱中选择【画笔工具】，使用一款圆形柔性笔尖，以黑色在蒙版中涂抹，将图片的边界抹掉，如图7.280所示。

图7.279　放置素材图片

图7.280　创建图层蒙版

步骤12　在【图层】面板中创建一个新图层，再将其命名为“边框”图层。从工具箱中选择【自定形状工具】，并在属性栏中对其参数进行设置，如图7.281所示。将前景色设置为白色，然后拖动鼠标指针，绘制图形，如图7.282所示。

步骤13　使用【移动工具】，将“婚纱照片1.jpg”图像拖放到当前图像中，然后在【图层】面板中将玫瑰花所在的图层命名为“婚纱照片1”图层。按Ctrl+T组合键，然后拖动变换框上的控制柄，将图像缩小，并将图像放置于边框中。按Enter键确认变换，此时图形的效果如图7.283所示。

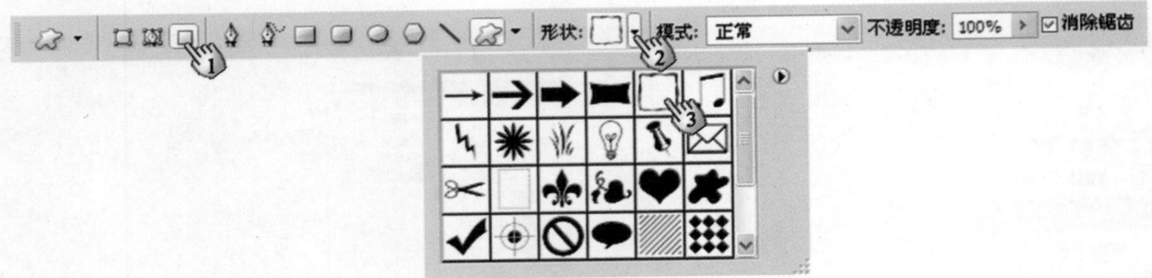

图7.281　工具属性栏的设置

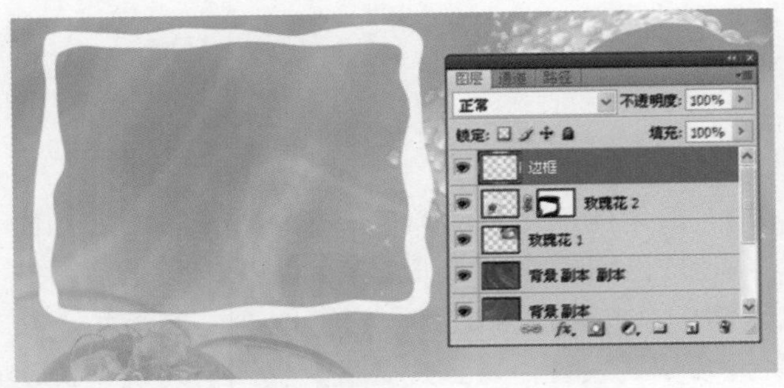

图7.282　绘制形状

图7.283　放置素材照片

步骤14　从【图层】面板中选择“边框”图层，再从工具箱中选择【魔棒工具】，然后在边框中单击，创建一个选区。从【图层】面板中选择“婚纱照片 1”图层，然后按Ctrl+Shift+I组合键，反转选区，再按Delete键，清除选区内容。按Ctrl+D组合键，取消选区，此时图像的效果如图7.284所示。

图7.284　清除选区内容后的图像效果

步骤15　按Ctrl+E组合键，向下合并图层。选择【编辑】|【变换】|【透视】命令，然后拖动变换框上的控制柄，对图像进行透视变换，完成变换操作后的图像效果如图7.285所示。打开【图层样式】对话框，然后为图层添加【投影】效果，其参数设置如图7.286所示。为图层添加【外发光】效果，其参数设置如图7.287所示。关闭【图层样式】对话框，应用图层样式，图像的效果如图7.288所示。

图7.285　透视变换后的图像效果

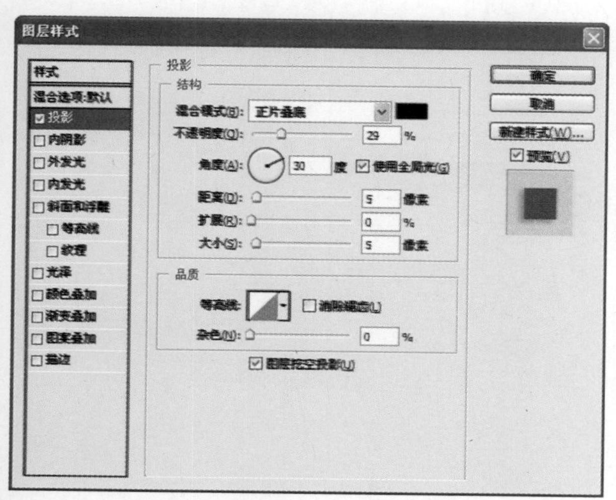

图7.286　【投影】效果的参数设置

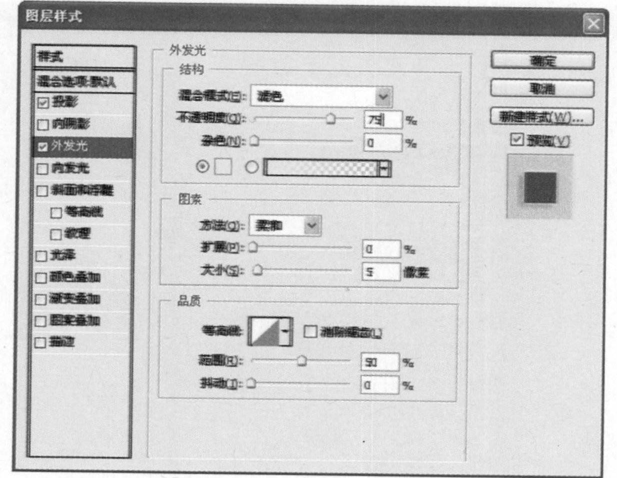

图7.287　【外发光】效果的参数设置

魔法师：在进行照片合成时，图像的变换是常见的操作。在对图像进行变换时，按住Ctrl键再拖动控制柄，能够实现自由扭曲变换；按住Ctrl+Shift组合键再拖动控制柄，能够实现斜切变换；按住Alt+Shift+Ctrl组合键再拖动变换框角上的控制柄，则能够实现透视变换。灵活应用快捷键，比直接使用变换命令更为高效，这个要注意掌握。

小叮当：好的，我记住了。

图7.288　应用图层样式后的图像效果

步骤16　在【图层】面板中创建一个新图层，再将其命名为“心形”图层。从工具箱中选择【自定形状工具】，再从属性栏中的【“自定形状”拾色器】面板中选择“红心形卡”图形，如图7.289所示。拖动鼠标指针，绘制一个白色的心形，如图7.290所示。

图7.289　选择红心图形

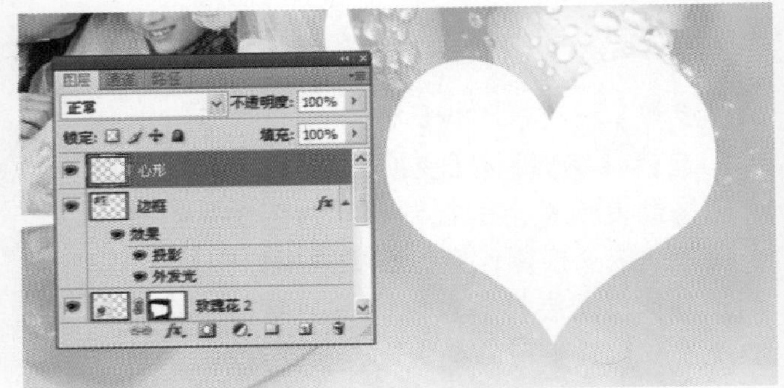

图7.290　绘制心形

步骤17　选择【编辑】|【变换】|【变形】命令，然后拖动变形框上的控制柄，对图形进行变形，如图7.291所示。完成操作后按Enter键确认图形变形。使用相同的方法，将“婚纱照片1.jpg”图像嵌套在图形中，再添加相同的图层样式效果。将合并后图层的【不透明度】设置为50%，图层混合模式设置为【滤色】，并将该图层放置于“边框”图层的下方，如图7.292所示。

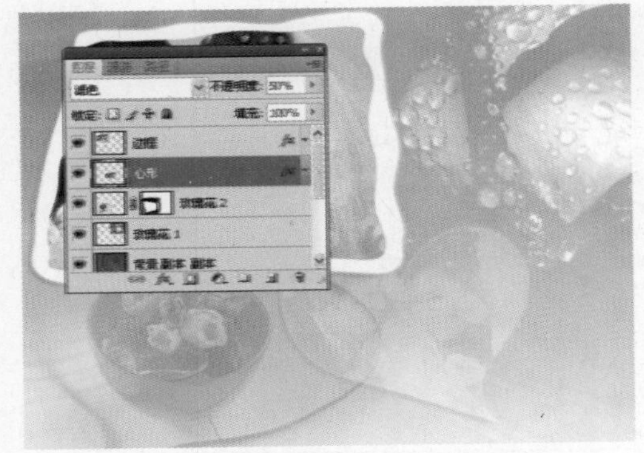

图7.291　对心形进行变形操作

图7.292　制作嵌图效果

步骤18　使用【移动工具】将“婚纱照片2.jpg”图像拖放到当前图像中，然后在【图层】面板中将玫瑰花所在的图层命名为“婚纱照片2”图层。按Ctrl+T组合键，然后拖动变换框上控制柄，将图像缩小，再将图像放置于右侧，如图7.293所示。为图层添加一个图层蒙版，然后使用【画笔工具】，在图层蒙版中涂抹，抹去婚纱照片中的背景，如图7.294所示。

图7.293　放置婚纱照片

图7.294　创建图层蒙版

> 魔法师：在使用图层蒙版时，应该注意【画笔工具】的使用技巧。首先使用柔性画笔笔尖进行涂抹，针对不同的位置，然后使用不同大小的画笔笔尖，以实现精确涂抹。为了使图像的边界不至于生硬，可以使用柔性笔尖在边缘进行涂抹。另外，对于图像中透明的婚纱，处理时可以在属性栏中设置较低的【不透明度】值进行涂抹，以便获得半透明效果。
>
> 小叮当：这样呀，我来试试。

步骤19　打开【图层样式】对话框，然后为该图层添加【外发光】效果，其参数设置如图7.295所示。单击【确定】按钮，关闭【图层样式】对话框，为图层添加外发光效果，此时图像的效果如图7.296所示。

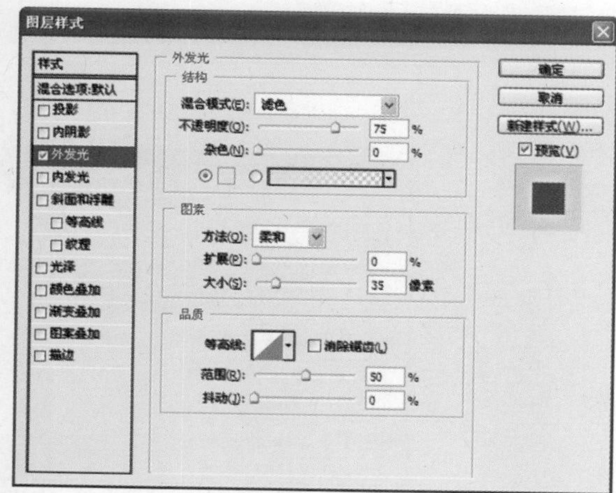

图7.295　【外发光】效果的参数设置

图7.296　添加【外发光】效果后的图像效果

步骤20 从工具箱中选择【横排文字工具】，然后在属性栏中对所输入的文字的样式进行设置，如图7.297所示。在图像中输入一首英文诗，然后打开【图层样式】对话框，为其添加【投影】效果，其参数设置如图7.298所示。关闭对话框，应用样式效果，此时文字的效果如图7.299所示。再输入一行英文文字，并为其添加相同的投影效果，如图2.300所示。

图7.297 属性栏的设置

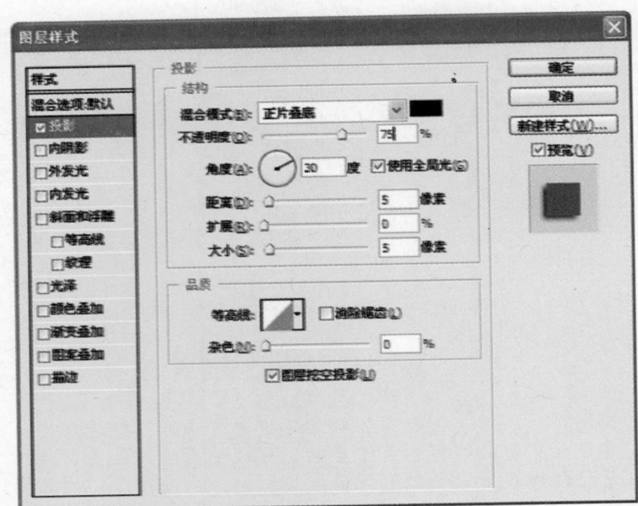

图7.298 【投影】效果的参数设置

图7.299 创建的英文文字效果

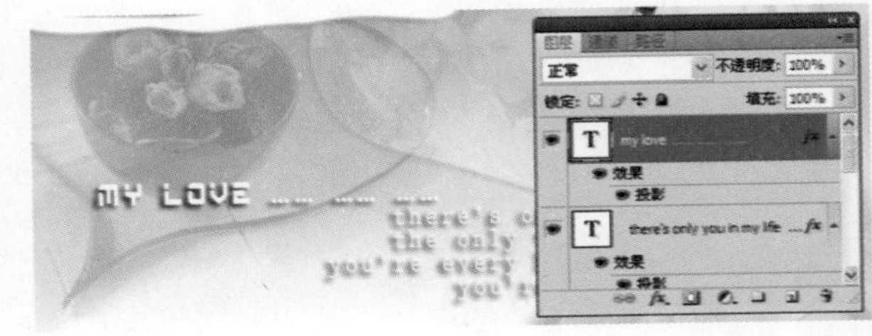

图7.300 输入一行英文文字

步骤21 在属性栏中对所输入的文字的样式进行设置，如图7.301所示。单击属性栏中的【切换字符和段落面板】按钮，打开【字符】面板，然后在该面板中单击【仿斜体】按钮，将文字样式设置为斜体，如图7.302所示。在图像中输入文字“恋”，如图7.303所示。

图7.301 设置文字样式

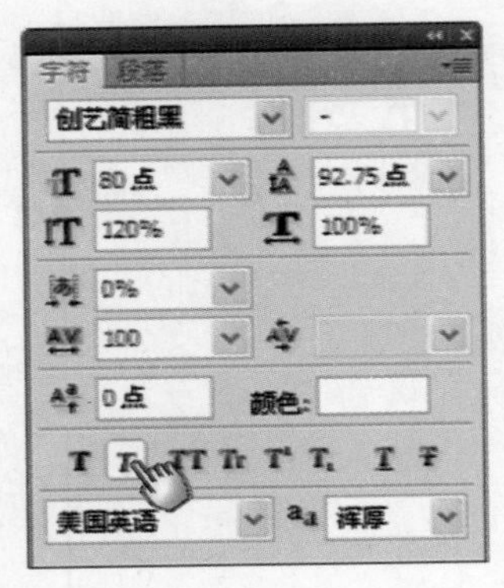

图7.302 【字符】面板

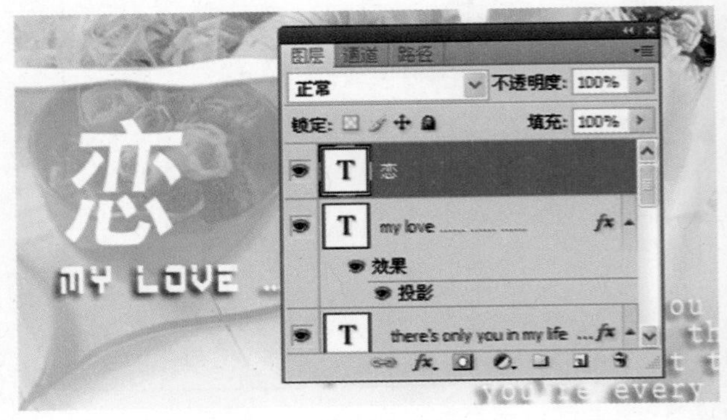

图7.303 输入文字

步骤22　将刚才创建的英文文字的图层样式复制到当前图层中，然后为该图层中的文字添加【渐变映射】样式效果。这里，首先打开【渐变编辑器】对话框对渐变进行设置，如图7.304所示。渐变的起始颜色值为R：157，G：4，B：167，渐变的终止颜色为白色。单击【确定】按钮，关闭【渐变编辑器】对话框，然后对【渐变叠加】效果的其他参数进行设置，如图7.305所示。单击【确定】按钮，关闭【图层样式】对话框，此时的文字效果如图7.306所示。

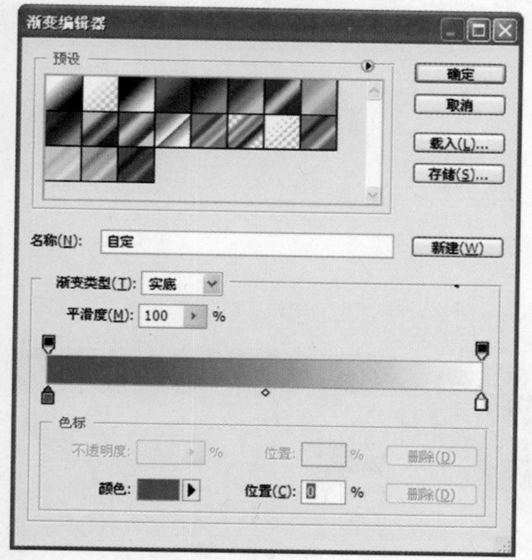

图7.304　【渐变编辑器】中的参数设置

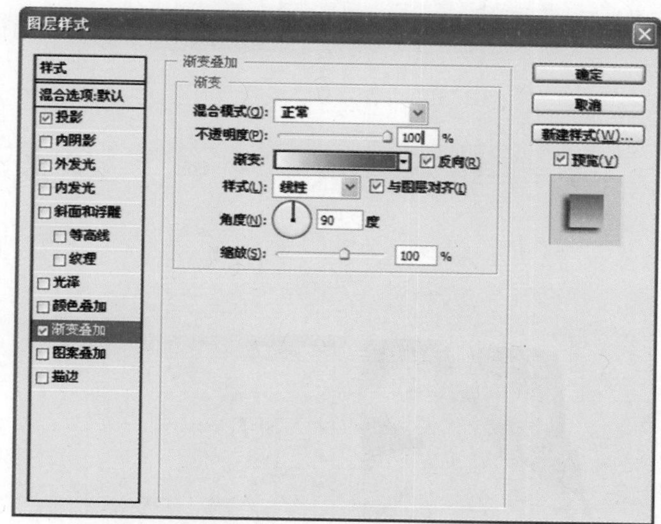

图7.305　【渐变叠加】效果的参数设置

> 魔法师：【渐变编辑器】可以通过对预设渐变的修改来创建新的渐变。在该对话框的渐变条上方的按钮称为【不透明性色标】，用于设置渐变色的透明度。下方的按钮称为色标，用于设置渐变的颜色。选择某个色标后，单击该对话框中的【颜色】色块，可以打开【选择色标颜色】对话框。在该对话框中，可以设置渐变的颜色。在渐变条下方单击鼠标，可以在单击点创建一个色标，将色标拖出该对话框，则可以删除该色标。
>
> 小叮当：我明白了，通过添加或删除色标，为色标设置颜色，调整色标的位置，以及设置【不透明性色标】的位置和个数，可以自定义各种样式的渐变。

图7.306　应用图层样式后的文字效果

步骤23　在属性栏中，将文字大小设置为50点，然后使用【横排文字工具】输入文字“之风情”，再为其添加与“恋”字相同的图层样式效果，如图7.307所示。使用【横排文字工具】输入一个大括号，并为其添加与前面汉字相同的图层样式。复制该大括号图层，然后选择【编辑】|【变换】|【水平翻转】命令，将其水平翻转，再将其适当缩小，此时获得的文字效果如图7.308所示。

步骤24　从【图层】面板中选择“玫瑰花2”图层，然后在属性栏中重新设置文字的字体和文字大小，如图7.309所示。使用【横排文字工具】输入文字，同时将文字图层的【不透明度】设置为35%，如图7.310所示。将该图层复制两个，再调整复制图层中的文字在图像中的位置，并将图层的【不透明度】值分别设置为25%和20%，如图7.311所示。

图7.307　再次输入文字

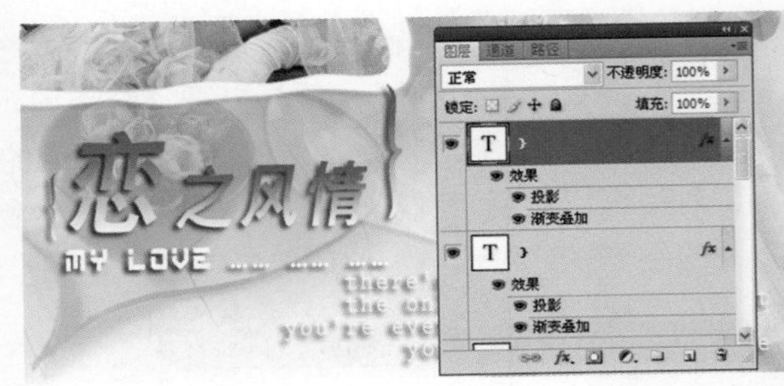

图7.308　添加两个大括号

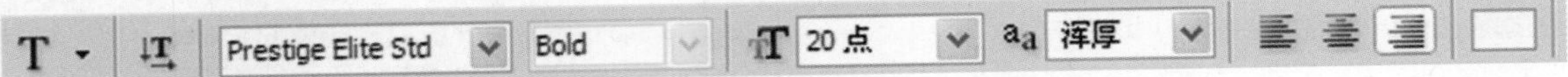

图7.309　设置字体和文字大小

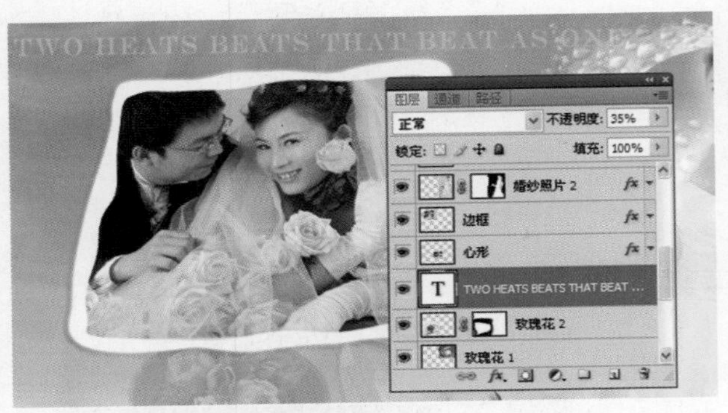

图7.310　输入文字并设置【不透明度】值

图7.311　复制文字图层

步骤25　调整各个图层中的对象在图像中的位置，效果满意后按Ctrl+Shift+E组合键合并可见图层，然后保存文档，从而完成本实例的制作。本实例制作完成后的效果如图7.312所示。

图7.312　实例制作完成后的效果

第8章

数码照片实用案例制作

Photoshop是图像处理的利器，一点点技术、一点点创意，再加上一点点热情，作为普通用户的你，同样能够将自己的数码照片处理得时尚新潮，获得不亚于专业影楼的制作效果。本章将介绍几个数码照片的实用处理案例，希望这些案例能够给读者启迪，在掌握Photoshop应用技巧的同时，了解各种常见案例的设计特点和制作方法。

8.1 制作儿童写真台历

小叮当：老师，我这里有几张儿童写真照片，我想把这些照片做成台历，您能教教我吗？

魔法师：当然可以。儿童台历的制作并不复杂，关键是要根据素材照片的特点，巧妙设计台历的版式。在制作时，可以灵活应用各种艺术字体，使台历效果充满儿童天真活泼的特点。下面我们一起来完成这款儿童写真台历的制作吧。

步骤1　启动Photoshop，打开需要处理的照片（路径：素材和源文件\part8\8.1\可爱女孩1.jpg、可爱女孩2.jpg、可爱女孩3.jpg），如图8.1所示。下面以这几张照片为素材，创作一款简约风格的儿童写真台历。

图8.1　需要处理的照片

步骤2　按Ctrl+N组合键，打开【新建】对话框，然后在该对话框对文件名称、大小和分辨率等参数进行设置，如图8.2所示。单击【确定】按钮，关闭【新建】对话框，创建一个新文件。

步骤3　设置前景色，其颜色值为R：226，G：244，B：196，再将背景色设置为白色。从工具箱中选择【渐变工具】，并在属性栏对其参数进行设置，如图8.3所示。从图像的中心为起点，向左上角拖出渐变线，进行径向渐变填充，图像效果如图8.4所示。

步骤4　在【图层】面板中，创建一个新图层，再将该图层命名为“边框”图层。使用【矩形选框工具】在图层中绘制一个矩形选区，如图8.5所示。将前景色设置为黑色，然后选择【编辑】|【描边】命令，打开【描边】对话框，再将【宽度】设置为4像素，其他参数设置如图8.6所示。单击【确定】按钮，对选区进行描边操作。按Ctrl+D组合键，取消选区，此时可在照片中获得黑色的边框效果，如图8.7所示。

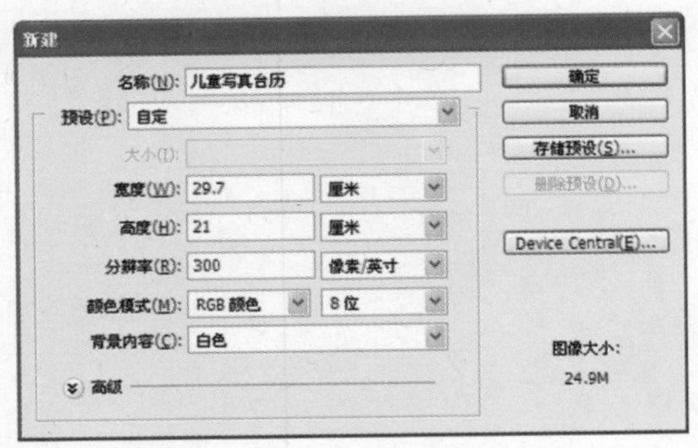

图8.2　【新建】对话框

图8.3　在属性栏中进行参数设置

图8.4　径向渐变填充后的图像效果

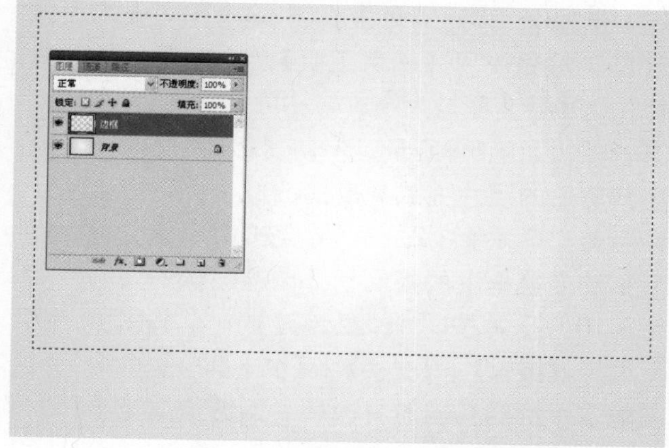

图8.5　绘制矩形边框

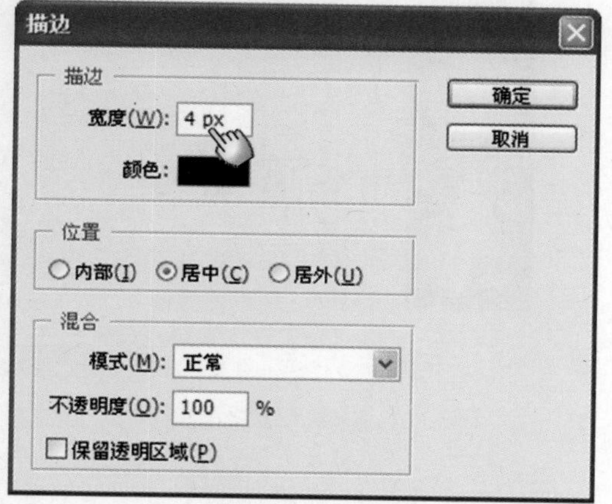

图8.6　【描边】对话框的参数设置

图8.7　应用【描边】命令后的图像效果

步骤5　使用【移动工具】将"可爱女孩1.jpg"照片拖放到当前图像的右侧。按Ctrl+T组合键，然后拖动变换框上的控制柄，调整图像的大小。完成照片大小调整后按Enter键确认变换操作。为该图层添加一个图层蒙版，然后选择【画笔工具】，并使用硬度为0的柔性画笔笔尖，以黑色在蒙版上涂抹，涂抹完成后的图像效果如图8.8所示。

图8.8　添加图层蒙版

步骤6　打开“可爱女孩2.jpg”文件的图像窗口，然后使用【裁剪工具】对照片进行裁剪。这里裁剪图像大小应与“可爱女孩1”图像大小一致，如图8.9所示。使用【移动工具】，将裁剪后的照片拖放到当前图像中，再将该图层命名为“可爱女孩2”图层。按Ctrl+T组合键，然后拖动变换框上的控制柄，调整图像的大小，如图8.10所示。按Ctrl+J组合键复制当前图层，然后选择【编辑】|【变换】|【水平翻转】命令，将图像水平翻转，同时将翻转后的图像适当下移，如图8.11所示。

图8.9　对照片进行裁剪

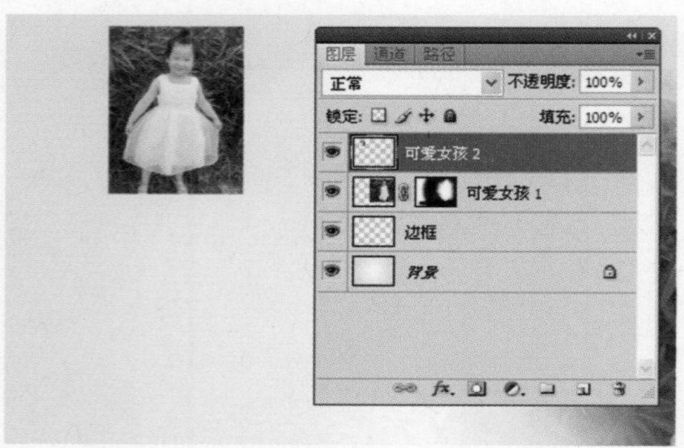

图8.10　调整图像的大小

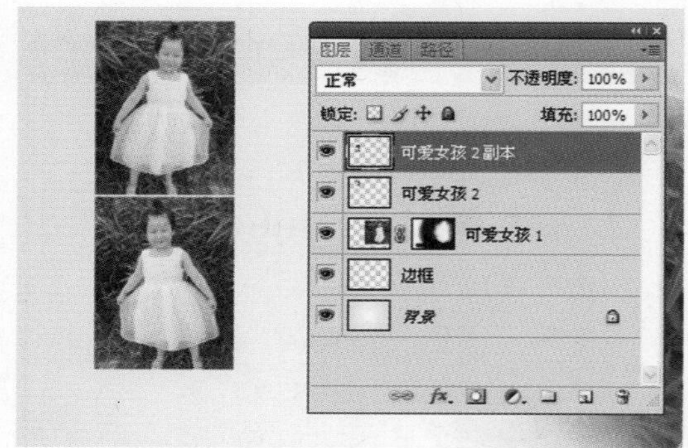

图8.11　翻转图像并将其下移

步骤7　创建一个名为“方块”的新图层，然后从工具箱中选择【矩形选框工具】，对照“可爱女孩1”图层中图像大小，绘制一个矩形选区。设置前景色，其颜色值为R：195，G：217，B：155。使用【油漆桶工具】，在选区中单击，以前景色填充选区，如图8.12所示。从工具箱中再次选择【矩形选框工具】，然后将矩形选框拖到小女孩照片的右侧，使用相同的颜色再次填充选区，此时图像的效果如图8.13所示。

图8.12　填充选区

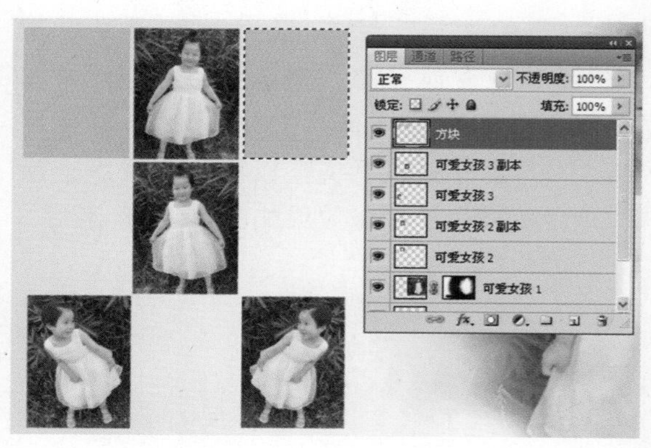

图8.13　移动选区后填充颜色

步骤8　重新设置前景色，其颜色值为R：180，G：207，B：138。将选区向下移动，然后使用所设置的前景色填充选区。移动选区，并向选区中填充颜色，在图像中创建颜色网格效果。完成所有填充后，按Ctrl+D组合键，取消选区，此时图像的效果如图8.14所示。

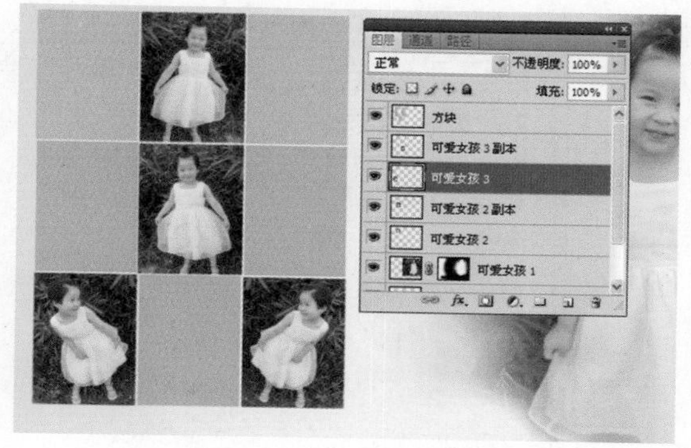

图8.14　创建颜色网格效果

步骤9　从工具箱中选择【横排文字工具】，并在属性栏中设置文字的字体、大小和颜色，如图8.15所示。在图像中输入文字，如图8.16所示。打开PURITY文字图层的【图层样式】对话框，为文字图层添加【投影】样式效果，其参数设置如图8.17所示。单击【确定】按钮，关闭对话框，然后复制该图层样式，再将其粘贴给另外两个文字图层，此时图像的效果如图8.18所示。

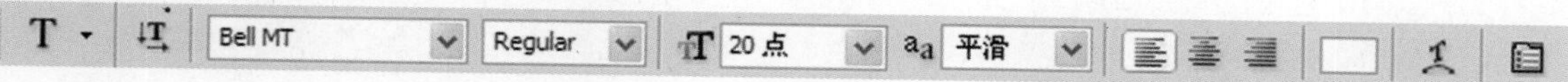

图8.15　【横排文字工具】属性栏的设置

图8.16　输入文字

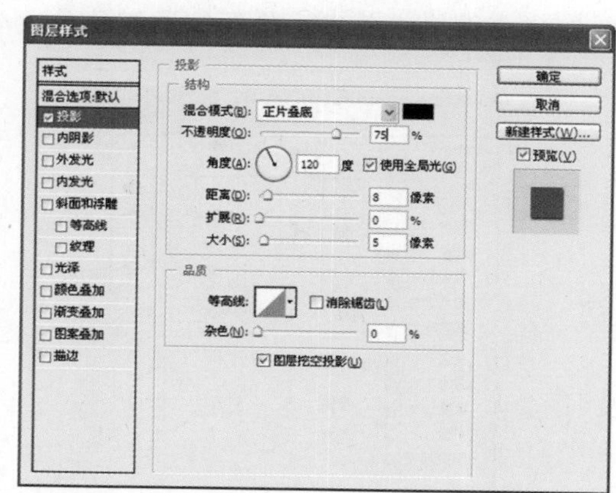

图8.17　【投影】样式效果的参数设置

步骤10　在【图层】面板中创建一个新图层，并将其命名为“装饰”图层。将前景色设置为白色，然后从工具箱中选择【画笔工具】。选择【窗口】|【画笔】命令，打开【画笔】面板，然后单击面板右上角的按钮，分别选择下拉菜单中的【混合画笔】和【特殊效果画笔】命令，将两种类型的画笔笔尖添加到画笔列表中。从面板左侧选择【画笔笔尖形状】形状，再选择【雪花】画笔笔尖，并设置画笔笔尖的大小和角度，如图8.19所示。在图像左侧单击，添加装饰雪花。这里，不同的雪花应在【画笔】面板中设置不同的大小和旋转角度，如图8.20所示。

图8.18　为文字图层添加投影效果

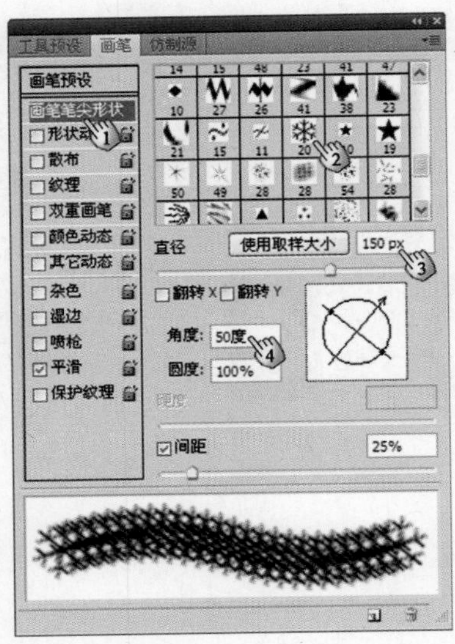

图8.19 【画笔】面板的设置

图8.20 绘制装饰用雪花

步骤11 从【画笔】面板中选择画笔笔尖，再设置笔尖的大小，如图8.21所示。使用不同大小的画笔笔尖在图像中单击，给图像添加几朵大小不一的杜鹃花，如图8.22所示。

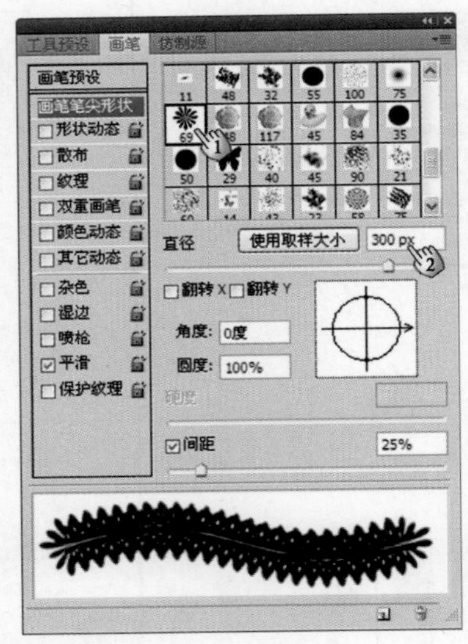

图8.21 设置画笔笔尖

图8.22 添加装饰图案

步骤12 从工具箱中选择【横排文字工具】T，并在属性栏中设置文字字体、大小和颜色（颜色值为R：85，G：127，B：4），如图8.23所示。在图像中输入文字，如图8.24所示。在属性栏中重新设置文字的字体、文字大小和颜色（这里设置为白色），如图8.25所示。在图像中输入文字GIRL，如图8.26所示。

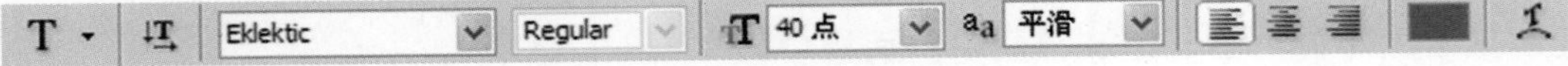

图8.23 工具属性栏的设置

图8.24　在图像中输入文字

图8.25　设置文字样式

步骤13　在属性栏中设置文字的字体、大小和颜色（颜色值为R：2，G：136，B：46），如图8.27所示。在图像中输入年份，如图8.28所示。打开【图层样式】对话框，为该图层添加【投影】效果，其参数设置如图8.29所示。再为图层添加【描边】效果，其参数设置如图8.30所示。这里，使用【渐变】方式进行描边，渐变是从白色到绿色的线性渐变，绿色的颜色值为R：180，G：207，B：138。单击【确定】按钮，关闭【图层样式】对话框，此时的文字效果如图8.31所示。

图8.26　输入文字GIRL

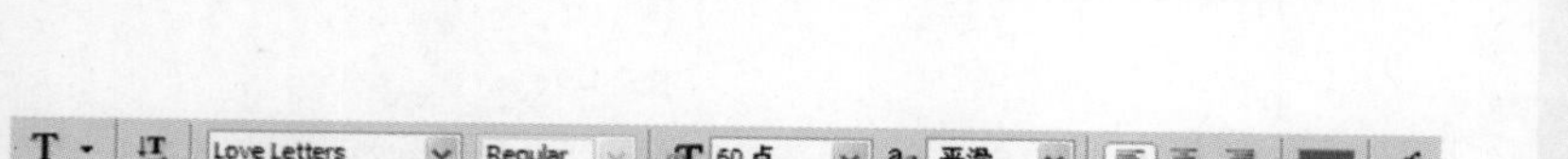

图8.27　属性栏中的设置

图8.28　输入年份

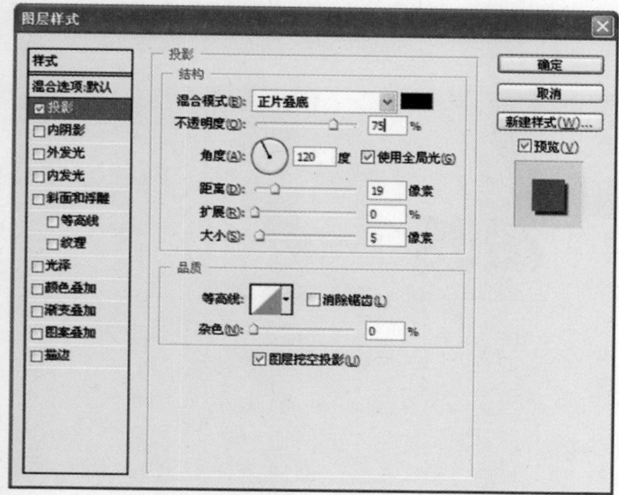

图8.29　【投影】效果的参数设置

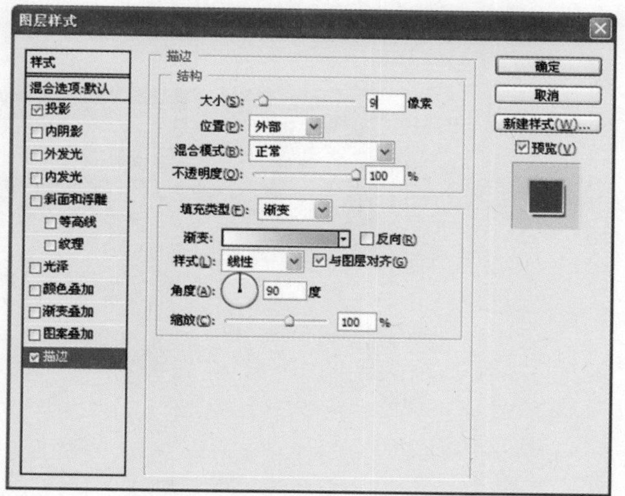

图8.30　【描边】效果的参数设置

步骤14　在属性栏中再次设置文字的字体、文字大小和颜色（这里文字的颜色与年份文字的颜色相同），如图8.32所示。首先在图像中输入数字3，然后以20点大小输入英文MARCH，如图8.33所示。

步骤15　选择【窗口】|【字符】命令，打开【字符】面板，再将字符的字距设置为120，并设置文字大小和颜色，如图8.34所示。使用【横排文字工具】在图像中输入星期文字，如图8.35所示。分别框选“日”和“六”字，然后在属性栏中将文字颜色设置为红色，如图8.36所示。完成设置后的文字效果如图8.37所示。

图8.31　添加图层样式后的文字效果

图8.32　设置文字样式

图8.33　输入数字和英文

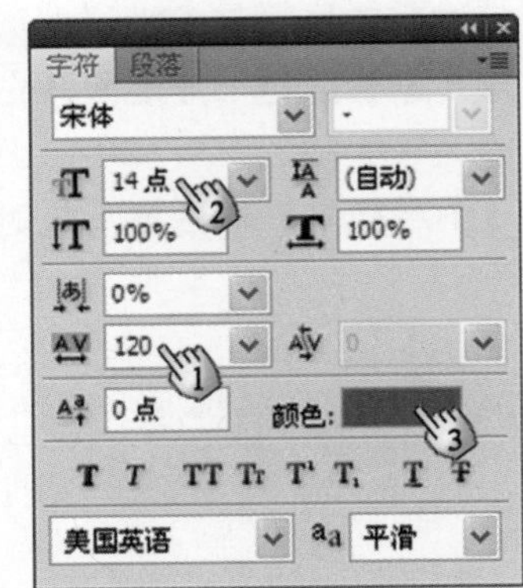

图8.34　【字符】面板的设置

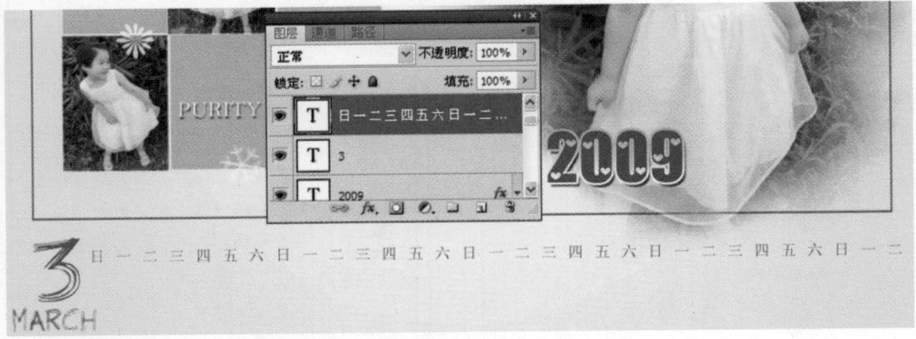

图8.35　输入星期文字

图8.36　将文字颜色设置为红色

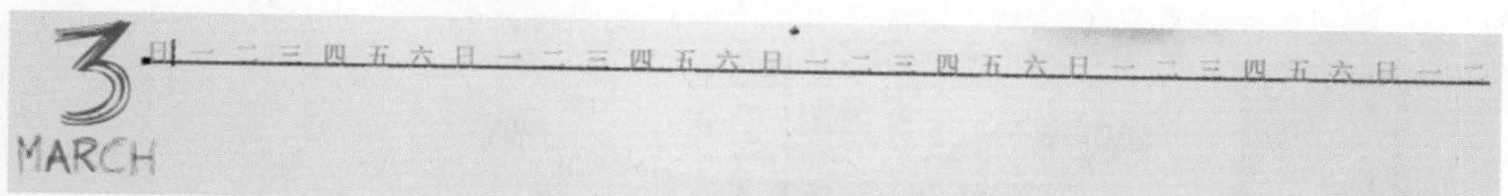

图8.37 单独设置文字颜色

魔法师：使用【字符】面板能够方便地实现对文字格式的设置。在【字符】面板中，可以输入数值来实现参数设置，也可以将鼠标指针放置在输入框左侧的设置项图标上，指针会变成箭头标记，此时按住左键并拖动鼠标，可以实现对输入框中数值的修改，就像拖动滑块那样。对于某些有下拉列表的设置项，可以直接选择列表中的选项来实现对参数的设置。

小叮当：是吗，我试试您讲的方法。

步骤16 在【字符】面板中，设置文字的大小、颜色和字间距，如图8.38所示。在图像中输入数字1～9，如图8.39所示。在【字符】面板中修改文字间距，如图8.40所示。在图像中输入两位数日期，如图8.41所示。

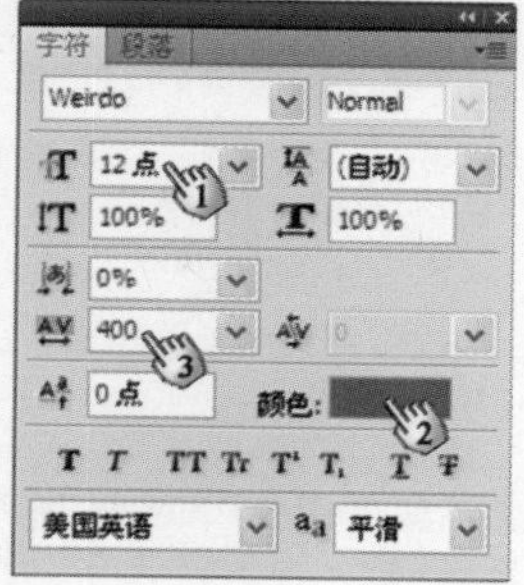

图8.38 【字符】面板中的设置

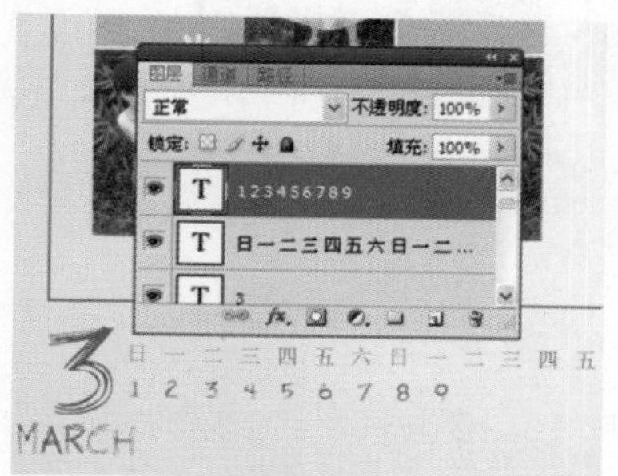

图8.39 输入数字1～9

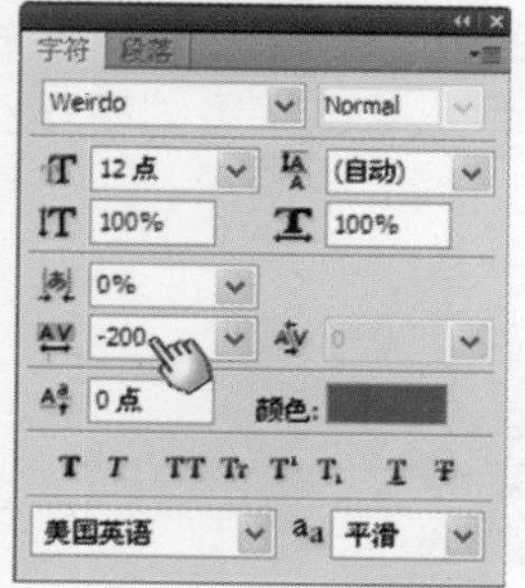

图8.40 设置文字间距

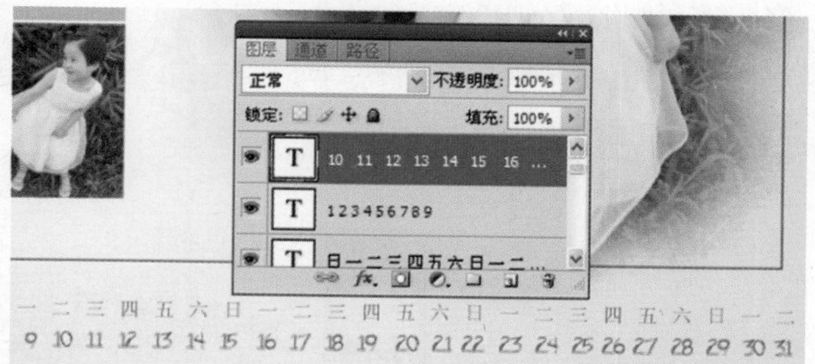

图8.41 输入两位数日期

步骤17 在【字符】面板中，设置文字的大小和字间距，如图8.42所示。在图像中输入阴历文字，如图8.43所示。分别选择周六和周日对应的日期和阴历，然后将文字颜色设置为与星期相同的红色，如图8.44所示。

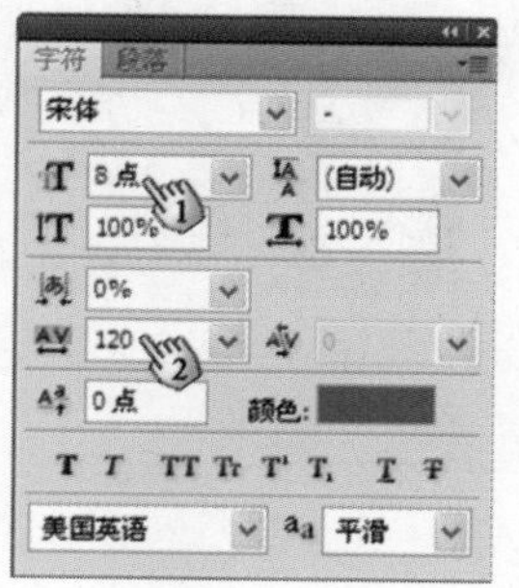

图8.42 设置文字大小和字间距

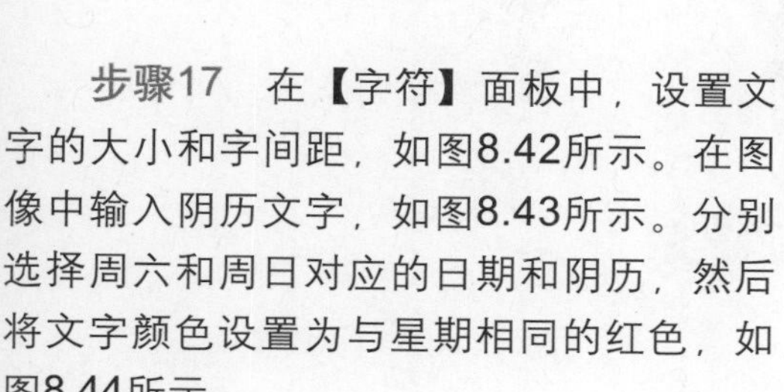

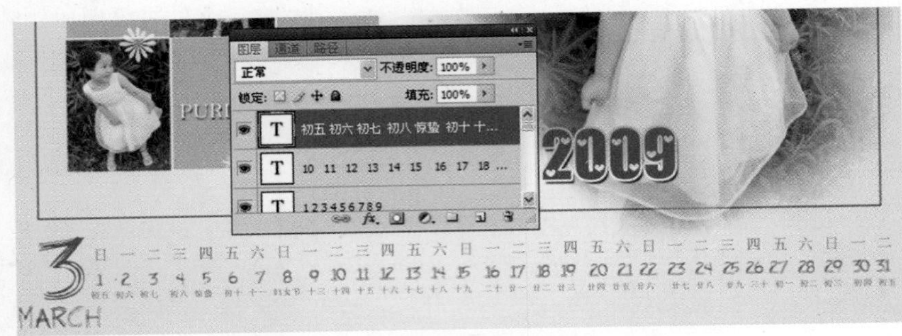
图8.43　设置阴历文字

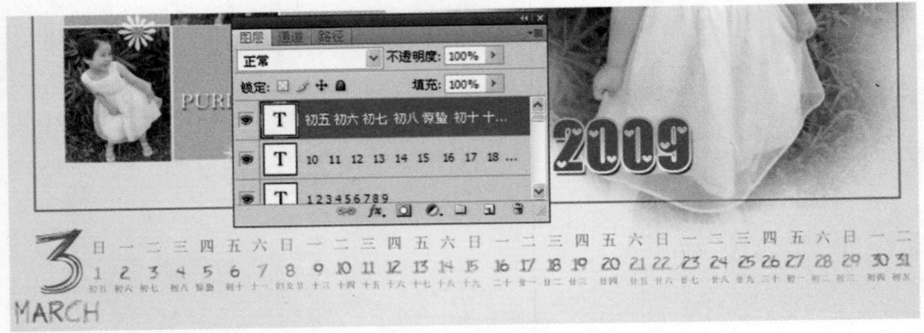
图8.44　将周末对应的日期设置为红色

魔法师：在使用【字符】面板对文字进行设置时，按Enter键将应用当前设置值，按Shift+Enter组合键则将应用当前设置值，同时高亮显示刚才设置项的值，此时可以直接输入数值来更改设置。按Tab键，可以进入下一个设置项进行设置。这些操作快捷键，你要注意掌握哦。

小叮当：好的。

步骤18　按Ctrl+Shift+E组合键合并所有图层，然后保存文档，从而完成本实例的制作。本实例制作完成后的效果如图8.45所示。

图8.45　实例制作完成后的效果

8.2 制作婚纱相册

魔法师：婚纱照片是现代家庭珍藏的照片，使用自己的婚纱照片作设计，是一件富有挑战和乐趣的工作。当你熟悉了Photoshop后，不需要求助于影楼的专业设计师，你就可以根据自己的爱好和理念，设计制作个性化的时尚婚纱照。

小叮当：老师，有没有这样的任务可以让我来试试呢？

魔法师：有呀，看看这几张素材照片，你能使用Photoshop制作一个婚纱相册的页面效果图吗？我想先听听你的制作思路。

小叮当：我看看。嗯，我的思路是，这个实例的色调我打算使用喜庆的紫红色，这种色调与素材照片的色调类似。背景使用【减淡工具】和【动感模糊】滤镜来制作光影效果，并将玫瑰花素材照片融入背景中。同时，使用半透明色块和心形图案进行装饰，背景的主体部分使用描边路径来绘制散落的带状星星效果。主体文字使用矢量工具来修改形状并添加图层样式效果。对素材照片的处理则比较简单，直接添加【投影】和【描边】图层样式，获得浮起效果。对于剩下的第三张照片，使用蒙版去除照片边框，使其自然融入背景。

魔法师：嗯，你的设想很不错，下面开始制作吧。

步骤1　启动Photoshop，打开需要处理的照片（路径：素材和源文件\part8\8.2\浪漫婚纱1.jpg、浪漫婚纱2.jpg、浪漫婚纱3.jpg、玫瑰花.jpg），如图8.46所示。下面以这几张照片作为素材，制作婚纱相册的一个页面效果。

图8.46　需要处理的照片

步骤2　打开【拾色器（背景色）】对话框，设置背景色，如图8.47所示。按Ctrl+N组合键，打开【新建】对话框，然后对新文档进行设置，如图8.48所示。单击【确定】按钮，关闭【新建】对话框，从而完成新文档的创建。将前景色设置为白色，然后从工具箱中选择【减淡工具】，再使用较大的柔性笔尖在图像中间涂抹，涂抹后的图像效果如图8.49所示。

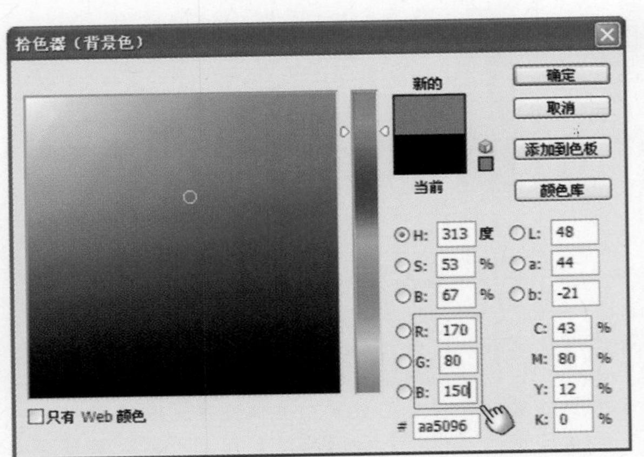

图8.47　设置背景色

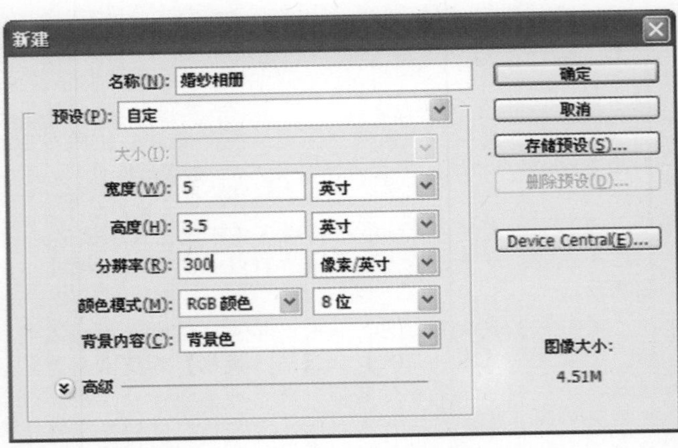

图8.48　【新建】对话框

小叮当：老师，新建文档时图像的分辨率为什么设置得那么大？

魔法师：对于需要冲印的数码照片来讲，应该尽量选择较大的分辨率，这样才能保证冲印出来的照片清晰。分辨率指的是单位面积像素的多少，国际上一般采用每英寸面积内含有多少像素来衡量，即dpi。分辨率越小，清晰度就越低。受网络传输速度的影响，网络中使用照片的分辨率一般是72像素/英寸，而冲印的照片的分辨率必须达到300像素/英寸。

图8.49　使用【减淡工具】涂抹后的效果

步骤3　在【图层】面板中，创建一个名为“光线”的新图层。从工具箱中选择【画笔工具】，再使用柔性笔尖，以白色为前景色，拖动鼠标在图层中绘制线条，如图8.50所示。选择【滤镜】|【模糊】|【动感模糊】命令，打开【动感模糊】对话框，然后对滤镜效果进行设置，如图8.51所示。单击【确定】按钮，关闭对话框，此时图像的效果如图8.52所示。

图8.50　使用柔性画笔涂抹线条

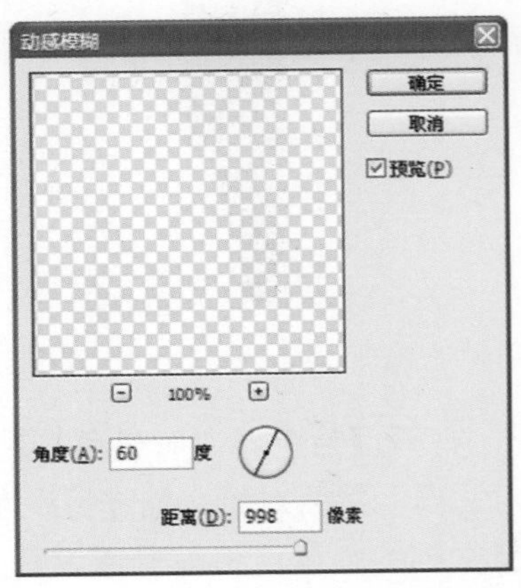

图8.51　【动感模糊】滤镜的参数设置

步骤4　使用【移动工具】，将“玫瑰花.jpg”图像拖放到当前图像中，再调整图像的大小，使其占满整个画布。在【图层】面板中，将玫瑰花所在的图层命名为“玫瑰花”图层，再将其放置于“背景”图层的上方，同时将其图层混合模式设置为【柔光】，【不透明度】设置为30%。此时图像的效果如图8.53所示。

图8.52　应用滤镜后的图像效果

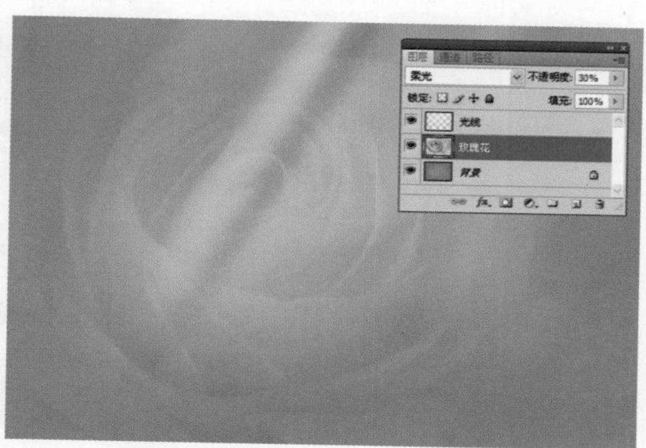

图8.53　添加玫瑰花

步骤5　在“光线”图层上方创建一个新图层，再将其命名为“星光”图层。从工具箱中选择【钢笔工具】，然后在图像中单击，创建一条直线路径，如图8.54所示。从工具箱中选择【添加锚点工具】，然后在路径上单击，添加锚点。拖动锚点，获得曲线路径，同时拖动锚点两次出现的控制柄，修改路径弯曲的弧度。对路径进行修改，完成后的路径如图8.55所示。

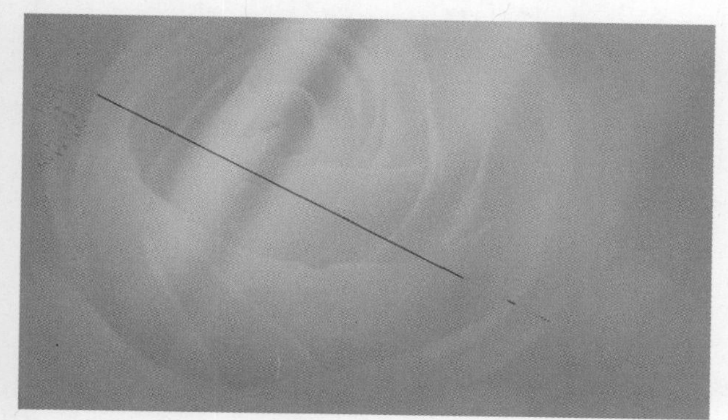

图8.54　创建一条直线路径

图8.55　修改路径

步骤6　从工具箱中选择【画笔工具】，打开【画笔】面板。在【画笔】面板中设置画笔笔尖形状，如图8.56所示。对画笔笔尖的【形状动态】选项进行设置，如图8.57所示。对画笔笔尖的【散布】选项进行设置，如图8.58所示。在【路径】面板中，单击【用画笔描边路径】按钮，使用画笔描边路径，如图8.59所示。在【路径】面板中，单击【删除当前路径】按钮，删除当前工作路径。在【图层】面板中选择“星光”图层，再将其【不透明度】设置为90%，如图8.60所示。

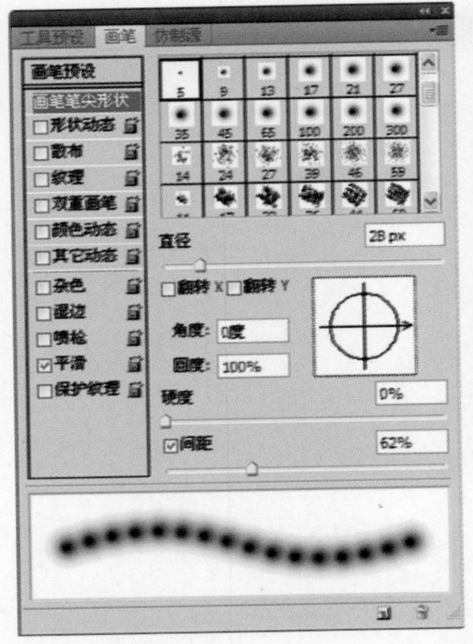
图8.56 设置画笔笔尖形状

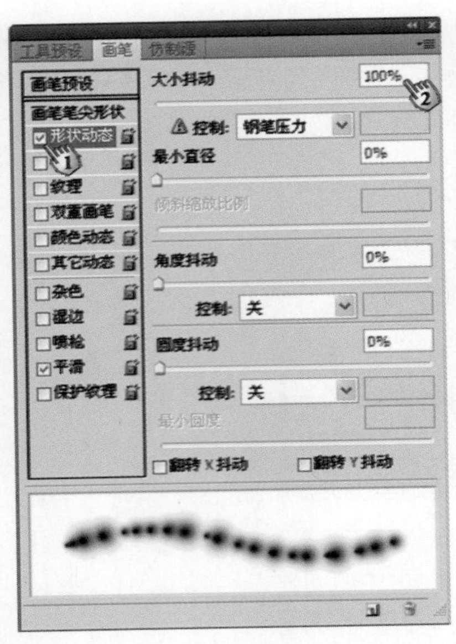
图8.57 设置画笔的【形状动态】选项

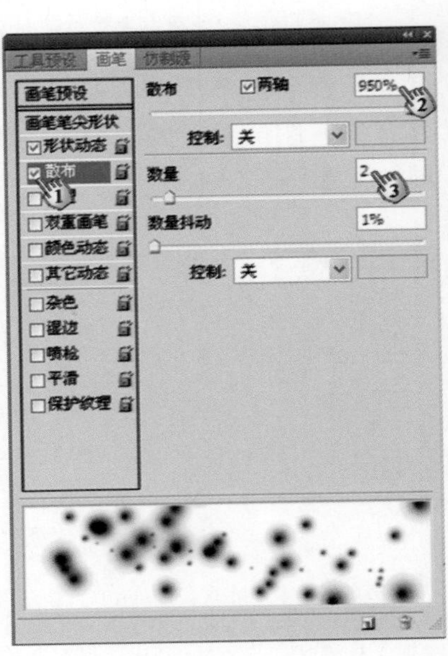
图8.58 设置画笔的【散布】选项

图8.59 使用画笔描边路径

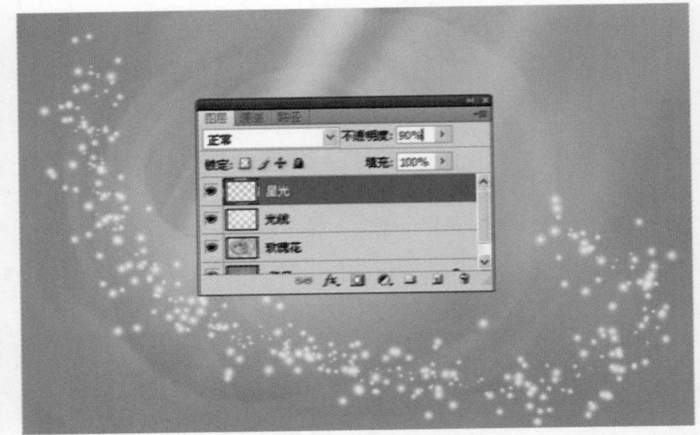
图8.60 设置图层的【不透明度】值

步骤7 在【图层】面板中添加一个新图层，再将其命名为“方块”图层。从工具箱中选择【自定形状工具】，并在属性栏中对其参数进行设置，如图8.61所示。在图像中拖动鼠标指针，绘制一个白色方块，再将图层的混合模式设置为【柔光】，【不透明度】设置为50%，如图8.62所示。复制“方块”图层，并将它们放置在图像的左侧，如图8.63所示。

图8.61 属性栏的设置

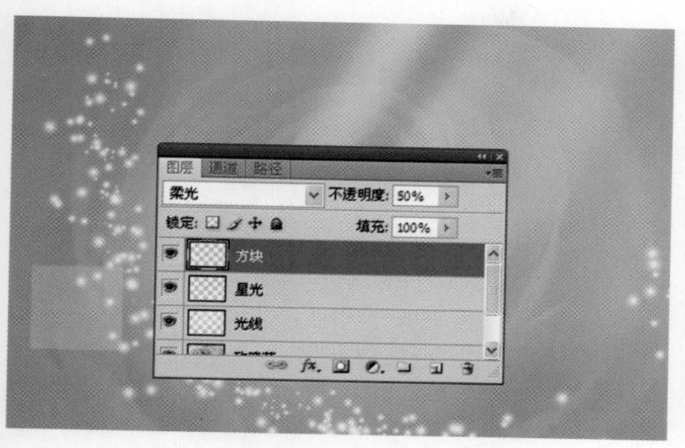

图8.62　绘制方块

图8.63　复制“方块”图层

步骤8　使用【移动工具】，将“浪漫婚纱1.jpg”图像拖放到当前图像窗口中，然后调整图像的大小和位置。在【图层】面板中，对该图层重新命名，如图8.64所示。打开【图层样式】对话框，然后为图层添加【投影】样式效果，其参数设置如图8.65所示。为图层添加【描边】样式效果，其参数设置如图8.66所示。单击【确定】按钮，关闭【图层样式】对话框，此时图像的效果如图8.67所示。运用相同的方法，将“浪漫婚纱2”放置当前图像中，并为其添加相同的图层样式，图像效果如图8.68所示。

图8.64　放置图像

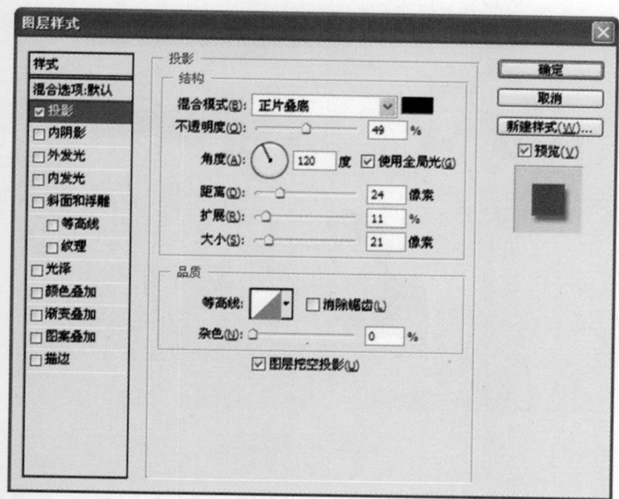

图8.65　【投影】效果的参数设置

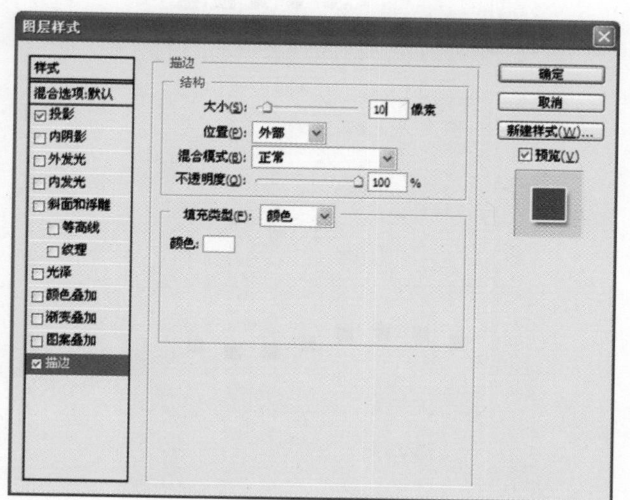

图8.66　【描边】效果的参数设置

图8.67　添加图层样式后的效果

图8.68　放置第二张照片

步骤9　创建一个新的图层，再将其命名为“线条”图层。从工具箱中选择【钢笔工具】，然后在图像中绘制一段折线路径，如图8.69所示。从工具箱中选择【画笔工具】，打开【画笔】面板，然后添加“方头画笔”类画笔笔尖，并设置笔尖形状，如图8.70所示。在【路径】面板中单击【用画笔描边路径】按钮，描边路径后再删除当前工作路径。在【图层】面板中，将图层的【不透明度】设置为30%，如图8.71所示。

图8.69　绘制折线路径

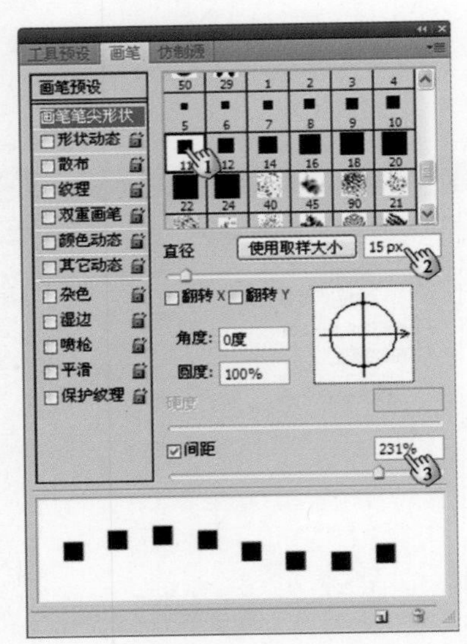
图8.70　设置画笔笔尖

图8.71　绘制线条

步骤10　使用【移动工具】，将“浪漫婚纱1.jpg”图像拖放到当前图像窗口的右侧，同时调整图像的大小。为该图层添加一个图层蒙版，然后从工具箱中选择【椭圆选框工具】，并在其属性栏中对【羽化】值进行设置，如图8.72所示。在图层蒙版中绘制一个椭圆选区，如图8.73所示。按Ctrl+I

组合键，将选区反转。将前景色设置为黑色，然后按Alt+Delete组合键，填充选区。按Ctrl+D组合键，取消选区，此时图像的效果如图8.74所示。使用【画笔工具】在图层蒙版中涂抹，去掉生硬的照片边界，涂抹完成后的图像效果如图8.75所示。

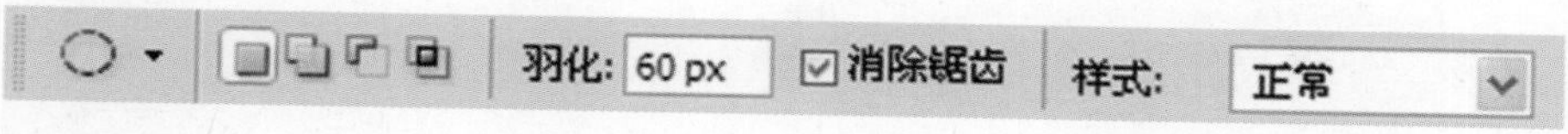

羽化: 60 px　消除锯齿　样式: 正常

图8.72　设置【羽化】值

图8.73　绘制椭圆选区

图8.74　在图层蒙版中填充选区

步骤11　从工具箱中选择【横排文字工具】T，然后在属性栏中设置文字的字体、文字大小和颜色，如图8.76所示。使用【横排文字工具】在图像中，输入英文文字标题，如图8.77所示。在属性栏中，单击【切换字符和段落面板】按钮，打开【字符】面板，然后对字体、字符大小、文字间距以及行距进行设置，如图8.78所示。在图像中输入英文段落，如图8.79所示。

图8.75　对蒙版进行修饰后的效果

图8.76　【横排文字工具】属性栏的设置

图8.77　输入英文文字标题

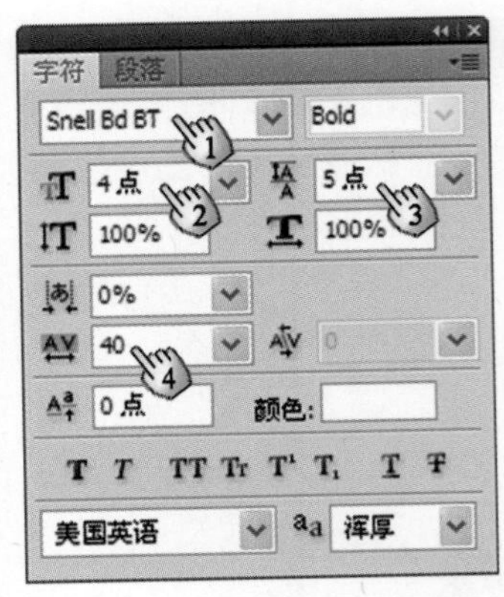

图8.78　【字符】面板的设置

步骤12　在属性栏中，重新对文字工具的属性进行设置，如图8.80所示。使用【横排文字工具】，在图像中输入文字“拥”。分别输入文字“你入”和“怀”，其中“你入”两字的文字大小为30点，而“怀”字的大小为40点，如图8.81所示。

图8.79　输入英文段落

步骤13　右击“拥”文字图层，然后选择右键菜单中的【转换为形状】命令，将文字转换为形状。从工具箱中选择【添加锚点】工具，然后在文字上单击，为文字添加锚点。拖动文字上出现的锚点或锚点两侧的控制柄，更改文字形状，如图8.82所示。在该文字所在的图层上右击，然后选择【栅格化图层】命令，将该图层转换为普通图层，从而完成对字型的编辑，如图8.83所示。

图8.80　属性栏的设置

图8.81　分别输入文字

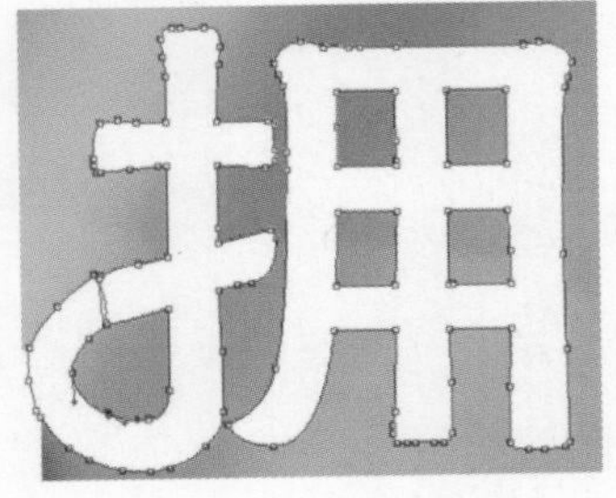

图8.82　更改文字形状

图8.83　完成字型编辑

魔法师：对矢量路径进行编辑，常常用到Photoshop的【添加锚点工具】、【转换点工具】和【直接选择工具】。其中【添加锚点工具】可以在路径上添加锚点，锚点越多，图形越精细。使用【转换点工具】将锚点向外拖动，能够拉出矢量路径的方向线，此时直线路径被转换为曲线路径。通过拖动方向线，可以改变方向线的长度和方向，从而改变曲线路径的形状。如果使用该工具拖动矢量路径某个方向线上的控制柄，则只能改变该方向线这一侧曲线的形状。如果在曲线路径的锚点上单击，则锚点两侧的路径将变为直线路径。使用【直接选择工具】对路径进行编辑，可用于选择单个的锚点，然后按Delete键，可以将该锚点删除。

小叮当：原来是这样。我最喜欢【转换点工具】，有了它，我可以任意改变路径的形状，获得我需要的图形。

步骤14　从【图层】面板中选择“怀”文字图层，然后在该图层上创建一个新图层，再将新图层命名为“飘带”图层。从工具箱中选择【自定形状工具】，然后从属性栏的【“自定形状”拾色器】中拾取“飘带”图层，如图8.84所示。拖动鼠标指针，绘制一条飘带，如图8.85所示。

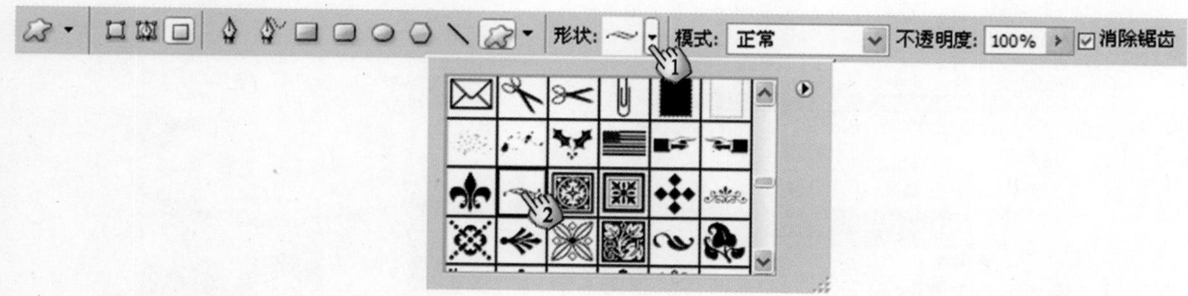

图8.84　拾取形状

图8.85　绘制飘带

步骤15　选择“怀”和“你入”文字图层后右击鼠标，再选择右键菜单中的“栅格化文字”命令，将这两个文字图层变为普通图层。按Ctrl+E组合键，依次将飘带与“怀”、“你入”和“拥”文字所在的图层合并为一个图层。打开【图层样式】对话框，然后为图层添加【投影】效果，参数设置如图8.86所示。为图层添加【外发光】效果，其参数设置如图8.87所示。单击【确定】按钮，关闭【图层样式】对话框，此时文字的效果如图8.88所示。

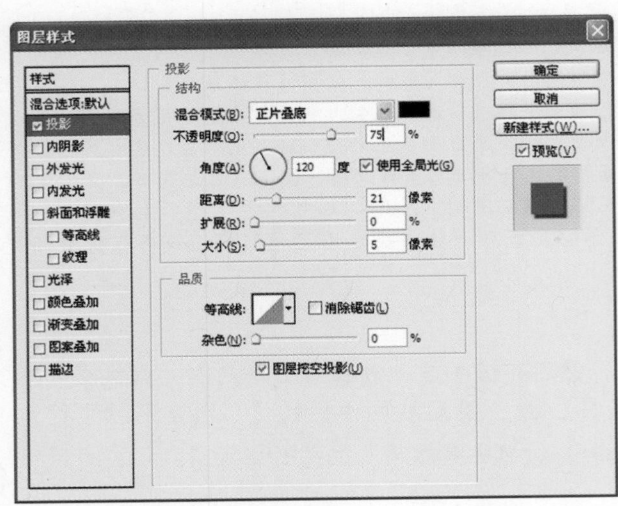

图8.86 【投影】效果的参数设置

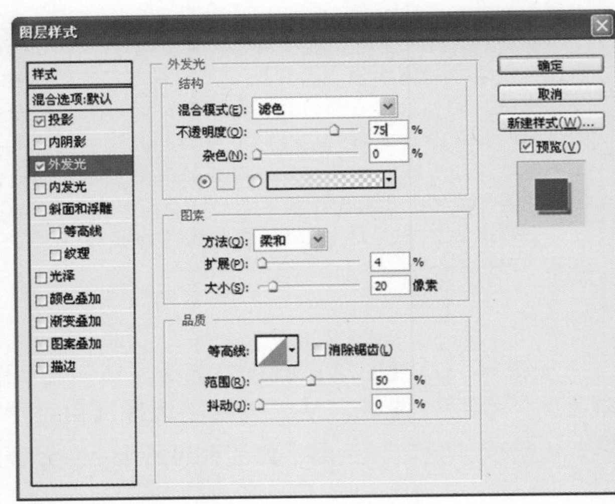

图8.87 【外发光】效果的参数设置

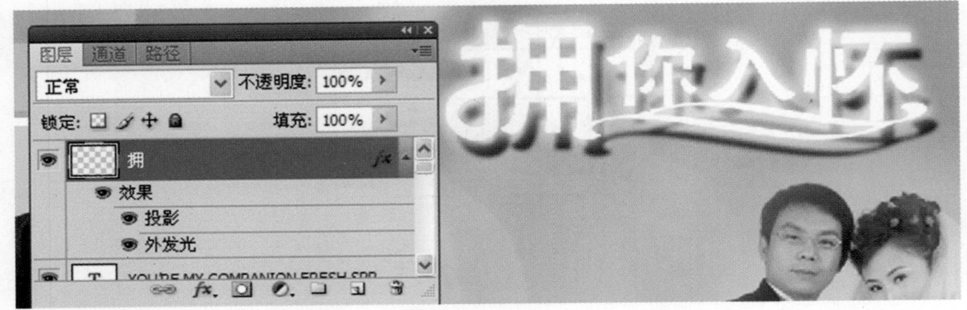

图8.88 添加图层样式后的文字效果

步骤16 从工具箱中选择【横排文字工具】T，打开【字符】面板，再对文字样式进行设置，如图8.89所示。输入文字段落，如图8.90所示。打开【图层样式】对话框，然后为文字添加投影效果，其参数设置如图8.91所示。单击【确定】按钮，应用样式效果，此时的文字效果如图8.92所示。

图8.89 【字符】面板中的设置

图8.90 输入文字段落

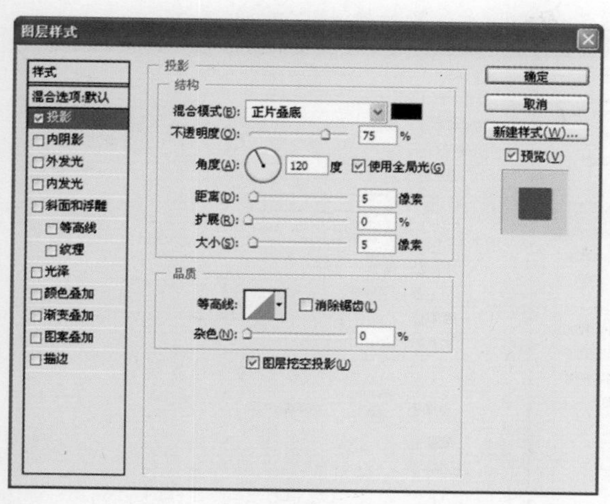

图8.91　【投影】效果的参数设置

图8.92　添加样式后的文字效果

步骤17　在【图层】面板中“拥”图层的下方，创建一个名为“心形”的新图层。从工具箱中选择【自定形状工具】，然后从属性栏的【“自定形状”拾色器】中拾取“红心形卡”图形，如图8.93所示。将前景色设置为粉红色（颜色值为R：247，G：217，B：236），拖动鼠标指针，绘制一个心形图案，如图8.94所示。

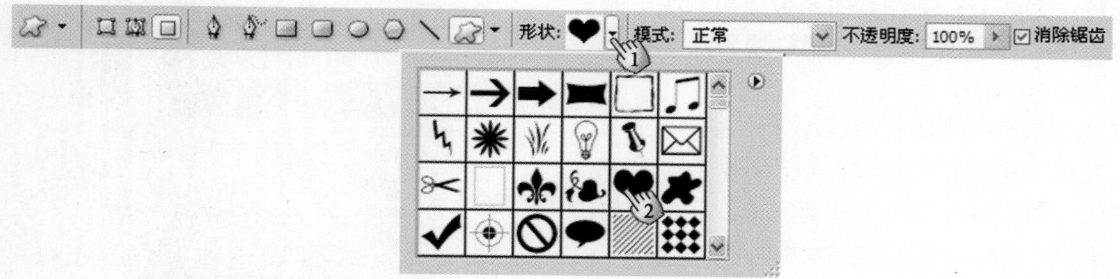

图8.93　拾取“红心形卡”图形

步骤18　双击打开“心形”图层的【图层样式】对话框，然后为图层添加【外发光】效果，其参数设置如图8.95所示。为图层添加【内发光】效果，其参数设置如图8.96所示。单击【确定】按钮，应用图层样式，然后在【图层】面板中设置【不透明度】和【填充】值，效果如图8.97所示。

图8.94　绘制心形图案

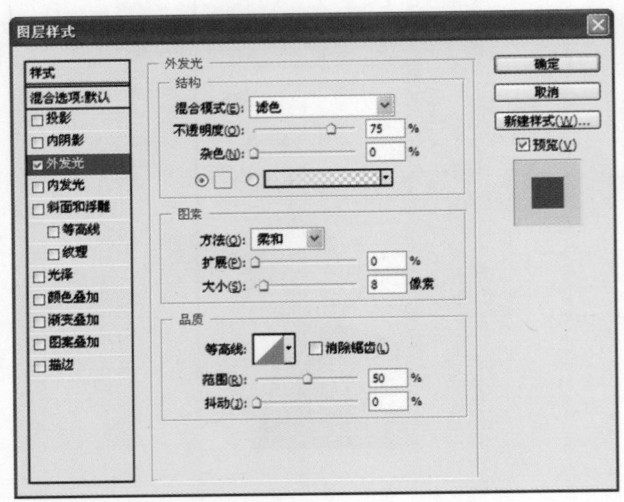

图8.95 【外发光】效果的参数设置

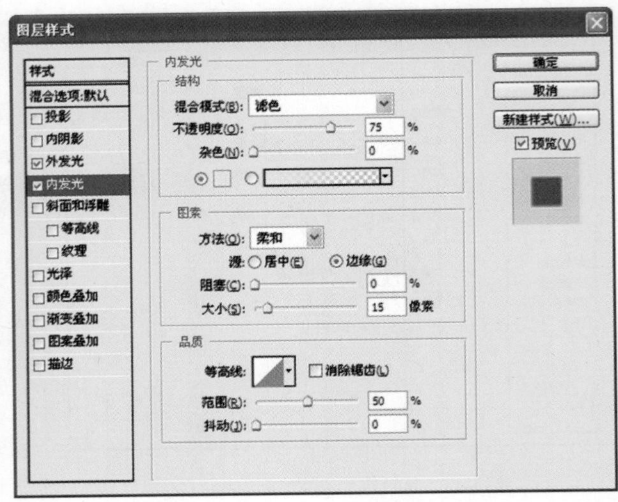

图8.96 【内发光】效果的参数设置

步骤19 按Ctrl+T组合键，对心形进行适当旋转。按Enter键确认变换，然后将该图层复制3个，分别调整复制图层中心形的大小和位置，并适当旋转。完成变换操作后的图像效果如图8.98所示。再将心形复制4个，分别放置到图像的其他位置，如图8.99所示。

步骤20 对各个图层中的图像位置进行适当调整，效果满意后按Ctrl+Shift+E组合键，合并所有图层，然后保存文档，从而完成本实例的制作。本实例制作完成后的效果如图8.100所示。

图8.97 设置【不透明度】和【填充】值

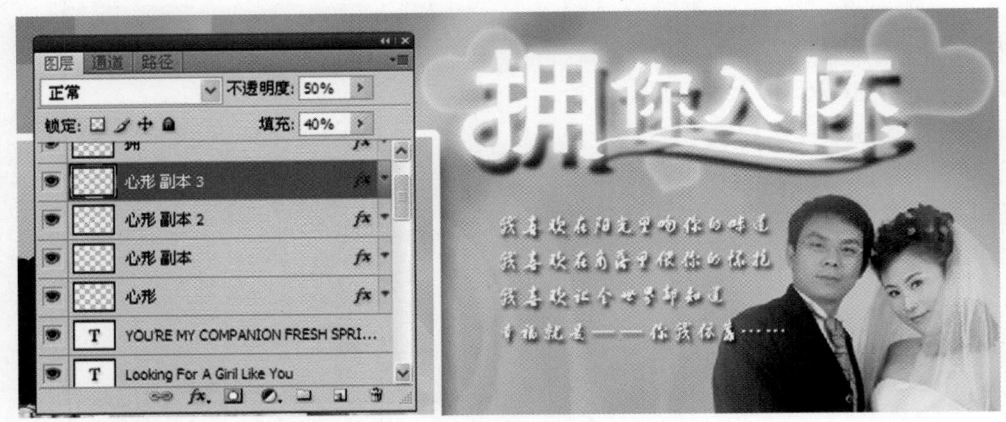

图8.98 完成变换操作后的图像效果

图8.99　复制心形并调整其位置

图8.100　实例制作完成后的效果

8.3 制作个人写真集

魔法师：普通家庭数码照片中较为常见的是生活照、旅游照以及纪念照。这些照片也许并没有什么高超的拍摄技巧，但往往给人以美好的回忆。将这些照片收集整理，并进行适当的处理，得到的不仅仅是美好的回忆，更是一种个性的彰显。

小叮当：是呀，我有很多平时拍摄的照片，有时候确实想对它们进行整处理，用它们制作个人写真集。对于个人写真集的制作，老师，您能教教我吗？

魔法师：当然可以。下面我就以个人写真集页面的制作为例来介绍个人照片合成的技巧。本实例使用的是普通的旅游照片，实例将使用一张风景素材作为背景。通过本实例的制作，你将进一步了解【渐变工具】和图层样式效果中的【渐变叠加】效果使用方法。同时，进一步熟悉动态画笔的应用和使用【画笔工具】来描边路径的方法。在本实例中将大量使用图层样式效果来创建图形和文字的阴影、发光和填充效果。如果你已经准备好了，我们现在就开始吧。

小叮当：好的，我们开始吧。

步骤1　启动Photoshop，打开需要处理的照片（路径：素材和源文件\part8\8.3\风景照片.jpg、个人照片1.jpg、个人照片2.jpg和个人照片3.jpg），如图8.101所示。下面以这几张照片作为素材，制作个人写真集的几个页面。

图8.101　需要处理的照片

步骤2　按Ctrl+N组合键，打开【新建】对话框，并在对话框中进行参数设置，如图8.102所示。单击【确定】按钮，创建一个新文档。从工具箱中选择【渐变工具】，然后在选项栏中单击【“渐变”拾色器】按钮，打开【渐变编辑器】对话框，再在该对话框中对渐变起始颜色的色标进行设置，如图8.103所示。这里，第二个颜色色标的颜色值为R：132，G：162，B：188，第三个颜色色标的颜色值为R：170，G：249，B：255。完成3个颜色色标设置后获得的渐变色如图8.104所示。在图像窗口中，从下向上拖动鼠标指针，以线性渐变填充，此时获得的填充效果如图8.105所示。

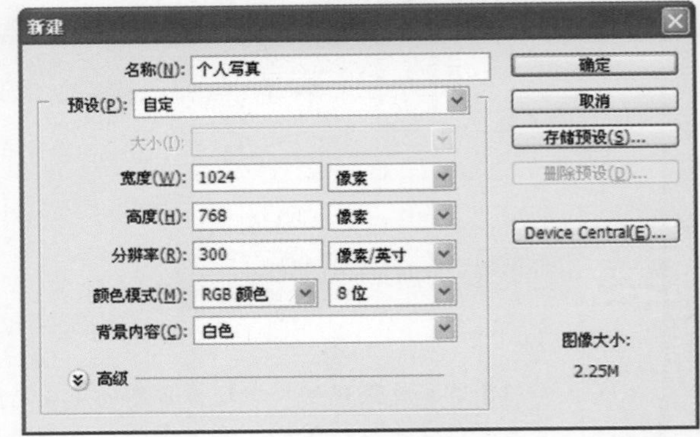

图8.102　【新建】对话框

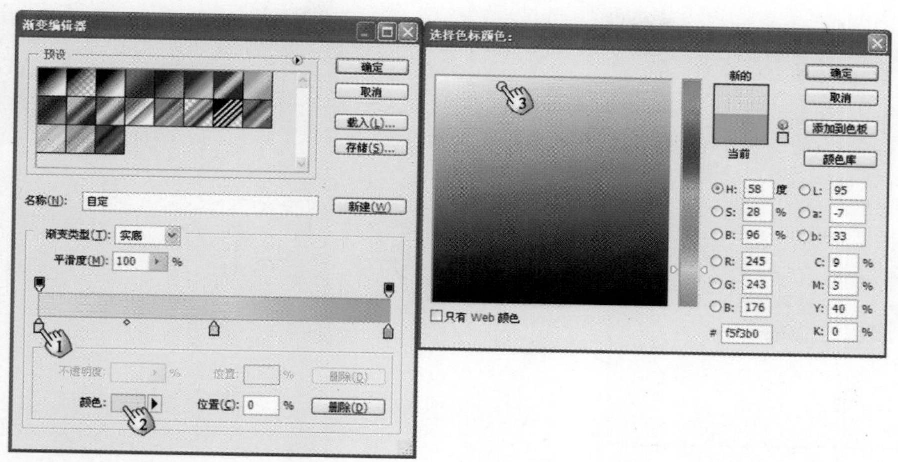

图8.103　设置第一个颜色色标的颜色

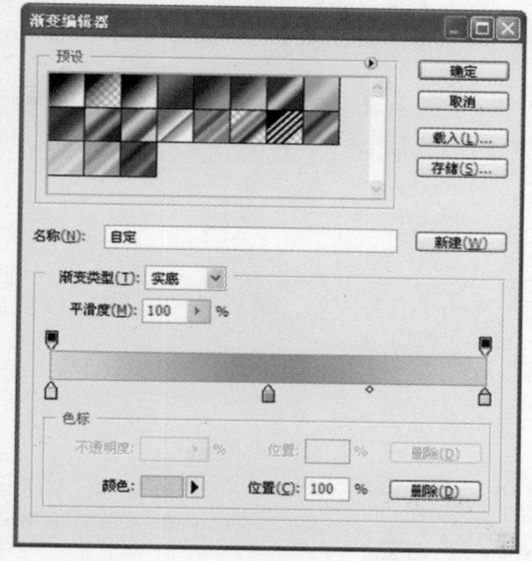

图8.104　完成颜色色标设置

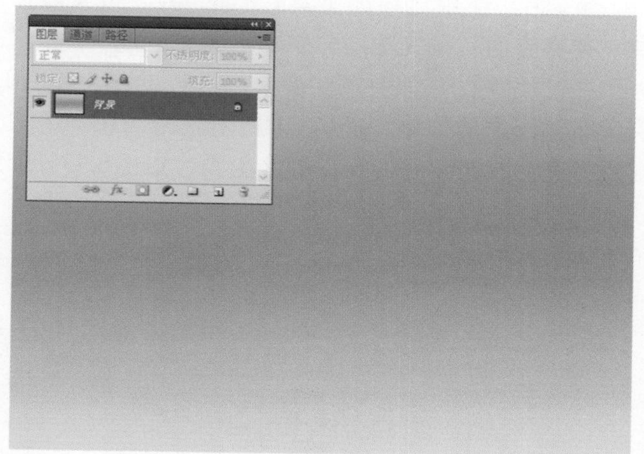

图8.105　线性填充后的效果

步骤3　从工具箱中选择【移动工具】，然后将“风景照片.jpg”图像拖到当前图像窗口中。在【图层】面板中，将该图层命名为“风景”图层，再将图层混合模式设置为【柔光】，如图8.106所示。选择【滤镜】|【模糊】|【高斯模糊】命令，打开【高斯模糊】对话框，然后在该对话框中对【半径】值进行设置，如图8.107所示。单击【确定】按钮，应用滤镜，此时图像的效果如图8.108所示。

图8.106　重命名图层并设置图层混合模式

图8.107 【高斯模糊】对话框

图8.108 应用滤镜后的图像效果

步骤4 使用【移动工具】，将“个人照片1.jpg”和“个人照片2.jpg”拖放到当前图像窗口中，并将它们所在的图层分别命名为“人物1”和“人物2”。选择“人物 2”图层，然后按Ctrl+T组合键，并在属性栏中对图像变换参数进行设置，如图8.109所示。单击【确定】按钮，确认缩放和旋转变换，此时图像的效果如图8.110所示。采用相同的方法，对“人物 1”图层中的图像进行缩放和旋转，同时将它们放置到图像窗口的左上角，如图8.111所示。

图8.109 属性栏的设置

图8.110 缩放并旋转图像

图8.111 放置图像

魔法师：在使用【自由变换】命令调整图像大小时，如果需要精确调整图像大小，可以通过在属性栏中直接输入长宽缩放比例来实现。此时，使【保持长宽比】按钮处于按下状态，然后在W或H输入框中输入数值，Photoshop会自动根据图像当前的长宽比来对图像进行缩放。如果需要对图像进行任意缩放而不必保持原有的长宽比，则应该使该按钮弹起。对图像进行精确旋转，也可以通过在属性栏中输入角度值来实现。

小叮当：使用鼠标拖动变换框上的控制柄来对图像进行变换操作，总是无法实现精确操作，您的方法真正解决了我的大问题。

魔法师：不过要注意，在属性栏的输入框中输入数值后，应该按Enter键确认，然后再按一次Enter键才能实现变换操作。

小叮当：也就是说需要按两次Enter键，我明白了。

步骤5　从工具箱中选择【钢笔工具】，然后在图像中绘制矢量路径，如图8.112所示。在【图层】面板中，创建一个名为“线”的新图层。从工具箱中选择【画笔工具】，打开【画笔】面板，然后对画笔笔尖形状进行设置，如图8.113所示。将前景色设置为白色，然后在【路径】面板中单击【用画笔描边路径】按钮，使用画笔描边路径，再删除当前工作路径，此时图像的效果如图8.114所示。

图8.112　绘制矢量路径

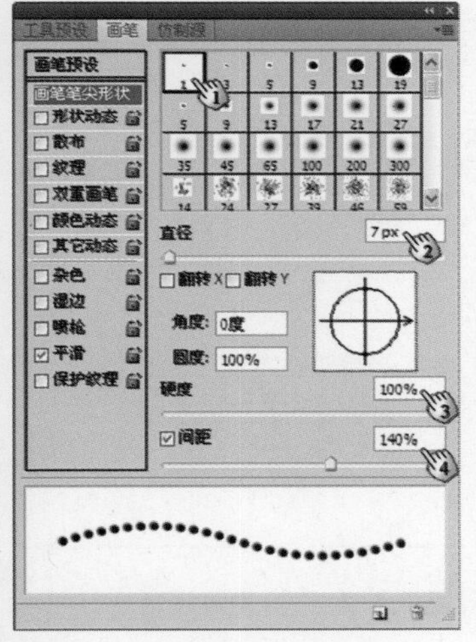

图8.113　【画笔】面板的设置

图8.114　描边路径后的图像效果

步骤6　从工具箱中选择【自定形状工具】，再从选项栏的【“自定形状”拾色器】中选择“花6”形状，如图8.115所示。将前景色设置为白色，然后在“人物1”图层的下方，创建一个名为“花”的新图层，再拖动鼠标指针，绘制花朵，如图8.116所示。

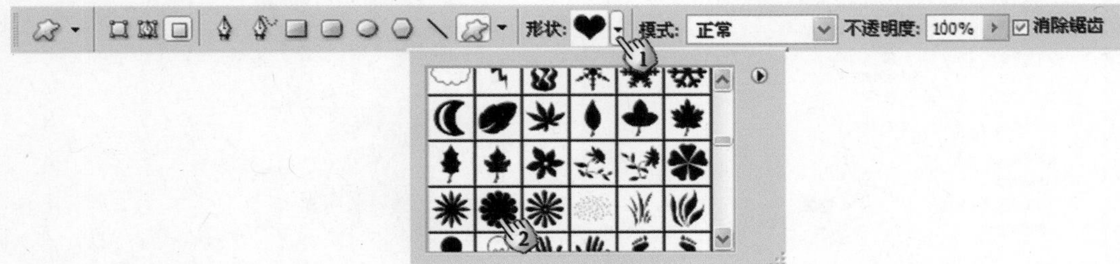

图8.115　【自定形状工具】属性栏的设置

步骤7 双击“花”图层，打开【图层样式】对话框，然后为图层添加【投影】效果，其参数设置如图8.117所示。为图层添加【外发光】效果，其参数设置如图8.118所示。为图层添加【斜面和浮雕】效果，其参数设置如图8.119所示。单击【确定】按钮，应用图层样式效果，此时图像的效果如图8.120所示。

图8.116　绘制花朵

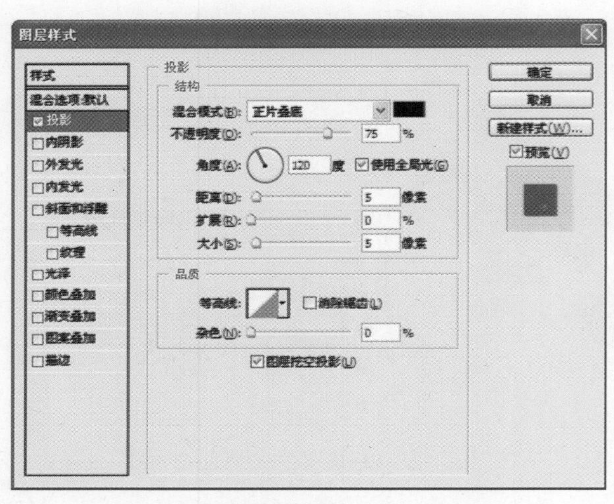

图8.117　【投影】效果的参数设置

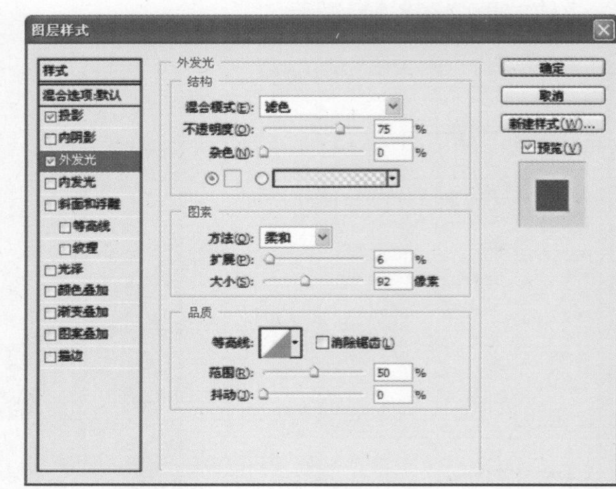

图8.118　【外发光】效果的参数设置

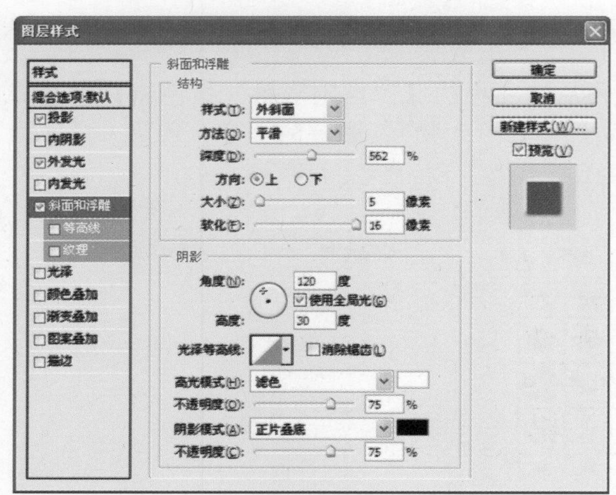

图8.119　【斜面和浮雕】效果的参数设置

图8.120　添加图层样式后的图像效果

步骤8　使用【移动工具】，将“个人照片3.jpg”图像拖放到当前图像窗口中。按Ctrl+T组合键，缩小图像并将其移动到花朵的上方。在【图层】面板中，将该图层命名为“人物3”，然后按Alt+Ctrl+G组合键，创建剪贴蒙版，此时图像的效果如图8.121所示。

步骤9　在“花”图层下方创建一个名为“叶片”的新图层。将前景色设置为白色，然后从工具箱中选择【画笔工具】，并在【画笔】面板中设置画笔笔尖形状，如图8.122所示。在【画笔预设】列表中选中【形状动态】复选框，再对画笔笔尖的【形状动态】参数进行设置，如图8.123所示。选中【散布】复选框，再对【散布】参数进行设置，如图8.124所示。使用【画笔工具】在图像右侧不同位置单击几次，制作散落的叶片效果。在【图层】面板中，将【不透明度】设置为70%，此时图像的效果如图8.125所示。

图8.121　创建剪贴蒙版后的图像效果

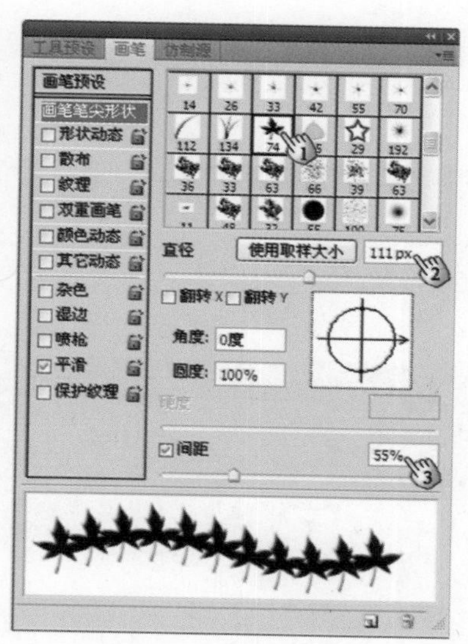

图8.122　设置画笔笔尖形状

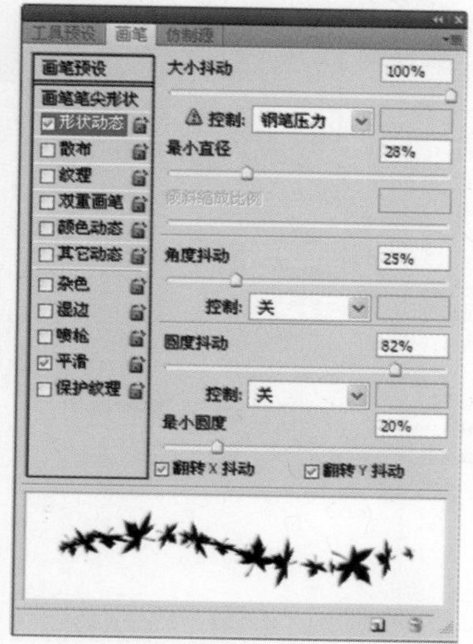

图8.123　设置画笔笔尖的【形状动态】参数

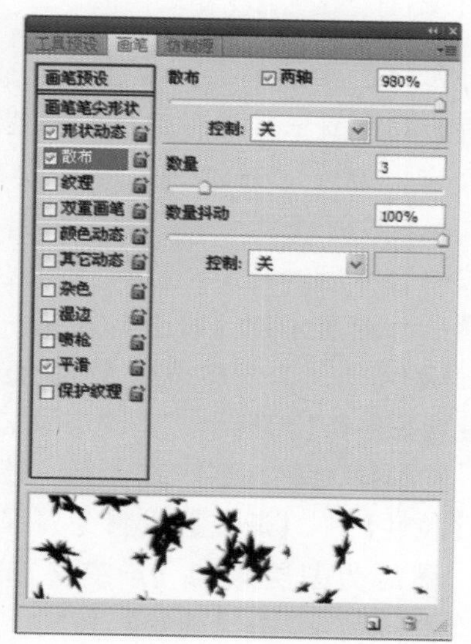

图8.124　设置画笔笔尖的【散布】参数

步骤10　从工具箱中选择【横排文字工具】T，然后从属性栏中设置文字字体、文字大小和颜色，如图8.126所示。在【图层】面板的最顶层，创建文字图层并输入文字“花”，如图8.127所示。将文字大小设置为28点，然后在图像中输入“样”和“华”二字。将字体设置为“方正古隶简体”，然后在图像中输入文字“年”字。调整这几个字的相对位置，如图8.128所示。

图8.125　制作散落的叶片效果

图8.126　【横排文字工具】属性栏的设置

图8.127　输入文字“花”

图8.128　输入不同大小和字体的文字

步骤11　在【图层】面板中同时选择4个文字图层后右击鼠标，然后选择右键菜单中的【栅格化文字】命令，将这些文字图层转换为普通图层，再按Ctrl+E组合键，将它们合并为一个图层。双击合并后的图层，打开【图层样式】对话框，然后为图层添加【投影】效果，其参数设置如图8.129所示。为图层添加【外发光】效果，其参数设置如图8.130所示。为图层添加【内发光】效果，其参数设置如图8.131所示。将【样式】设置为【线性】，【渐变】设置为【绿、紫、蓝】渐变，然后为图层添加【渐变叠加】效果，如图8.132所示。单击【确定】按钮，应用图层样式，此时的文字效果如图8.133所示。

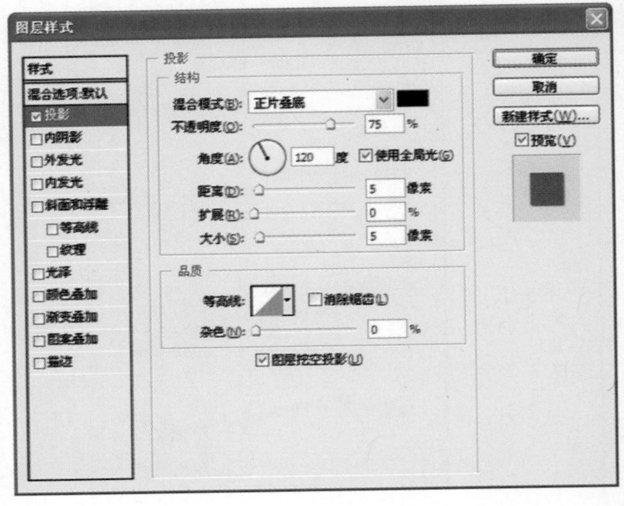

图8.129　【投影】效果的参数设置

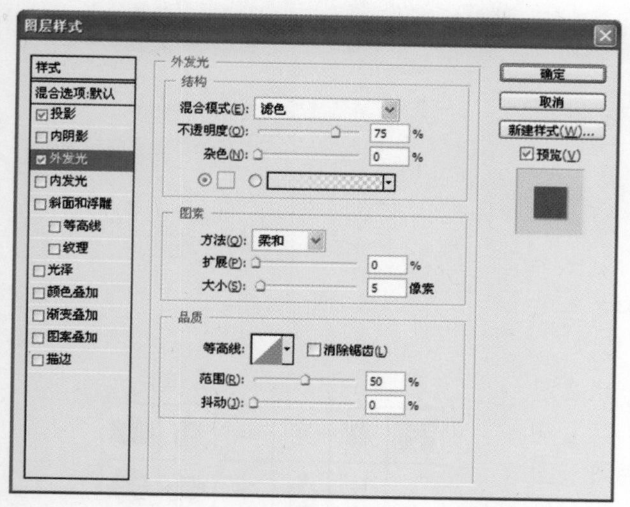

图8.130　【外发光】效果的参数设置

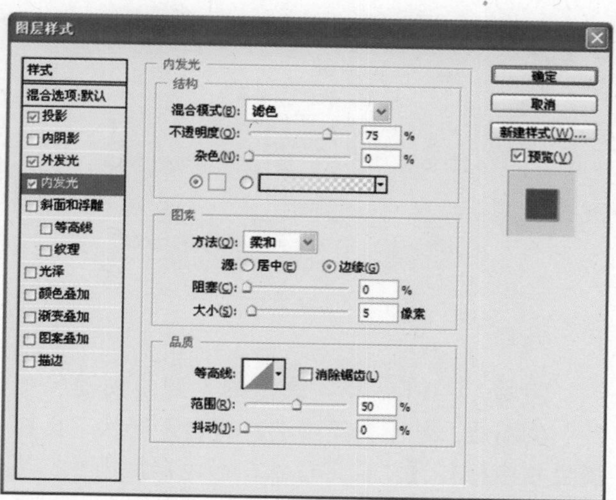

图8.131　【内发光】效果的参数设置

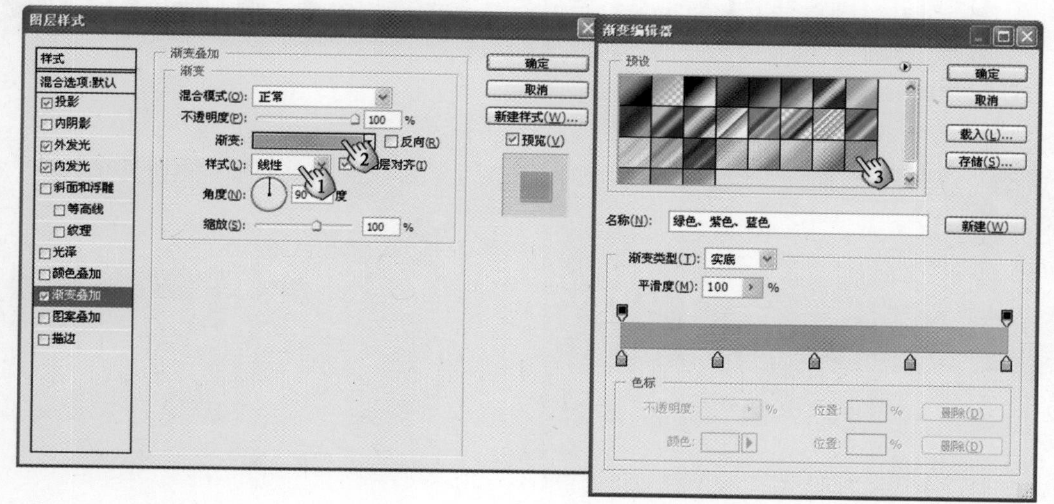

图8.132　【渐变叠加】效果的参数设置

步骤12　在"年"图层的下方，创建一个新图层，并将其命名为"椭圆"图层。设置前景色（其颜色值为R：5，G：221，B：253）。从工具箱中选择【椭圆工具】，然后在图层中绘制一个椭圆。将图层的【不透明度】值设置为85%，如图8.134所示。复制该图层，然后将复制的椭圆分别放置于其他文字之上，再根据文字大小，调整椭圆的大小和旋转方向，如图8.135所示。

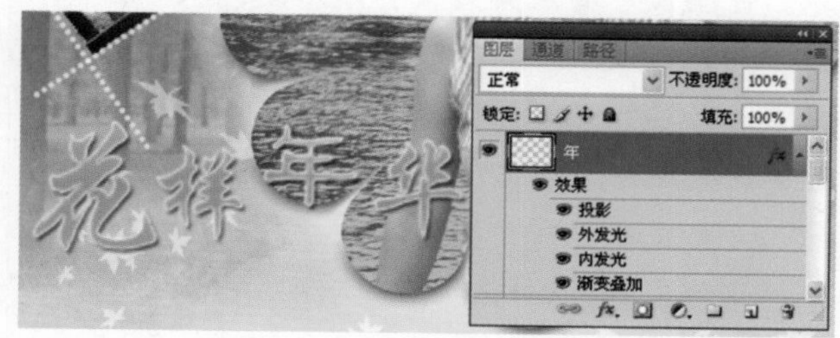

图8.133　应用图层样式后的文字效果

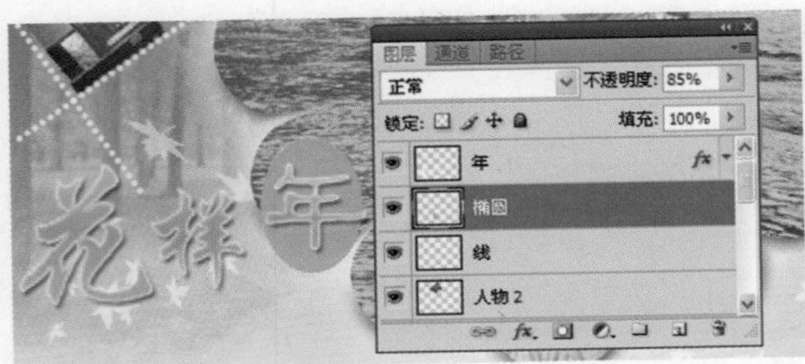

图8.134　绘制椭圆

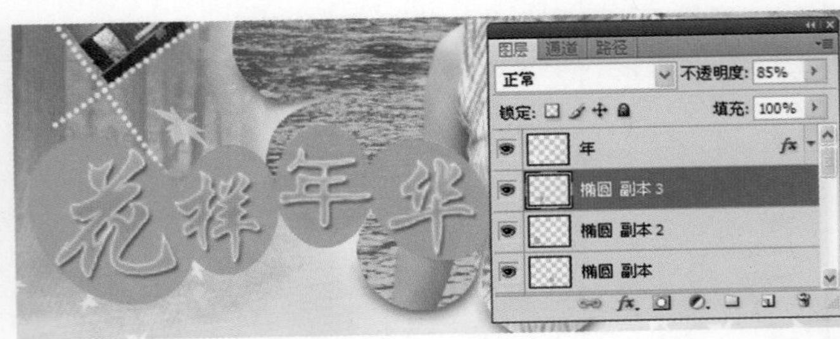

图8.135　复制椭圆

步骤13　在“年”图层的下方再创建一个名为“波浪线”的图层。从工具箱中选择【自定形状工具】，然后在属性栏中打开【“自定形状”拾色器】面板，再选择波浪图形，如图8.136所示。将前景色设置为白色，然后在文字的下方绘制波浪线，同时将图层的【不透明度】设置为40%，如图8.137所示。打开【图层样式】对话框，然后为波浪线添加【投影】效果，其参数设置与文字的投影效果的参数设置相同。完成设置后的图形效果如图8.138所示。

图8.136　选择“波浪线”图形

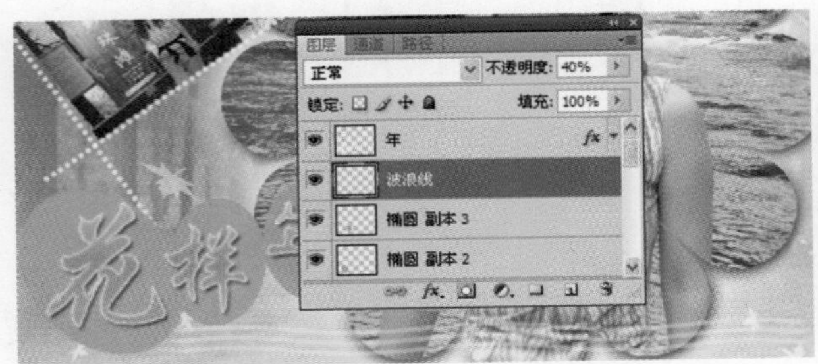

图8.137　绘制波浪线

图8.138　添加投影效果

步骤14　从工具箱中选择【横排文字工具】，再在属性栏中对文字参数进行设置，如图8.139所示。在图像中输入英文文字，如图8.140所示。在属性栏中单击【创建文字变形】按钮，打开【变形文字】对话框，然后给文字添加【波浪】变形效果，该变形效果的参数设置如图8.141所示。单击【确定】按钮，应用文字变形效果，如图8.142所示。将“年”的图层样式粘贴给当前图层，此时的文字效果如图8.143所示。

图8.139　属性栏的设置

图8.140 输入英文文字

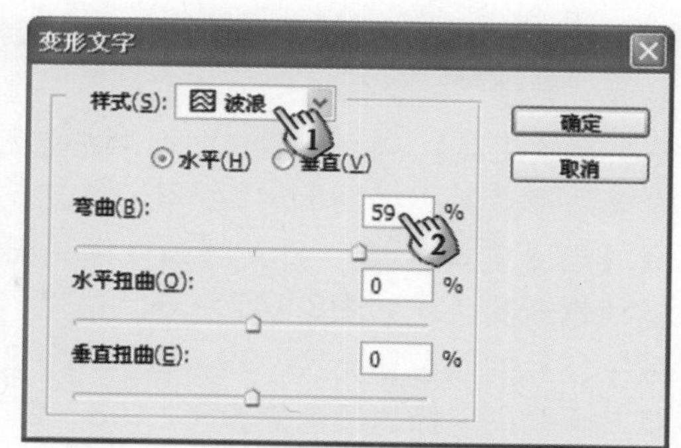

图8.141 【变形文字】对话框的参数设置

图8.142 文字的变形效果

图8.143 粘贴图层样式后的效果

小叮当：这里，我调整好英文文字和波浪线的相对位置和大小后，怎样保证再次对文字或波浪线进行操作时，使它们的相对位置和大小不被改变呢？

魔法师：如果你不需要对这两个图层中的图像再进行编辑了，可以将它们合并为一个图层。如果不想合并图层，可以在【图层】面板中同时选择这两个图层，然后单击面板底部的【链接图层】按钮，链接这两个图层。此时，在两个图层之间会出现链接标志，改变这两个图层中任何一个图层图像的位置和大小，两个图层的图像将一起改变。

小叮当：如果我想单独调整链接图层中某个图层的图像，又该怎么办呢？

魔法师：你可以选择链接图层中的任何一个后单击【链接图层】按钮，取消图层链接。

步骤15 在【图层】面板的顶层，创建一个名为“方块”的空白图层。从工具箱中选择【矩形选框工具】，然后拖动鼠标指针，绘制一个矩形选框。选择【选择】|【变换选区】命令，拖动变换框上的控制柄，对选区进行缩放和旋转变换，并重新放置选区的位置，如图8.144所示。按Enter键确认对选区的变换，然后以白色填充选区。按Ctrl+D组合键，取消选区，再将图层混合模式设置为【柔光】，此时图像的效果如图8.145所示。

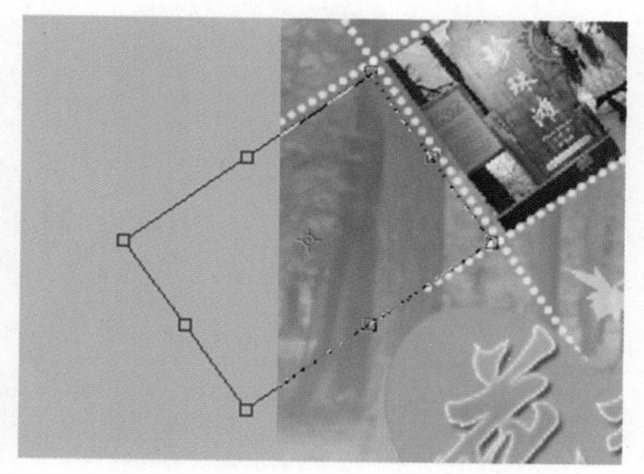

图8.144 变换选区

步骤16　在【图层】面板的顶层再创建一个名为“色块”的空白图层。从工具箱中选择【多边形套索工具】，然后在图像中左上角创建一个多边形选区，如图8.146所示。从工具箱中选择【渐变工具】，打开【渐变编辑器】对话框编辑渐变色，如图8.147所示。这里，第一个颜色色标的颜色值为R：39，G：76，B：24，第二个颜色色标的颜色值为R：198，G：149，B：19，第三个颜色色标的颜色值为R：182，G：239，B：84。从左上角向右下角拖动鼠标指针，对选区进行渐变填充，再将图层的【不透明度】值设置为20%。按Ctrl+D组合键，取消选区，此时图像的效果如图8.148所示。

步骤17　从工具箱中选择【横排文字工具】，然后在属性栏中对文字样式进行设置，如图8.149所示。在图像的左上角输入文字，如图8.150所示。将“波浪线”图层的图层样式粘贴给该图层，同时将图层的【填充】值设置为80%，如图8.151所示。

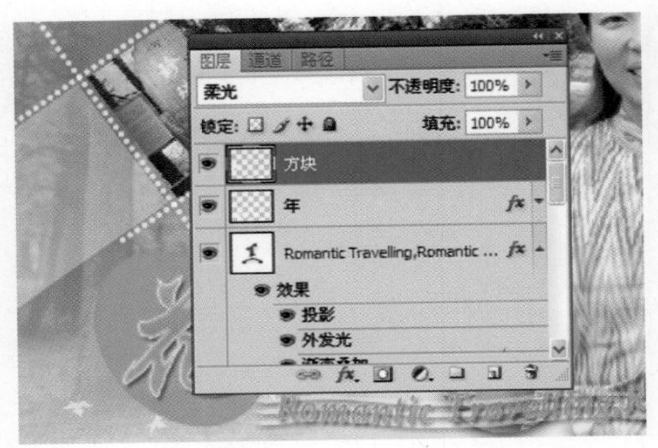

图8.145　填充选区后的图像效果

图8.146　创建多边形选区

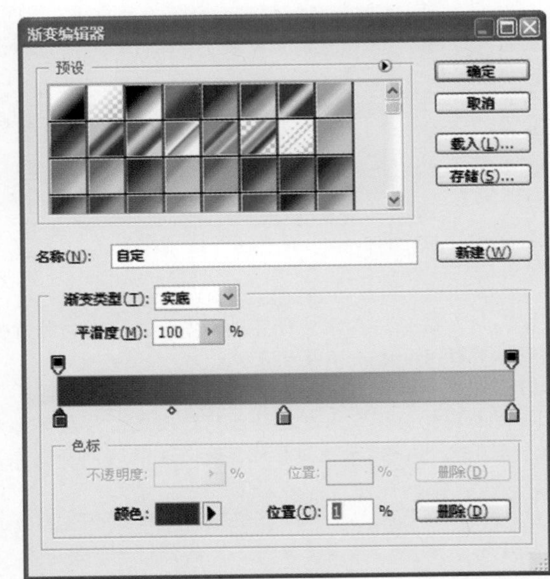

图8.147　【渐变编辑器】对话框

图8.148　使用渐变填充后的效果

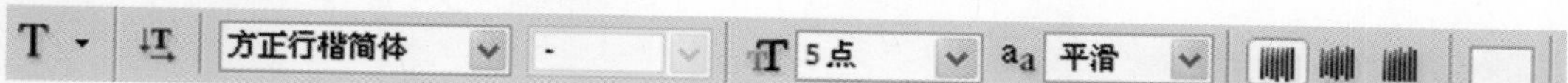

图8.149　属性栏的设置

图8.150　在图像左上角输入文字

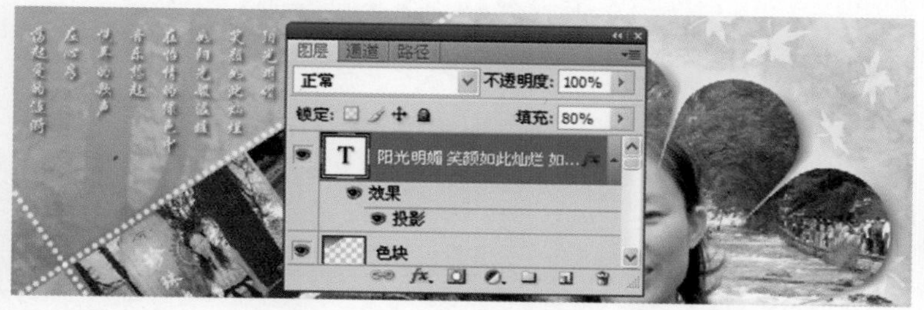

图8.151　添加投影效果

步骤18　对图像中各个元素的位置和大小进行调整，效果满意后按Ctrl+Shift+E组合键，合并所有图层。保存文档，从而完成本实例的制作。本实例制作完成后的效果如图8.152所示。

图8.152　实例制作完成后的效果

8.4 制作儿童写真相册

魔法师：在一个幸福的家庭里，照片会记录孩子成长的每一个瞬间，将那些不同时期的照片集中起来，为照片添加特效，赋予一定的主题，制成精美的相册，将是一件很有意义的事情。

小叮当：是呀。这个容易，只要把家里的儿童照片集合在一起就行了。

魔法师：光有技术是不行的，下面我简单介绍一下儿童写真相册的特点。设计时应突出儿童的特点，色彩上应该选择欢快、光明和充满活力的色调。文字设计应该要符合儿童活泼可爱的特点，字体选择、文字版式和字型设计上不能死板，要生动而富于变化。文字内容一般以符合相册主题并体现儿童特色的儿歌、诗词或家长寄语为主。在设计相册时，相册主题要富于童趣，应根据主题的需要来选片。除了使用相片素材外，在具体制作时还可以根据主题需要，绘制简单明快的图形，同时使用一些卡通造型来增强画面效果。

小叮当：是呀，您能讲一个具体的实例吗?

魔法师：当然，下面我就介绍一个儿童写真相册页面的制作过程吧。

步骤1 启动Photoshop，打开需要处理的照片（路径：素材和源文件\part8\8.4\可爱女孩1.jpg、可爱女孩2.jpg和hello kitty.jpg），如图8.153所示。下面使用这几张素材照片合成一张儿童相册的主题页面。

图8.153 需要处理的照片

步骤2 按Ctrl+N组合键，打开【新建】对话框，然后在该对话框中对新建文档进行设置，如图8.154所示。单击【确定】按钮，创建一个新文档，然后设置前景色和背景色，其中前景色的颜色值为R：117，G：229，B：249。从工具箱中选择【渐变工具】，然后在属性栏中单击【"渐变"拾色器】按钮，打开【渐变编辑器】，再对渐变起始颜色和终止颜色进行设置。其中，起始颜色的颜色值为R：117，G：229，B：249，终止颜色的颜色值为R：217，G：247，B：250。在图像窗口中，从上往下拖动鼠标指针，使用渐变填充，如图8.155所示。

步骤3 从工具箱选择【减淡工具】，然后使用一款较大的柔性画笔在图像上涂抹，获得一种淡淡的云雾效果，如图8.156所示。在【图层】面板中，创建一个名为"云层"的新图层。从工具箱中选择【钢笔工具】，然后在图像中绘制一个封闭的矢量图形，如图8.156所示。从工具箱中选择【添加锚点工具】，然后在矢量路径上添加锚点，再修改矢量图形的形状，如图8.157所示。

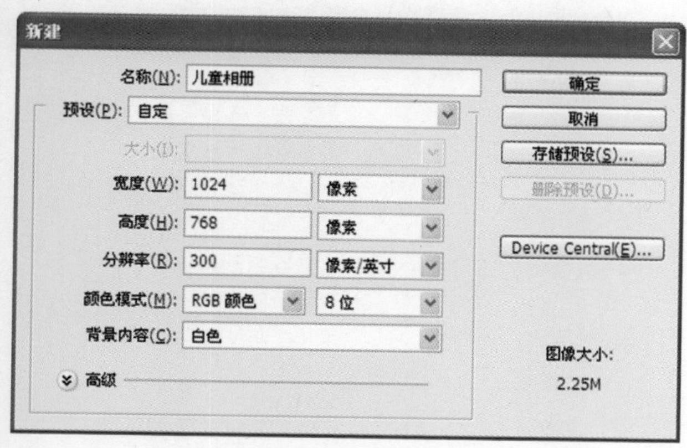

图8.154　【新建】对话框

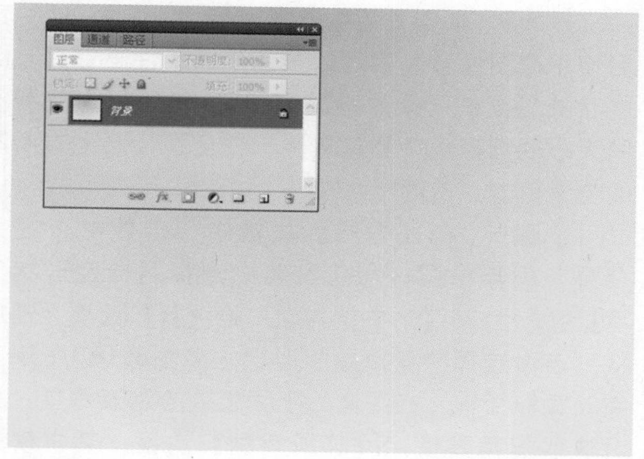

图8.155　使用渐变填充图像

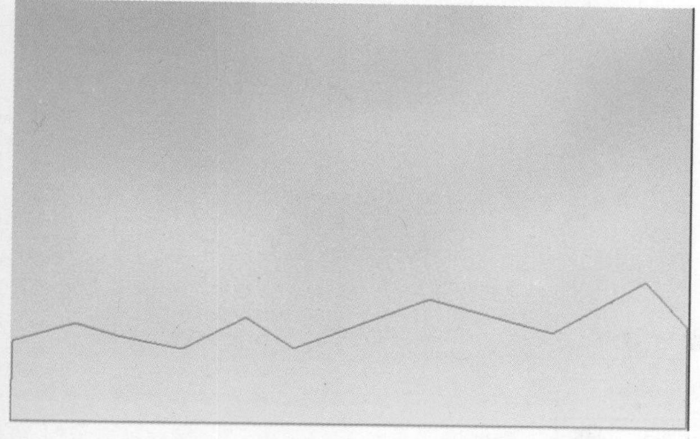

图8.156　绘制封闭的矢量图形

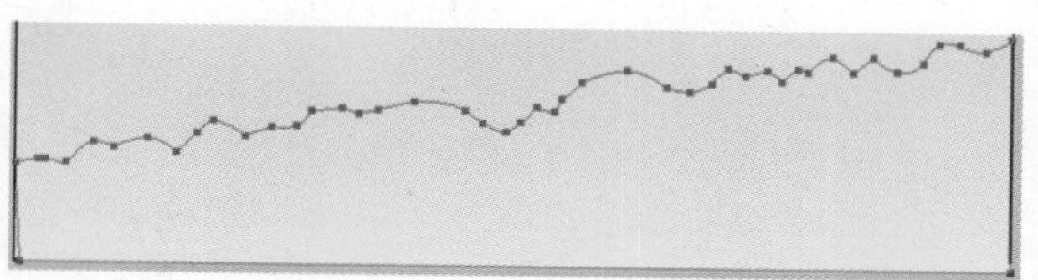

图8.157　修改矢量图形的形状

步骤4　在【路径】面板中单击【将路径作为选区载入】按钮，将路径转换为选区。将前景色设置为白色，然后按Alt+Delete组合键，以前景色填充选区，如图8.158所示。按Ctrl+D组合键，取消选区，然后选择【滤镜】|【模糊】|【高斯模糊】命令，打开【高斯模糊】对话框，再对滤镜效果进行设置，如图8.159所示。单击【确定】按钮，应用滤镜，此时图像的效果如图8.160所示。

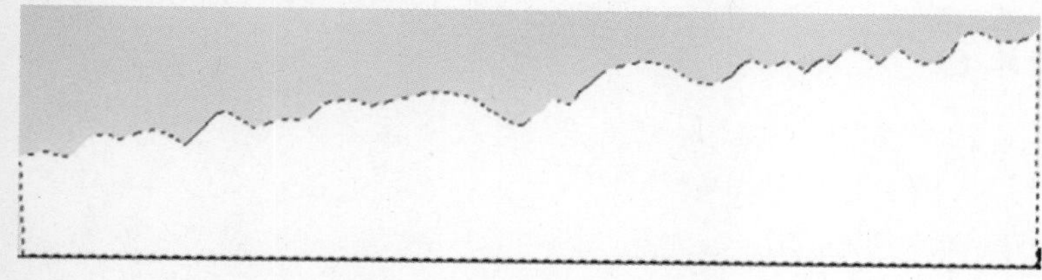

图8.158　以白色填充选区

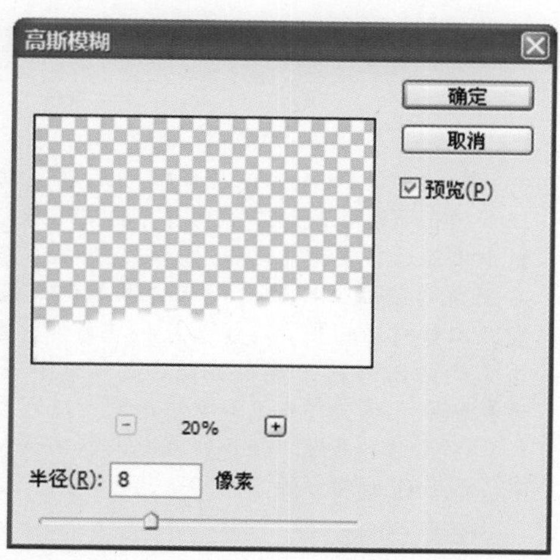

图8.159　【高斯模糊】对话框

步骤5　从工具箱中选择【画笔工具】，然后使用与图像背景相近的颜色，以柔性画笔在云层中涂抹，绘制云朵效果，如图8.161所示。使用不同大小的圆形柔性画笔笔尖，白色在云层上方不同的位置单击，创建光点效果，如图8.162所示。

步骤6　在【图层】面板中，创建一个名为“星”的新图层。从工具箱中选择【自定形状工具】，打开【“自定形状”拾色器】面板，然后从列表中选择“五角星”形状，如图8.163所示。拖动鼠标指针，在图像的不同位置绘制五角星，再对这些五角星使用【高斯模糊】滤镜，其中模糊半径设置为3.6个像素。完成操作后的图像效果如图8.164所示。

图8.160　应用【高斯模糊】滤镜后的效果

图8.161　绘制云朵

图8.162　绘制光点

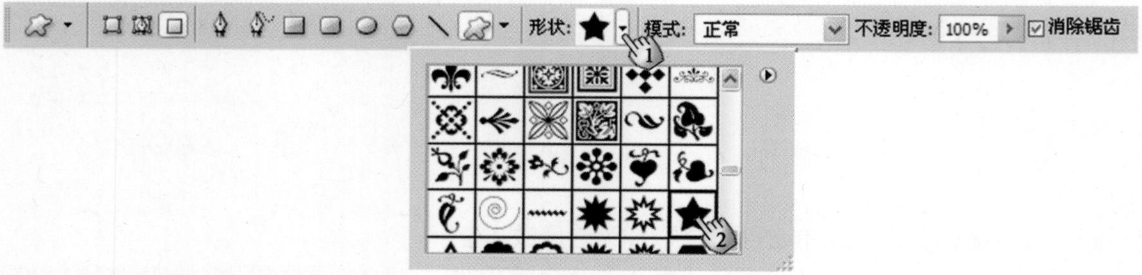

图8.163　选择“五角星”形状

魔法师：Photoshop提供了多种类型的内置图形，但必须先将这些图形添加到【“自定形状”拾色器】面板中才能选择使用。单击【“自定形状”拾色器】面板右上角的按钮，然后选择需要添加到面板中的图形类型，比如【动物】、【箭头】和【画框】等。如果不知道需要的图形属于哪个类型，可以选择菜单中的【全部】命令，将全部内置形状添加到面板列表中。

小叮当：是呀，怪不得我总是找不到需要的图形，现在我知道处理方法了。

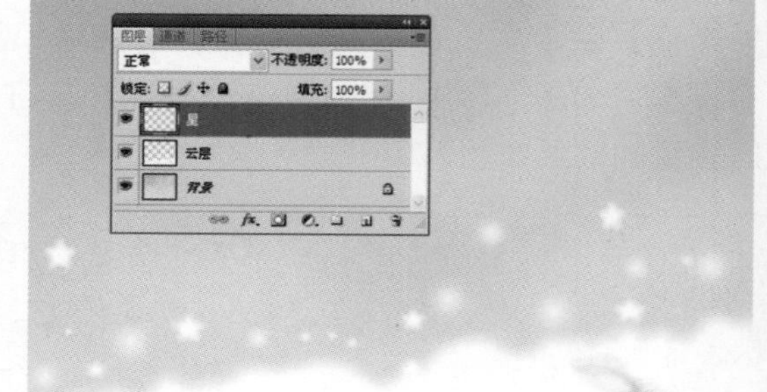

图8.164　绘制五角星

步骤7　将“可爱女孩1.jpg”图像拖放到当前图像窗口中，再将图像缩小并放置于图像窗口的右侧。为该图层添加图层蒙版，然后从工具箱中选择【画笔工具】，再使用柔性画笔以黑色在图层蒙版中涂抹，使人物与背景融合，如图8.165所示。

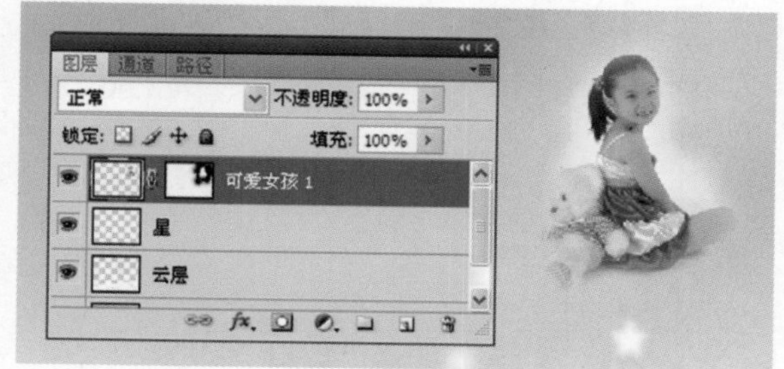

图8.165　添加女孩照片

步骤8　在“可爱女孩1”图层的下方创建一个名为“月亮”的新图层。从工具箱中选择【自定形状工具】，然后在属性栏中对其参数进行设置，如图8.166所示。将前景色设置为白色，然后拖动鼠标指针，绘制一个月亮图形。选择【编辑】|【变换】|【水平翻转】命令，将其翻转，再将月亮图形移至孩子的左下方，如图8.167所示。

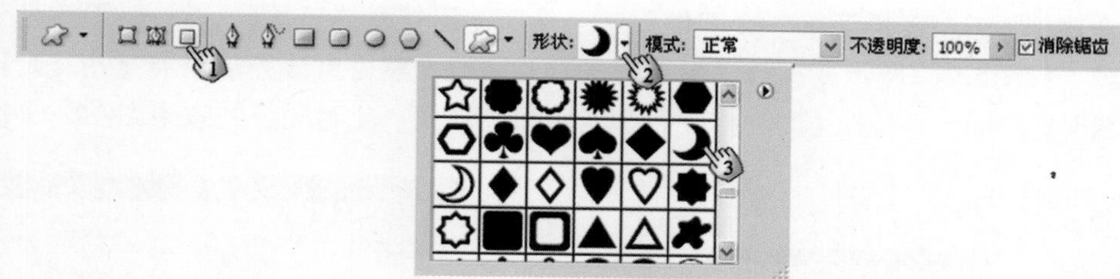

图8.166　对工具进行设置

步骤9　打开【图层样式】对话框，然后为图层添加【投影】效果，其参数设置如图8.168所示。为图层添加【外发光】效果，其参数设置如图8.169所示。为图层添加【描边】效果，其参数设置如图8.170所示。这里描边使用的颜色值为R：219，G：246，B：251。单击【确定】按钮，应用图层样式，此时图像的效果如图8.171所示。

图8.167　绘制月亮

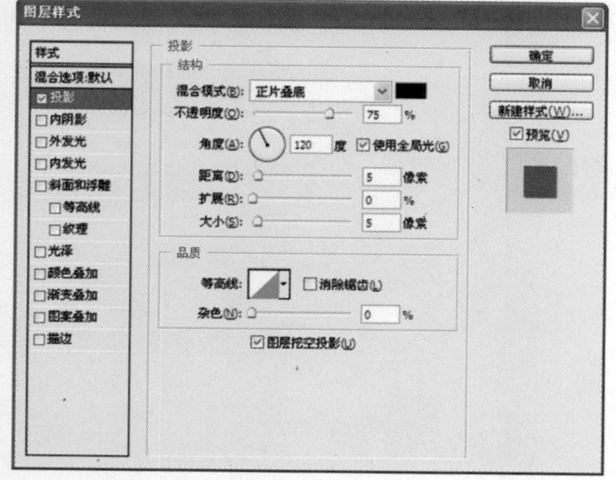

图8.168　【投影】效果的参数设置

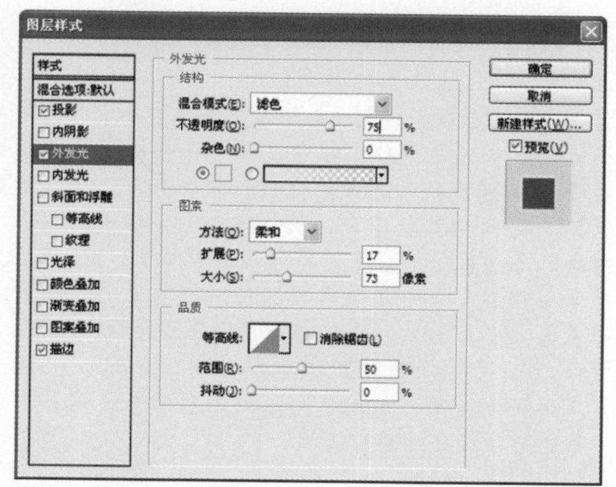

图8.169　【外发光】效果的参数设置

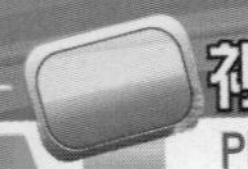

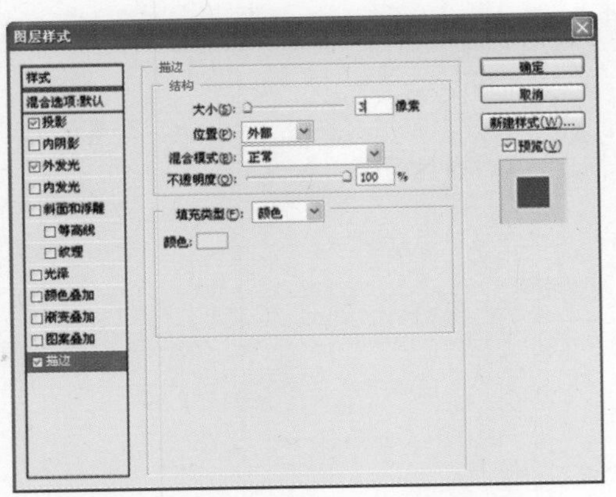

图8.170 【描边】效果的参数设置

图8.171 添加图层样式后的图像效果

步骤10 将"可爱女孩2.jpg"图像拖放到当前图像窗口中。调整该图片的大小和位置，再将该图层更名为"可爱女孩 2"。为图层添加一个图层蒙版，然后使用【画笔工具】，以黑色在图层蒙版中涂抹掉照片的背景，如图8.172所示。打开【图层样式】对话框，然后为该图层添加【外发光】样式效果，其参数设置如图8.173所示。单击【确定】按钮，应用图层样式，此时图像的效果如图8.174所示。

图8.172 添加"可爱女孩2"照片

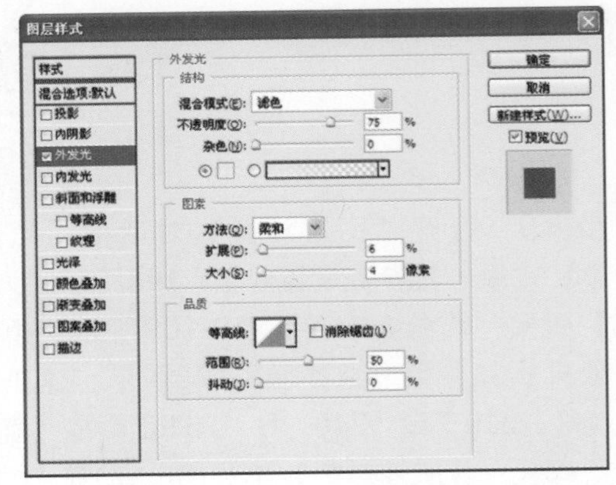

图8.173 【外发光】效果的参数设置

魔法师：在添加图层蒙版时，如果按住Alt键再单击【创建图层蒙版】按钮，则创建的图层蒙版同时被黑色填充。从【图层】面板中选择了一个图层，然后选择【图层】|【显示所有菜单项目】命令，再选择【图层蒙版】|【显示全部】命令，将创建一个显示当前图层所有内容的图层蒙版。如果选择【图层蒙版】|【隐藏全部】命令，将创建一个隐藏当前图层所有内容的图层蒙版。如果图层中有选区，则选择【图层蒙版】|【显示选区】命令（或【隐藏选区】命令），则可创建一个只显示（或隐藏）当前图层选区内容的图层蒙版。这些创建图层蒙版的技巧要注意掌握哦。

小叮当：好的。

图8.174 添加【外发光】效果后的图像效果

步骤11　将hello kitty.jpg图像拖放到当前图像窗口中，再将该图层放置于“月亮”图层的下方。将图层重新命名为hello kitty并为其添加图层蒙版，然后使用【画笔工具】，以黑色在图层蒙版中涂抹，抹掉该图像中的大部分背景，如图8.175所示。在图层缩览图上单击，选择该图层，然后按Ctrl+U组合键，打开【色相/饱和度】对话框，再选中【着色】复选框，同时拖动滑块，调整卡通图像的色调，如图8.176所示。关闭【色相/饱和度】对话框，同时将图层的【不透明度】设置为50%，此时图像的效果如图8.177所示。

图8.175　添加卡通图像

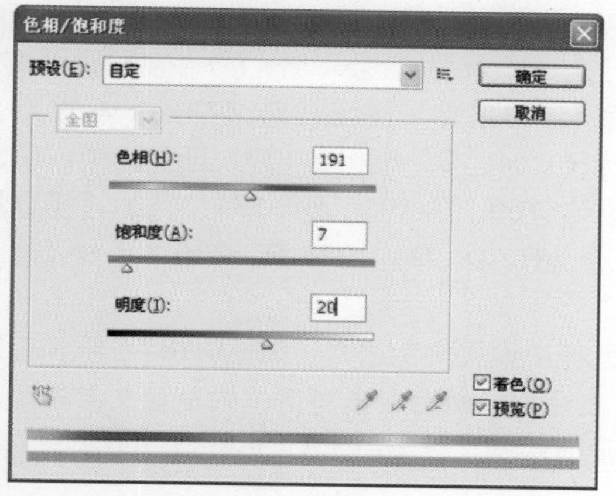

图8.176　【色相/饱和度】对话框

图8.177　调整色调并设置图层【不透明度】后的效果

步骤12　从工具箱中选择【横排文字工具】T，然后在【图层】面板的顶层创建文字图层并输入文字。打开【字符】面板，再设置文字的格式，如图8.178所示。打开【图层样式】对话框，然后为文字添加【投影】效果，其参数设置如图8.179所示。为文字添加【外发光】效果，其参数设置如图8.180所示。

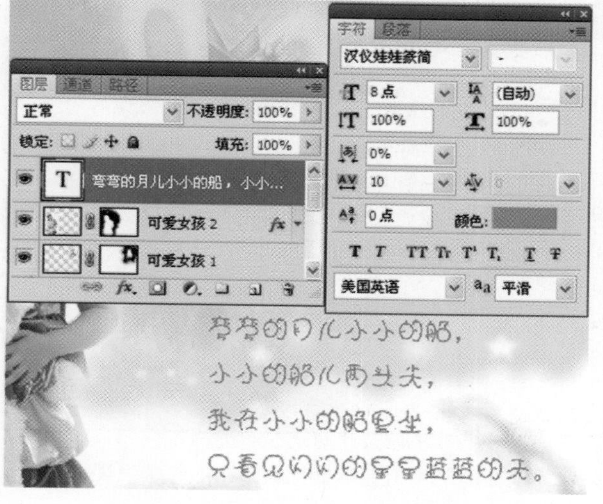

图8.178　输入文字并设置格式

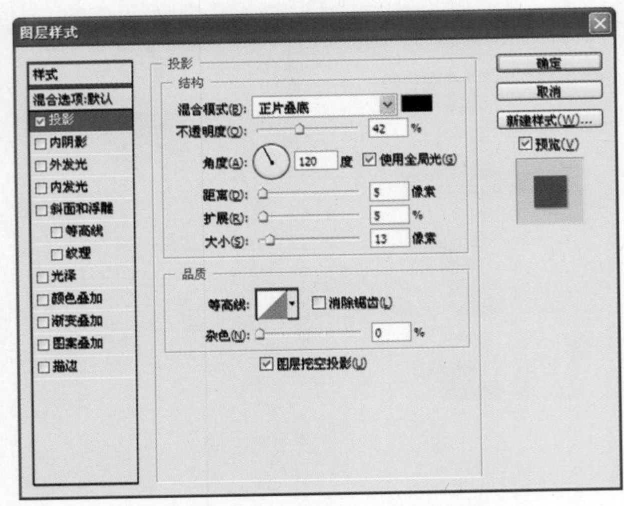

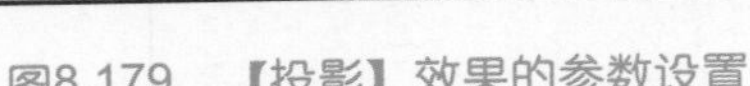
图8.179 【投影】效果的参数设置

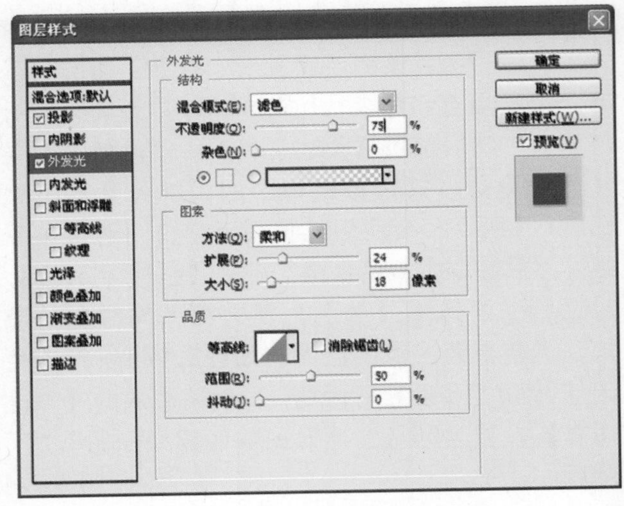

图8.180 【外发光】效果的参数设置

步骤13　为文字图层添加【渐变叠加】效果，如图8.181所示。这里，将【样式】设置为【线性】，【渐变】设置为三色渐变，其起始颜色的颜色值为R：64，G：88，B:136，渐变的中间颜色值为R：101，G：165，B：165，渐变结束处的颜色值为R：160，G:191，B：194。添加【描边】效果，其参数设置如图8.182所示。这里，描边使用的颜色值为R：0，G：198，B：255。单击【确定】按钮，应用图层样式，此时的文字效果如图8.183所示。

步骤14　输入文字“星梦传说”，然后在【字符】面板中设置文字格式，如图8.184所示。在属性栏中单击【创建文字变形】按钮，打开【变形文字】对话框，然后在该对话框中设置文字的变形效果，如图8.185所示。单击【确定】按钮，关闭对话框，此时的文字效果如图8.186所示。

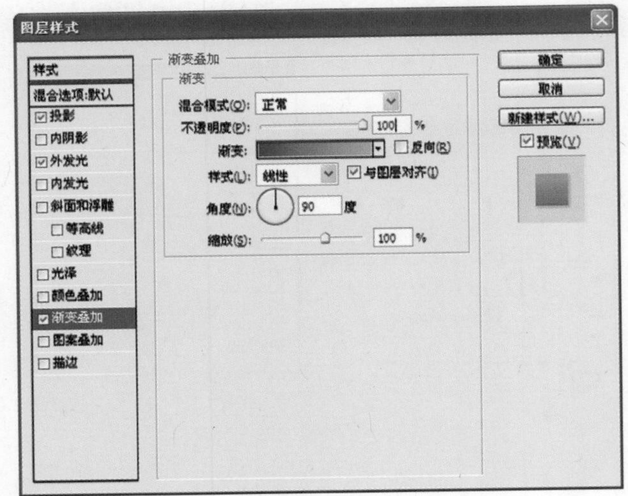

图8.181 【渐变叠加】效果的参数设置

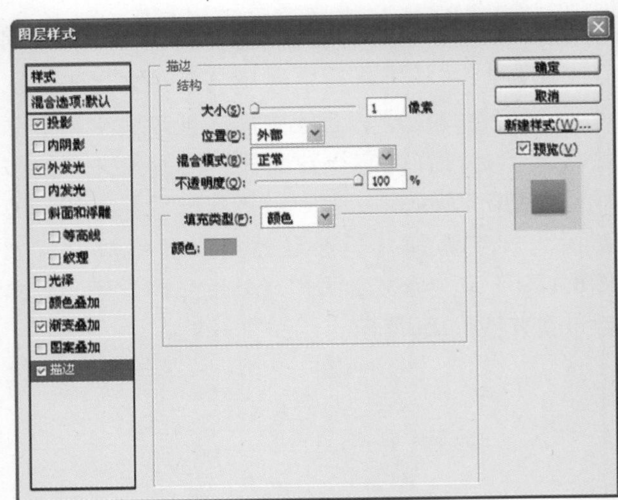

图8.182 【描边】效果的参数设置

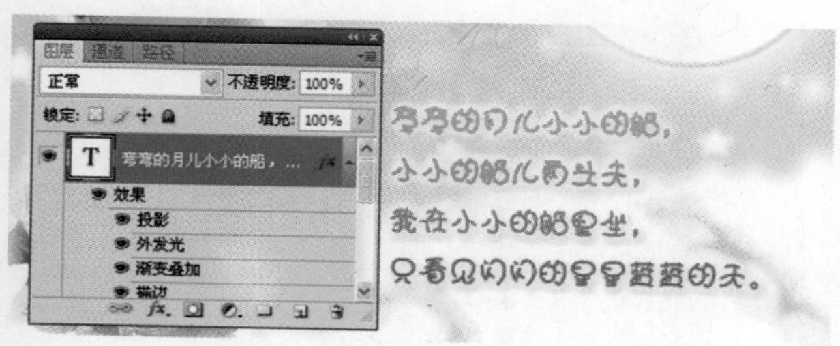

图8.183　添加图层样式后的文字效果

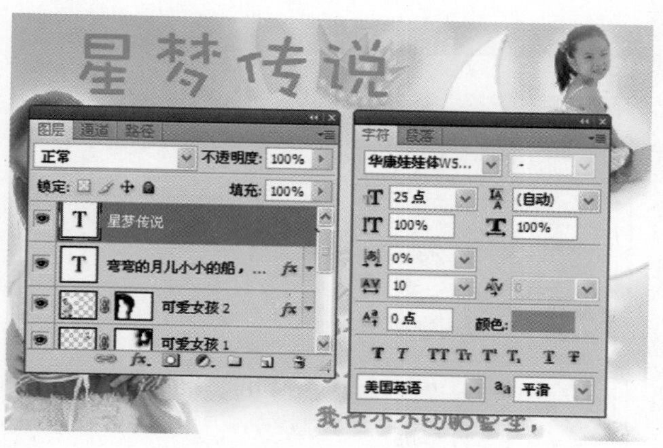

图8.184　输入文字并设置文字格式

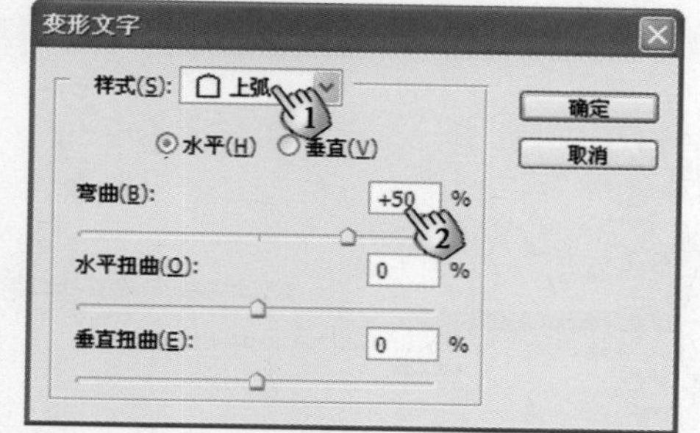

图8.185　【变形文字】对话框中的参数设置

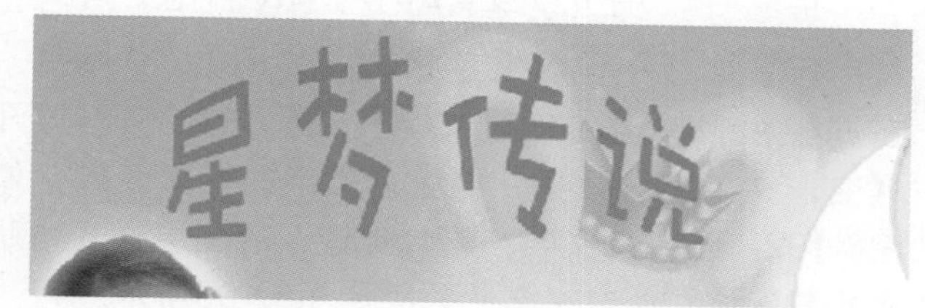

图8.186　应用变形效果后的文字

步骤15　打开【图层样式】对话框，然后为图层添加【投影】效果，其参数设置如图8.187所示。为图层添加【外发光】样式效果，其参数设置如图8.188所示。为图层添加【内发光】样式效果，其参数设置如图8.189所示。为文字添加【渐变叠加】样式效果，其参数设置与之前的设置完全一样。单击【确定】按钮，关闭【图层样式】对话框，此时的文字效果如图8.190所示。

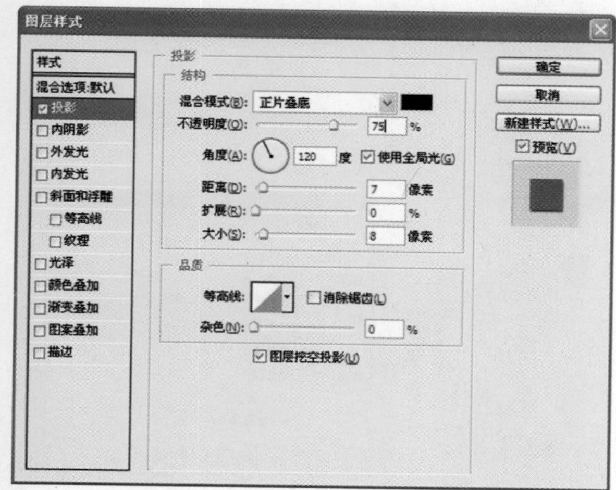

图8.187　【投影】效果的参数设置

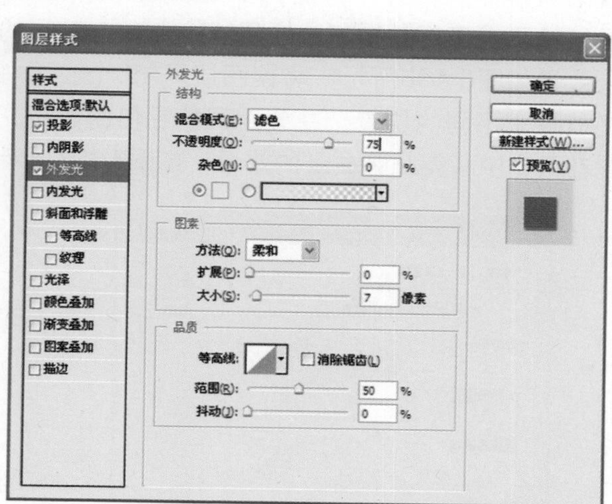

图8.188　【外发光】效果的参数设置

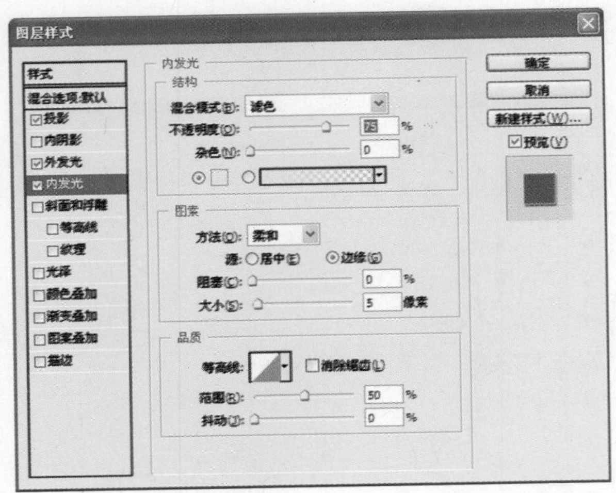

图8.189 【内发光】效果的参数设置

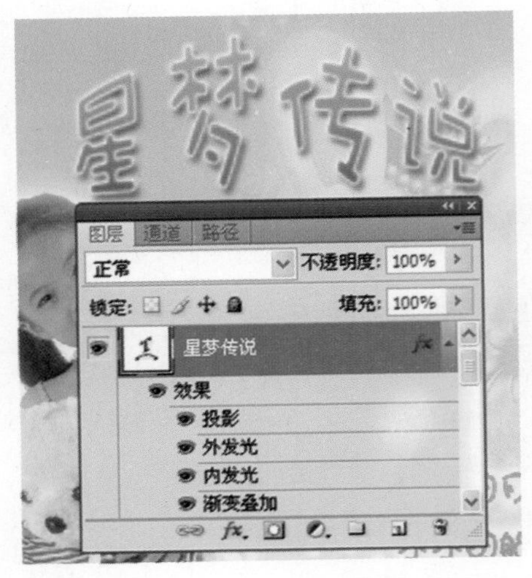

图8.190 应用图层样式后的文字效果

步骤16 输入文字HAPPY ANGEL，然后在【字符】面板中设置文字格式，如图8.191所示。在属性栏中单击【创建文字变形】按钮，打开【变形文字】对话框，再设置文字的变形效果，如图8.192所示。将文字“星梦传说”的图层样式粘贴到当前图层，此时文字的效果如图8.193所示。

步骤17 在hello kitty图层的上方，创建一个名为“云朵”的新图层。从工具箱中选择【自定形状工具】，然后在属性栏中的【“自定形状”拾色器】上单击，再选择“云彩1”形状，如图8.194所示。在图像中绘制白色的云彩，然后对云彩使用【高斯模糊】滤镜，滤镜的参数设置如图8.195所示。单击【确定】按钮，应用滤镜，此时获得的云朵效果如图8.196所示。将该图层复制3个，再将它们放置于不同的位置，并分别调整它们的大小，此时在天空中获得朵朵白云的效果，如图8.197所示。

图8.191 输入文字并设置字符格式

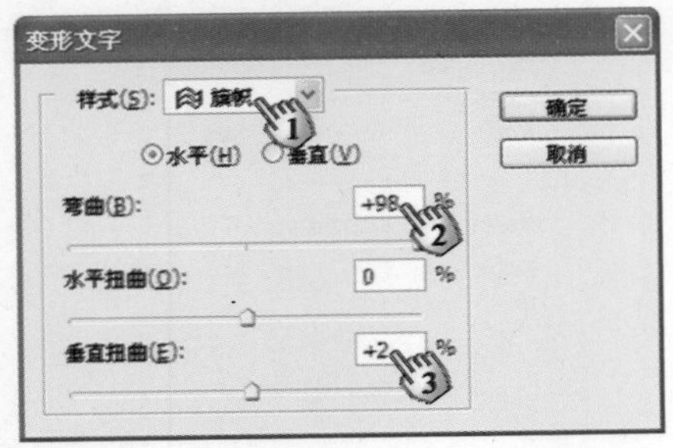

图8.192 【变形文字】对话框的设置

图8.193 粘贴图层样式后的文字效果

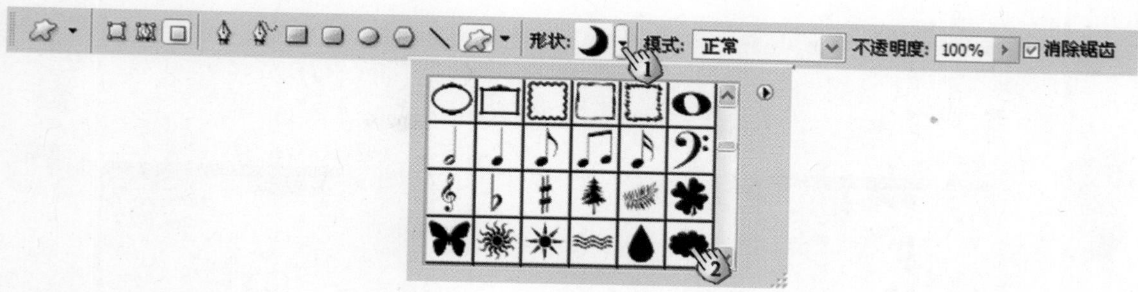

图8.194 选择“云彩 1”形状

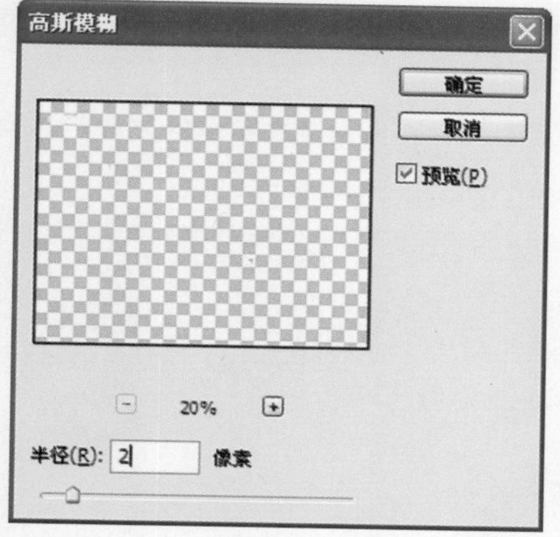

图8.195 【高斯模糊】对话框

图8.196 创建云朵

图8.197 复制“云朵”图层

步骤18 在【图层】面板的“星”图层的上方，创建一个名为“星2”的新图层。使用相同的方法，在图像的上方绘制一些大小和形状不同的星星，如图8.198所示。创建一个名为“光点”的新图层，然后使用【画笔工具】，以不同大小的柔性画笔在图像上方不同位置单击几次，添加几个光点，如图8.199所示。创建一个名为“线条”的新图层，然后使用【画笔工具】，以柔性画笔在图像中绘制线条，如图8.200所示。

图8.198　添加星星

图8.199　添加光点

步骤19　按Ctrl+Shift+E组合键，合并所有图层，然后保存文档，从而完成本实例的制作。本实例制作完成后的效果如图8.201所示。

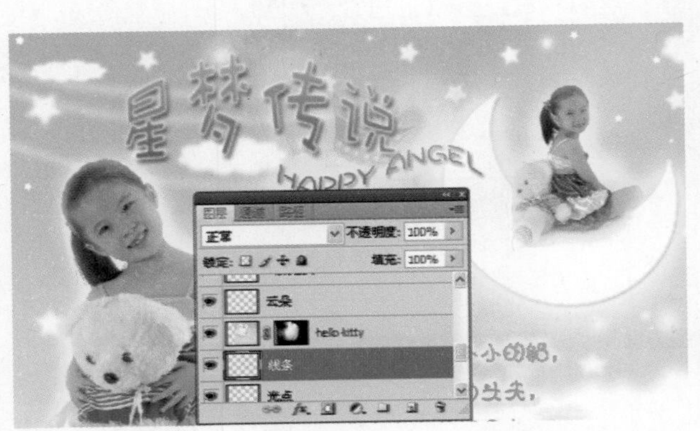

图8.200　绘制线条

图8.201　实例制作完成后的效果

8.5 制作婚庆光盘盘面

魔法师：将数码照片和日常生活中拍摄的DV刻盘，便于保存或用于碟机播放。如果自己能够设计这些盘片的盘面，也不失为一种乐趣，从而为生活平添一份情趣。怎么样，你想不想试试呢？

小叮当：当然好呀！

魔法师：婚姻是每个人一生中的大事，各种婚纱照片或婚礼庆典的照片和DV相信大家都有。下面我以制作一个婚庆光盘盘面为例，介绍数码照片合成处理的技巧和方法。

步骤1　启动Photoshop，打开需要处理的照片（路径：素材和源文件\part8\8.5\风景素材.jpg、玫瑰花.jpg、婚纱照片1.jpg、婚纱照片2.jpg、装饰图.jpg、花.jpg），如图8.202所示。下面使用这几张素材照片来设计婚庆光盘的盘面。

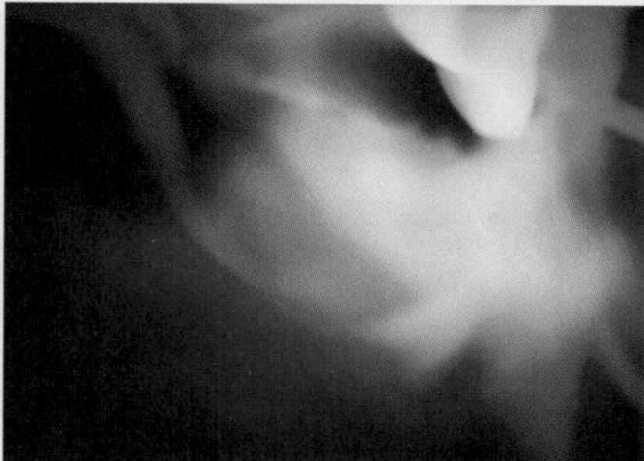

图8.202 需要处理的照片

步骤2 按Ctrl+N组合键，打开【新建】对话框，然后在该对话框中对新建文档参数进行设置，如图8.203所示。单击【确定】按钮，创建一个新文档。在【图层】面板中创建一个名为“背景”的图层，然后从工具箱中选择【渐变工具】，并在属性栏中单击【“渐变”拾色器】按钮，打开【渐变编辑器】对话框，再对渐变色进行编辑，如图8.204所示。这里使用的是三色渐变，渐变起始颜色的颜色值为R：2，G：92，B：255，渐变中间色的颜色值为R：210，G：158，B：253，渐变终止色的颜色值为R：212，G：5，B：165。从上向下拖动鼠标指针，以渐变色填充图层，如图8.205所示。

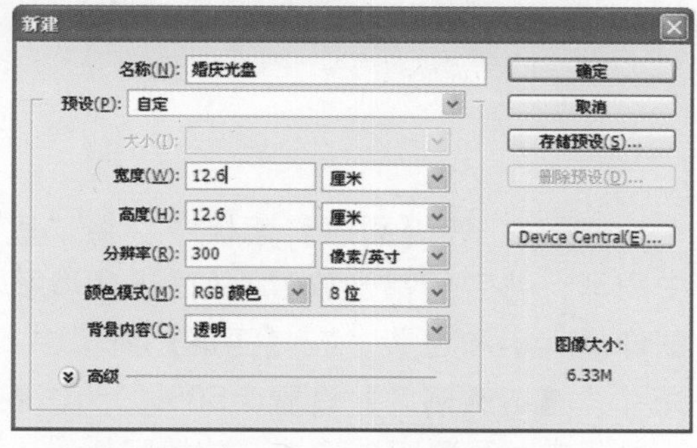

图8.203 【新建】对话框

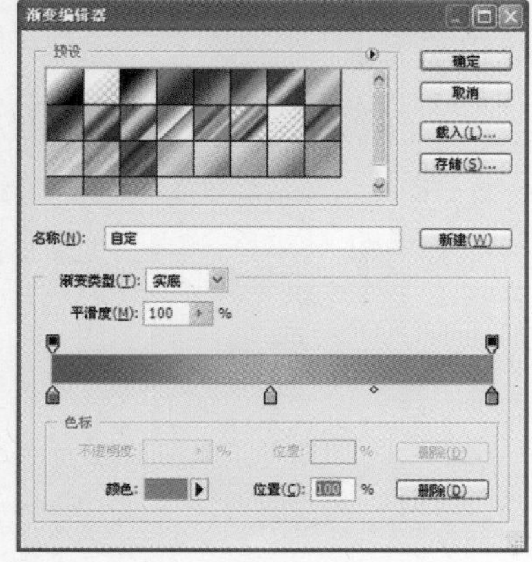

图8.204 【渐变编辑器】对话框

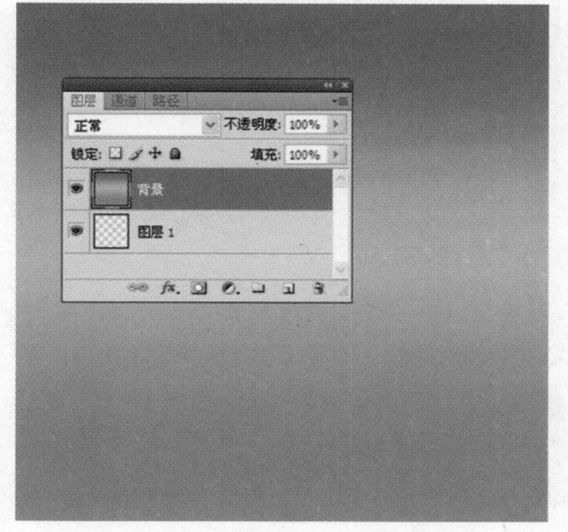

图8.205 以渐变色填充

步骤3　在【图层】面板中创建一个新图层“框”，然后从工具箱中选择【钢笔工具】，在图像下方绘制一个矩形方框。使用【添加锚点工具】，在矢量图形上单击添加锚点，同时对图形进行编辑，此时获得的矢量路径如图8.206所示。按Ctrl+Enter组合键，将路径转换为选区，再将前景色设置为白色，然后按Alt+Delete组合键，填充选区。按Ctrl+D组合键，取消选区，然后将图层混合模式设置为【柔光】，将【不透明度】设置为56%，此时获得的边框效果如图8.207所示。

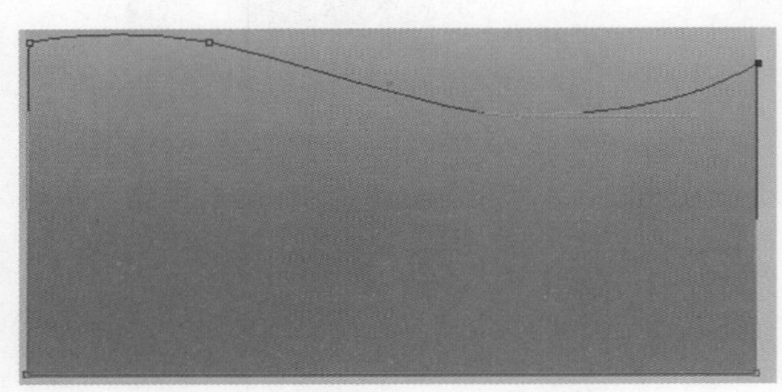

图8.206　创建矢量路径

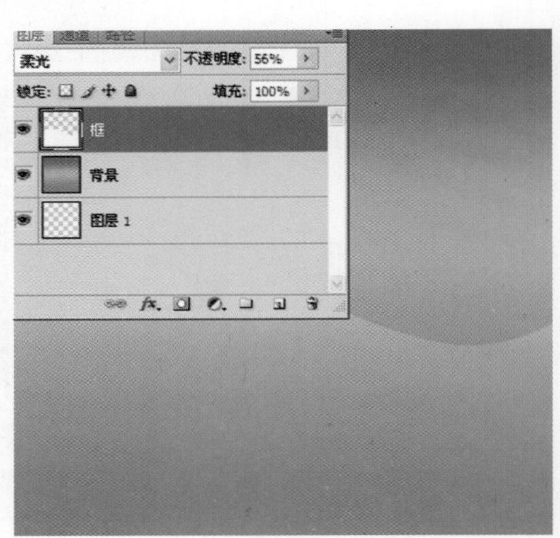

图8.207　绘制边框

步骤4　在【图层】面板中，将“框”图层复制两个，然后使用【移动工具】，分别移动图层中图形，将它们错开放置，如图8.208所示。将“背景素材.jpg”图像拖放到当前图像窗口中，再调整图像的大小和位置。在【图层】面板中，将该图层命名为“风景”，同时将图层混合模式设置为“柔光”，【不透明度】设置为50%。为该图层添加图层蒙版，然后选择【画笔工具】，使用柔性笔尖以黑色在图层蒙版中涂抹，抹掉照片的边界，此时图像的效果如图8.209所示。

图8.208　复制边框图形

图8.209　添加素材照片

步骤5　从工具箱中选择【画笔工具】，打开【画笔】面板，再设置画笔笔尖形状，如图8.210所示。选中【形状动态】复选框，再对画笔的形状动态进行设置，如图8.211所示。选中【散布】复选框，再对画笔的散布进行设置，如图8.212所示。在【图层】面板中创建一个名为“光点”的图层，然后使用【画笔工具】在图像中单击，创建散落的光点效果，如图8.213所示。

步骤6　打开素材图片“玫瑰花.jpg”，然后从工具箱中选择【磁性套索工具】，并在属性栏中将【羽化】值设置为5像素。使用【磁性套索工具】，绘制包含玫瑰花的选区，如图8.214所示。按Ctrl+J组合键，将选区内容复制到图层中，再将该图层拖放到“婚庆光盘”图像窗口中，同时将图层命名为“玫瑰花”。调整玫瑰花的大小和位置，然后将图层混合模式设置为【柔光】，【不透明度】设置为50%，如图8.215所示。将“玫瑰花”图层复制7个，再调整图层中玫瑰花的大小和位置，如图8.216所示。

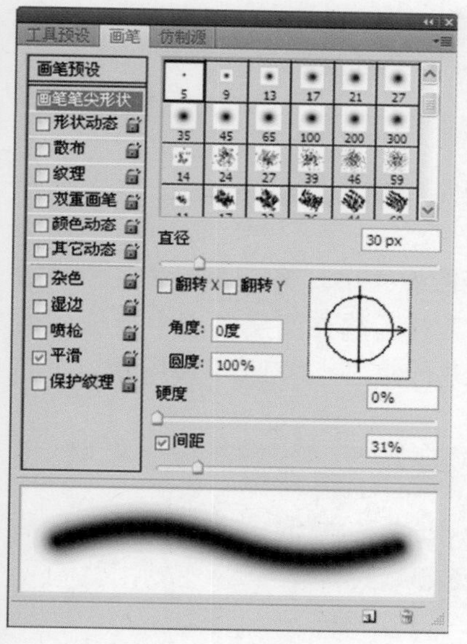

图8.210　设置画笔笔尖形状

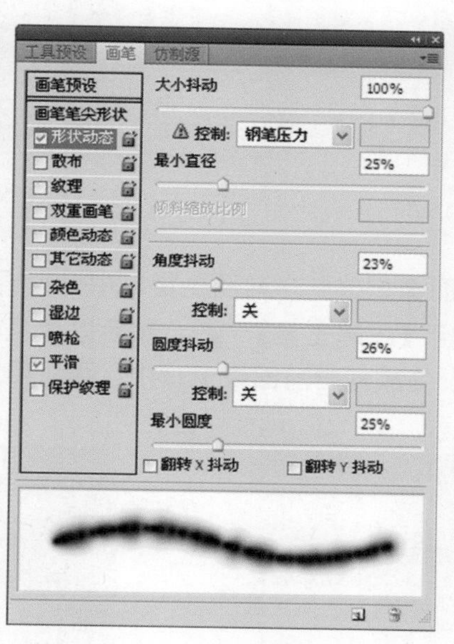

图8.211　设置画笔的形状动态

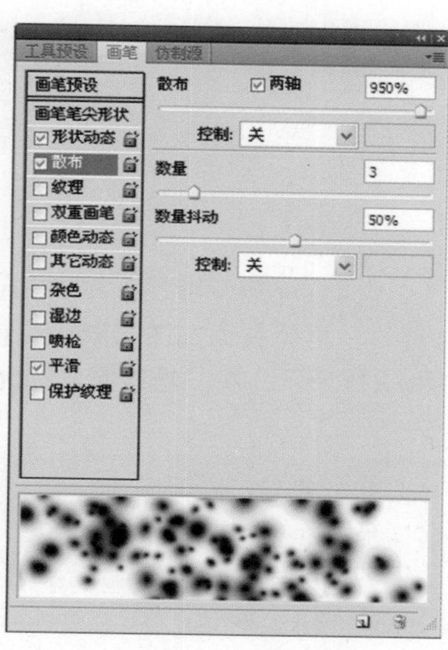

图8.212　设置散布画笔

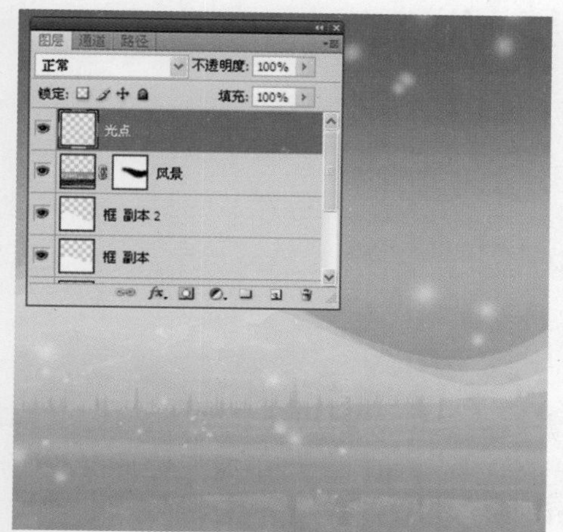

图8.213　创建散落的光点效果

图8.214　绘制包含玫瑰花的选区

图8.215 添加玫瑰花

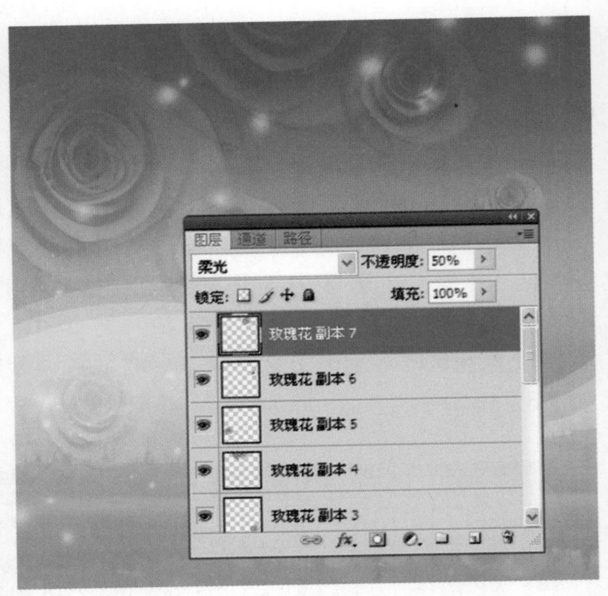

图8.216 复制“玫瑰花”图层

步骤7 将“婚纱照片1.jpg”图像拖放到当前图像窗口中，再调整图像大小。将该图层命名为“婚纱1”，再为其添加图层蒙版。使用【画笔工具】，然后以黑色的柔性画笔在图层蒙版中涂抹，如图8.217所示。将“婚纱照片2.jpg”拖放到当前图像窗口中，再对照片进行处理，如图8.218所示。

图8.217 添加第一张婚纱照片

图8.218 添加第二张照片

步骤8 双击打开“婚纱1”图层的【图层样式】对话框，然后为该图层添加【外发光】效果，其参数设置如图8.219所示。为“婚纱2”图层添加相同的【外发光】效果，此时图像的效果如图8.220所示。将“装饰图.jpg”图像窗口拖放到当前图像窗口中，再调整图像大小。将该图层命名为“装饰”，然后将图层混合模式设置为【滤色】，【不透明度】设置为60%，此时图像的效果如图8.221所示。

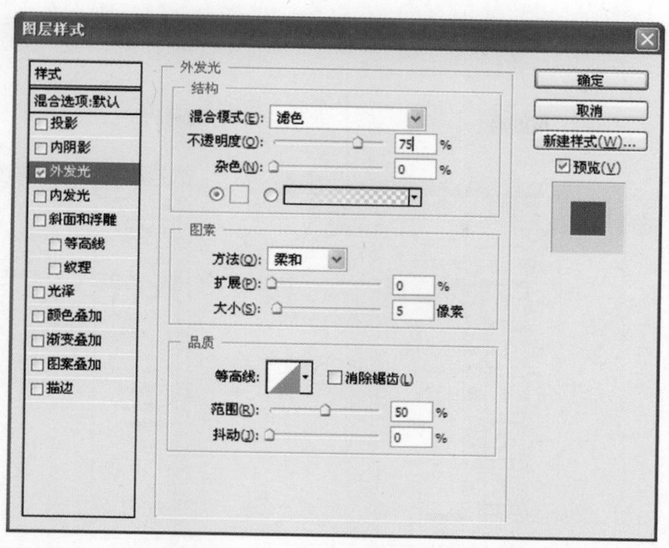

图8.219 【外发光】效果的参数设置

图2.220 添加【外发光】效果后的图像效果

图8.221 添加装饰图

步骤9 从工具箱中选择【横排文字工具】T，然后在属性栏中对其参数进行设置，如图8.222所示。在图像中输入文字“相”，再使用不同的字体和文字大小输入其他文字。对文字的相对位置进行调整，如图8.223所示。

步骤10 双击打开“相”文字图层的【图层样式】对话框，然后为图层添加【外发光】效果，其参数设置如图8.224所示。为图层添加【渐变叠加】效果，其参数设置如图8.225所示。为图层添加【描边】效果，其参数设置如图8.226所示。单击【确定】按钮，应用图层样式，文字效果如图8.227所示。将图层样式粘贴到其他文字图层，再将【外发光】图层样式拖放到【删除图层】按钮上删除，此时文字的效果如图8.228所示。

图8.222 【横排文字工具】属性栏的设置

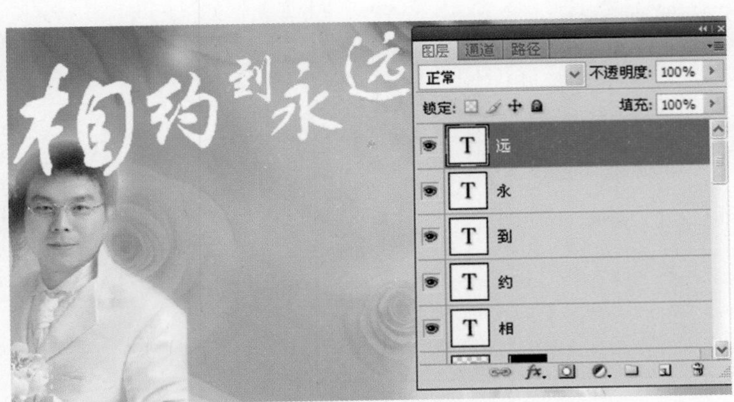

图8.223 输入文字

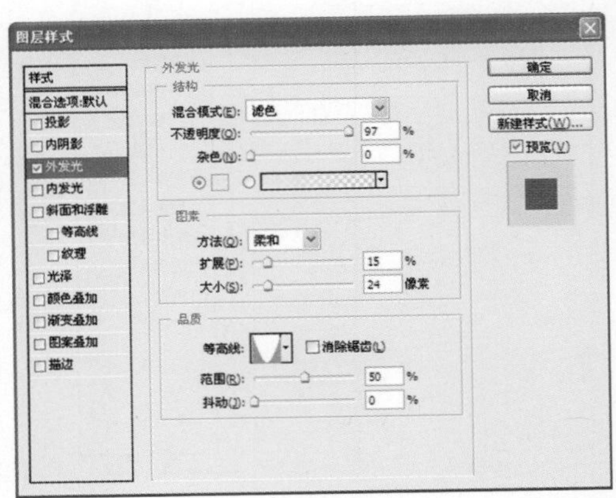

图8.224 【外发光】效果的参数设置

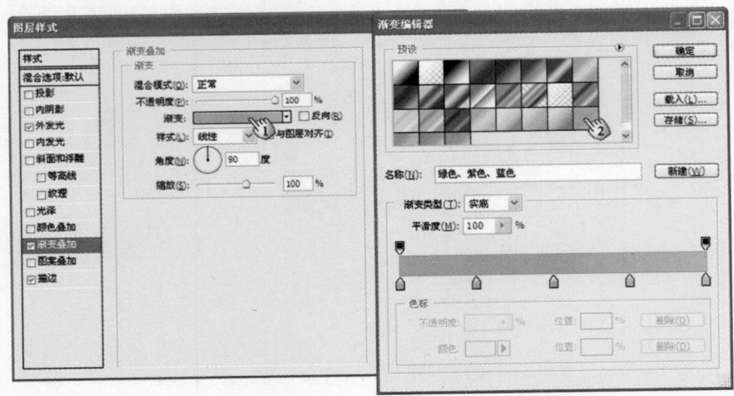

图8.225 【渐变叠加】效果的参数设置

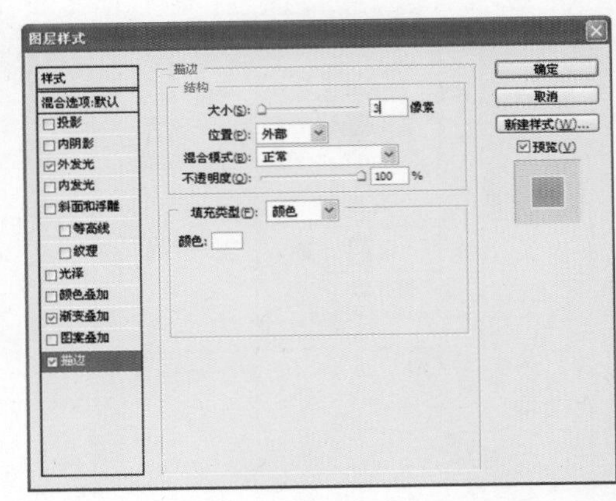

图8.226 【描边】效果的参数设置

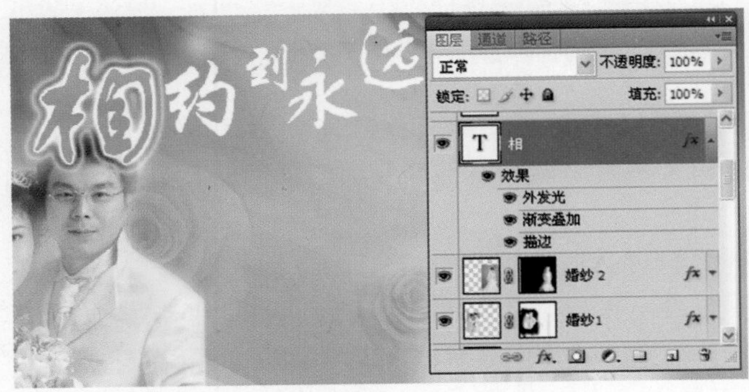

图8.227 应用图层样式后的文字效果

图8.228 为其他文字添加图层样式

步骤11　使用【横排文字工具】T，输入文字“爱，从这里开始…………”。打开【图层样式】对话框，然后为文字图层添加【投影】效果，其参数设置如图8.229所示。单击【确定】按钮，应用图层样式，此时文字的效果如图8.230所示。在图像的底部输入一首英文诗，再为其添加相同的【投影】效果，如图8.231所示。

步骤12　将“花.jpg”图像拖放到当前图像窗口中，然后在【图层】面板中将其重命名为“花”，同时将该图层放置到“婚纱1”图层的下方。为图层添加图层蒙版，然后使用【画笔工具】在图层蒙版中涂抹，只保留两朵花。将图层混合模式设置为【滤色】，此时图像的效果如图8.232所示。复制该图层，再调整该图层中图像的大小和位置。对图层蒙版进行修改，使图像中显示形态不同的两朵花，如图8.233所示。

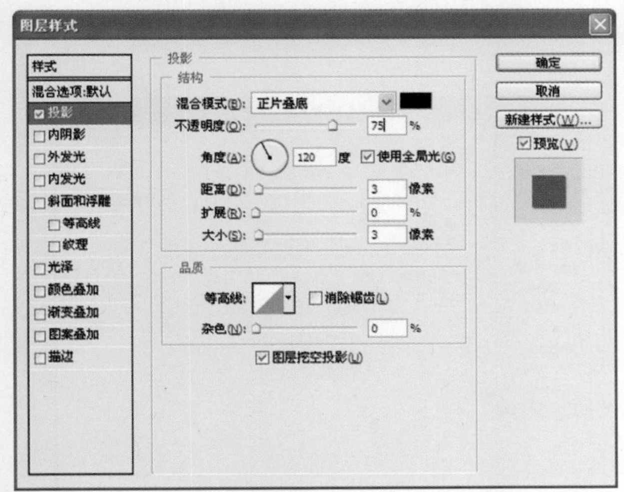

图8.229　【投影】效果的参数设置

图8.230　输入文字

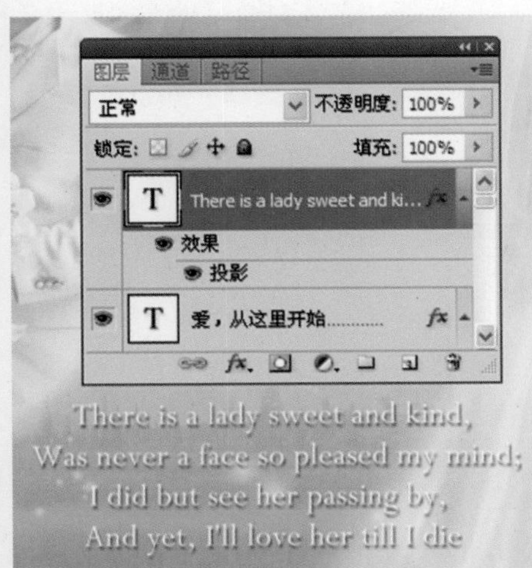

图8.231　添加英文诗

图8.232　添加花朵

图8.233　添加新的花朵

步骤13　在“花副本”图层的上方，创建一个新图层，再将其命名为“心”。从工具箱中选择【自定形状工具】，然后在属性栏的【“自定形状”拾色器】中拾取“红心形卡”形状。工具属性栏的设置如图8.234所示。将前景色设置为与背景色调一致的粉红色（其颜色值为R：252，G：164，B：251），然后拖动鼠标指针，绘制一个心形图案，如图8.235所示。

步骤14　双击打开“心”图层的【图层样式】对话框，然后为图层添加【描边】效果，其参数设置如图8.236所示。单击【确定】按钮，应用图层样式，再将图层的【不透明度】值设置为50%，此时图形的效果如图8.237所示。复制该图层，再调整这些复制图层中心形的大小和位置，从而在图像中获得散落心形的效果，如图8.238所示。

图8.234　工具属性栏的设置

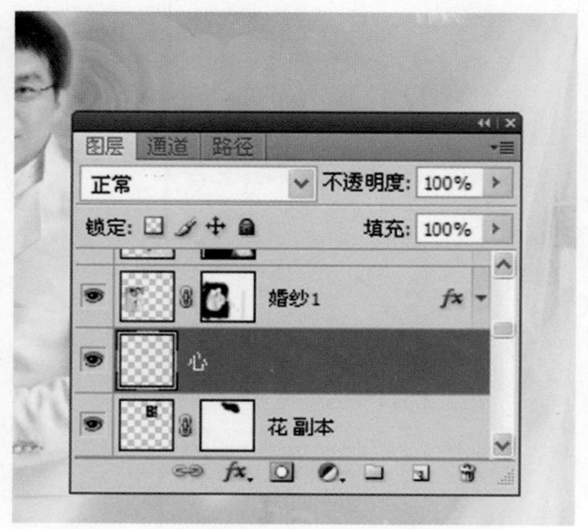

图8.235　绘制心形图案

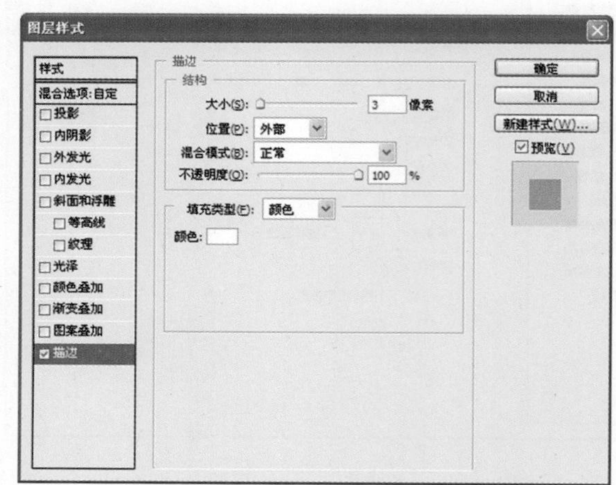

图8.236　【描边】效果的参数设置

图8.237　应用图层样式并修改【不透明度】值

图8.238　复制心形并调整位置和大小

步骤15　按Ctrl+Shift+E组合键，将所有图层合并为一个图层。从工具箱中选择【椭圆选框工具】，并在属性栏中对其参数进行设置，如图8.239所示。拖动鼠标指针，在图像中绘制一个椭圆选区，如图8.240所示。按Ctrl+Shift+I组合键，将选区反转，再按Delete键删除选区内容，此时图像的效果如图8.241所示。

图8.239　【椭圆选框工具】属性栏的设置

图8.240　绘制椭圆选区

图8.241　反选并删除选区内容

小叮当：老师，我在创建椭圆选区时总是把握不好。要么选区较小，要么选区偏大，超过了画布。有没有什么好办法呢？

魔法师：可以这样，先在图形中绘制一个较小的选区，然后执行【选择】|【变换选区】命令，再拖动变换框4个角上的控制柄，使变换框与画布的4个角重合，这样就可以获得需要的选区了。

小叮当：好吧，我再试试。

步骤16　按Ctrl+D组合键，取消选区。使用【椭圆选框工具】在当前图层中绘制一个圆形选区，如图8.242所示。选择【编辑】|【描边】命令，打开【描边】对话框，再将【宽度】设置为5像素，【颜色】设置为白色，如图8.243所示。

步骤17　按Ctrl+D组合键，取消选区，然后在属性栏中对有关参数进行设置，如图8.244所示。拖动鼠标指针，在图像中创建一个圆形选区，然后按Delete键，删除选区内容，如图8.245所示。在属性栏中对【椭圆选框工具】进行设置，如图8.246所示。在图像中拖动鼠标指针，创建一个同心圆选区，如图8.247所示。

图8.242　绘制圆形选区

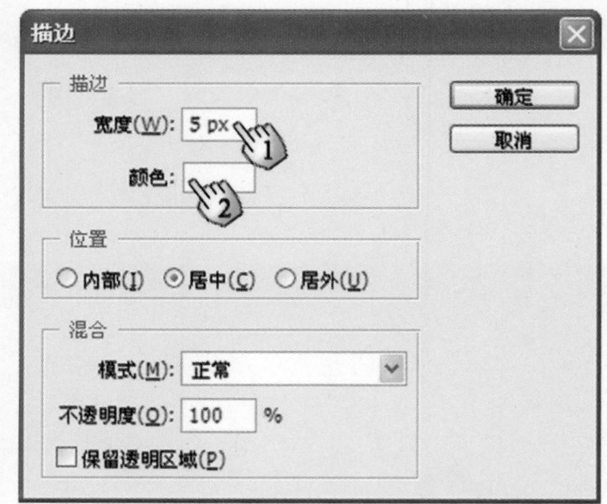

图8.243　【描边】对话框的参数设置

图8.244　【椭圆选框工具】属性栏参数设置

图8.245　绘制选区并删除选区内容

图8.246　【椭圆选框工具】属性栏的设置

图8.247　绘制同心圆选区

魔法师：在属性栏中单击【新选区】按钮，使其处于按下状态。这时创建选区，原有的选区将被取消，图像中只保留当前选区。单击使【添加到选区】按钮处于按下状态，则新创建的选区将被添加到原有的选区中，此时获得的选区是两个选区之和。单击使【从选区减去】按钮处于按下状态，将从旧选区中减去新创建选区，形成最终的选区。单击使【与选区交叉】按钮处于按下状态，新创建选区和已有选区的交叉部分为最终获得的选区。这些按钮用于创建各种复杂的选区，关于它们的功能你要记住哦。

小叮当：好的。

步骤18　从工具箱中选择【油漆桶工具】，然后在属性栏中对有关参数进行设置，如图8.248所示。设置前景色（颜色值为R：248，G：253，B：213），再使用【油漆桶工具】在选区中单击，填充前景色，如图8.249所示。

图8.248　【油漆桶工具】属性栏的设置

图8.249　向选区填充颜色

步骤19　按Ctrl+D组合键，取消选区，然后在【图层】面板中创建一个名为“背景”的新图层，再使用白色填充该图层。双击打开“婚纱2”图层的【图层样式】对话框，再为图层添加【投影】效果，其参数设置如图8.250所示。单击【确定】按钮，应用图层样式，此时图像的效果如图8.251所示。

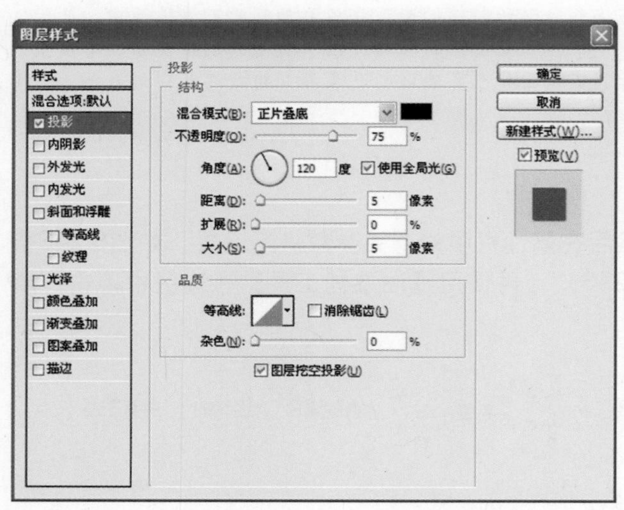

图8.250　【投影】效果的参数设置

图8.251　应用图层样式后的图像效果

步骤20　按Ctrl+Shift+E组合键合并图层，然后保存文档，从而完成本实例的制作。本实例制作完成后的效果如图8.252所示。

图8.252　实例制作完成后的效果

8.6 制作电脑桌面壁纸

魔法师：咦，你的电脑桌面怎么没有使用壁纸？
小叮当：找不到合适的呀。
魔法师：可以自己做嘛。
小叮当：是不是很难？
魔法师：不难，几张合适的素材照片，一点点创意，再加上强大的Photoshop，你就能使用自己喜欢的照片制作出充满个性的电脑桌面壁纸。下面我们一起来制作一张绿色的电脑桌面壁纸吧。本实例使用了【分层云彩】和【动感模糊】滤镜来创建背景效果，使用Photoshop自带的【画框】动作来为素材照片添加画框。通过本实例的制作，你能够掌握不同照片合成的技巧。
小叮当：我们开始吧。

步骤1　启动Photoshop，打开需要处理的照片（路径：素材和源文件\part8\8.6\露珠.jpg、绿叶.jpg、婚纱照片.jpg、藤蔓.psd、叶片.jpg），如图8.253所示。下面使用这几张素材照片来合成一张电脑桌面壁纸。

图8.253　需要处理的照片

步骤2　按Ctrl+N组合键，打开【新建】对话框，然后对新建文档的有关参数进行设置，如图8.254所示。单击【确定】按钮，创建一个新文档。在【图层】面板中创建一个名为“背景”的图层，然后从工具箱中选择【渐变工具】，并在属性栏中单击【“渐变”拾色器】按钮。打开【渐变编辑器】对话框，再对渐变色进行编辑，如图8.255所示。这里使用的是一个双色渐变，渐变起始颜色的颜色值为R：3，G：147，B：85，渐变的终止色的颜色值为R：200，G：253，B：209。从下向上拖动鼠标指针，以渐变色填充图层，如图8.256所示。

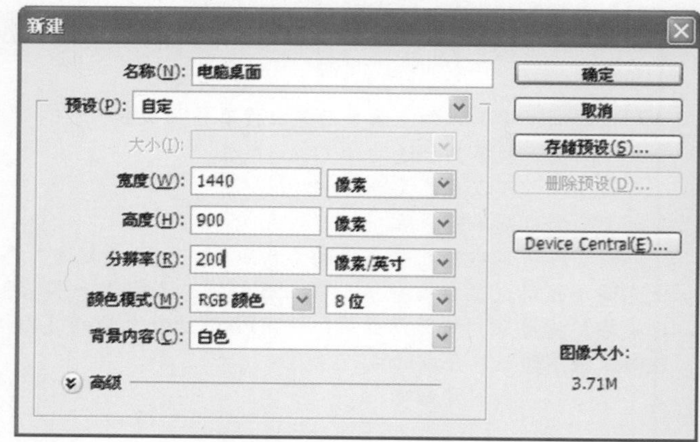

图8.254　【新建】对话框

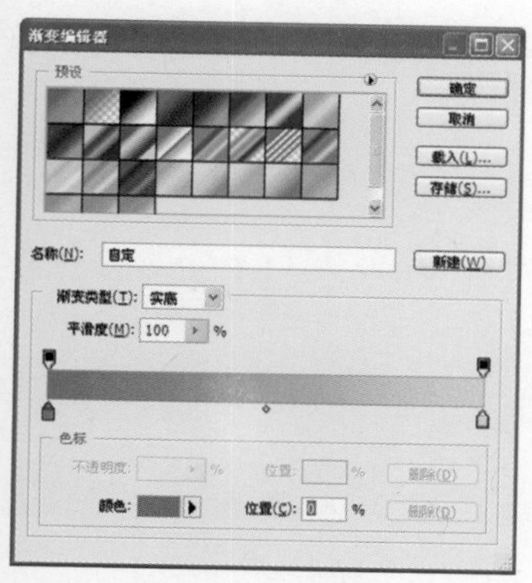

图8.255　【渐变编辑器】对话框

图8.256　使用渐变色填充图层

步骤3　在【图层】面板中创建一个名为“光点”的新图层。从工具箱中选择【画笔工具】，再将前景色设置为白色，然后使用大小不同的柔性画笔在图像中单击，创建光点效果。在【图层】面板中，将该图层的【不透明度】设置为60%，如图8.257所示。

图8.257　绘制光点

步骤4　在【图层】面板中创建一个名为“云彩”的新图层。将前景色和背景色设置为黑色和白色，并以黑色填充图层，然后选择【滤镜】|【渲染】|【分层云彩】命令，应用【分层云彩】滤镜，如图8.258所示。选择【滤镜】|【模糊】|【动感模糊】命令，打开【动感模糊】对话框，然后在该对话框中对滤镜进行设置，如图8.259所示。单击【确定】按钮，应用滤镜，然后按Ctrl+F组合键，再次使用【动感模糊】滤镜，并在【图层】面板中将图层混合模式设置为【叠加】，此时图像的效果如图8.260所示。

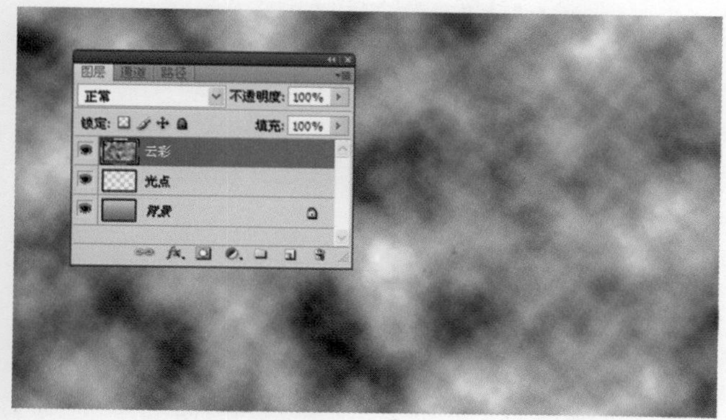

图8.258　应用【分层云彩】滤镜

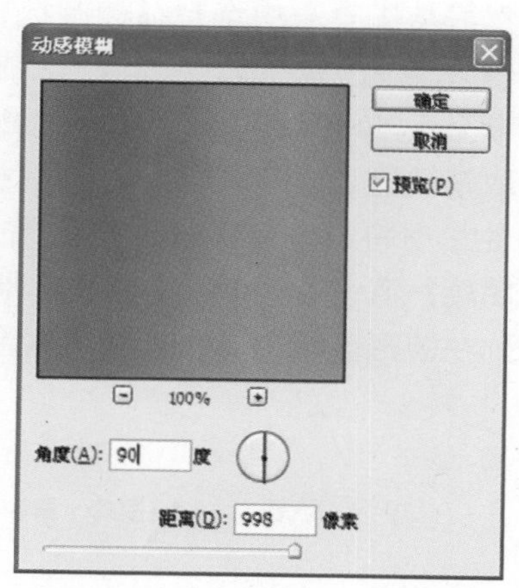

图8.259　【动感模糊】对话框的设置

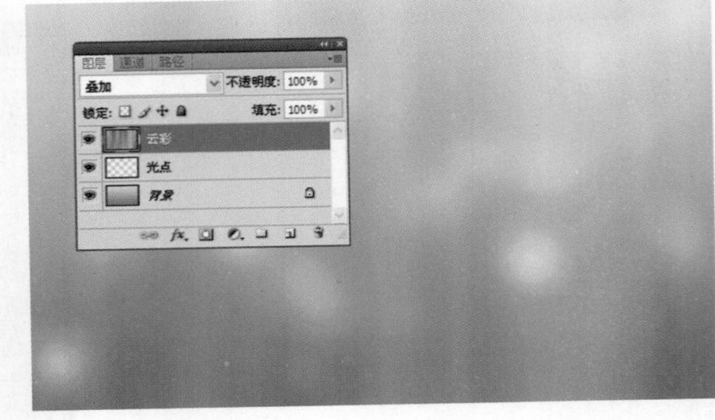
图8.260　应用滤镜并设置图层混合模式

步骤5　将“露珠.jpg”图片拖放到当前图像中，再将图层命名为“露珠”，并适当调整图像的大小。为该图层添加图层蒙版，然后从工具箱中选择【椭圆选框工具】，再在属性栏中将【羽化】值设置为50像素。在图层蒙版中绘制一个椭圆选区，然后按Ctrl+Shift+I组合键，反转选区，再按Alt+Delete组合键，以前景色黑色填充选区，此时图像的效果如图8.261所示。

步骤6　按Ctrl+D组合键，取消选区，再将“露珠”图层的【不透明度】值设置为50%。将“绿叶.jpg”文件拖放到当前的图像中，再调整该图像大小，并为其添加图层蒙版，同时使用相同的方法，对图层蒙版进行处理。将图层混合模式设置为【正片叠底】，同时将图层的【不透明度】设置为50%，此时的图像效果如图8.262所示。

图8.261　以黑色填充选区

图8.262　添加素材图片后的效果

步骤7　在【图层】面板中创建一个名为“泡泡”的新图层，然后从工具箱中选择【椭圆选框工具】，再将【羽化】值设置为0像素。在图像中绘制一个圆形选区，并以白色填充选区，如图8.263所示。完成填充后按Ctrl+D组合键，取消选区。从工具箱中选择【橡皮擦工具】，然后在属性栏中将画笔笔尖设置得比圆形区域稍小，再将其【不透明度】值设置为40%，如图8.264所示。使用【橡皮擦工具】在圆形区域中单击，获得水泡效果，如图8.265所示。

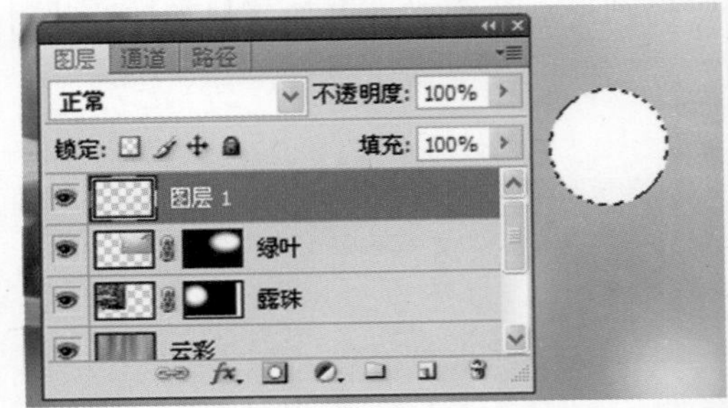
图8.263　以白色填充选区

图8.264　【橡皮擦工具】属性栏的设置

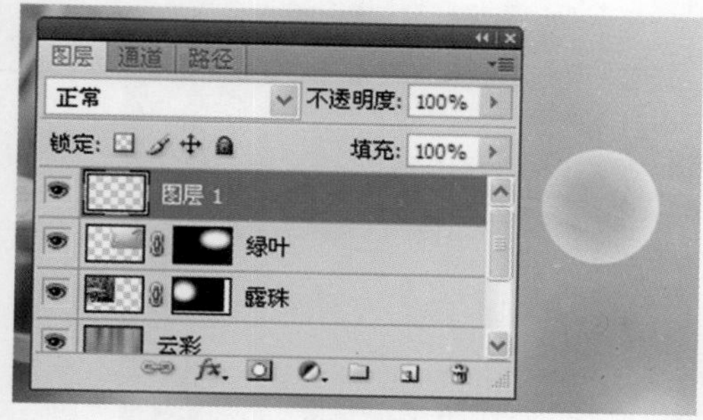

图8.265　获得水泡效果

步骤8　将泡泡适当缩小，并在【图层】面板中将“泡泡”图层的【不透明度】设置为50%，如图8.266所示。复制“泡泡”图层，再将这些图层放置在“泡泡”图层组中，同时在图像中分别调整它们的大小和位置，如图8.267所示。

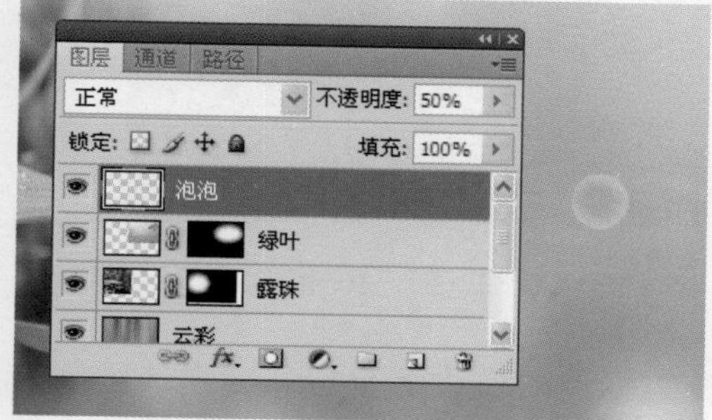

图8.266　缩小泡泡并设置【不透明度】值

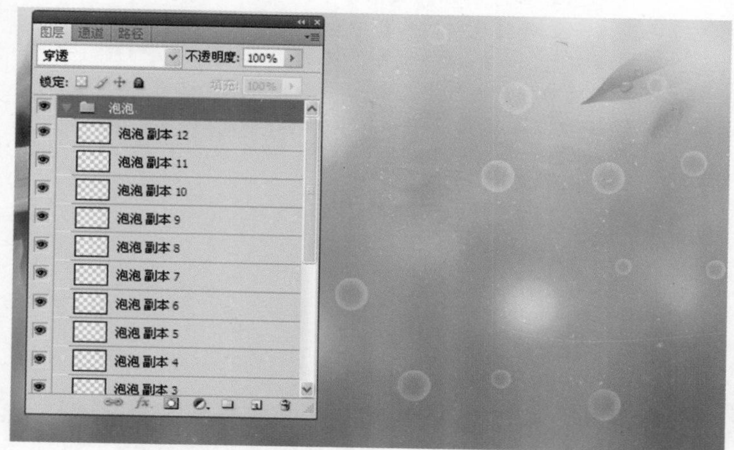

图8.267　复制“泡泡”图层

步骤9　设置背景色（其颜色值为R：4，G：131，B：31），然后按Ctrl+N组合键，打开【新建】对话框，其参数设置如图2.268所示。单击【确定】按钮，关闭【新建】对话框，创建一个新文档。选择【窗口】|【动作】命令，打开【动作】面板，然后单击该面板右上角的按钮，再从下拉菜单中选择【画框】命令，将【画框】类动作添加到该面板中。选择【滴溅形画框】动作，再单击【播放选定的动作】按钮，播放该动作，如图8.269所示。动作执行完成后，将在图像上添加一个滴溅形边框，如图8.270所示。

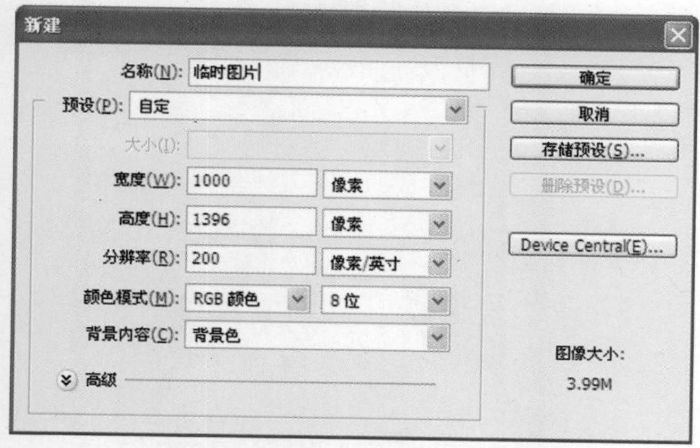

图8.268　【新建】对话框

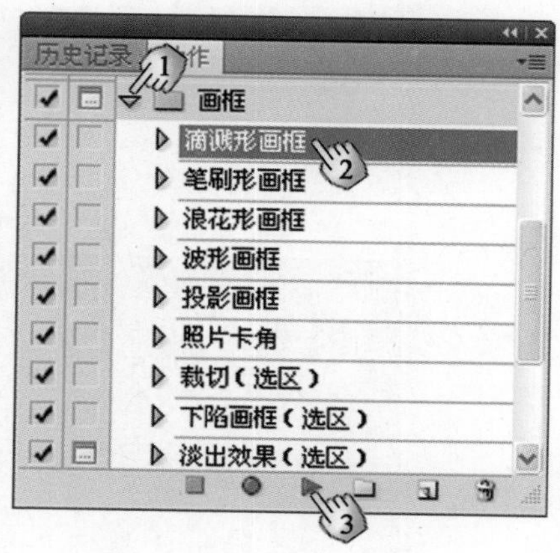

图8.269　播放选定动作

魔法师：动作就是事先录制的可以自动运行的一系列操作的集合。Photoshop除了自带【画框】动作外，还自带了【图像效果】、【文字效果】和【纹理】等动作，可以像添加【画框】动作那样将它们添加到【动作】面板中。

小叮当：老师，我从网上下载了一些动作，怎样在Photoshop中使用它们呢？

魔法师：单击【动作】面板右上角的按钮，然后从下拉菜单中选择【载入动作】命令，打开【载入】对话框，再选择需要载入的动作文件，单击【载入】按钮即可将其添加到【动作】面板中。如果不再使用某个动作，可以在选择该动作后单击【动作】面板底部的【删除】按钮，将其删除。至于其他菜单命令，你可以多试试。

小叮当：好的。

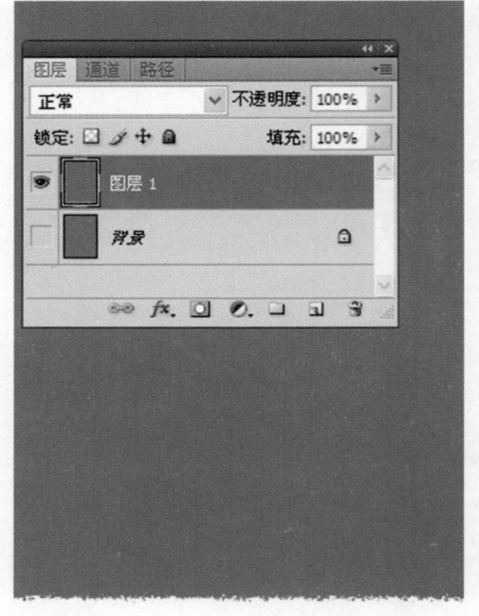

图8.270 添加滴溅形边框

步骤10 从工具箱中选择【磁性套索工具】，然后在边框外的白边上单击，创建选区。按Delete键删除选区内容，然后按Ctrl+D组合键，取消选区，此时图像边框外围的白边被删除，如图8.271所示。将“婚纱照片.jpg”照片拖放到当前图像窗口中，然后从工具箱中选择【矩形选框工具】，创建一个矩形选框。在属性栏中单击【从选区减去】按钮，然后拖动鼠标指针，创建选区。将前景色设置为白色，再按Alt+Delete组合键，以白色填充选区，此时图像的效果如图8.272所示。

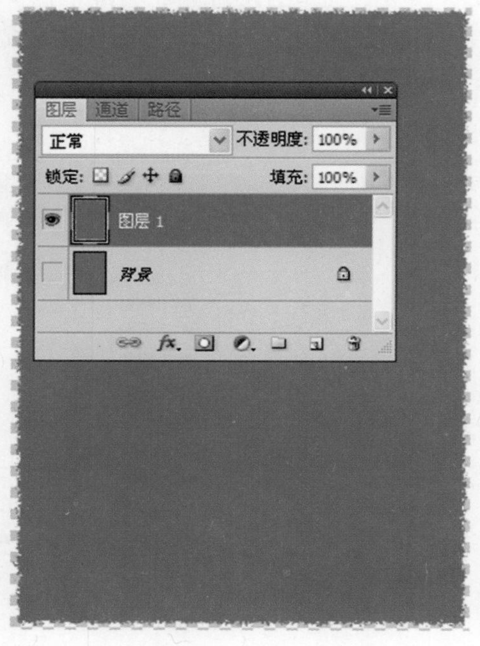

图8.271 删除边框外围的白边

图8.272 创建选区后以白色填充

步骤11　按Ctrl+D组合键，取消选区，再按Ctrl+E组合键，合并图层，然后将合并后的图层拖放到“电脑桌面”文档窗口中。将该图层命名为“婚纱”，然后按Ctrl+T组合键，并拖动变换框上的控制柄，将照片缩小，同时将照片放置于当前图像的中间，如图8.273所示。

图8.273　缩小并放置照片

步骤12　双击打开该图层的【图层样式】对话框，然后为图层添加【投影】效果，其参数设置如图8.274所示。为图层添加【外发光】效果，其参数设置如图8.275所示。单击【确定】按钮，应用图层样式，图像效果如图8.276所示。

步骤13　将“藤蔓.jpg”图像中的藤蔓拖放到当前图像窗口中，再将图层命名为“藤蔓”，并将藤蔓放置于照片的右上角。复制该图层，然后选择【编辑】|【变换】|【水平翻转】命令，将复制图层水平翻转，同时将其放置到婚纱照片的左上角，此时获得的效果如图8.277所示。

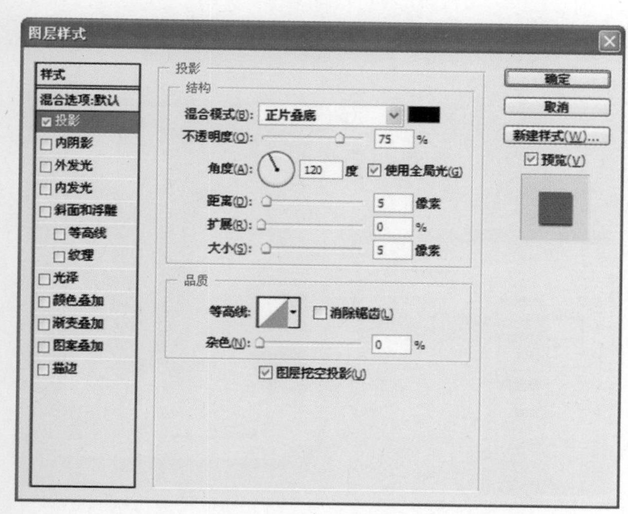

图8.274　【投影】效果的参数设置

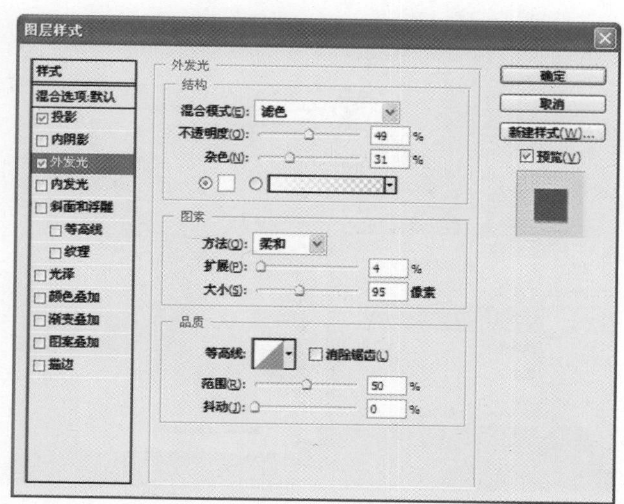

图8.275　【外发光】效果的参数设置

图8.276　应用图层样式后的图像效果

图8.277　添加藤蔓后的效果

步骤14　从工具箱中选择【磁性套索工具】，然后切换到“叶片.jpg”图像窗口，再在背景处单击，创建包含背景区域的选区。按Ctrl+Shift+I组合键，反转选区，从而获得包含叶片的选区，如图8.278所示。按Ctrl+C组合键，复制选区内容。选择“电脑桌面”图像窗口，然后按Ctrl+V组合键，粘贴选区内容。调整叶片的大小，再将其放置于图像中照片的左下角。对图层重命名，此时图像的效果如图8.279所示。按Ctrl+J组合键，复制叶片，再将叶片水平翻转，同时将其适当缩小，然后放置于照片的右侧，如图8.280所示。

图8.278　获取叶片选区

图8.279　复制叶片

图8.280　放置叶片副本

步骤15　在【图层】面板中创建一个名为“音符”的新图层。将前景色设置为白色，然后从工具箱中选择【自定形状工具】，并在属性栏的【“自定形状”拾色器】中拾取“八分音符”图案，如图8.281所示。拖动鼠标指针，绘制一个白色的八分音符，如图8.282所示。从工具箱中选择【画笔工具】，再设置画笔笔尖形状，如图8.283所示。设置画笔笔尖的动态形状，如图8.284所示。设置画笔笔尖的散布，如图8.285所示。使用【画笔工具】在音符旁单击，创建光点效果，如图8.286所示。

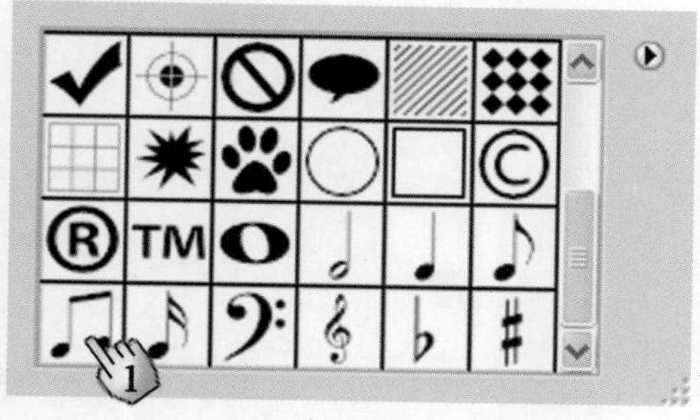

图8.281　拾取音符图案

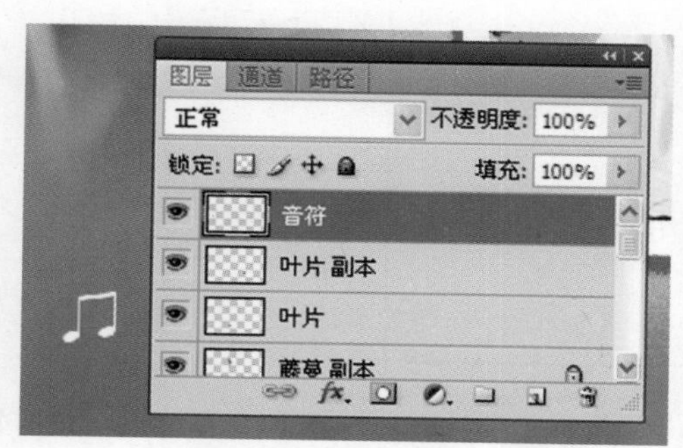

图8.282　绘制音符图案

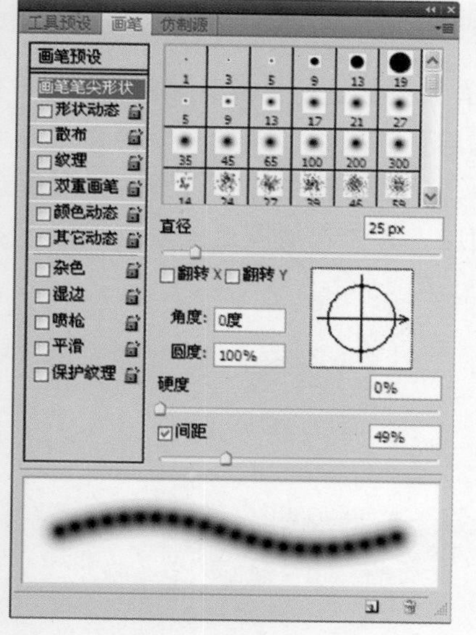

图8.283　设置画笔笔尖形状

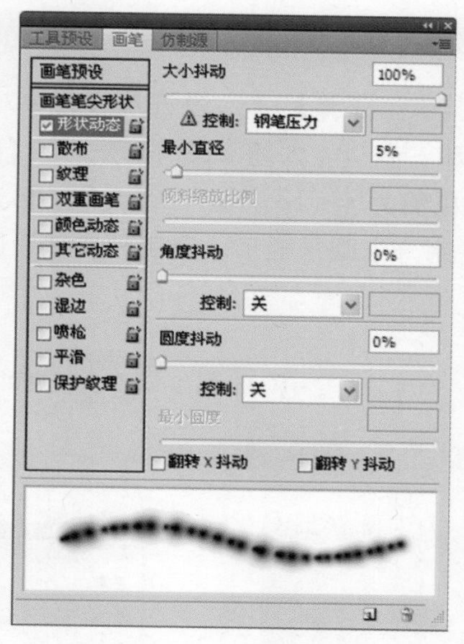

图8.284　设置画笔笔尖形状动态

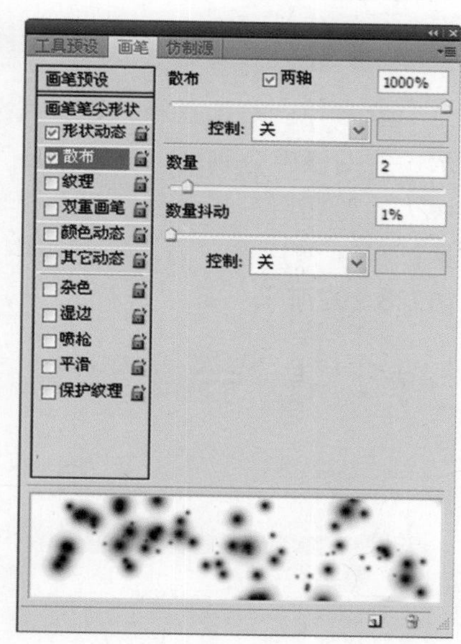

图8.285　设置画笔笔尖的散布

步骤16　选择【滤镜】|【模糊】|【高斯模糊】命令，打开【高斯模糊】对话框，其参数设置如图8.287所示。单击【确定】按钮，应用滤镜，此时图像的效果如图8.288所示。使用相同的方法，在图像中绘制不同的音符图案，同时为它们添加光点效果。完成音符的绘制后，将音符所在的图层合并为一个图层，再将该图层放置于“藤蔓”图层的下方，如图8.289所示。

图8.286　在音符附近创建光点

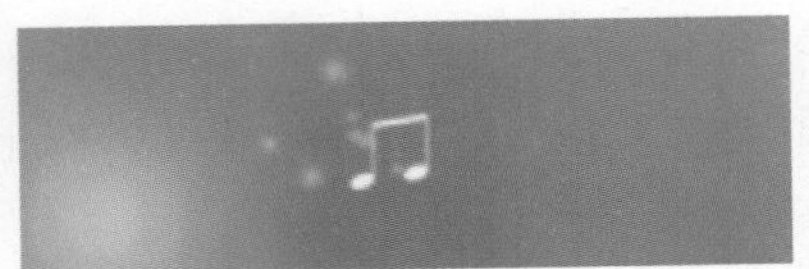

图8.288　应用滤镜效果

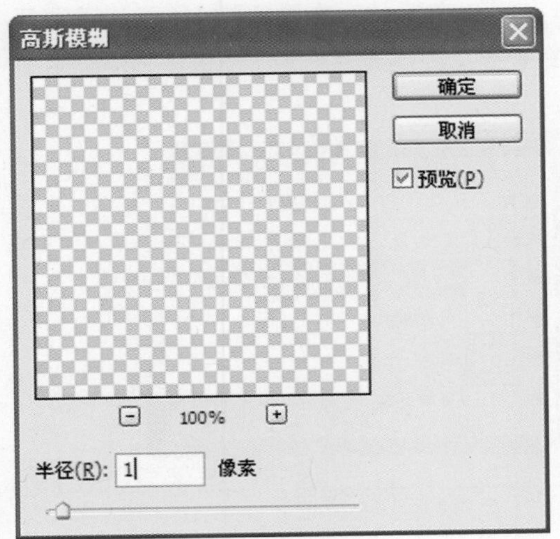

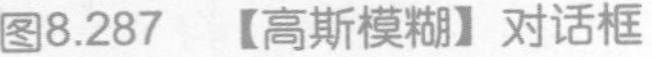

图8.287　【高斯模糊】对话框

图8.289　绘制音符

步骤17　从工具箱中选择【横排文字工具】T，并在属性栏中对有关参数进行设置，如图8.290所示。在图像中分别输入文字“绿”和“意”，如图8.291所示。在【图层】面板中，创建一个名为“方块”的新图层，再设置前景色（颜色值为R：13，G：144，B：84）。从工具箱中选择【圆角矩形工具】，然后在“方块”图层中绘制一个圆角矩形。复制“方块”图层，并依次放置这些复制图层，如图8.292所示。

图8.290　【横排文字工具】属性栏的设置

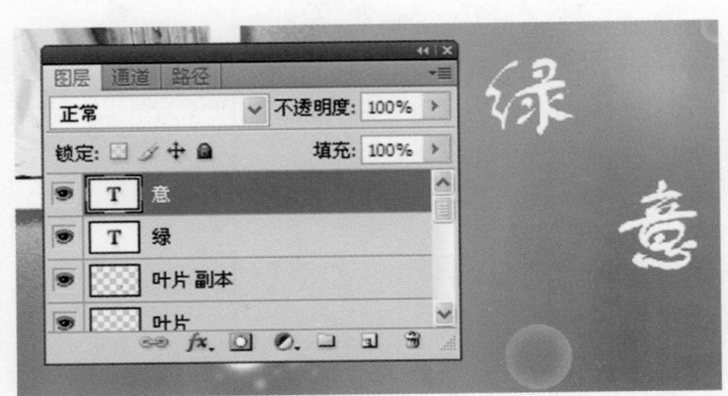

图8.291　输入文字

图8.292　绘制方块并创建其副本图层

步骤18　选择“方块 副本”图层，然后按Ctrl+U组合键，打开【色相/饱和度】对话框。选中【着色】复选框，再调整方块的色彩，如图8.293所示。单击【确定】按钮，关闭【色相/饱和度】对话框。

选择“方块 副本2”图层，然后按Ctrl+U组合键，打开【色相/饱和度】对话框，再对该方块的色彩进行调整，如图8.294所示。单击【确定】按钮，关闭【色相/饱和度】对话框，此时方块的色彩效果如图8.295所示。

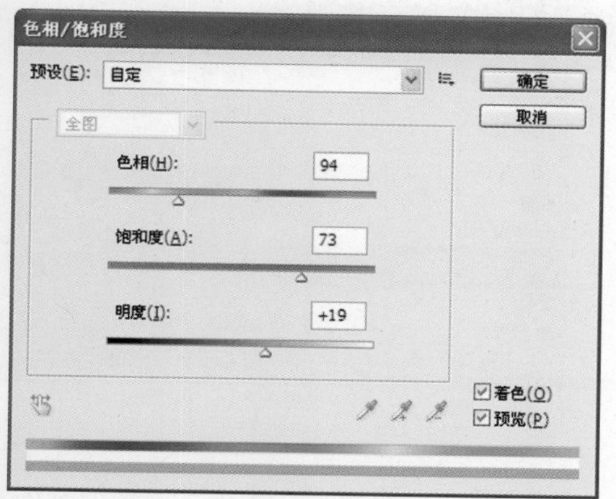

图8.293 【色相/饱和度】对话框

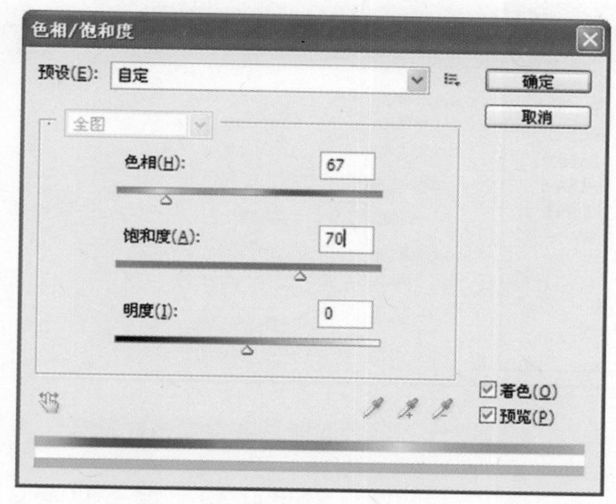

图8.294 调整色调

步骤19 从工具箱中选择【横排文字工具】T，并在属性栏中对文字参数进行设置，如图8.296所示。输入英文文字，如图8.297所示。双击“方块 副本”图层，打开【图层样式】对话框，然后为图层添加【外发光】效果，其参数设置如图8.298所示。单击【确定】按钮，应用图层样式，再把该图层样式复制给其他3个方块图层，此时图像的效果如图8.299所示。

图8.295 完成调整后的方块色彩

图8.296 【横排文字工具】属性栏的设置

图8.297 输入英文文字

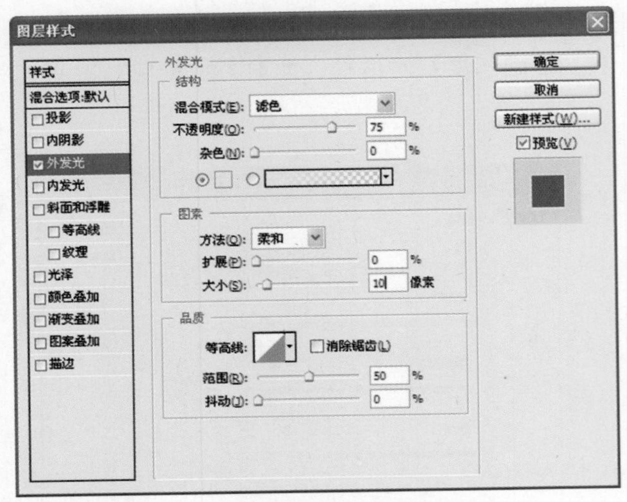

图8.298　【外发光】效果的参数设置

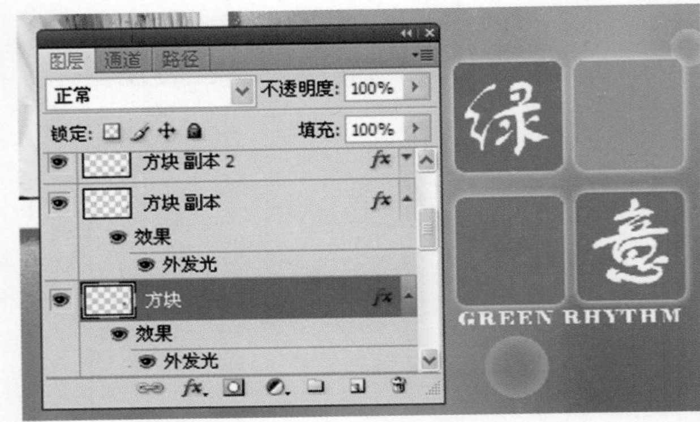

图8.299　复制图层样式

步骤20　按Ctrl+Shift+E组合键合并图层，然后保存文档，从而完成本实例的制作。本实例制作完成后的效果如图8.300所示。

图8.300　实例制作完成后的效果

8.7 制作个人名片

魔法师：在工作中，初次见面相互交换名片是一件常见的事情，名片既起到对个人和企业进行宣传的作用，还起到传播联系信息的作用。

小叮当：老师，名片设计有什么要求吗？

魔法师：在设计制作名片时，名片传达的信息要求简单清楚，构图完整明确，文字简明扼要，同时构思别致独特，符合持有人的业务特性。

小叮当：我也想使用自己的照片来制作一张名片，您能不能结合具体实例来讲讲？

魔法师：可以，这也是我们这一节练习的主题。今天，我将介绍一个个人名片的制作过程。通过制作名片，你能够了解使用Photoshop制作名片以及名片拼版的一般方法，进一步熟悉Photoshop图形绘制和文字创建的方法和技巧。通过本实例，希望对你在名片设计理念上有所启发。你准备好了吗？

小叮当：好的。我们就开始吧。

步骤1　启动Photoshop，打开需要处理的照片（路径：素材和源文件\part8\8.7\人像.jpg），如图8.301所示。下面使用这张素材照片来制作一张个人名片。

步骤2　按Ctrl+N组合键，打开【新建】对话框，然后在该对话框中对新建文件的大小进行设置，如图8.302所示。单击【确定】按钮，关闭【新建】对话框，创建一个背景为白色的新文档。

图8.301　需要处理的照片

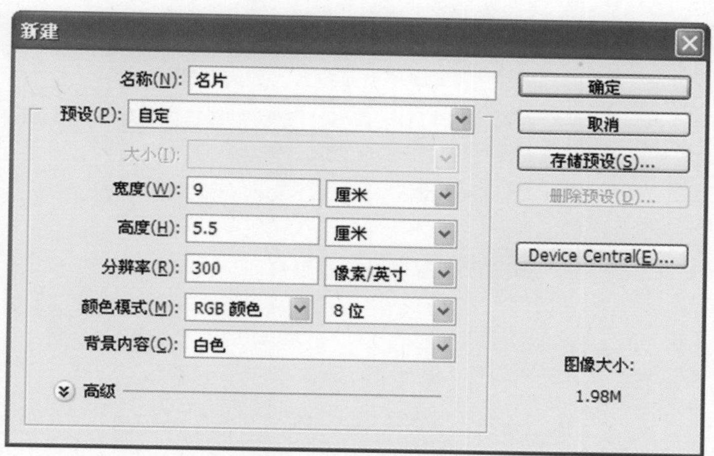

图8.302　【新建】对话框

步骤3　从工具箱中选择【自定形状工具】，并在属性栏中对相关参数进行设置，如图8.303所示。设置前景色，其颜色值为R：210，G：210，B：210。在【图层】面板中创建一个名为“网格”的图层，然后使用【自定形状工具】，在该图像的左上角绘制网格，如图8.304所示。

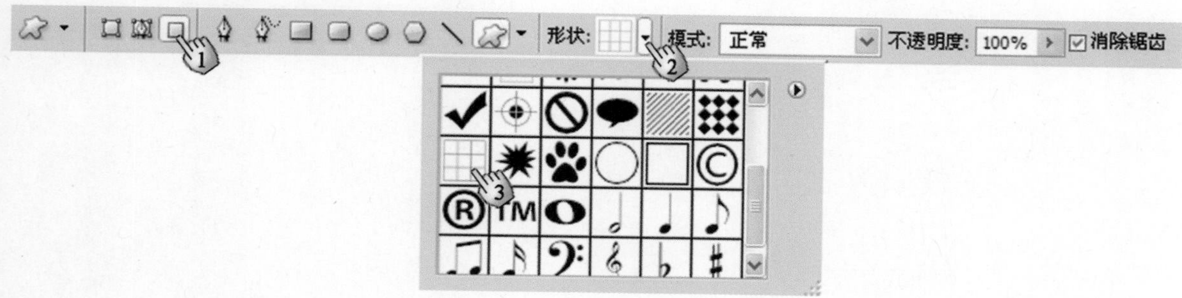

图8.303　【自定形状工具】属性栏的设置

步骤4　复制“网格”图层，然后从工具箱中选择【移动工具】，将复制图层的网格右移，与刚才绘制的网格拼合为一个大网格，如图8.305所示。同时选择“网格”图层和“网格 副本”图层，然后将该图层复制、粘贴并下移，如图8.306所示。再次复制“网格”图层和“网格 副本”图层，并将它们放置到图像的下端，如图8.307所示。

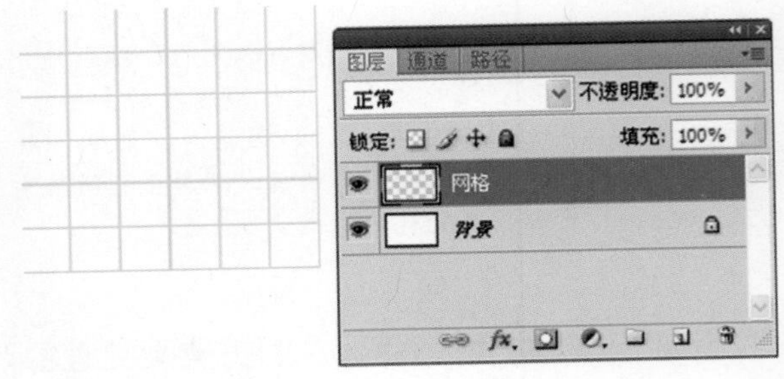

图8.304　绘制网格

图8.305　复制图层并右移

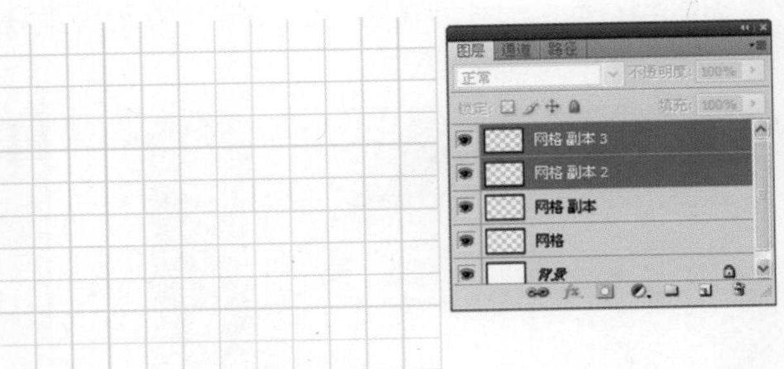

图8.306　复制图层并下移

图8.307　再次复制图层

步骤5　从工具箱中选择【椭圆工具】，然后在【图层】面板中创建一个名为“圆形”的新图层。在该图层中绘制一个圆形，如图8.308所示。将“圆形”图层复制两个，然后分别选择这两个副本图层，再按Ctrl+T组合键，将圆形适当缩小并移动图形在图像中的位置，如图8.309所示。

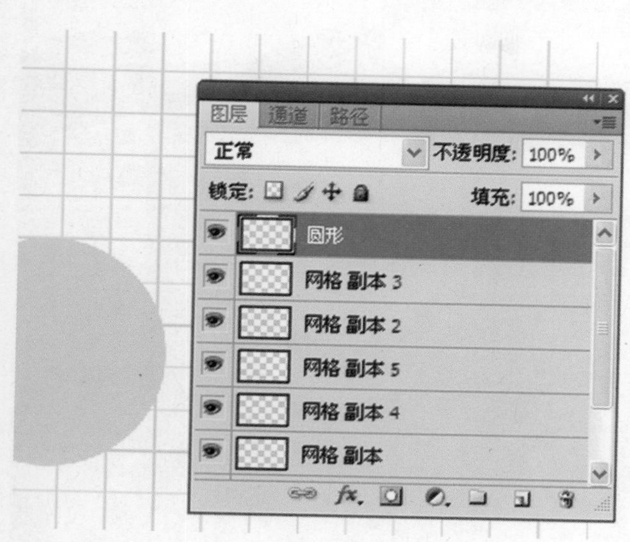

图8.308　绘制圆形

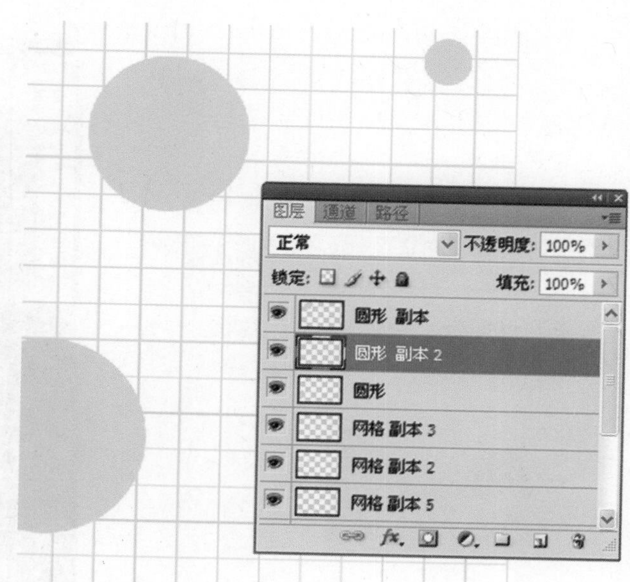

图8.309　复制图层并对图形进行变换

步骤6　打开“人像.jpg”文档窗口，复制“背景”图层，然后选择【图像】|【调整】|【阈值】命令，打开【阈值】对话框，其参数设置如图8.310所示。单击【确定】按钮，关闭【阈值】对话框，此时图像的效果如图8.311所示。

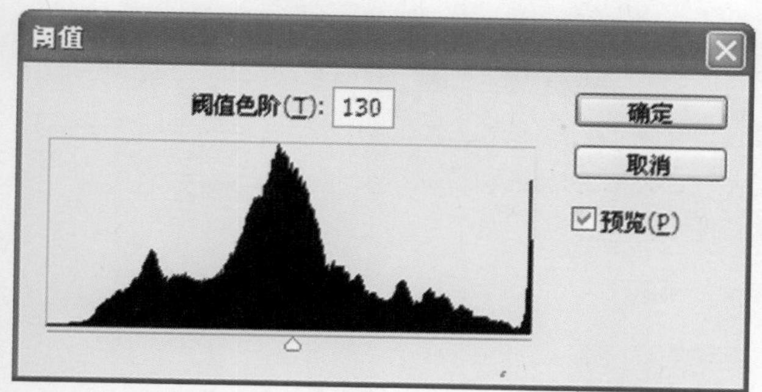

图8.310　【阈值】对话框

图8.311　应用【阈值】命令后的图像效果

步骤7　复制“背景 副本”图层，然后选择【模糊】|【高斯模糊】命令，打开【高斯模糊】对话框，其参数设置如图8.312所示。单击【确定】按钮，关闭对话框，然后在【图层】面板中，将【不透明度】设置为40%，如图8.313所示。

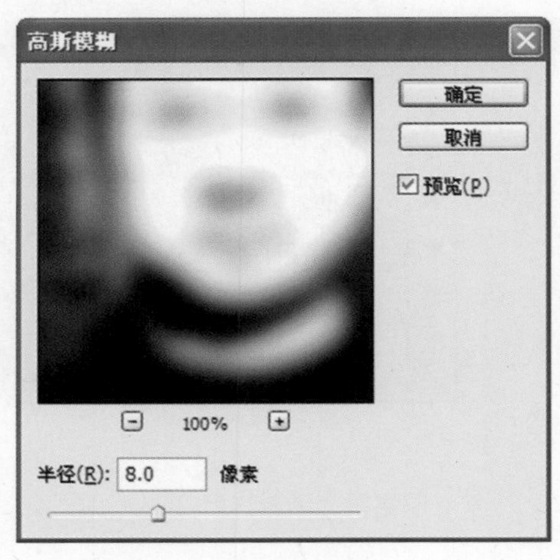

图8.312　【高斯模糊】对话框

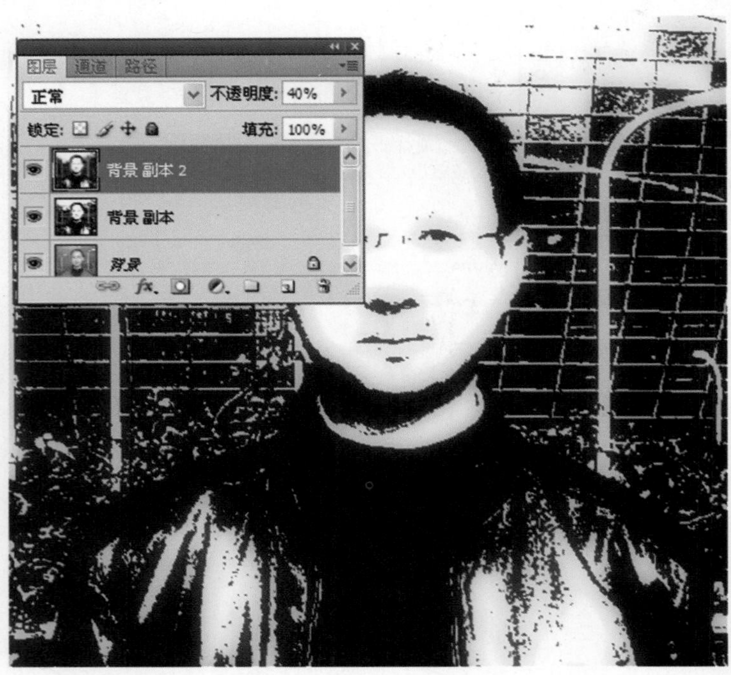

图8.313　应用【高斯模糊】滤镜并设置【不透明度】后的效果

步骤8　选择【图像】|【调整】|【渐变映射】命令，打开【渐变映射】对话框，再对渐变映射效果进行设置，如图8.314所示。单击【确定】按钮，应用【渐变映射】命令，此时图像的效果如图8.315所示。

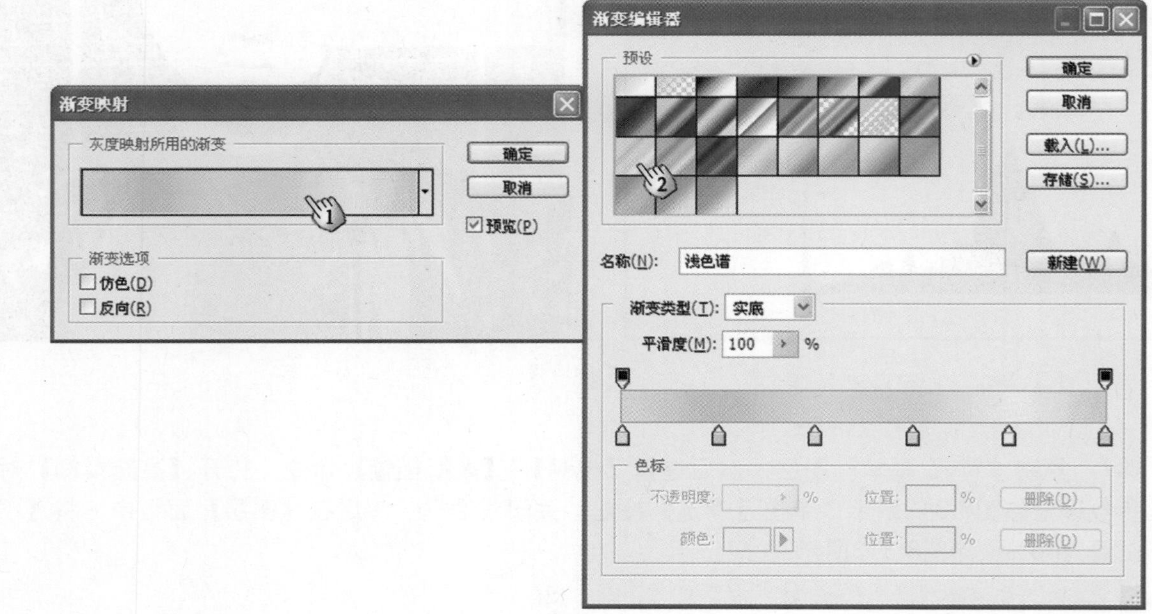

图8.314　【渐变映射】的设置

步骤9　按Ctrl+Shift+E组合键，合并所有图层，再将合并后的图像拖放到“名片”文档窗口中。按Ctrl+T组合键，然后拖动控制柄，调整图像大小，再将人像放置于图像的右侧。在【图层】面板中，将该图层命名为“人像”，再将其放置于“背景”图层上方，同时将图层的【不透明度】设置为40%，如图8.316所示。

步骤10　从工具箱中选择【横排文字工具】T，然后在【字符】面板中设置文字样式后，同时在图像中输入文字，如图8.317所示。选择文字“君轶”，在【字符】面板中重新设置文字的字体，如图8.318所示。

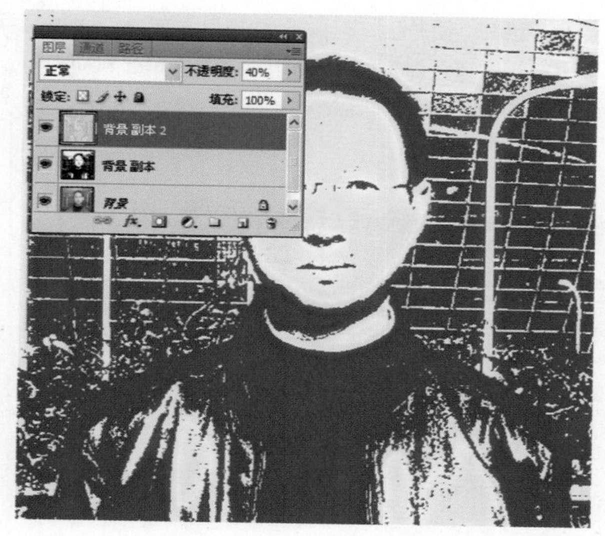

图8.315　应用【渐变映射】命令后的图像效果

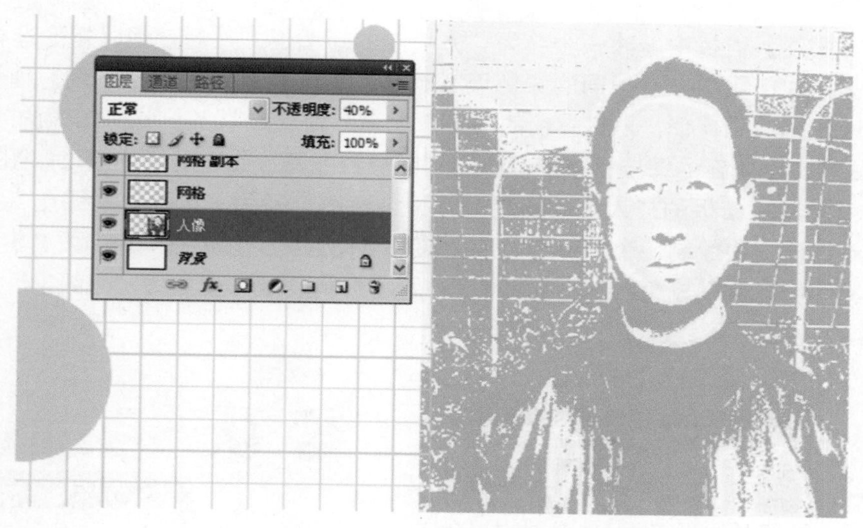

图8.316　放置人像

图8.317　输入文字

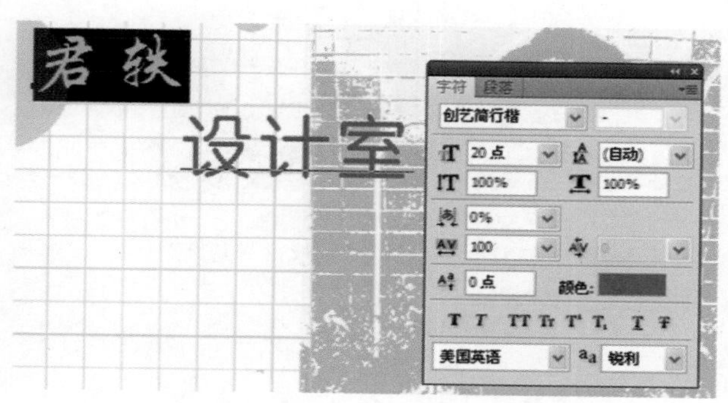

图8.318　设置文字字体

步骤11　使用【横排文字工具】，输入文字“缪亮 设计总监”，同时分别设置文字“缪亮”和“设计总监”的文字大小，如图8.319所示。使用【横排文字工具】，再次输入文字，如图8.320所示。

图8.319　输入文字并分别设置大小

图8.320　输入有关信息

步骤12　在【图层】面板中新建一个名为“方块”的新图层，然后使用【矩形选框工具】，绘制一个正方形选区，并使用与文字相同的颜色填充选区。将该图层的【不透明度】值设置为30%，如图8.321所示。将该图层复制7个，再将它们的【不透明度】值增加10%，此时图像的效果如图8.322所示。选择所有方块和文字所在的图层，将它们移动到图像的左侧，此时图像的效果如图8.323所示。

步骤13　在【图层】面板的“人像”图层上方，创建一个名为“边线”的图层，然后使用【矩形选框工具】，在该图层中绘制一个矩形选区。以灰色填充选区，然后按Ctrl+D组合键，取消选区，再将该图层的【不透明度】值设置为20%，如图8.324所示。再创建一个名为“边线 2”的新图层，然后采用相同的方法绘制第二条边线，如图8.325所示。

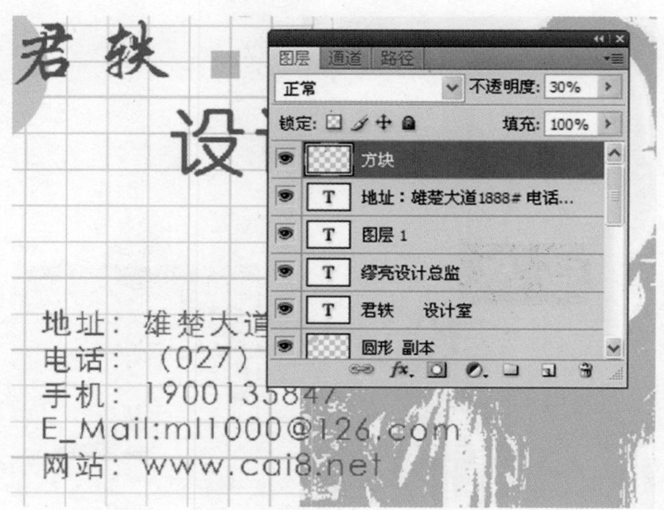

图8.321　绘制方块

图8.322　复制方块并调整其【不透明度】

图8.323　将文字和方块移到左侧

图8.324　绘制边线

图8.325　绘制第二条边线

步骤14　按Ctrl+Shift+E组合键，将所有图层合并为一个图层。按Ctrl+A组合键，将图形全选。选择【编辑】|【描边】命令，打开【描边】对话框，然后在该对话框中进行参数设置，如图8.326所示。单击【确定】按钮，关闭【描边】对话框，对选区进行描边操作。选择【编辑】|【显示所有菜单项目】命令，然后选择【定义图案】命令，打开【图案名称】对话框。将【图案名称】设置为“名片”，如图8.327所示。单击【确定】按钮，关闭该对话框，定义一个图案。

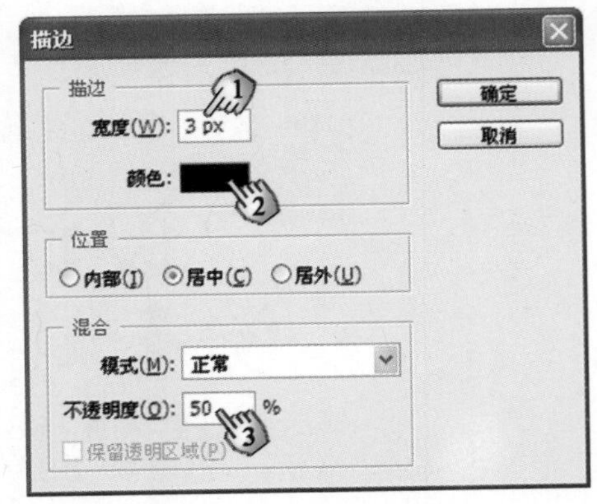

图8.326　【描边】对话框的设置

魔法师：为了在完成名片打印后方便裁剪，这里通过对选框进行描边处理，为图像添加裁剪线。
小叮当：原来这里的边框线起这个作用呀。

图3.327　【图案名称】对话框

步骤15　按Ctrl+N组合键，打开【新建】对话框，参数设置如图8.328所示。单击【确定】按钮，创建一个新文档。选择【编辑】|【填充】命令，打开【填充】对话框，然后选择刚才创建的“名片”图案，填充图像，如图8.329所示。单击【确定】按钮，进行填充，此时图像的效果如图8.330所示。

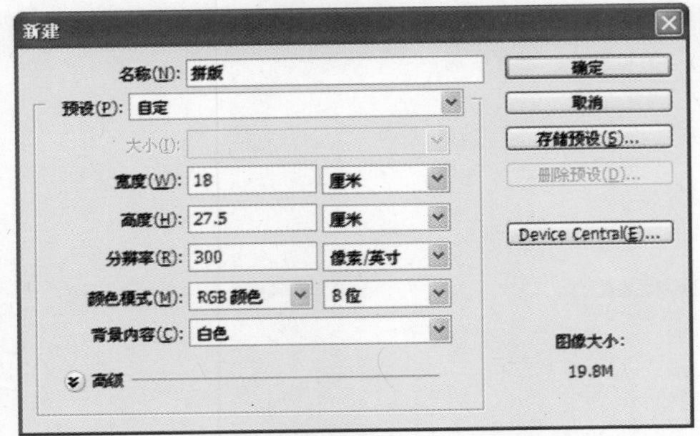

图8.328　【新建】对话框中的参数设置

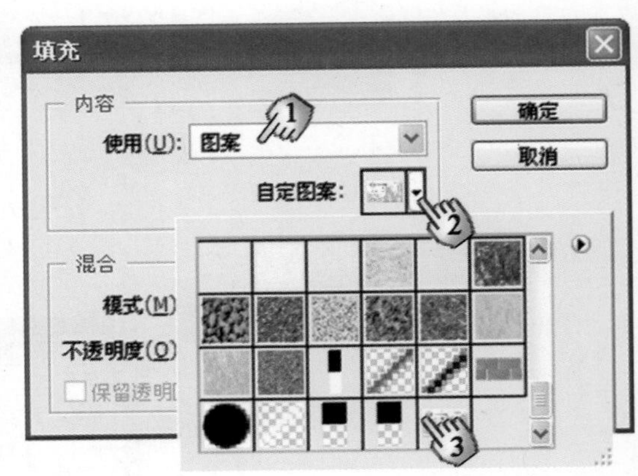

图8.329　【填充】对话框的设置

魔法师：名片常用的打印纸是A4纸，其宽度为21厘米，高度为29.5厘米。本实例制作的名片按这样的打印纸打印，能够完整地打印10张，即每行两张，打印5行。因此这里分别将“拼版”文档的宽度和高度设置为18厘米和27.5厘米。
小叮当：哦，我明白了。对“拼版”图像进行填充后，只需要将其打印、裁剪后即可获得需要的名片。
魔法师：对。

图8.330　图像填充效果

8.8 制作开心妙妙贴

魔法师：你听说过开心妙妙贴么？

小叮当：当然，不就是大头贴嘛。不过，是不是需要专门的软件才能制作呢？

魔法师：那倒不是。如果你想在家里制作自己的妙妙贴，你需要准备相纸。这种相纸可以是专用的不干胶相纸，也可以是普通相纸。如果使用普通相纸，那么打印出来的作品你可以使用双面胶来进行粘贴。当然你得有一台电脑和打印机。怎么样，简单吧。

小叮当：是呀，这些设备我都有。

魔法师：软件方面呢，我这里讲解的自然不是专业的妙妙贴制作软件了。要制作自己的妙妙贴，实际上完全可以使用Photoshop。如果你不想进行创意设计，准备一张漂亮的作为背景的素材照片就行，然后将照片裁裁剪剪，再合成到背景照片中，打印出来就可以了。当然，如果你想彰显个性，那么就自己进行设计，绘制各种背景装饰图案。

小叮当：老师，您有具体的实例吗？

魔法师：当然。下面我就制作一个开心妙妙贴的贴纸效果吧。在制作时，我将绘制背景图像，再为图像添加卡通动物。同时，绘制边框和装饰图形。通过本实例，你能够了解使用Photoshop制作妙妙贴的一般方法，也将进一步掌握使用Photoshop的【自定形状工具】和【椭圆工具】等矢量图形绘制工具绘制各种图形的方法，掌握图案的定义方法和使用【填充】命令来制作图像背景的方法。

小叮当：好呀！我们开始吧。

图8.331 需要的照片素材

步骤1 启动Photoshop，打开需要处理的照片（路径：素材和源文件\part8\8.8\女孩.jpg、小象.jpg），如图8.331所示。下面将以“女孩.jpg”文件作为素材，制作开心妙妙贴贴纸。

步骤2 设置背景色（其颜色值为R：252，G：242，B：129），然后按Ctrl+N组合键，打开【新建】对话框，有关参数设置如图8.332所示。单击【确定】按钮，创建一个新文档，然后按Ctrl++组合键数次，将图像在图像窗口中放大到1200%。

新建
名称(N)：图案
预设(P)：自定
大小(I)：
宽度(W)：40 像素
高度(H)：36 像素
分辨率(R)：72 像素/英寸
颜色模式(M)：RGB 颜色 8 位
背景内容(C)：背景色
高级
确定
取消
存储预设(S)...
删除预设(D)...
Device Central(E)...
图像大小：
4.22K

图8.332 【新建】对话框

步骤3 设置前景色（其颜色值为R：239，G：152，B：192），然后从工具箱中选择【自定形状工具】，并在属性栏中拾取形状，如图8.333所示。使用【自定形状工具】，在图像中绘制一个五角星路径，然后选择【添加锚点工具】，对路径形状进行修改，将其修改为花瓣形，如图8.334所示。按Ctrl+Enter组合键，将路径转换为选区，再按Alt+Delete组合键，以前景色填充选区，如图8.335所示。

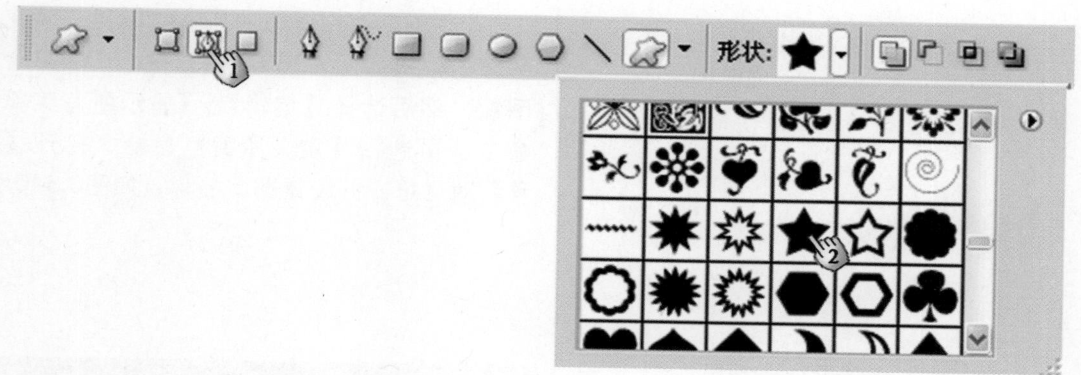

图8.333　工具属性栏的设置

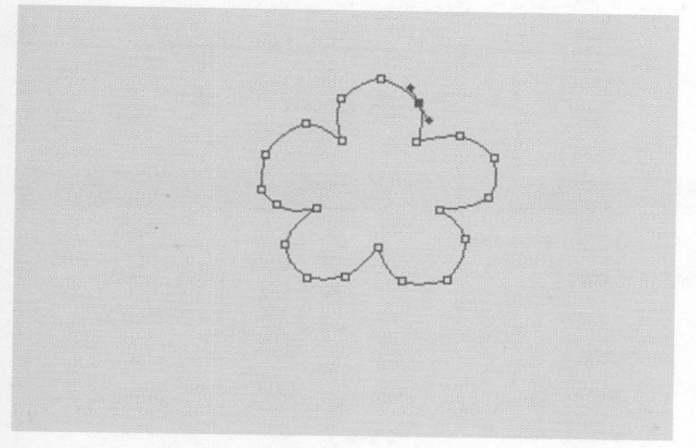

图8.334　修改路径形状

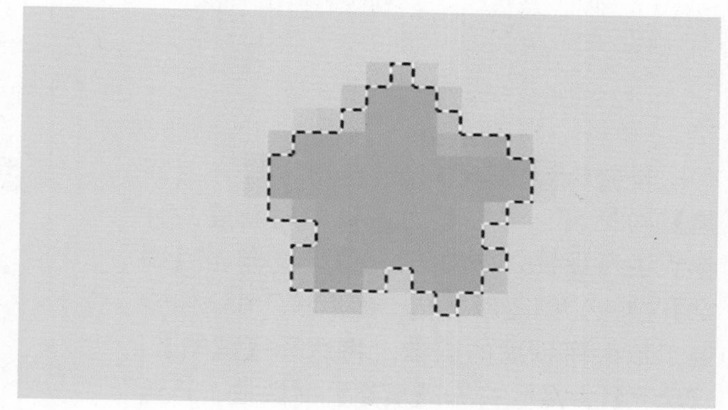

图8.335　填充选区

步骤4　按Ctrl+D组合键，取消选区，然后选择【椭圆选框工具】，在花瓣的中心绘制一个圆形选区。将背景色设置为图像背景的颜色，然后按Ctrl+Delete组合键，以背景色填充选区，如图8.336所示。按Ctrl+D组合键，取消选区，再将前景色设置为绿色（其颜色值为R：168，G：218，B：179）。在图像中绘制一个椭圆选区，然后选择【选择】|【变换选区】命令，对选区进行旋转变换，如图8.337所示。按Enter键确认选区变换，再按Alt+Delete组合键，以前景色填充选区。将选区移动到花朵的右侧，再对选区进行变换后以前景色填充。取消选区，此时获得第一个花朵，如图8.338所示。

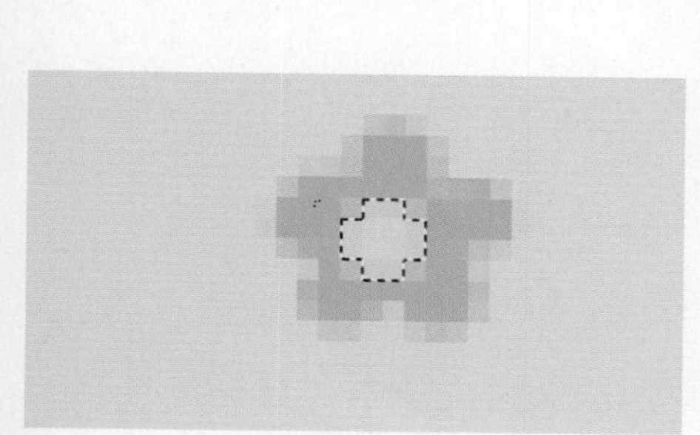

图8.336　以背景色填充选区

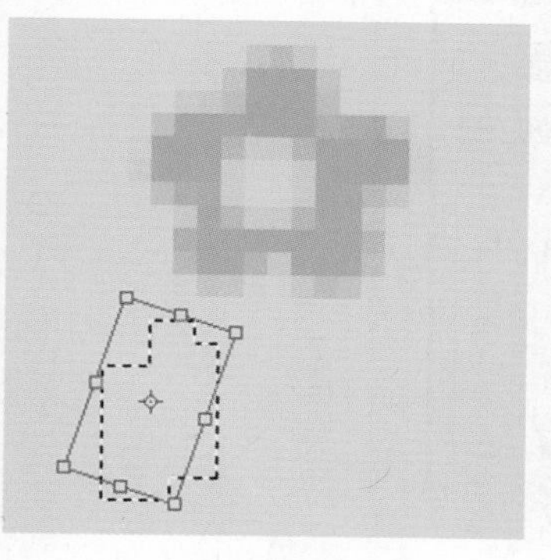

图8.337　旋转选区

图8.338　绘制第一个花朵

图8.339　绘制第二朵花朵

步骤5　使用类似的方法绘制第二朵花，此时图像的效果如图8.339所示。按Ctrl+A组合键全选图像，然后选择【编辑】|【显示所有菜单项目】命令，再选择【定义图案】命令，打开【图案名称】对话框，并设置图案名称，如图8.340所示。

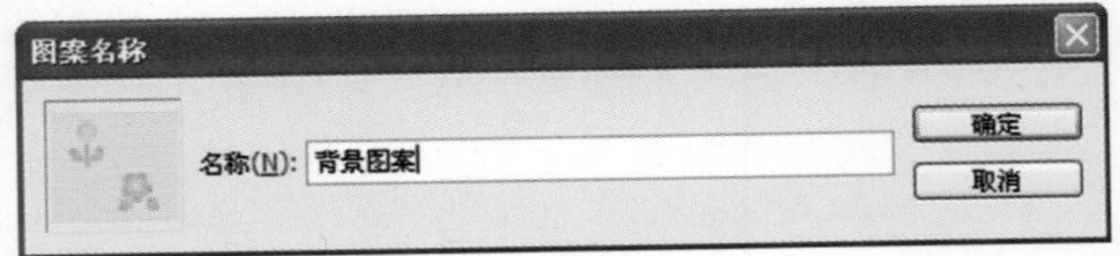

图8.340　【图案名称】对话框

步骤6　按Ctrl+N组合键，打开【新建】对话框，并在该对话框中对新建文件参数进行设置，如图8.341所示。单击【确定】按钮，创建新文档，然后按Ctrl++组合键，放大所创建的图像。再选择【编辑】|【填充】命令，打开【填充】对话框，再选择刚才创建的图案，如图8.342所示。单击【确定】按钮，以选择的图案填充图像，此时图像的效果如图8.343所示。

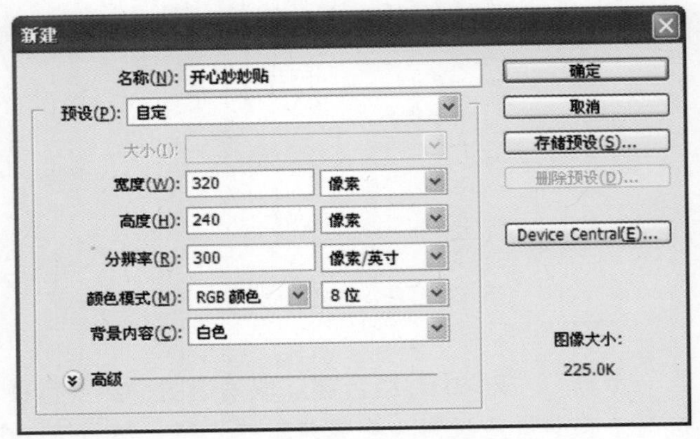

图8.341　【新建】对话框的参数设置

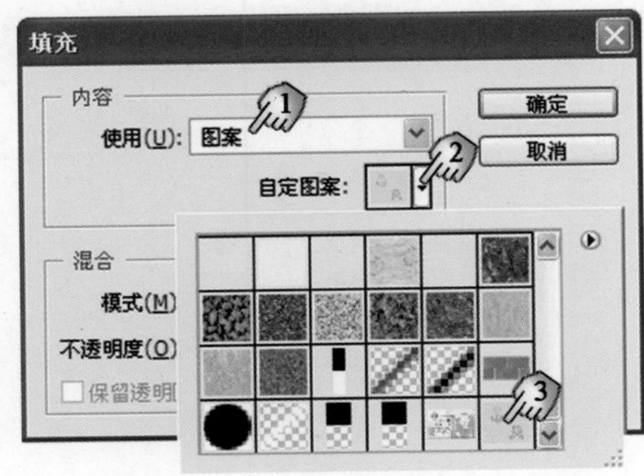

图8.342　选择图案

图8.343　填充图案

魔法师：Photoshop提供图案是一些可以拼贴或重复使用的图像，除了可以用于填充外，对于【油漆桶工具】、【图案图章工具】、【修复画笔工具】和【修补工具】都可以通过在属性栏中选择使用【图案】来使用它们。

小叮当：除了自定义图案外，Photoshop也有自带的预设图案吗？

魔法师：当然。例如，在【填充】对话框中，单击【自定图案】旁的按钮，再从打开的【"图案"拾色器】中选择Photoshop自带的预设图案，像【艺术表面】、【彩色纸】和【灰色纸】等，即可将图案添加到拾色器中选择使用。

步骤7 在【图层】面板中创建一个名为"框"的新图层，然后从工具箱中选择【画笔工具】，并在属性栏的【"画笔预设"选取器】中拾取画笔笔尖形状，如图8.344所示。使用【画笔工具】在图像中涂抹，如图8.345所示。从工具箱中选择【魔棒工具】，然后在背景区域中单击，再按Ctrl+Shift+I组合键，将选区反转。选择【选择】|【修改】|【扩展】命令，打开【扩展选区】对话框，并在该对话框中设置【扩展量】，如图8.346所示。单击【确定】按钮，此时获得的选区如图8.347所示。

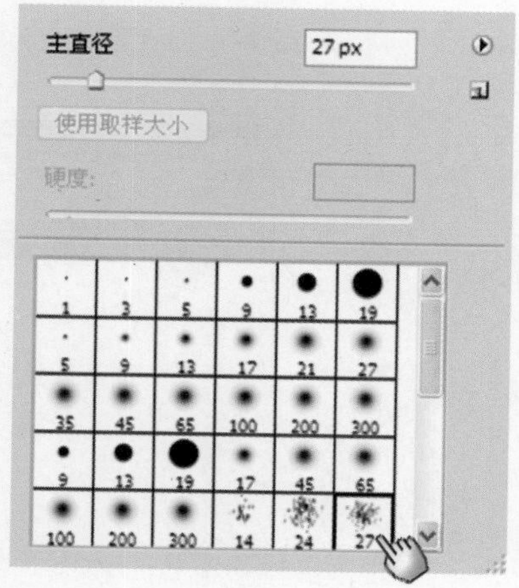

图8.344 拾取画笔笔尖形状

图8.345 使用【画笔工具】在图像中涂抹

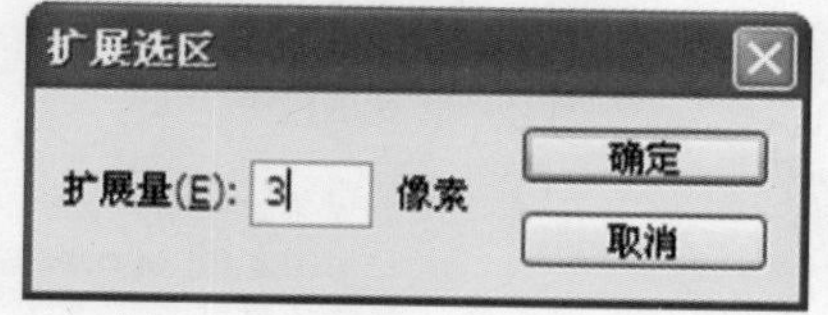

图8.346 【扩展选区】对话框

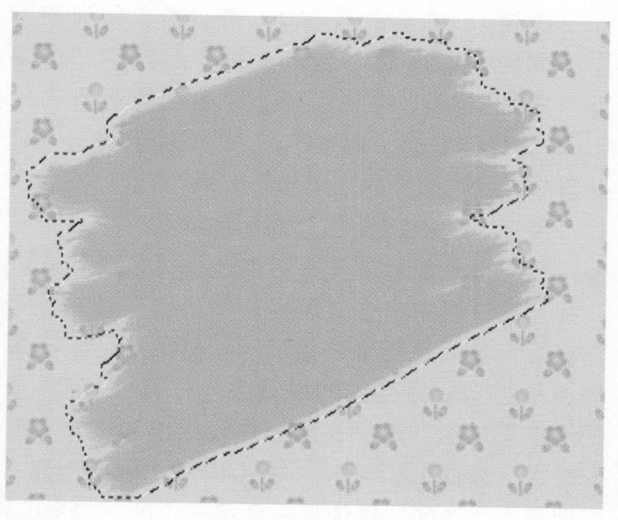

图8.347 扩展选区

步骤8 选择【编辑】|【描边】命令，打开【描边】对话框，参数设置如图8.348所示。完成设置后单击【确定】按钮，对选框描边，再按Ctrl+D组合键，取消选区，此时图像的效果如图8.349所示。打开【图层样式】对话框，然后为图层添加【内阴影】效果，其参数设置如图8.350所示。单击【确定】按钮，应用图层样式，此时图像的效果如图8.351所示。

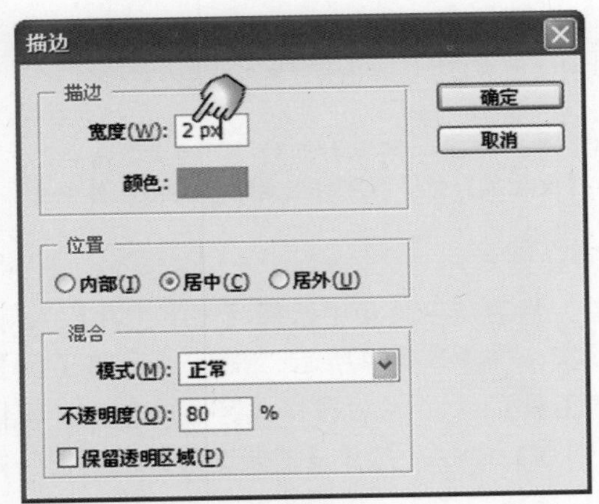

图8.348 【描边】对话框

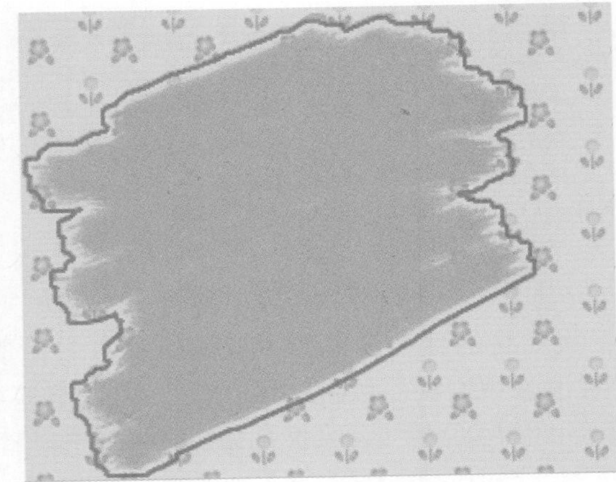

图8.349 描边后的图像效果

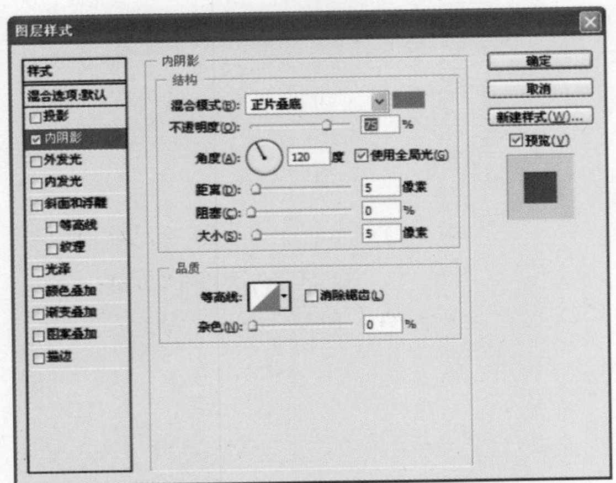

图8.350 【内阴影】效果的参数设置

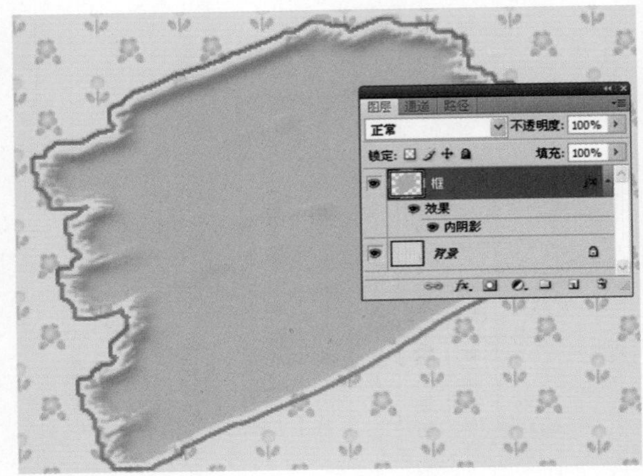

图8.351 应用【内阴影】效果

步骤9 将“女孩.jpg”素材拖放到当前图像中，同时将图层命名为“女孩”。按Ctrl+T组合键，将图像缩小并放置在上面绘制的边框内。按Enter键确认变换，再按Ctrl+Alt+G组合键，创建剪贴蒙版，此时图像的效果如图8.352所示。

图8.352 放置素材并创建剪贴蒙版

步骤10 在【图层】面板中新建一个名为“圆形”的图层，然后从工具箱中选择【椭圆工具】，并在属性栏中单击【路径】按钮，使其处于按下状态，然后在图像中绘制一个圆形路径。在属性栏中单击【从路径区域中减去（-）】按钮使其处于按下状态，然后在圆形路径中绘制一个小的圆形路径，如图8.353所示。按Ctrl+Enter组合键，将路径转换为选区，再使用白色填充选区，如图8.354所示。

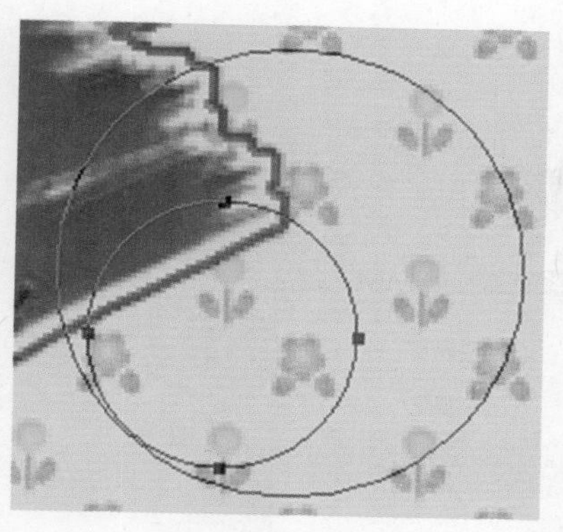
图8.353　绘制圆形路径

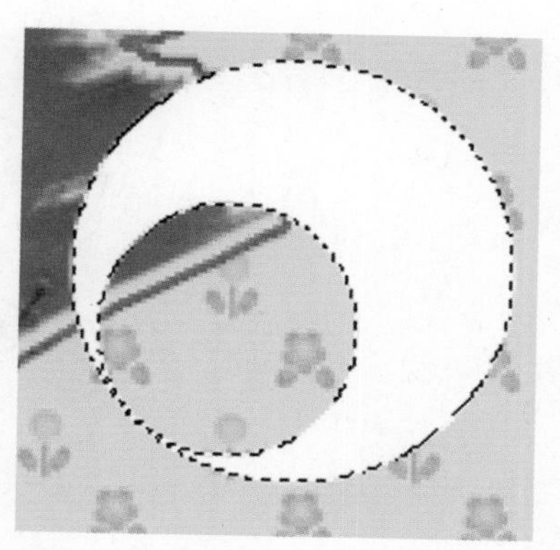
图8.354　将路径转换为选区并填充选区

魔法师：在使用【矩形工具】和【圆角矩形工具】时，按住Shift键再拖动鼠标，将绘制正方形；使用【椭圆工具】时，按住Shift键再拖动鼠标，将获得圆形。在使用【直线工具】时，按住Shift键再拖动鼠标，可将直线固定在45°角的方向上。另外，在绘制路径时，按住Alt键同时拖动鼠标，将绘制以鼠标拖动的起始点为中心的图形。这些都是很实用的绘图技巧，你要掌握哦。

小叮当：好的，我会的。

步骤11　按Ctrl+D组合键，取消选区，然后从【路径】面板中选择“工作路径”，使刚才创建的路径可见。按Ctrl+T组合键，将路径缩小并调整路径的位置，如图8.355所示。按Enter键确认变换，再设置前景色（其颜色值为R：251，G：249，B：182）。按Ctrl+Enter组合键，将路径转换为选区，再以前景色填充选区，如图8.356所示。

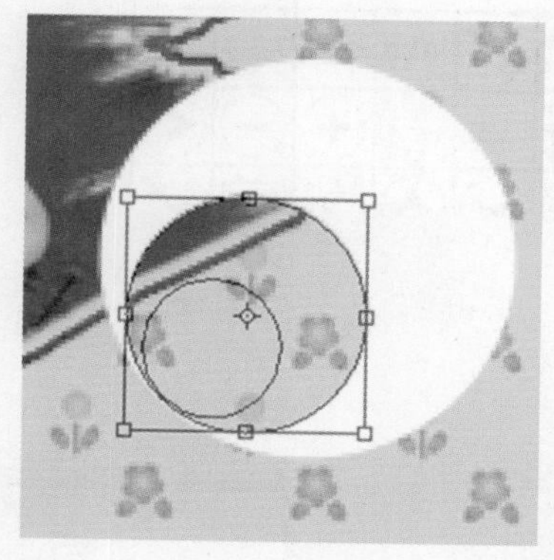
图8.355　调整路径的大小和位置

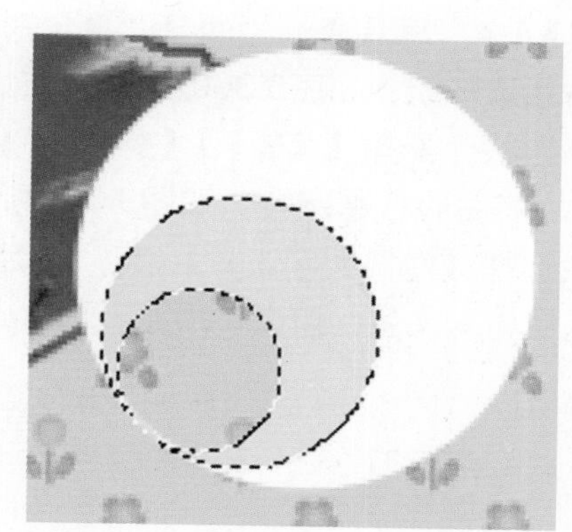
图8.356　以前景色填充选区

步骤12　按Ctrl+D组合键，取消选区，然后从【路径】面板中再次选择“工作路径”。从工具箱中选择【路径选择工具】，单击选择外围的圆形路径，如图8.357所示。按Delete键删除该路径，然后按Ctrl+Enter组合键，将路径转换为选区，再按Ctrl+Shift+I组合键，将选区反转。设置前景色（其颜色值为R:187，G:181，B：4），再以前景色填充选区。完成填充后按Ctrl+D组合键，取消选区，此时的图形效果如图8.358所示。按Ctrl+T组合键，调整图形的大小。完成调整后将“圆形”图层复制23个，再分别调整这些复制图形大小，同时将它们在图像中堆叠放置，如图8.359所示。

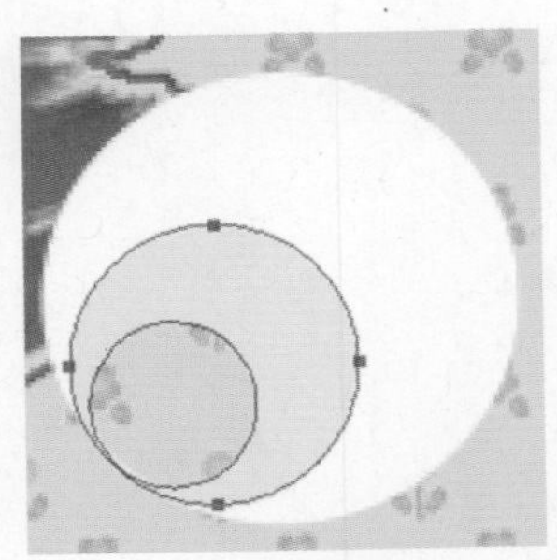
图8.357　选择外围的圆形路径

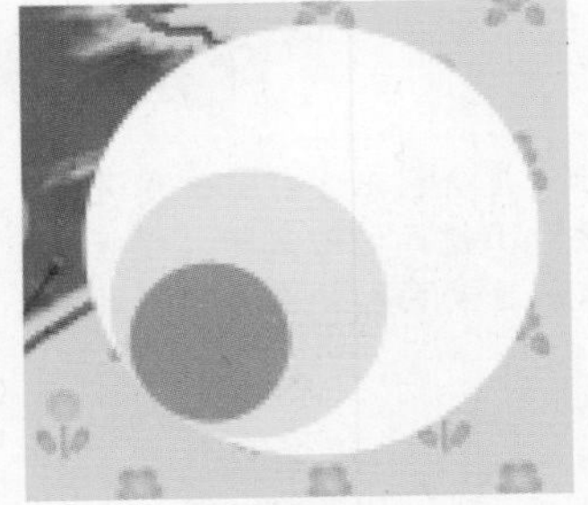
图8.358　完成填充后的图形

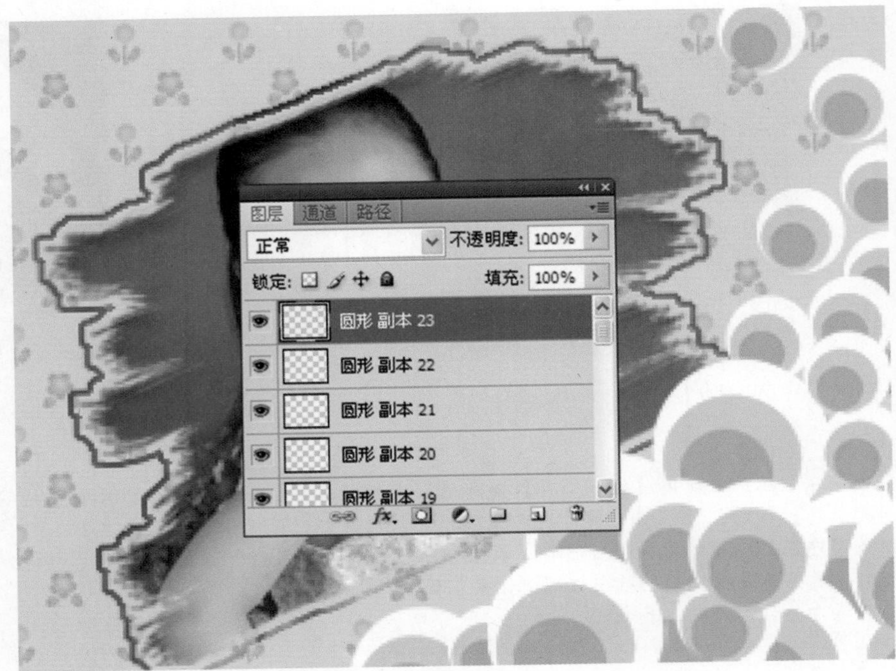

图8.359　放置复制的圆形

步骤13　在【图层】面板中创建一个名为“泡泡”的新图层，然后从工具箱中选择【自定形状工具】，再从属性栏的【“自定形状”拾色器】中拾取形状，如图8.360所示。拖动鼠标指针，绘制形状，选择【编辑】|【变换】|【水平翻转】命令，将图形水平翻转，如图8.361所示。从工具箱中选择【横排文字工具】T，然后在“泡泡”图层中输入文字，如图8.362所示。

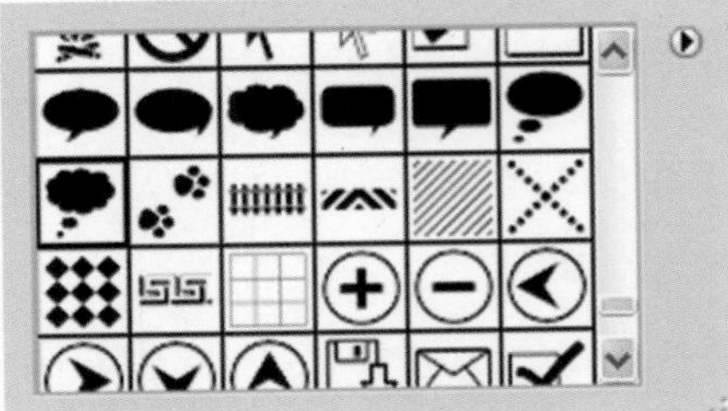
图8.360　拾取形状

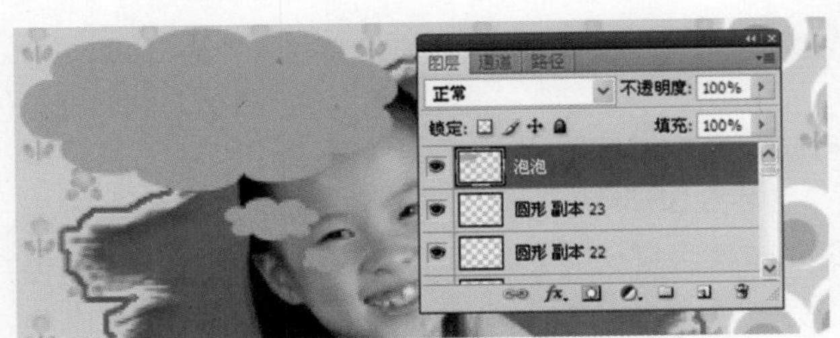

图8.361　绘制形状并对其水平翻转

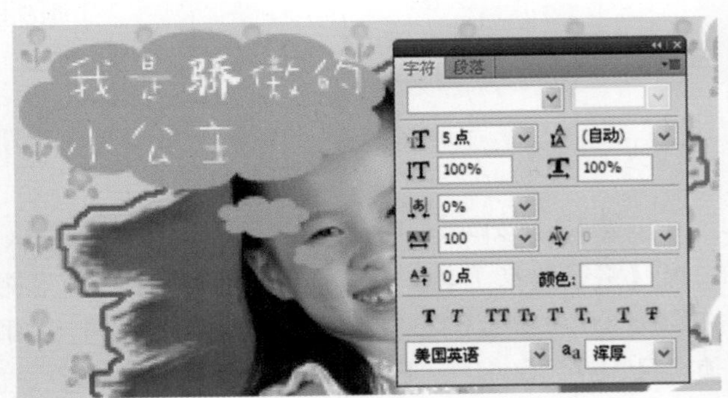

图8.362　输入文字

步骤14　使用【横排文字工具】输入英文，如图8.363所示。按C□l+T组合键，再将文字逆时针旋转一定角度。完成旋转变换后，打开【图层样式】对话框，再为文字添加【描边】效果，其参数设置如图8.364所示。单击【确定】按钮，应用图层样式，此时的文字效果如图8.365所示。

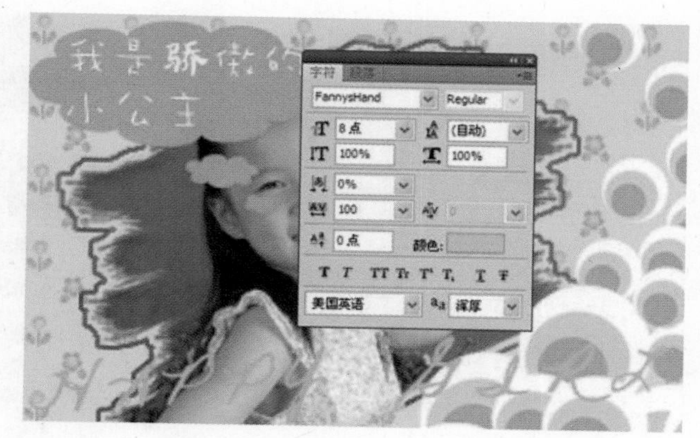

图8.363　输入英文

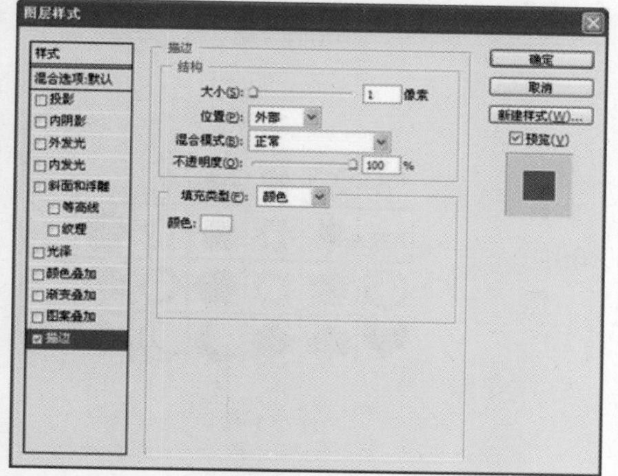

图8.364　【描边】效果的参数设置

图8.365　添加描边效果后的文字

步骤15　选择"小象.jpg"图像窗口，然后从工具箱中选择【魔棒工具】，在图像的背景区域单击，选择白色的背景区域。按C□l+Shif□I组合键，反转选区，再按C□l+C组合键，复制选区内容。打开"开心妙妙贴"图像窗口，然后按C□l+V组合键，粘贴选区内容。在【图层】面板中，将图层命名为"小象"，同时将该图层放置于文字图层的下方。按C□l+T组合键，再调整小象的位置、大小和旋转角度。按□n□键确认变换，此时的图像效果如图8.366所示。复制"小象"图层，并分别调整大小和位置，如图8.367所示。

图8.366　放置小象

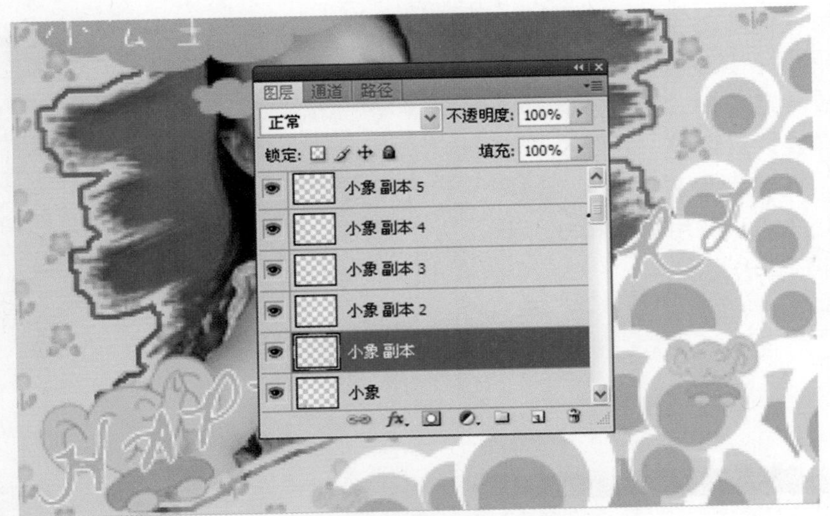

图8.367　复制小象并调整图像位置

步骤16　在"背景"图层的上方，创建一个名为"边框"的新图层，然后从工具箱中选择【自定形状工具】，再从属性栏的【"自定形状"拾色器】中拾取形状，如图8.368所示。设置前景色（其颜色值为R：151，G：134，B：4），然后拖动鼠标指针，绘制选定的形状，如图8.369所示。

图8.368　拾取形状

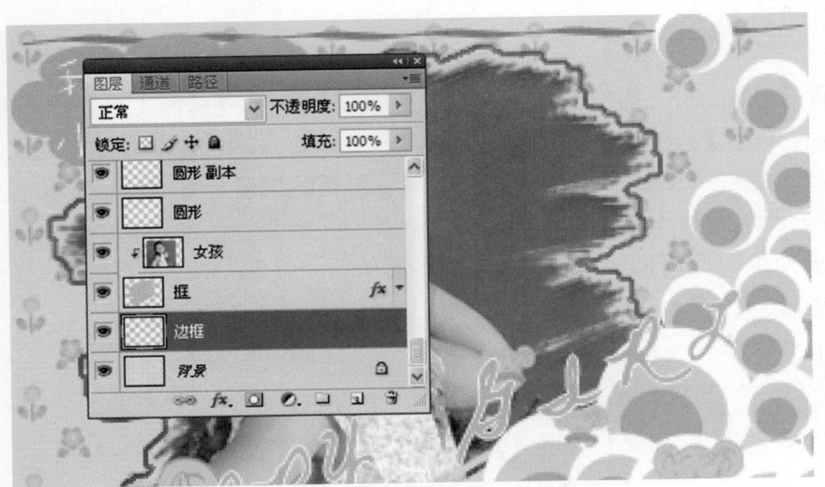

图8.369　绘制形状

步骤17　复制"边框"图层，然后选择【编辑】|【变换】|【旋转90°（顺时针）】命令，将图像旋转90°，同时将其放置到图像左侧。按Ctrl+T组合键，调整图形的高度，完成调整后获得左侧的边框，如图8.370所示。采用类似的方法制作底部和右侧的边框，如图8.371所示。

图8.370　获得左侧的边框

图8.371　制作底部和右侧的边框

步骤18　按Ctrl+Shift+E组合键，合并所有图层，再按Ctrl+A组合键，选择整个图像。再选择【编辑】|【显示所有菜单项目】命令，再选择【定义图案】命令，打开【图案名称】对话框，设置图案名称如图8.372所示。单击【确定】按钮，关闭【图案名称】对话框，将选区图像定义为图案。按Ctrl+N组合键，打开【新建】对话框，再对新建文件参数进行设置，如图8.373所示。单击【确定】按钮，关闭【新建】对话框，创建一个新文档。

步骤19　选择【编辑】|【填充】命令，打开【填充】对话框，然后选择之前定义的图案填充新建文档，如图8.374所示。单击【确定】按钮，关闭【填充】对话框，图像效果如图8.375所示。打印该文档，再对其中的贴纸图像进行裁剪，即可获得需要的单张贴纸。

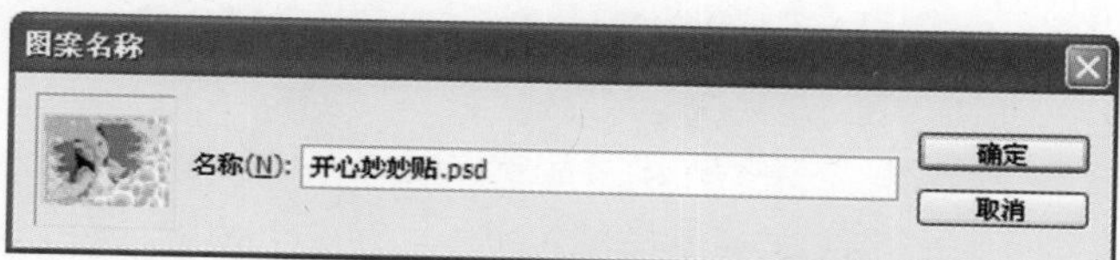

图8.372　【图案名称】对话框

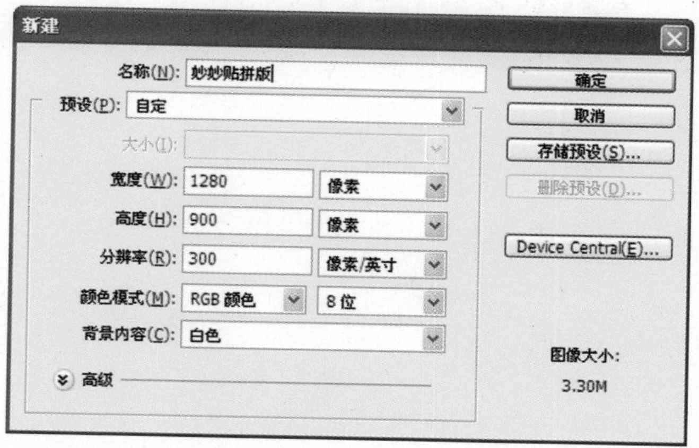

图8.373　【新建】对话框

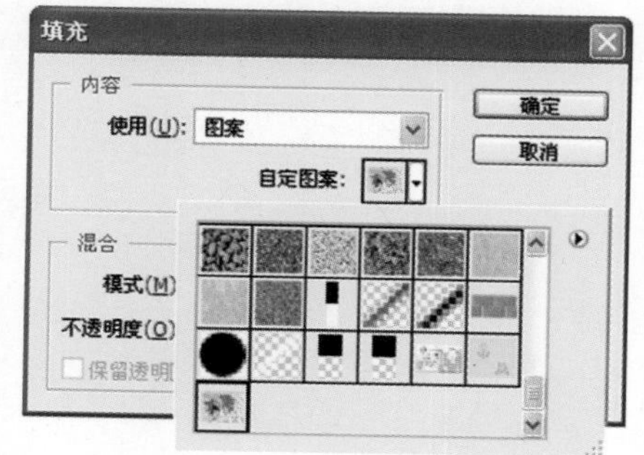

图8.374　【填充】对话框

图8.375 填充后的图像效果

读者回执卡

欢迎您立即填妥回函

您好！感谢您购买本书，请您抽出宝贵的时间填写这份回执卡，并将此页剪下寄回我公司读者服务部。我们会在以后的工作中充分考虑您的意见和建议，并将您的信息加入公司的客户档案中，以便向您提供全程的一体化服务。您享有的权益：

★ 免费获得我公司的新书资料；
★ 寻求解答阅读中遇到的问题；
★ 免费参加我公司组织的技术交流会及讲座；
★ 可参加不定期的促销活动，免费获取赠品；

读者基本资料

姓　　名＿＿＿＿＿＿ 性　　别□男　　□女 年　　龄＿＿＿＿＿＿
电　　话＿＿＿＿＿＿ 职　　业＿＿＿＿＿＿ 文化程度＿＿＿＿＿＿
E-mail＿＿＿＿＿＿ 邮　　编＿＿＿＿＿＿
通讯地址＿＿＿＿＿＿＿＿＿＿＿＿＿＿＿＿

请在您认可处打✓（6至10题可多选）

1、您购买的图书名称是什么：＿＿＿＿＿＿＿＿＿＿＿＿
2、您在何处购买的此书：＿＿＿＿＿＿＿＿＿＿＿＿
3、您对电脑的掌握程度：□不懂　□基本掌握　□熟练应用　□精通某一领域
4、您学习此书的主要目的是：□工作需要　□个人爱好　□获得证书
5、您希望通过学习达到何种程度：□基本掌握　□熟练应用　□专业水平
6、您想学习的其他电脑知识有：□电脑入门　□操作系统　□办公软件　□多媒体设计　□编程知识　□图像设计　□网页设计　□互联网知识
7、影响您购买图书的因素：□书名　□作者　□出版机构　□印刷、装帧质量　□内容简介　□网络宣传　□图书定价　□书店宣传　□封面，插图及版式　□知名作家（学者）的推荐或书评　□其他
8、您比较喜欢哪些形式的学习方式：□看图书　□上网学习　□用教学光盘　□参加培训班
9、您可以接受的图书的价格是：□ 20 元以内　□ 30 元以内　□ 50 元以内　□ 100 元以内
10、您从何处获知本公司产品信息：□报纸、杂志　□广播、电视　□同事或朋友推荐　□网站
11、您对本书的满意度：□很满意　□较满意　□一般　□不满意
12、您对我们的建议：＿＿＿＿＿＿＿＿＿＿＿＿

请剪下本页填写清楚，放入信封寄回，谢谢！

1 0 0 0 8 4

贴邮票处

北京100084—157信箱

读者服务部　　收

邮政编码：□□□□□□